高等学校数学教材系列丛书

概率论与数理统计

张卓奎　陈慧婵　编著

西安电子科技大学出版社

内 容 简 介

本书是根据高等院校各专业对概率论与数理统计的学习要求而编写的。本书共 8 章，主要内容包括概率论的基本概念、随机变量及其分布、多维随机变量及其分布、随机变量的数字特征、大数定律及中心极限定理、数理统计的基本概念、参数估计以及假设检验。各章后均配有习题，书末配有相应的参考答案。

本书内容简练，通俗易懂，凡具有高等数学和线性代数基础的读者均可阅读。

本书可作为高等院校概率论与数理统计的教材或教学参考书，也可作为高等院校教师、报考硕士研究生考生和工程技术人员的参考书。

本书的配套教材亦由张卓奎老师编写，西安电子科技大学出版社出版，其中含有本书的全部习题解答及学习指导，欢迎选用。

图书在版编目(CIP)数据

概率论与数理统计/张卓奎，陈慧婵编著. —西安：西安电子科技大学出版社，2014.6
(2025.7 重印)

ISBN 978 - 7 - 5606 - 3292 - 6

Ⅰ. ①概… Ⅱ. ①张… ②陈… Ⅲ. ①概率论—高等学校—教材 ②数理统计—高等学校—教材 Ⅳ. ①O21

中国版本图书馆 CIP 数据核字(2014)第 067461 号

责任编辑 李惠萍 刘小莉
出版发行 西安电子科技大学出版社(西安市太白南路 2 号)
电 话 (029)88202421 88201467 邮 编 710071
网 址 www.xduph.com 电子邮箱 xdupfxb001@163.com
经 销 新华书店
印刷单位 咸阳华盛印务有限责任公司
版 次 2014 年 6 月第 1 版 2025 年 7 月第 12 次印刷
开 本 787 毫米×960 毫米 1/16 印张 23
字 数 479 千字
定 价 49.00 元

ISBN 978 - 7 - 5606 - 3292 - 6

XDUP 3584001－12

＊＊＊如有印装问题可调换＊＊＊

前　言

概率论与数理统计是研究随机现象的一门学科，它已被广泛地应用到工农业生产、科学技术、经济及教育研究等领域，并且在这些领域显现出十分重要的作用。

目前，在高等院校中，很多专业的学生都需要学习概率论与数理统计。为了适应不同专业、不同层次学生的需要，编者在多年讲授本课程的基础上，结合同行专家、同名专著和同名教材的优秀成果，经过多次修订和补充写成本书。

在编写过程中，编者注重基本概念、基本方法和基本理论的叙述，力求准确和简明，同时关注能力的培养，选择读者最易接受的方法进行介绍，尽量使读者准确、系统地认识和掌握概率论与数理统计的基本理论和思维方法，学懂弄通。

本书具有以下特点：

（1）选材紧扣大纲，少而精、广而浅，理论联系实际，既反映了学科知识结构的要求，又凸显了该学科在实践中的应用性。

（2）结构布局合理，重点突出，难点分散，抽象问题具体化，严谨问题逻辑化，循序渐进，举一反三。

（3）叙述方法新颖，注重传统优秀方法的使用，强调新思想、新观点、新思维与新方法的运用，力求朴实、简明和自然。

（4）题型丰富多样，典型性、代表性和实用性并举，例题、习题相互配合，渗透互补，以题说法，开拓思路，有的放矢。

（5）数学工具浅显，图文并茂，易于理解，便于掌握。

全书共8章：第1章介绍概率论的基本概念，主要讨论概率论的研究对象及所要解决的问题；第2章介绍随机变量及其分布，主要讨论如何把微积分学这一重要的数学工具引进概率论，用微积分的方法解决概率问题；第3章介绍多维随机变量及其分布，多维随机变量是随机变量的延伸和拓广，主要实现用多元函数微积分的方法解决概率问题；第4章介绍随机变量的数字特征，即研究随机变量某些方面、某些侧面的取值性质，重点介绍随机变量的数学期望、方差和相关系数等数字特征；第5章介绍大数定律及中心极限定理，利用极限说明和解决一些与概率相联系的重要问题，同时也是数理统计的重要概率基础；第6章介绍数理统计的基本概念，主要讨论数理统计的研究对象、相关的基本概念和抽样分布；第 7 章介绍参数估计(属于统计推断问题)，主要讨论点估计、区间估计和估计量的评选标准；第 8 章介绍假设检验(也属于统计推断问题)，主要讨论假设检验的基本概念以及正态总体参数的假设检验问题。

本书在编写过程中，得到了西安电子科技大学网络学院等院系以及中国科学院西安光学精密机械研究所研究生部的大力支持，得到了西安电子科技大学教材建设基金的资助，许多同行同事老师给予了鼓励和帮助，西安电子科技大学出版社的领导也非常关心本书的出版，李惠萍编辑对本书的出版付出了辛勤的劳动，编者在此一并致以诚挚的谢意！

由于编者水平有限，书中难免存在疏漏，恳请读者批评、指正。

编　者

2014 年 2 月

目　录

第1章 概率论的基本概念

1.1 随机现象与随机试验

自然界和社会中发生的现象是多种多样的。有一类现象在一定条件下出现的结果是确定的(如向空中抛一石子必然下落,同性电荷必然相互排斥等),这类现象称为确定性现象。还有一类现象,在一定条件下出现的结果是不确定的,即可能出现这样的结果,也可能出现那样的结果(例如:投掷一枚硬币,其结果可能是正面朝上,也可能是反面朝上,并且在每次投掷之前无法确定投掷的结果是什么;一门大炮向同一目标射击,各次弹着点不尽相同,在一次射击之前无法知道弹着点的确切位置,等等),这类现象称为随机现象。对于随机现象,人们经过大量的重复试验和观察,发现它呈现出其固有的规律性,称之为统计规律性,概率论与数理统计就是研究和揭示随机现象统计规律性的一门数学学科。

通常,对一个现象的认识,需要通过科学试验来完成,对随机现象的认识也不例外。下面我们举一些该类试验的例子,以期给出随机试验的定义。

例 1-1 掷一枚硬币,观察正面 H 和反面 T 出现的情况。

例 1-2 掷一枚硬币三次,观察正面 H 和反面 T 出现的情况。

例 1-3 掷一枚骰子,观察出现的点数。

例 1-4 袋中装有 5 只球,其中 3 只红球,2 只白球,从袋中任取 1 只球,观察取出的球的颜色。

例 1-5 在一批产品中任取 1 件,观测它的寿命。

撇开以上例子的具体含义,可以发现它们有着共同的特点。在例 1-1 中,试验有两种可能的结果,出现正面 H 或者反面 T,在掷硬币之前不能确定出现正面 H 还是出现反面 T,这个试验可以在相同的条件下重复地进行。

概括起来,这些试验具有以下特点:

(1) 可以在相同的条件下重复进行;

(2) 每次试验的可能结果不止一个,并且可以事先明确试验的所有可能结果;

(3) 进行一次试验之前不能确定哪一个结果会出现。

称具有上述三个特点的试验为随机试验。

1.2 样本空间与随机事件

1. 样本空间

对于随机试验来说,由于可以事先明确试验的所有可能结果,因此称随机试验所有可能结果的集合为随机试验的样本空间，记为 Ω。称随机试验中一个可能结果为一个样本点，记为 ω，从而样本空间就是样本点的集合，即 $\Omega=\{\omega\}$。下面给出 1.1 节中提到的几个随机试验的样本空间：

Ω_1：$\{H，T\}$；

Ω_2：$\{HHH，HHT，HTH，THH，HTT，THT，TTH，TTT\}$；

Ω_3：$\{1，2，3，4，5，6\}$；

Ω_4：$\{红，白\}$；

Ω_5：$\{t\,|\,t\geqslant 0\}$。

2. 随机事件

在实际中，当进行随机试验时，人们常常关心满足某种条件的那些样本点的出现情况。例如，在掷一枚硬币三次的随机试验中，我们关心正面至少出现两次的那些样本点，满足这一条件的样本点构成一个集合，即 $\{HHH，HHT，HTH，THH\}$，它是样本空间的一个子集。

一般地，称随机试验的样本空间 Ω 的子集为随机试验的随机事件，简称事件。在每次试验中，当且仅当随机事件所包含的样本点中的一个样本点出现时，称这一事件发生。

特别地，由一个样本点组成的单点集，称为基本事件。例如，在掷一枚骰子的随机试验中，$\{1\}$，$\{2\}$，$\cdots$，$\{6\}$ 都是基本事件。样本空间 Ω 包含所有的样本点，它是自身的子集，在每次试验中总是发生的，称其为必然事件。空集 $\varnothing$ 不包含任何样本点，它也作为样本空间的子集，在每次试验中都不发生，称其为不可能事件。

例 1-6 在掷一枚硬币三次的试验中：事件 A 为"第一次出现正面"，即 $A=\{HHH，HHT，HTH，HTT\}$；事件 B 为"三次出现同一面"，即 $B=\{HHH，TTT\}$。

在掷一枚骰子的试验中：事件 C 为"出现的点数为偶数"，即 $C=\{2，4，6\}$；事件 D 为"出现的点数不超过 3"，即 $D=\{1，2，3\}$。

3. 事件的运算与事件间的关系

由于事件是一个集合，因此事件的运算和事件间的关系可以按集合论中集合的运算和集合间的关系来处理，只不过这些运算和关系在概率论中有着相应的提法。

1）事件的运算

（1）和运算（和事件）：称事件 A 与事件 B 中至少有一个发生的事件为事件 A 与事件 B 的和事件，记为 $A\cup B$，如图 1-1 所示。

称事件 A_1，A_2，$\cdots$，A_n 中至少有一个发生的事件为 A_1，A_2，$\cdots$，A_n 的和事件，记为

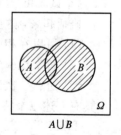

$A\cup B$

图 1-1

$$A_1\cup A_2\cup\cdots\cup A_n=\bigcup_{i=1}^{n}A_i$$

类似地，有

$$A_1\cup A_2\cup\cdots\cup A_n\cup\cdots=\bigcup_{i=1}^{\infty}A_i$$

（2）积运算（积事件）：称事件 A 与事件 B 同时发生的事件为事件 A 与事件 B 的积事件，记为 $A \cap B$ 或 AB，如图 1-2 所示。

称事件 A_1，A_2，$\cdots$，A_n 同时发生的事件为 A_1，A_2，$\cdots$，A_n 的积事件，记为

$$A_1 \cap A_2 \cap \cdots \cap A_n = A_1 A_2 \cdots A_n = \bigcap_{i=1}^{n} A_i$$

类似地，有

$$A_1 \cap A_2 \cap \cdots \cap A_n \cap \cdots = A_1 A_2 \cdots A_n \cdots = \bigcap_{i=1}^{\infty} A_i$$

（3）差运算（差事件）：称事件 A 发生而事件 B 不发生的事件为事件 A 与事件 B 的差事件，记为 $A-B$，如图 1-3 所示。

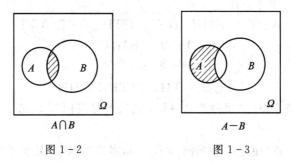

$$A \cap B \qquad\qquad A-B$$

图 1-2　　　　　　　　图 1-3

2）事件的关系

（1）包含关系（子事件）：设 A 与 B 是事件，如果事件 A 的发生必然导致事件 B 的发生，则称事件 B 包含事件 A，或称事件 A 是事件 B 的子事件，记为 $A \subset B$，如图 1-4 所示。

（2）相等关系：设 A 与 B 是事件，如果 $A \subset B$ 且 $B \subset A$，则称事件 A 与事件 B 相等，记为 $A = B$。

（3）互不相容（互斥）关系：设 A 与 B 是事件，如果事件 A 与事件 B 同时发生是不可能的，即 $AB = \varnothing$，则称事件 A 与事件 B 是互不相容的（或互斥的），如图 1-5 所示。

（4）对立关系：设 A 与 B 是事件，如果 $A \cup B = \Omega$，$AB = \varnothing$，则称事件 A 与事件 B 是相互对立的，称事件 B 是事件 A 的逆事件或对立事件，记为 $\overline{A}$，如图 1-6 所示。

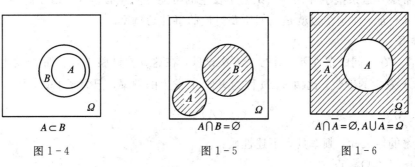

$$A \subset B \qquad\qquad A \cap B = \varnothing \qquad\qquad A \cap \overline{A} = \varnothing, A \cup \overline{A} = \Omega$$

图 1-4　　　　　　　　图 1-5　　　　　　　　图 1-6

结合差事件与对立事件的定义，我们不难得到以下重要的结果：

$$A-B=A\overline{B}=A-AB$$

3）运算律

（1）吸收律：若 $A \subset B$，则 $A \cup B = B$，$AB = A$。

（2）交换律：$A \cup B = B \cup A$，$AB = BA$。

（3）结合律：$A \cup (B \cup C) = (A \cup B) \cup C$，$A(BC) = (AB)C$。

（4）分配律：$A(B \cup C) = AB \cup AC$，$A \cup (BC) = (A \cup B)(A \cup C)$。

（5）对偶律：$\overline{\bigcup\limits_{i=1}^{n} A_i} = \bigcap\limits_{i=1}^{n} \overline{A_i}$，$\overline{\bigcap\limits_{i=1}^{n} A_i} = \bigcup\limits_{i=1}^{n} \overline{A_i}$，$\overline{\bigcup\limits_{i=1}^{\infty} A_i} = \bigcap\limits_{i=1}^{\infty} \overline{A_i}$，$\overline{\bigcap\limits_{i=1}^{\infty} A_i} = \bigcup\limits_{i=1}^{\infty} \overline{A_i}$，$\overline{\overline{A}} = A$。

例 1-7　在例 1-6 中，有

$$A \cup B = \{HHH, HHT, HTH, HTT, TTT\}$$
$$A \cap B = \{HHH\}$$
$$B - A = \{TTT\}$$
$$\overline{A \cup B} = \{THT, TTH, THH\}$$

例 1-8　设 A 表示事件"甲种产品畅销，乙种产品滞销"，求 A 的对立事件 $\overline{A}$ 及其所表示的意义。

解　设 A_1 表示事件"甲种产品畅销"，A_2 表示事件"乙种产品畅销"，则

$$A = A_1 \overline{A_2}$$

从而有

$$\overline{A} = \overline{A_1 \overline{A_2}} = \overline{A_1} \cup A_2$$

所以 $\overline{A}$ 表示事件"甲种产品滞销或乙种产品畅销"。

1.3　概率及其性质

对于一个事件(除必然事件与不可能事件外)，在一次试验中可能发生也可能不发生。我们常常希望知道某些事件在一次试验中发生的可能性究竟有多大，因而需要把它用一个合适的数来表征，而这个数就是我们所要讨论的事件的概率。

1. 频率

定义 1　在相同的条件下，进行了 n 次试验，在这 n 次试验中，事件 A 发生的次数 n_A 称为事件 A 发生的频数，比值 n_A/n 称为事件 A 发生的频率，记为 $f_n(A)$，即

$$f_n(A) = \frac{n_A}{n}$$

由频率的定义知，频率具有下述性质：

（1）$0 \leqslant f_n(A) \leqslant 1$；

(2) $f_n(\Omega)=1$；

(3) 若 A_1，A_2，$\cdots$，A_n 是两两互不相容的事件，则
$$f_n(A_1 \bigcup A_2 \bigcup \cdots \bigcup A_n)=f_n(A_1)+f_n(A_2)+\cdots+f_n(A_n)$$

由于事件发生的频率是它发生的次数与试验次数之比，因此其大小表示了事件发生的频繁程度。频率愈大，事件发生就愈频繁。这意味着事件在一次试验中发生的可能性就愈大，反之亦然。但大量的试验证明，频率具有随机波动性，致使频率不能成为概率。同时，大量的试验也证明，频率具有稳定性，因此频率可以揭示概率，其稳定值就是事件在一次试验中发生的概率，从而产生了概率的公理化定义。

2. 概率

定义 2 设 Ω 是随机试验的样本空间，若对于随机试验的每一个随机事件 A 都有一个实数 $P(A)$ 与之对应，且 $P(A)$ 满足下列三个条件：

(1) 非负性：设 A 是事件，有 $P(A) \geqslant 0$；

(2) 规范性：$P(\Omega)=1$；

(3) 可列可加性：设 A_1，A_2，$\cdots$，A_n，$\cdots$ 是两两互不相容的事件，即 $A_i A_j=\varnothing(i \neq j$；$i$，$j=1$，$2$，$\cdots)$，有
$$P(A_1 \bigcup A_2 \bigcup \cdots \bigcup A_n \bigcup \cdots)=P(A_1)+P(A_2)+\cdots+P(A_n)+\cdots \tag{1.3.1}$$
则称 $P(A)$ 为事件 A 的概率。

3. 概率的性质

性质 1 $P(\varnothing)=0$。

证明 取 $A_n=\varnothing(n=1$，2，$\cdots)$，则 $\bigcup\limits_{n=1}^{\infty} A_n=\varnothing$，且 $A_i A_j=\varnothing(i \neq j$；$i$，$j=1$，$2$，$\cdots)$，由概率的可列可加性，得
$$P(\varnothing)=P\left(\bigcup\limits_{n=1}^{\infty} A_n\right)=\sum\limits_{n=1}^{\infty} P(A_n)=\sum\limits_{n=1}^{\infty} P(\varnothing)$$
由概率的非负性知 $P(\varnothing) \geqslant 0$，再结合上式知 $P(\varnothing)=0$。

性质 2（有限可加性） 设 A_1，A_2，$\cdots$，A_n 是两两互不相容的事件，即 $A_i A_j=\varnothing(i \neq j$；$i$，$j=1$，$2$，$\cdots$，$n)$，则
$$P\left(\bigcup\limits_{i=1}^{n} A_i\right)=\sum\limits_{i=1}^{n} P(A_i) \tag{1.3.2}$$

证明 取 $A_{n+1}=A_{n+2}=\cdots=\varnothing$，则 $A_i A_j=\varnothing(i \neq j$；$i$，$j=1$，$2$，$\cdots)$。由(1.3.1)式，得
$$P\left(\bigcup\limits_{i=1}^{n} A_i\right)=P\left(\bigcup\limits_{i=1}^{\infty} A_i\right)=\sum\limits_{i=1}^{\infty} P(A_i)=\sum\limits_{i=1}^{n} P(A_i)+0=\sum\limits_{i=1}^{n} P(A_i)$$

性质 3（减法公式） 设 A、B 是事件且 $A \subset B$，则
$$P(B-A)=P(B)-P(A) \tag{1.3.3}$$
从而 $P(A) \leqslant P(B)$。

证明 由于 $A \subset B$，因此

$$B = A \cup (B-A)，且 A(B-A) = \varnothing$$

由概率的有限可加性，即(1.3.2)式，得

$$P(B) = P(A) + P(B-A)$$

即

$$P(B-A) = P(B) - P(A)$$

再由概率的非负性知，$P(B-A) \geqslant 0$，即 $P(A) \leqslant P(B)$。

在性质 3 中，我们假设 $A \subset B$，如果去掉这个条件，那么是否还有减法公式呢？对此我们有下面的结论：

设 A、B 是随机事件，则

$$P(B-A) = P(\overline{A}B) = P(B) - P(AB)$$

证明 事实上，由于 $B-A = \overline{A}B = B-AB$，且 $AB \subset B$，因此

$$P(B-A) = P(\overline{A}B) = P(B-AB) = P(B) - P(AB)$$

即

$$P(B-A) = P(\overline{A}B) = P(B) - P(AB)$$

性质 4 设 A 是事件，则 $P(A) \leqslant 1$。

证明 由于 $A \subset \Omega$，由性质 3 得

$$P(A) \leqslant P(\Omega) = 1$$

性质 5 设 A 是事件，则 $P(\overline{A}) = 1 - P(A)$。

证明 由于 $A \cup \overline{A} = \Omega$，且 $A\overline{A} = \varnothing$，由(1.3.2)式，得

$$1 = P(\Omega) = P(A \cup \overline{A}) = P(A) + P(\overline{A})$$

即

$$P(\overline{A}) = 1 - P(A)$$

性质 6(加法公式) 设 A、B 是事件，则

$$P(A \cup B) = P(A) + P(B) - P(AB) \tag{1.3.4}$$

证明 由于

$$A \cup B = A \cup (B-AB)，且 A(B-AB) = \varnothing，AB \subset B$$

由(1.3.2)式及(1.3.3)式得

$$P(A \cup B) = P(A) + P(B-AB) = P(A) + P(B) - P(AB)$$

(1.3.4)式还能推广到多个事件的情况。例如，设 A、B、C 为任意三个事件，则有

$$P(A \cup B \cup C) = P(A) + P(B) + P(C) - P(AB) - P(AC) - P(BC) + P(ABC)$$

$$\tag{1.3.5}$$

一般地，设 $A_1, A_2, \cdots, A_n$ 是事件，利用归纳法可以证明

$$P\left(\bigcup_{i=1}^{n} A_i\right) = \sum_{i=1}^{n} P(A_i) - \sum_{1 \leqslant i < j \leqslant n} P(A_i A_j) + \sum_{1 \leqslant i < j < k \leqslant n} P(A_i A_j A_k)$$

$$- \cdots + (-1)^{n-1} P(A_1 A_2 \cdots A_n) \tag{1.3.6}$$

性质 7（极限性）　设 $A_1 \subset A_2 \subset \cdots \subset A_n \subset \cdots$ 是事件，则

$$\lim_{n \to \infty} P(A_n) = P\left(\bigcup_{n=1}^{\infty} A_n\right) \tag{1.3.7}$$

设 $A_1 \supset A_2 \supset \cdots \supset A_n \supset \cdots$ 是事件，则

$$\lim_{n \to \infty} P(A_n) = P\left(\bigcap_{n=1}^{\infty} A_n\right) \tag{1.3.8}$$

证明　已知 $A_1 \subset A_2 \subset \cdots \subset A_n \subset \cdots$，令 $B_1 = A_1$，$B_n = A_n \overline{\left(\bigcup_{i=1}^{n-1} A_{n-1}\right)} = A_n \overline{A}_{n-1}$（$n = 2$，

3，$\cdots$），则 $B_i B_j = \varnothing$（$i \neq j$；i，$j = 1$，2，$\cdots$），且 $\bigcup_{n=1}^{\infty} B_n = \bigcup_{n=1}^{\infty} A_n$，从而有

$$P\left(\bigcup_{n=1}^{\infty} A_n\right) = P\left(\bigcup_{n=1}^{\infty} B_n\right) = \sum_{n=1}^{\infty} P(B_n) = \lim_{n \to \infty} \sum_{i=1}^{n} P(B_i)$$

$$= \lim_{n \to \infty} P\left(\bigcup_{i=1}^{n} B_i\right) = \lim_{n \to \infty} P\left(\bigcup_{i=1}^{n} A_i\right) = \lim_{n \to \infty} P(A_n)$$

即

$$\lim_{n \to \infty} P(A_n) = P\left(\bigcup_{n=1}^{\infty} A_n\right)$$

设 $A_1 \supset A_2 \supset \cdots \supset A_n \supset \cdots$，则 $\overline{A}_1 \subset \overline{A}_2 \subset \cdots \subset \overline{A}_n \subset \cdots$，从而有

$$\lim_{n \to \infty} P(\overline{A}_n) = P\left(\bigcup_{n=1}^{\infty} \overline{A}_n\right)$$

又由于

$$P\left(\bigcup_{n=1}^{\infty} \overline{A}_n\right) = P\left(\overline{\bigcap_{n=1}^{\infty} A_n}\right) = 1 - P\left(\bigcap_{n=1}^{\infty} A_n\right)$$

$$\lim_{n \to \infty} P(\overline{A}_n) = \lim_{n \to \infty} (1 - P(A_n)) = 1 - \lim_{n \to \infty} P(A_n)$$

故

$$\lim_{n \to \infty} P(A_n) = P\left(\bigcap_{n=1}^{\infty} A_n\right)$$

例 1-9　设 A、B 是随机事件，$P(A) = 0.7$，$P(A-B) = 0.3$，求 $P(\overline{AB})$。

解　由于 $P(A-B) = P(A) - P(AB)$，因此 $P(AB) = P(A) - P(A-B) = 0.7 - 0.3 = 0.4$，从而

$$P(\overline{AB}) = 1 - P(AB) = 1 - 0.4 = 0.6$$

例 1-10　已知 $P(A) = P(B) = P(C) = \dfrac{1}{4}$，$P(AB) = 0$，$P(AC) = P(BC) = \dfrac{1}{16}$，求 A、

B、C 全不发生的概率。

解 由于事件"A、B、C 全不发生"可表示为 $\overline{A}\ \overline{B}\ \overline{C}$，因此，所求的概率为

$$P(\overline{A}\ \overline{B}\ \overline{C}) = P(\overline{A \cup B \cup C}) = 1 - P(A \cup B \cup C)$$

$$= 1 - P(A) - P(B) - P(C) + P(AB) + P(BC) + P(AC) - P(ABC)$$

$$= 1 - \frac{1}{4} - \frac{1}{4} - \frac{1}{4} + \frac{1}{16} + \frac{1}{16}$$

$$= \frac{3}{8}$$

例 1 - 11 设 $P(A) = 0.4$，$P(B) = 0.3$，$P(A \cup B) = 0.6$，求 $P(A\overline{B})$。

解 由于

$$P(A \cup B) = P(A) + P(B) - P(AB)$$

因此

$$P(AB) = P(A) + P(B) - P(A \cup B) = 0.4 + 0.3 - 0.6 = 0.1$$

从而

$$P(A\overline{B}) = P(A - AB) = P(A) - P(AB) = 0.4 - 0.1 = 0.3$$

1.4 古 典 概 率

1. 古典概型

设随机试验的样本空间 $\Omega = \{\omega_1, \omega_2, \cdots, \omega_n\}$，$n$ 为有限的正整数，且每个基本事件 $\{\omega_i\}(i = 1, 2, \cdots, n)$ 发生的可能性相同，则称这种随机试验为古典概型，或称等可能概型。

2. 古典概率

设随机试验的样本空间 $\Omega = \{\omega_1, \omega_2, \cdots, \omega_n\}$，由于每个基本事件发生的可能性相同，即

$$P(\{\omega_1\}) = P(\{\omega_2\}) = \cdots = P(\{\omega_n\})$$

又由于基本事件是两两互不相容的，因此

$$1 = P(\Omega) = P(\{\omega_1\} \cup \{\omega_2\} \cup \cdots \cup \{\omega_n\})$$

$$= P(\{\omega_1\}) + P(\{\omega_2\}) + \cdots + P(\{\omega_n\})$$

$$= nP(\{\omega_i\})$$

$$P(\{\omega_i\}) = \frac{1}{n}, \quad i = 1, 2, \cdots, n$$

若事件 $A = \{\omega_{i_1}, \omega_{i_2}, \cdots, \omega_{i_k}\}(1 \leqslant i_1, i_2, \cdots, i_k \leqslant n)$，则 A 包含 k 个基本事件，即

$$A = \{\omega_{i_1}, \omega_{i_2}, \cdots, \omega_{i_k}\} = \{\omega_{i_1}\} \cup \{\omega_{i_2}\} \cup \cdots \cup \{\omega_{i_k}\}$$

所以事件 A 的概率为

$$P(A) = \sum_{j=1}^{k} P(\{\omega_{i_j}\}) = \frac{k}{n}$$

从而得到古典概率的计算公式为：

$$P(A) = \frac{k}{n} = \frac{\text{有利于事件 } A \text{ 发生的基本事件数}}{\Omega \text{ 中基本事件的总数}}$$

例 1-12　将 C、C、E、E、I、N、S 这七个字母随机地排成一行，求恰好组成英文单词 SCIENCE 的概率。

解　样本空间基本事件总数为 $n = 7!$，有利于所求事件发生的基本事件数为 $k = 2 \times 2 = 4$，故所求的概率为

$$p = \frac{k}{n} = \frac{4}{7!} = \frac{1}{1260}$$

例 1-13　把 10 本书随机地放在书架上，求其中指定的 5 本书放在一起的概率。

解　样本空间基本事件总数为 $n = 10!$，有利于所求事件发生的基本事件数为 $k = 6!\,5!$（其中，$6!$ 是指把 5 本书看成一本书并与其他 5 本书在 6 个位置上全排列，$5!$ 是指这 5 本书在 5 个位置上全排列），故所求的概率为

$$p = \frac{k}{n} = \frac{6!\ 5!}{10!} = \frac{1}{42}$$

例 1-14　袋中有壹分、贰分和伍分的硬币各 5 枚、3 枚和 2 枚，现从中随机地取 5 枚，试求得到的钱额总数超过壹角的概率。

解　样本空间基本事件总数为

$$n = C_{10}^5 = 252$$

有利于所求事件发生的基本事件数可分两种情形：

（1）取 2 枚伍分，其余 3 枚任取，其种数为 $C_2^2 C_8^3 = 56$；

（2）取 1 枚伍分，则贰分至少要取 2 枚，其种数为 $C_2^1 C_3^3 C_5^1 + C_2^1 C_3^2 C_5^2 = 70$。

从而有利于所求事件发生的基本事件数为

$$k = C_2^2 C_8^3 + C_2^1 C_3^3 C_5^1 + C_2^1 C_3^2 C_5^2 = 126$$

故所求的概率为

$$p = \frac{k}{n} = \frac{126}{252} = \frac{1}{2}$$

例 1-15　有 6 件产品，其中有 3 件是次品。从中任取 3 件，求其中恰有 2 件次品的概率。

解　样本空间基本事件总数为 $n = C_6^3 = 20$，有利于所求事件发生的基本事件数为 $k = C_3^2 C_3^1 = 9$，故所求的概率为

$$p = \frac{k}{n} = \frac{9}{20}$$

例 1-16 将 15 名新生随机地平均分配到 3 个班级中去，这 15 名新生中有 3 名是优秀生，试求：

(1) 每个班级各分配到 1 名优秀生的概率；

(2) 3 名优秀生分配到同一班级的概率。

解 样本空间基本事件总数为 $n = C_{15}^5 C_{10}^5 C_5^5 = \dfrac{15!}{5! \, 5! \, 5!}$。

(1) 将 3 名优秀生分配到 3 个班级使每个班级都有 1 名优秀生的分法共有 3! 种。对于每一种分法，其余 12 名新生平均分配到 3 个班级中的分法共有 $C_{12}^4 C_8^4 C_4^4 = \dfrac{12!}{4! \, 4! \, 4!}$ 种，从而有利于所求事件发生的基本事件数为 $k_1 = \dfrac{3! \, 12!}{4! \, 4! \, 4!}$，故所求的概率为

$$p_1 = \frac{k_1}{n} = \frac{\dfrac{3! \, 12!}{4! \, 4! \, 4!}}{\dfrac{15!}{5! \, 5! \, 5!}} = \frac{25}{91}$$

(2) 将 3 名优秀生分配在同一班级的分法共有 3 种。对于每一种分法，其余 12 名新生的分法（一个班 2 名，另外两个班各 5 名）共有 $C_{12}^2 C_{10}^5 C_5^5 = \dfrac{12!}{2! \, 5! \, 5!}$ 种，从而有利于所求事件发生的基本事件数为 $k_2 = \dfrac{3 \times 12!}{2! \, 5! \, 5!}$，故所求的概率为

$$p_2 = \frac{k_2}{n} = \frac{\dfrac{3 \times 12!}{2! \, 5! \, 5!}}{\dfrac{15!}{5! \, 5! \, 5!}} = \frac{6}{91}$$

例 1-17 袋中有 6 只球，其中 4 只白球，2 只红球。从袋中取球两次，每次取 1 只。

(1) 第一次取 1 只球，观察颜色后放回袋中，搅匀后再取 1 只球，这种取球方式叫做放回抽样。

(2) 第一次取 1 只球不放回袋中，第二次从剩余的球中再取 1 只球，这种取球方式叫做不放回抽样。

试分别就上面两种情况求：

① 取到的 2 只球都是白球的概率；

② 取到的 2 只球颜色相同的概率；

③ 取到的 2 只球中至少有 1 只是白球的概率。

解 设 A、B、C 分别表示事件"取到的 2 只球都是白球"、"取到的 2 只球都是红球"、"取到的 2 只球中至少有 1 只是白球"，则事件"取到的 2 只球颜色相同"为 $A \cup B$，且 $C = \overline{B}$，$AB = \varnothing$。

(1) 放回抽样。

样本空间基本事件总数为 $C_6^1 C_6^1 = 36$，有利于事件 A 发生的基本事件数为 $C_4^1 C_4^1 = 16$，有利于事件 B 发生的基本事件数为 $C_2^1 C_2^1 = 4$，故

$$P(A) = \frac{16}{36} = \frac{4}{9}, \qquad P(B) = \frac{4}{36} = \frac{1}{9}$$

从而

$$P(A \bigcup B) = P(A) + P(B) = \frac{4}{9} + \frac{1}{9} = \frac{5}{9}$$

$$P(C) = P(\overline{B}) = 1 - P(B) = 1 - \frac{1}{9} = \frac{8}{9}$$

（2）不放回抽样。

样本空间基本事件总数为 $C_6^1 C_5^1 = 30$，有利于事件 A 发生的基本事件数为 $C_4^1 C_3^1 = 12$，有利于事件 B 发生的基本事件数为 $C_2^1 C_1^1 = 2$，故

$$P(A) = \frac{12}{30} = \frac{2}{5}, \qquad P(B) = \frac{2}{30} = \frac{1}{15}$$

从而

$$P(A \bigcup B) = P(A) + P(B) = \frac{2}{5} + \frac{1}{15} = \frac{7}{15}$$

$$P(C) = P(\overline{B}) = 1 - P(B) = 1 - \frac{1}{15} = \frac{14}{15}$$

例 1-18 有 10 件产品，其中有 5 件是次品。从中任取 3 件，求其中有次品的概率。

解 方法一：设 A 表示事件"取出的 3 件产品中有次品"，$A_i (i = 1, 2, 3)$ 表示事件"取出的 3 件产品中恰有 i 件次品"，则 $A = A_1 \bigcup A_2 \bigcup A_3$，且 $A_i A_j = \varnothing (i \neq j; i, j = 1, 2, 3)$，且

$$P(A_1) = \frac{C_5^1 C_5^2}{C_{10}^3} = \frac{5}{12}, \ P(A_2) = \frac{C_5^2 C_5^1}{C_{10}^3} = \frac{5}{12}, \ P(A_3) = \frac{C_5^3 C_5^0}{C_{10}^3} = \frac{1}{12}$$

故所求的概率为

$$P(A) = P(A_1) + P(A_2) + P(A_3) = \frac{5}{12} + \frac{5}{12} + \frac{1}{12} = \frac{11}{12}$$

方法二：设 A 表示事件"取出的 3 件产品中有次品"，则 $\overline{A}$ 表示事件"取出的 3 件产品中没有次品"，且

$$P(\overline{A}) = \frac{C_5^0 C_5^3}{C_{10}^3} = \frac{1}{12}$$

故所求的概率为

$$P(A) = 1 - P(\overline{A}) = 1 - \frac{1}{12} = \frac{11}{12}$$

例 1-19 从 1, 2, …, 9 这 9 个数字中，有放回地取三次，每次任取 1 个数字，求所取出的 3 个数之积能被 10 整除的概率。

解 设 A 表示事件"所取的 3 个数中含有数字 5"，B 表示事件"所取的 3 个数中含有偶数"，C 表示事件"所取的 3 个数之积能被 10 整除"，则

$$C = AB$$

故

$$
\begin{aligned}
P(C) &= P(AB) = 1 - P(\overline{AB}) = 1 - P(\overline{A} \bigcup \overline{B}) \\
&= 1 - P(\overline{A}) - P(\overline{B}) + P(\overline{A}\,\overline{B}) \\
&= 1 - \left(\frac{8}{9}\right)^3 - \left(\frac{5}{9}\right)^3 + \left(\frac{4}{9}\right)^3 \\
&= 1 - 0.786 = 0.214
\end{aligned}
$$

例 1-20 将 n 只球随机地放入 $N(N \geqslant n)$ 个盒子中，试求每个盒子中至多有 1 只球的概率(设盒子的容量不限)。

解 将 n 只球放入 N 个盒子中，每一种放法是一个基本事件，因为每一只球都可以放入 N 个盒子中的任一个，故共有 $N \times N \times \cdots \times N = N^n$ 种不同的放法，而每个盒子中至多放一只球共有 $N(N-1) \cdots [N-(n-1)]$ 种不同的放法，故所求的概率为

$$p = \frac{N(N-1) \cdots (N-n+1)}{N^n}$$

事实上，有许多问题和例 1-20 具有相同的数学模型。例如，假设每人的生日在一年 365 天中任一天是等可能的，即概率都等于 $\frac{1}{365}$，那么随机选取 $n(n \leqslant 365)$ 个人，他们的生日各不相同的概率为

$$p = \frac{365 \cdot 364 \cdot \cdots \cdot (365-n+1)}{365^n}$$

例 1-21 袋中有 a 只白球，b 只红球，k 个人依次在袋中取 1 只球，分别：

(1) 做放回抽样；

(2) 做不放回抽样。

求第 $i(i=1, 2, \cdots, k)$ 人取到白球(记为事件 B)的概率。

解 (1) 放回抽样的情况下，显然有

$$P(B) = \frac{a}{a+b}$$

(2) 不放回抽样的情况：样本空间基本事件总数为 $(a+b)(a+b-1) \cdots (a+b-k+1)$，有利于事件 B 发生的基本事件数为 $a \cdot (a+b-1)(a+b-2) \cdots [(a+b-1-(k-1)+1)]$ (事实上，当事件 B 发生时，第 i 人取的应是白球，可以在 a 只白球中任取 1 只，有 a 种取法，其余被取的 $k-1$ 只球可以是剩下的 $a+b-1$ 只球中的任意 $k-1$ 只，共有 $(a+b-1)(a+b-2) \cdots [(a+b-1-(k-1)+1)]$ 种取法)，从而所求的概率为

$$P(B) = \frac{a \cdot (a+b-1)(a+b-2) \cdots [(a+b-1-(k-1)+1)]}{(a+b)(a+b-1) \cdots (a+b-k+1)} = \frac{a}{a+b}$$

　　值得注意的是：一是 $P(B)$ 与 i 无关，即 k 个人取球，尽管取球的先后顺序不同，各人取到白球的概率是一样的，这就是著名的"抽签原则"；二是在放回抽样的情况下与在不放回抽样的情况下，$P(B)$ 是一样的。

　　例 1-22　某接待站在某一周曾接待过 12 次来访，已知这 12 次接待都是在周二和周四进行的，是否可以推断接待时间是有规定的？

　　解　假设接待站的接待时间没有规定，而各来访者在一周的任一天去接待站是等可能的，则 12 次来访都在周二和周四的概率为

$$\frac{2^{12}}{7^{12}} = 0.000\ 000\ 3$$

　　人们在长期的实践中总结得到"实际推断原理"："实际上，概率很小的事件在一次试验中几乎是不发生的"。现在，概率很小的事件在一次试验中竟然发生了，因此有理由怀疑假设的正确性，从而推断接待站不是每天都接待来访者，即认为其接待时间是有规定的。

1.5　几何概率

　　古典概率是基于样本空间为有限集，每个基本事件发生的可能性相等的古典概型。如果样本空间是无限集，那么我们就不能用古典概率的计算公式来计算该随机试验中随机事件的概率，对古典概率进行推广便得到以下的几何概率。

　　1. 直线线段上的几何概率

　　定义 1　设线段 l 是线段 L 的一部分，向线段 L 上任意投一点，若投中线段 l 上的点的数目与该线段的长度成正比，而与该线段 l 在线段 L 上的相对位置无关，则点投中线段 l 的概率 p 为

$$p = \frac{l\ 的长度}{L\ 的长度}$$

　　2. 平面区域上的几何概率

　　定义 2　设平面区域 g 是平面区域 G 的一部分，向平面区域 L 上任意投一点，若投中平面区域 g 上的点的数目与该平面区域的面积成正比，而与该平面区域 g 在平面区域 G 上的相对位置无关，则点投中平面区域 g 的概率 p 为

$$p = \frac{g\ 的面积}{G\ 的面积}$$

　　3. 空间区域上的几何概率

　　定义 3　设空间区域 v 是空间区域 V 的一部分，向空间区域 V 上任意投一点，若投中空间区域 v 上的点的数目与该空间区域的体积成正比，而与该空间区域 v 在空间区域 V 上的相对位置无关，则点投中空间区域 v 的概率 p 为

$$p = \frac{v\ 的体积}{V\ 的体积}$$

例 1-23 在区间 $(0,1)$ 中随机地取两个数，求事件"两数之和小于 6/5"的概率。

解 设 A 表示事件"两数之和小于 6/5"，x、y 分别表示随机取出的两个数，则 $0<x<1$，$0<y<1$，样本空间为 $\Omega=\{(x,y)|0<x<1,0<y<1|\}$。由几何概率知（如图 1-7 所示）

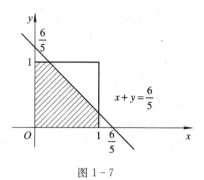

图 1-7

$$P(A)=\frac{A\ \text{的面积}}{\Omega\ \text{的面积}}=\frac{1-\frac{1}{2}\left(\frac{4}{5}\right)^2}{1}=\frac{17}{25}$$

例 1-24 在区间 $(0,1)$ 中随机地取两个数，求这两个数之差的绝对值小于 1/2 的概率。

解 设 A 表示事件"两数之差的绝对值小于 1/2"，x、y 分别表示随机取出的两个数，则 $0<x<1$，$0<y<1$，样本空间为 $\Omega=\{(x,y)|0<x<1,0<y<1|\}$。由几何概率知（如图 1-8 所示）

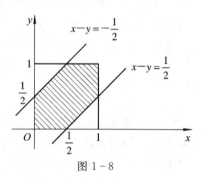

图 1-8

$$P(A)=\frac{A\ \text{的面积}}{\Omega\ \text{的面积}}=\frac{1-2\times\frac{1}{2}\left(\frac{1}{2}\right)^2}{1}=\frac{3}{4}$$

例 1-25 甲、乙两艘轮船驶向一个不能同时停泊两艘轮船的码头，它们在一昼夜内到达的时间是等可能的。如果甲船停泊的时间是一小时，乙船停泊的时间是两小时，求它们中任何一艘都不需要等候码头空出的概率。

解 设 x、y 分别为甲、乙两船的到达时间（单位：小时），则 $0\leqslant x\leqslant 24$，$0\leqslant y\leqslant 24$，样本空间为

$$\Omega=\{(x,y)|0\leqslant x\leqslant 24,0\leqslant y\leqslant 24\}$$

其面积为 24^2。由题设知：若甲船先到，则乙船必须晚一小时到达，即 $y\geqslant x+1$；若乙船先到，则甲船必须晚两小时到达，即 $x\geqslant y+2$。于是，有利于所求事件发生的基本事件构成集合为 $A_1\cup A_2$（如图 1-9 所示），其面积和为 $\frac{1}{2}(23^2+22^2)$，故所求的概率为

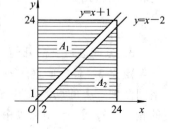

图 1-9

$$p=\frac{\frac{1}{2}(23^2+22^2)}{24^2}=\frac{1013}{1152}$$

1.6　条件概率与概率的三大公式

1. 条件概率

条件概率是概率论中的一个重要而实用的概念,它考虑的是在一个事件发生的条件下某事件发生的概率问题。

例 1-26　掷一枚硬币两次,观察其出现正、反面的情况,设正面为 H,反面为 T。事件 A 表示"至少有一次出现 H",事件 B 表示"两次掷出同一面"。已知事件 A 已经发生,求事件 B 发生的概率。

解　样本空间 $\Omega=\{HH, HT, TH, TT\}$, $A=\{HH, HT, TH\}$。已知事件 A 已发生,则样本点 TT 不可能出现,从而试验中所有可能结果所构成的集合就是 A。A 中共有 3 个样本点,其中只有 $HH \in B$,所以在事件 A 发生的条件下事件 B 发生的条件概率为

$$P(B \mid A) = \frac{1}{3}$$

在这里,我们看到 $P(B) = \frac{2}{4} \neq \frac{1}{3} = P(B \mid A)$。这是很容易理解的,因为在求 $P(B \mid A)$ 时是限制在事件 A 已经发生的条件下考虑事件 B 发生的概率。

由于 $P(A) = \frac{3}{4}$, $P(AB) = \frac{1}{4}$, 因此 $P(B \mid A) = \frac{1}{3} = \frac{1/4}{3/4} = \frac{P(AB)}{P(A)}$, 这样的结果具有一般性,从而可以给出条件概率的一般性定义。

定义 1　设 A、B 是事件, $P(A) > 0$, 称

$$P(B \mid A) = \frac{P(AB)}{P(A)} \tag{1.6.1}$$

为在事件 A 发生的条件下事件 B 发生的条件概率。

需要指出的是,条件概率 $P(\cdot \mid A)$ 符合概率公理化定义中的三个条件,即

(1) 非负性:设 B 是事件,则 $P(B \mid A) \geqslant 0$;

(2) 规范性: $P(\Omega \mid A) = 1$;

(3) 可列可加性:设 $B_1, B_2, \cdots, B_n, \cdots$ 是两两互不相容的事件,则

$$P\left[\bigcup_{n=1}^{\infty} B_n \mid A\right] = \sum_{n=1}^{\infty} P(B_n \mid A)$$

既然条件概率符合上述三个条件,那么对概率所证明的一切结果都适用于条件概率。例如,设 A、B、C 是事件,且 $0 < P(A) < 1$,则

$$P(B \cup C \mid A) = P(B \mid A) + P(C \mid A) - P(BC \mid A)$$

$$P(\overline{B} \mid A) = 1 - P(B \mid A)$$

$$P(\overline{B} \mid \overline{A}) = 1 - P(B \mid \overline{A})$$

例 1-27 一个盒子中装有 4 只产品，其中 3 只一等品，1 只二等品，从中取产品两次，每次任取 1 只，取出的产品不再放回。试求在第一次取到的是一等品的条件下第二次取到的也是一等品的概率。

解 设 A 表示事件"第一次取到的是一等品"，B 表示事件"第二次取到的是一等品"，则

$$P(A) = \frac{C_3^1 C_3^1}{C_4^1 C_3^1} = \frac{3}{4}, \ P(AB) = \frac{C_3^1 C_2^1}{C_4^1 C_3^1} = \frac{1}{2}$$

故所求的概率为

$$P(B \mid A) = \frac{P(AB)}{P(A)} = \frac{1/2}{3/4} = \frac{2}{3}$$

例 1-28 设 10 件产品中有 4 件不合格品，从中任取 2 件，已知 2 件中有 1 件是不合格品，求另 1 件也是不合格品的概率。

解 设 A 表示事件"2 件中有 1 件是不合格品"，B 表示事件"2 件均为不合格品"，则 $B \subset A$，且

$$P(A) = \frac{C_6^1 C_4^1 + C_4^2}{C_{10}^2} = \frac{2}{3}, \ P(AB) = P(B) = \frac{C_4^2}{C_{10}^2} = \frac{2}{15}$$

故所求的概率为

$$P(B \mid A) = \frac{P(AB)}{P(A)} = \frac{P(B)}{P(A)} = \frac{2/15}{2/3} = \frac{1}{5}$$

例 1-29 已知 $P(A) = 0.6$，$P(B) = 0.8$，$P(B \mid \overline{A}) = 0.6$，求 $P(A \mid B)$。

解 由于

$$P(B \mid \overline{A}) = \frac{P(\overline{A}B)}{P(\overline{A})} = \frac{P(B) - P(AB)}{1 - P(A)}$$

因此

$$P(AB) = P(B) - (1 - P(A))P(B \mid \overline{A}) = 0.8 - 0.4 \times 0.6 = 0.8 - 0.24$$

从而

$$P(A \mid B) = \frac{P(AB)}{P(B)} = \frac{0.8 - 0.24}{0.8} = 1 - 0.3 = 0.7$$

结合古典概率的定义，古典条件概率有以下的计算公式：

$$P(B \mid A) = \frac{B \text{ 的含在 } A \text{ 中的基本事件数}}{A \text{ 中的基本事件数}}$$

例 1-30 袋中有 2 只红球，3 只黑球，4 只白球，现有放回地从袋中取球两次，每次取 1 只球，已知取出的 2 只球中没有黑球，试求取出的 2 只球为 1 只红球和 1 只白球的概率。

解 方法一：设 A 表示事件"取出的 2 只球中没有黑球"，B 表示事件"取出的 2 只球为 1 只红球和 1 只白球"，则

$$P(A) = \frac{C_6^1 C_6^1}{C_9^1 C_9^1} = \frac{36}{81}, \quad P(AB) = \frac{C_2^1 C_4^1 + C_4^1 C_2^1}{C_9^1 C_9^1} = \frac{16}{81}$$

从而所求的概率为

$$P(B \mid A) = \frac{P(AB)}{P(A)} = \frac{16/81}{36/81} = \frac{4}{9}$$

方法二：设 A 表示事件"取出的 2 只球中没有黑球"，B 表示事件"取出的 2 只球为 1 只红球和 1 只白球"，则 A 中的基本事件数为 $C_6^1 C_6^1 = 36$，B 的含在 A 中的基本事件数为 $C_2^1 C_4^1 + C_4^1 C_2^1 = 16$，从而所求的概率为

$$P(B \mid A) = \frac{16}{36} = \frac{4}{9}$$

2. 概率的三大公式

1）乘法公式

设 A、B 是事件，且 $P(A) > 0$，$P(B) > 0$，则

$$P(AB) = P(A)P(B \mid A) = P(B)P(A \mid B) \tag{1.6.2}$$

一般地，设 A_1，A_2，$\cdots$，A_n 是事件，且 $P(A_1 A_2 \cdots A_{n-1}) > 0$，则

$$P(A_1 A_2 \cdots A_n) = P(A_1)P(A_2 \mid A_1)P(A_3 \mid A_1 A_2) \cdots P(A_n \mid A_1 A_2 \cdots A_{n-1}) \tag{1.6.3}$$

例 1 - 31　设袋中装有 3 只红球，2 只白球。每次从袋中任取 1 只球，观察其颜色然后放回，并再放入 1 只与所取出的那只球同颜色的球。若在袋中连续取球四次，试求第一、二次取到红球且第三、四次取到白球的概率。

解　设 $A_i (i=1, 2, 3, 4)$ 表示事件"第 i 次取到红球"，则 $\overline{A}_3$、$\overline{A}_4$ 分别表示事件"第三次取到白球"、"第四次取到白球"，故所求的概率为

$$P(A_1 A_2 \overline{A}_3 \overline{A}_4) = P(A_1)P(A_2 \mid A_1)P(\overline{A}_3 \mid A_1 A_2)P(\overline{A}_4 \mid A_1 A_2 \overline{A}_3)$$

$$= \frac{3}{5} \cdot \frac{4}{6} \cdot \frac{2}{7} \cdot \frac{3}{8} = \frac{3}{70}$$

例 1 - 32　设某光学仪器厂制造的透镜，第一次落下时打破的概率为 1/2。若第一次落下未打破，第二次落下打破的概率为 7/10。若前两次落下未打破，第三次落下打破的概率为 9/10。试求透镜落下三次而未打破的概率。

解　方法一：设 $A_i (i=1, 2, 3)$ 表示事件"透镜第 i 次落下打破"，B 表示事件"透镜落下三次而未打破"，则 $B = \overline{A}_1 \overline{A}_2 \overline{A}_3$，故所求的概率为

$$P(B) = P(\overline{A}_1 \overline{A}_2 \overline{A}_3) = P(\overline{A}_1)P(\overline{A}_2 \mid \overline{A}_1)P(\overline{A}_3 \mid \overline{A}_1 \overline{A}_2)$$

$$= \left(1 - \frac{1}{2}\right)\left(1 - \frac{7}{10}\right)\left(1 - \frac{9}{10}\right) = \frac{3}{200}$$

方法二：设 $A_i (i=1, 2, 3)$ 表示事件"透镜第 i 次落下打破"，B 表示事件"透镜落下三次而未打破"，则

$$\overline{B} = A_1 \cup \overline{A}_1 A_2 \cup \overline{A}_1 \overline{A}_2 A_3$$

且 A_1、$\overline{A}_1 A_2$、$\overline{A}_1 \overline{A}_2 A_3$ 是两两互不相容的事件，故

$$P(\overline{B}) = P(A_1) + P(\overline{A_1}A_2) + P(\overline{A_1}\ \overline{A_2}A_3)$$

已知 $P(A_1) = \dfrac{1}{2}$，$P(A_2 \mid \overline{A_1}) = \dfrac{7}{10}$，$P(A_3 \mid \overline{A_1}\overline{A_2}) = \dfrac{9}{10}$，则

$$P(\overline{A_1}A_2) = P(\overline{A_1})P(A_2 \mid \overline{A_1}) = \left(1 - \frac{1}{2}\right) \cdot \frac{7}{10} = \frac{7}{20}$$

$$P(\overline{A_1}\ \overline{A_2}A_3) = P(\overline{A_1})P(\overline{A_2} \mid \overline{A_1})P(A_3 \mid \overline{A_1}\ \overline{A_2}) = \left(1 - \frac{1}{2}\right) \cdot \left(1 - \frac{7}{10}\right) \cdot \frac{9}{10} = \frac{27}{200}$$

故

$$P(\overline{B}) = \frac{1}{2} + \frac{7}{20} + \frac{27}{200} = \frac{197}{200}$$

$$P(B) = 1 - P(\overline{B}) = 1 - \frac{197}{200} = \frac{3}{200}$$

例 1-33 在某次战斗中，甲机先向乙机开火，击落乙机的概率为 0.2。若乙机未被击落就进行还击，击落甲机的概率为 0.3。若甲机未被击落，则再进攻乙机，击落乙机的概率为 0.4。求在这几个回合中：

(1) 甲机被击落的概率；

(2) 乙机被击落的概率。

解 设 A 表示事件"第一次攻击中，甲机击落乙机"，B 表示事件"第二次攻击中，乙机击落甲机"，C 表示事件"第三次攻击中，甲机击落乙机"，则 $\overline{A}B$ 表示事件"甲机被击落"，$A \cup \overline{A}\ \overline{B}C$ 表示事件"乙机被击落"，且

$$P(A) = 0.2, \quad P(B \mid \overline{A}) = 0.3, \quad P(C \mid \overline{A}\overline{B}) = 0.4$$

(1) 由乘法公式，得

$$P(\overline{A}B) = P(\overline{A})P(B \mid \overline{A}) = (1 - 0.2) \times 0.3 = 0.24$$

(2) 由有限可加性和乘法公式，得

$$\begin{aligned}
P(A \cup \overline{A}\ \overline{B}C) &= P(A) + P(\overline{A}\ \overline{B}C) \\
&= P(A) + P(\overline{A})P(\overline{B} \mid \overline{A})P(C \mid \overline{A}\overline{B}) \\
&= P(A) + (1 - P(A))(1 - P(B \mid \overline{A}))P(C \mid \overline{A}\overline{B}) \\
&= 0.2 + (1 - 0.2) \times (1 - 0.3) \times 0.4 = 0.424
\end{aligned}$$

2) 全概率公式

定义 2 设 Ω 为随机试验的样本空间，如果事件 B_1，B_2，$\cdots$，B_n 满足

(1) B_1，B_2，$\cdots$，B_n 两两互不相容，即 $B_iB_j = \varnothing (i \neq j; \ i, j = 1, 2, \cdots, n)$，且 $P(B_i) > 0$ $(i = 1, 2, \cdots, n)$；

(2) $\bigcup\limits_{i=1}^{n} B_i = \Omega$，

则称事件 B_1，B_2，$\cdots$，B_n 为样本空间 Ω 的一个划分。

若 B_1，B_2，$\cdots$，B_n 为样本空间 Ω 的一个划分，则对每次试验，事件 B_1，B_2，$\cdots$，B_n 中必有一个且仅有一个发生。

例 1 - 34 在掷一枚骰子的试验中，其样本空间为 $\Omega = \{1, 2, 3, 4, 5, 6\}$，则 $B_1 = \{1, 2\}$，$B_2 = \{3, 4, 5\}$，$B_3 = \{6\}$ 就是样本空间 Ω 的一个划分。

定理 1（全概率公式） 设 Ω 为随机试验的样本空间，A 为随机事件，B_1，B_2，$\cdots$，B_n 为样本空间 Ω 的一个划分，则

$$P(A) = \sum_{i=1}^{n} P(B_i) P(A \mid B_i) \tag{1.6.4}$$

证明 由于

$$A = A\Omega = A(B_1 \bigcup B_2 \bigcup \cdots \bigcup B_n) = AB_1 \bigcup AB_2 \bigcup \cdots \bigcup AB_n$$

且 $(AB_i)(AB_j) = \varnothing (i \neq j; \ i, j = 1, 2, \cdots, n)$，因此

$$P(A) = P(AB_1) + P(AB_2) + \cdots + P(AB_n)$$
$$= P(B_1) P(A \mid B_1) + P(B_2) P(A \mid B_2) + \cdots + P(B_n) P(A \mid B_n)$$

即

$$P(A) = \sum_{i=1}^{n} P(B_i) P(A \mid B_i)$$

3）Bayes（贝叶斯）公式

定理 2（Bayes 公式） 设 Ω 为随机试验的样本空间，A 为随机事件，B_1，B_2，$\cdots$，B_n 为样本空间 Ω 的一个划分，且 $P(A) > 0$，$P(B_i) > 0 (i = 1, 2, \cdots, n)$，则

$$P(B_i \mid A) = \frac{P(B_i) P(A \mid B_i)}{\sum\limits_{j=1}^{n} P(B_j) P(A \mid B_j)}, \quad i = 1, 2, \cdots, n \tag{1.6.5}$$

证明 由条件概率的定义及全概率公式，得

$$P(B_i \mid A) = \frac{P(AB_i)}{P(A)} = \frac{P(B_i) P(A \mid B_i)}{\sum\limits_{j=1}^{n} P(B_j) P(A \mid B_j)}, \quad i = 1, 2, \cdots, n$$

特别地，在(1.6.4)式和(1.6.5)式中取 $n = 2$，并将 B_1 记为 B，则 B_2 就是 $\overline{B}$，那么全概率公式和 Bayes 公式分别成为

$$P(A) = P(B) P(A \mid B) + P(\overline{B}) P(A \mid \overline{B}) \tag{1.6.6}$$

$$P(B \mid A) = \frac{P(B) P(A \mid B)}{P(B) P(A \mid B) + P(\overline{B}) P(A \mid \overline{B})} \tag{1.6.7}$$

这两个公式是常用的。

例 1 - 35 一批产品共有 10 个正品和 2 个次品，任意抽取两次，每次抽 1 个，抽出后不再放回。求第二次抽出的是次品的概率。

解 方法一：设 $A_i (i=1,2)$ 表示事件"第 i 次抽到次品"，由"抽签原则"，得

$$P(A_2) = P(A_1) = \frac{2}{12} = \frac{1}{6}$$

方法二：设 $A_i (i=1,2)$ 表示事件"第 i 次抽到次品"，由全概率公式，得

$$P(A_2) = P(A_1)P(A_2 \mid A_1) + P(\overline{A_1})P(A_2 \mid \overline{A_1}) = \frac{2}{12} \cdot \frac{1}{11} + \frac{10}{12} \cdot \frac{2}{11} = \frac{1}{6}$$

例 1-36 假设有两箱同种零件，第一箱内装 50 件，其中 10 件一等品；第二箱内装 30 件，其中 18 件一等品。现从两箱中随意地挑出一箱，然后从该箱中先后随机地取 2 个零件，取出的零件不再放回，试求：

(1) 先取出的零件是一等品的概率；

(2) 在先取出的零件是一等品的条件下，第二次取出的零件仍是一等品的概率。

解 设 $H_i (i=1,2)$ 表示事件"被挑出的是第 i 箱"，$A_j (j=1,2)$ 表示事件"第 j 次取出的零件是一等品"，则

$$P(H_1) = P(H_2) = \frac{1}{2}, \ P(A_1 \mid H_1) = \frac{1}{5}, \ P(A_1 \mid H_2) = \frac{3}{5}$$

(1) 由全概率公式，得

$$P(A_1) = P(H_1)P(A_1 \mid H_1) + P(H_2)P(A_1 \mid H_2)$$

$$= \frac{1}{2} \times \frac{1}{5} + \frac{1}{2} \times \frac{3}{5} = \frac{2}{5}$$

(2) 由条件概率的定义及全概率公式，得

$$P(A_2 \mid A_1) = \frac{P(A_1 A_2)}{P(A_1)}$$

$$= \frac{1}{P(A_1)} [P(H_1)P(A_1 A_2 \mid H_1) + P(H_2)P(A_1 A_2 \mid H_2)]$$

$$= \frac{5}{2} \left(\frac{1}{2} \cdot \frac{C_{10}^1 C_9^1}{C_{50}^1 C_{49}^1} + \frac{1}{2} \cdot \frac{C_{18}^1 C_{17}^1}{C_{30}^1 C_{29}^1} \right) = \frac{1}{4} \left(\frac{9}{49} + \frac{51}{29} \right) = 0.485\,57$$

例 1-37 某工厂有 4 个车间生产同一种产品，其产量分别占总产量的 15%、20%、30%、35%，各车间的次品率分别为 0.05、0.04、0.03、0.02。现从出厂产品中任取 1 件，求：

(1) 取出的产品是次品的概率；

(2) 若取出的产品是次品，它是一车间生产的概率。

解 设 $B_i (i=1,2,3,4)$ 表示事件"取出的产品是第 i 车间生产的"，A 表示事件"取出的产品是次品"，则

$$P(B_1) = \frac{15}{100}, \ P(B_2) = \frac{20}{100}, \ P(B_3) = \frac{30}{100}, \ P(B_4) = \frac{35}{100}$$

$$P(A \mid B_1) = 0.05, \; P(A \mid B_2) = 0.04, \; P(A \mid B_3) = 0.03, \; P(A \mid B_4) = 0.02$$

（1）由全概率公式，得

$$P(A) = \sum_{i=1}^{4} P(B_i) P(A \mid B_i)$$

$$= \frac{15}{100} \times 0.05 + \frac{20}{100} \times 0.04 + \frac{30}{100} \times 0.03 + \frac{35}{100} \times 0.02$$

$$= 0.0315$$

（2）由 Bayes 公式，得

$$P(B_1 \mid A) = \frac{P(B_1) P(A \mid B_1)}{P(A)} = \frac{\dfrac{15}{100} \times 0.05}{0.0315} = 0.238$$

这里 $P(B_1)$ 是试验之前已经知道的概率，称为先验概率。条件概率 $P(B_1 \mid A)$ 反映了试验后对 A 发生的一种原因（一车间情况）的可能性大小，称为后验概率。Bayes 公式是从先验概率反过来推算后验概率的公式。正因为 Bayes 公式在一定程度上能帮助人们分析事件发生的原因，因此它在疾病诊断、机器故障分析、市场经济预测等方面有着广泛的应用。

例 1-38　两台车床加工同样的零件，第一台车床出现废品的概率为 0.03，第二台车床出现废品的概率为 0.02，加工出来的零件放在一起。已知第一台车床加工的零件数是第二台车床加工的零件数的两倍，试求：

（1）从加工出来的零件中任取 1 件是合格品的概率；

（2）若取出来的零件是废品，它是第二台车床加工的概率。

解　设 $B_i (i=1,2)$ 表示事件"取出的零件是第 i 台车床加工的"，A 表示事件"取出的零件是合格品"，则

$$P(B_1) = \frac{2}{3}, \; P(B_2) = \frac{1}{3}$$

$$P(A \mid B_1) = 1 - 0.03 = 0.97, \; P(A \mid B_2) = 1 - 0.02 = 0.98$$

（1）由全概率公式，得

$$P(A) = P(B_1) P(A \mid B_1) + P(B_2) P(A \mid B_2)$$

$$= \frac{2}{3} \times 0.97 + \frac{1}{3} \times 0.98 = \frac{292}{300}$$

（2）由 Bayes 公式，得

$$P(B_2 \mid \overline{A}) = \frac{P(B_2) P(\overline{A} \mid B_2)}{P(B_1) P(\overline{A} \mid B_1) + P(B_2) P(\overline{A} \mid B_2)} = \frac{\dfrac{1}{3} \times \dfrac{2}{100}}{\dfrac{2}{3} \times \dfrac{3}{100} + \dfrac{1}{3} \times \dfrac{2}{100}} = \frac{1}{4}$$

例 1-39　某工厂的一、二、三车间生产同一种产品，产量分别为 25%、35%、40%。已知一、三车间的次品率分别为 4% 和 5%，全厂的次品率为 3.7%，求：

(1) 二车间的次品率；

(2) 从该厂生产的产品中任取 1 件发现是次品，它是二车间生产的概率。

解 设 $B_i(i=1,2,3)$ 表示事件"取出的产品是第 i 车间生产的"，A 表示事件"取出的产品是次品"，则

$$P(B_1) = 0.25, \quad P(B_2) = 0.35, \quad P(B_3) = 0.40, \quad P(A) = 0.037$$
$$P(A \mid B_1) = 0.04, \quad P(A \mid B_3) = 0.05$$

(1) 由全概率公式，得

$$0.037 = P(A) = \sum_{i=1}^{3} P(B_i) P(A \mid B_i)$$
$$= 0.25 \times 0.04 + 0.35 \times P(A \mid B_2) + 0.40 \times 0.05$$

解之，得 $P(A \mid B_2) = 0.02$，即二车间的次品率为 0.02。

(2) 由 Bayes 公式，得

$$P(B_2 \mid A) = \frac{P(B_2) P(A \mid B_2)}{P(A)} = \frac{0.35 \times 0.02}{0.037} = 0.189$$

例 1-40 玻璃杯成箱出售，每箱 20 只，假设各箱中含 0、1 和 2 只残次品的概率分别为 0.8、0.1 和 0.1。一位顾客欲买下一箱玻璃杯，在购买时，售货员随意地取一箱，而顾客开箱随意查看 4 只，若没有残次品，则买下该箱玻璃杯，否则退回。试求：

(1) 顾客买下该箱玻璃杯的概率；

(2) 在顾客买下的一箱玻璃杯中，确实没有残次品的概率。

解 设 A 表示事件"顾客买下所查看的一箱玻璃杯"，$B_i(i=0,1,2)$ 表示事件"顾客所查看的一箱玻璃杯中恰好有 i 只残次品"，则

$$P(B_0) = 0.8, \quad P(B_1) = 0.1, \quad P(B_2) = 0.1$$
$$P(A \mid B_0) = 1, \quad P(A \mid B_1) = \frac{C_{19}^4}{C_{20}^4} = \frac{4}{5}, \quad P(A \mid B_2) = \frac{C_{18}^4}{C_{20}^4} = \frac{12}{19}$$

(1) 由全概率公式，得

$$P(A) = \sum_{i=0}^{2} P(B_i) P(A \mid B_i) = 0.8 \times 1 + 0.1 \times \frac{4}{5} + 0.1 \times \frac{12}{19} = 0.94$$

(2) 由 Bayes 公式，得

$$P(B_0 \mid A) = \frac{P(B_0) P(A \mid B_0)}{P(A)} = \frac{0.8 \times 1}{0.94} = 0.85$$

1.7 事件的独立性

设 A、B 是随机试验的两个事件，若 $P(A) > 0$，则可以定义 $P(B \mid A)$，一般来说，$P(B \mid A) \neq P(B)$，即 A 的发生对 B 发生的概率是有影响的。但在一定的情况下，这种影响

可能不存在，即 $P(B|A)=P(B)$，从而就有 $P(AB)=P(A)P(B|A)=P(A)P(B)$，这就产生了事件的独立性问题。

例 1-41　设随机试验为"掷甲、乙两枚硬币，观察正反面出现的情况"，A 表示事件"甲币出现正面 H"，B 表示事件"乙币出现正面 H"，则随机试验的样本空间为 $\Omega=\{\text{HH},\text{HT},\text{TH},\text{TT}\}$，从而

$$P(A)=\frac{2}{4}=\frac{1}{2},\ P(B)=\frac{2}{4}=\frac{1}{2}$$

$$P(B|A)=\frac{1}{2},\ P(AB)=\frac{1}{4}$$

所以 $P(B|A)=P(B)$，且 $P(AB)=P(A)P(B)$。事实上，显然甲币是否出现正面与乙币是否出现正面是互不影响的。

定义 1　设 A、B 是事件，如果

$$P(AB)=P(A)P(B) \tag{1.7.1}$$

则称事件 A、B 相互独立。

定理 1　设 A、B 是事件，且 $P(A)>0$，则 A、B 相互独立的充分必要条件是 $P(B|A)=P(B)$。

证明　必要性：设 A、B 相互独立，则 $P(AB)=P(A)P(B)$，从而

$$P(B|A)=\frac{P(AB)}{P(A)}=\frac{P(A)P(B)}{P(A)}=P(B)$$

充分性：设 $P(B|A)=P(B)$，则

$$P(AB)=P(A)P(B|A)=P(A)P(B)$$

从而 A、B 相互独立。

定理 2　设 A、B 相互独立，则 A 与 $\overline{B}$，$\overline{A}$ 与 B，$\overline{A}$ 与 $\overline{B}$ 也相互独立。

证明　设 A、B 相互独立，则 $P(AB)=P(A)P(B)$，由 $A=A(B\cup\overline{B})=AB\cup A\overline{B}$，且 $(AB)(A\overline{B})=\varnothing$，得

$$P(A)=P(AB)+P(A\overline{B})=P(A)P(B)+P(A\overline{B})$$

$$P(A\overline{B})=P(A)-P(A)P(B)=P(A)[1-P(B)]=P(A)P(\overline{B})$$

故 A 与 $\overline{B}$ 相互独立。由此可以推出 $\overline{A}$ 与 $\overline{B}$ 相互独立，再由 $\overline{\overline{B}}=B$ 推出 $\overline{A}$ 与 B 相互独立。

定理 3　设 $P(A)>0$，$P(B)>0$，则 A、B 相互独立与 A、B 互不相容不能同时成立。

证明　设 A、B 相互独立，则 $P(AB)=P(A)P(B)$，假设 A、B 互不相容，则 $AB=\varnothing$，从而

$$0=P(\varnothing)=P(AB)=P(A)P(B)$$

这与 $P(A)>0$，$P(B)>0$ 矛盾，故 A、B 不能互不相容。

反之，设 A、B 互不相容，则 $AB=\varnothing$。假设 A、B 相互独立，则 $P(AB)=P(A)P(B)$，从而

$$0 = P(\varnothing) = P(AB) = P(A)P(B)$$

这与 $P(A) > 0$，$P(B) > 0$ 矛盾，故 A、B 不能相互独立。

对于三个事件 A、B、C 相互独立有定义 2。

定义 2 设 A、B、C 是事件，如果

$$\begin{cases} P(AB) = P(A)P(B) \\ P(AC) = P(A)P(C) \\ P(BC) = P(B)P(C) \\ P(ABC) = P(A)P(B)P(C) \end{cases} \tag{1.7.2}$$

则称事件 A、B、C 相互独立。若事件 A、B、C 仅满足(1.7.2)式中前三个条件，即

$$\begin{cases} P(AB) = P(A)P(B) \\ P(AC) = P(A)P(C) \\ P(BC) = P(B)P(C) \end{cases} \tag{1.7.3}$$

则称事件 A、B、C 两两独立。

定理 4 设 A、B、C 相互独立，则 A 与 BC，A 与 $B \cup C$，A 与 $B - C$ 也相互独立。

证明 设 A、B、C 相互独立，则

$$P(A(BC)) = P(ABC) = P(A)P(B)P(C) = P(A)P(BC)$$

从而 A 与 BC 相互独立。由于

$$\begin{aligned} P(A(B \cup C)) &= P(AB \cup AC) = P(AB) + P(AC) - P(ABC) \\ &= P(A)P(B) + P(A)P(C) - P(A)P(B)P(C) \\ &= P(A)[P(B) + P(C) - P(B)P(C)] \\ &= P(A)[P(B) + P(C) - P(BC)] \\ &= P(A)P(B \cup C) \end{aligned}$$

因此 A 与 $B \cup C$ 相互独立。由于

$$\begin{aligned} P(A(B - C)) &= P(A(B\overline{C})) = P((AB)\overline{C}) \\ &= P(AB) - P(ABC) \\ &= P(A)P(B) - P(A)P(B)P(C) \\ &= P(A)[P(B) - P(B)P(C)] \\ &= P(A)[P(B) - P(BC)] \\ &= P(A)P(B - C) \end{aligned}$$

因此 A 与 $B - C$ 相互独立。

设 A、B、C 相互独立，由定理 2 与定理 4 知：A 与 $\overline{B}C$，A 与 $\overline{B}\ \overline{C}$，$A$ 与 $\overline{B}C \cup B\overline{C}$，$A$ 与 $BC \cup \overline{B}\overline{C}$，$A$ 与 $\overline{B} \cup C$，A 与 $\overline{B} \cup \overline{C}$，$A$ 与 $B \cup \overline{C}$ 也相互独立。利用这一思想，读者还可以自行给出更多的独立性结果。

一般地，对于 $n(n \geqslant 2)$ 个事件 A_1，A_2，$\cdots$，A_n，我们有定义 3。

定义 3　设 A_1，A_2，$\cdots$，A_n 是事件，如果 $\forall 2 \leqslant k \leqslant n$，有

$$P(A_{i_1} A_{i_2} \cdots A_{i_k}) = P(A_{i_1}) P(A_{i_2}) \cdots P(A_{i_k}), \quad 1 \leqslant i_1 < i_2 < \cdots < i_k \leqslant n \quad (1.7.4)$$

则称事件 A_1，A_2，$\cdots$，A_n 相互独立。若事件 A_1，A_2，$\cdots$，A_n 仅满足(1.7.4)式中当 $k=2$ 时的条件，即

$$P(A_i A_j) = P(A_i) P(A_j), \quad i \neq j; i, j = 1, 2, \cdots, n \quad (1.7.5)$$

则称事件 A_1，A_2，$\cdots$，A_n 两两独立。

显然，若 A_1，A_2，$\cdots$，A_n 相互独立，则 A_1，A_2，$\cdots$，A_n 两两独立，但反之不然。

定理 5　设事件 A_1，A_2，$\cdots$，$A_n (n \geqslant 2)$ 相互独立，则

(1) 其中任意 $k (2 \leqslant k \leqslant n)$ 个事件也相互独立；

(2) 将其中任意 $k (1 \leqslant k \leqslant n)$ 个事件换成它们各自的对立事件，所得到的 n 个事件也相互独立。

(3) 将 A_1，A_2，$\cdots$，A_n 任意分成 $k (2 \leqslant k \leqslant n)$ 个没有相同事件的不同小组，并对每个小组中的事件施以和、积、差和逆运算后，所得到的 k 个事件也相互独立。

例 1-42　设 $P(A) = 0.4$，$P(A \bigcup B) = 0.7$。

(1) 若 A、B 互不相容，求 $P(B)$；

(2) 若 A、B 相互独立，求 $P(B)$。

解　(1) 若 A、B 互不相容，则 $P(A \bigcup B) = P(A) + P(B)$，从而

$$P(B) = P(A \bigcup B) - P(A) = 0.7 - 0.4 = 0.3$$

(2) 若 A、B 相互独立，则 $P(AB) = P(A)P(B)$，从而

$$P(A \bigcup B) = P(A) + P(B) - P(AB) = P(A) + P(B) - P(A)P(B)$$

$$P(B) = \frac{P(A \bigcup B) - P(A)}{1 - P(A)} = \frac{0.7 - 0.4}{1 - 0.4} = 0.5$$

例 1-43　设 A、B 是事件，且 A 的概率既不等于 0 也不等于 1，证明 $P(B \mid A) = P(B \mid \overline{A})$ 是 A、B 相互独立的充分必要条件。

证明　必要性：设 A 与 B 相互独立，则 $\overline{A}$ 与 B 也相互独立，从而

$$P(B \mid A) = \frac{P(AB)}{P(A)} = \frac{P(A)P(B)}{P(A)} = P(B)$$

$$P(B \mid \overline{A}) = \frac{P(\overline{A}B)}{P(\overline{A})} = \frac{P(\overline{A})P(B)}{P(\overline{A})} = P(B)$$

故 $P(B \mid A) = P(B \mid \overline{A})$。

充分性：由于 $P(B \mid A) = P(B \mid \overline{A})$，因此

$$\frac{P(AB)}{P(A)} = \frac{P(\overline{A}B)}{P(\overline{A})} = \frac{P(B) - P(AB)}{1 - P(A)}$$

从而

$$P(AB)[1 - P(A)] = P(A)P(B) - P(A)P(AB)$$

即

$$P(AB) = P(A)P(B)$$

故 A 与 B 相互独立。

例 1-44 设事件 A_1，A_2，$\cdots$，A_n 相互独立，证明 $P\left(\bigcup_{i=1}^{n} A_i\right) = 1 - \prod_{i=1}^{n} P(\overline{A}_i)$。

证明 由于 A_1，A_2，$\cdots$，A_n 相互独立，因此 $\overline{A}_1$，$\overline{A}_2$，$\cdots$，$\overline{A}_n$ 相互独立，从而

$$P\left(\bigcup_{i=1}^{n} A_i\right) = 1 - P\left(\overline{\bigcup_{i=1}^{n} A_i}\right) = 1 - P\left(\bigcap_{i=1}^{n} \overline{A}_i\right) = 1 - \prod_{i=1}^{n} P(\overline{A}_i)$$

例 1-45 3 人独立地去破译一个密码，各人能译出的概率均为 1/3，求 3 人中至少有 1 人能将此密码译出的概率。

解 设 A、B、C 分别表示事件"第一个、第二个、第三个人译出此密码"，则 A、B、C 相互独立，从而所求的概率

$$P(A \cup B \cup C) = 1 - P(\overline{A \cup B \cup C}) = 1 - P(\overline{A})P(\overline{B})P(\overline{C}) = 1 - \left(\frac{2}{3}\right)^3 = \frac{19}{27}$$

例 1-46 甲、乙两人独立地对同一目标各射击一次，其命中率分别为 0.6 和 0.5。

（1）求目标被命中的概率；

（2）现已知目标被命中，求它是甲射中的概率。

解 设 A 表示事件"甲射击一次命中目标"，B 表示事件"乙射击一次命中目标"，则事件"目标被命中"为 $A \cup B$，且 A、B 相互独立。

（1）$P(A \cup B) = P(A) + P(B) - P(AB) = P(A) + P(B) - P(A)P(B)$

$$= 0.6 + 0.5 - 0.6 \times 0.5 = 0.8$$

（2）$P(A \mid A \cup B) = \dfrac{P(A)}{P(A \cup B)} = \dfrac{P(A)}{P(A) + P(B) - P(AB)} = \dfrac{P(A)}{P(A) + P(B) - P(A)P(B)}$

$$= \frac{0.6}{0.6 + 0.5 - 0.6 \times 0.5} = 0.75$$

例 1-47 设有 4 只同样的球，其中 3 只球上分别标有数字 1、2、3，剩下的 1 只球上同时标有数字 1、2、3。现从 4 只球中任取 1 只球，设 $A_i(i=1, 2, 3)$ 表示事件"取出的球上标有数字 i"，证明 A_1、A_2、A_3 两两独立但不是相互独立。

证明 由于

$$P(A_1) = \frac{1}{2}, \ P(A_2) = \frac{1}{2}, \ P(A_3) = \frac{1}{2}$$

$$P(A_1 A_2) = \frac{1}{4}, \ P(A_1 A_3) = \frac{1}{4}, \ P(A_2 A_3) = \frac{1}{4}$$

且

$$P(A_1 A_2) = \frac{1}{4} = P(A_1)P(A_2)$$

$$P(A_1 A_3) = \frac{1}{4} = P(A_1)P(A_3)$$

$$P(A_2 A_3) = \frac{1}{4} = P(A_2)P(A_3)$$

因此 A_1、A_2、A_3 两两独立。但

$$P(A_1 A_2 A_3) = \frac{1}{4} \neq \frac{1}{8} = P(A_1)P(A_2)P(A_3)$$

故 A_1、A_2、A_3 不相互独立。

例 1-48　有两个盒子，其中第一个盒子中装有 3 只蓝球、2 只绿球、2 只白球，第二个盒子中装有 2 只蓝球、3 只绿球、4 只白球，独立地在两个盒子中各取 1 只球。

(1) 求至少有 1 只蓝球的概率；

(2) 求有 1 只蓝球和 1 只白球的概率；

(3) 已知至少有 1 只蓝球，求有 1 只蓝球和 1 只白球的概率。

解　设 $A_i (i=1,2)$ 表示事件"从第 i 个盒子中取出 1 只蓝球"，$B_i (i=1,2)$ 表示事件"从第 i 个盒子中取出 1 只白球"，由题设知，从不同的盒子中取球是独立的。

(1) 所求的概率为

$$
\begin{aligned}
P(A_1 \bigcup A_2) &= 1 - P(\overline{A_1 \bigcup A_2}) \\
&= 1 - P(\overline{A_1}\ \overline{A_2}) = 1 - P(\overline{A_1})P(\overline{A_2}) \\
&= 1 - \frac{4}{7} \times \frac{7}{9} = \frac{5}{9}
\end{aligned}
$$

(2) 所求的概率为

$$
\begin{aligned}
P(A_1 B_2 \bigcup A_2 B_1) &= P(A_1 B_2) + P(A_2 B_1) \\
&= P(A_1)P(B_2) + P(A_2)P(B_1) \\
&= \frac{3}{7} \times \frac{4}{9} + \frac{2}{9} \times \frac{2}{7} = \frac{16}{63}
\end{aligned}
$$

(3) 所求的概率为

$$P(A_1 B_2 \bigcup A_2 B_1 \mid A_1 \bigcup A_2) = \frac{P(A_1 B_2 \bigcup A_2 B_1)}{P(A_1 \bigcup A_2)} = \frac{16}{35}$$

例 1-49　甲、乙、丙三人同时各自独立地对同一目标进行射击，三人击中目标的概率分别为 0.4、0.5、0.7，设一人击中目标时目标被击毁的概率为 0.2，两人击中目标时目标被击毁的概率为 0.6，三人击中目标时目标必定被击毁。

(1) 求目标被击毁的概率；

(2) 已知目标被击毁，求由一人击中目标的概率。

解　设 A、B、C 分别表示事件"甲、乙、丙击中目标"，D 表示事件"目标被击毁"，H_i $(i=0,1,2,3)$ 表示事件"有 i 个人击中目标"，则 A、B、C 相互独立，且

$$P(A) = 0.4, \ P(B) = 0.5, \ P(C) = 0.7$$
$$P(H_0) = P(\overline{A}\,\overline{B}\,\overline{C}) = P(\overline{A})P(\overline{B})P(\overline{C}) = 0.6 \times 0.5 \times 0.3 = 0.09$$
$$P(H_1) = P(A\,\overline{B}\,\overline{C} \bigcup \overline{A}B\,\overline{C} \bigcup \overline{A}\,\overline{B}C)$$
$$= P(A\,\overline{B}\,\overline{C}) + P(\overline{A}B\,\overline{C}) + P(\overline{A}\,\overline{B}C)$$
$$= P(A)P(\overline{B})P(\overline{C}) + P(\overline{A})P(B)P(\overline{C}) + P(\overline{A})P(\overline{B})P(C)$$
$$= 0.4 \times 0.5 \times 0.3 + 0.6 \times 0.5 \times 0.3 + 0.6 \times 0.5 \times 0.7$$
$$= 0.36$$

同理，$P(H_2) = 0.41$，$P(H_3) = 0.14$。

$$P(D \mid H_0) = 0, \ P(D \mid H_1) = 0.2, \ P(D \mid H_2) = 0.6, \ P(D \mid H_3) = 1$$

（1）由全概率公式，得

$$P(D) = \sum_{i=0}^{3} P(H_i)P(D \mid H_i)$$
$$= 0.09 \times 0 + 0.36 \times 0.2 + 0.41 \times 0.6 + 0.14 \times 1$$
$$= 0.458$$

（2）由 Bayes 公式，得

$$P(H_1 \mid D) = \frac{P(H_1)P(D \mid H_1)}{P(D)} = \frac{0.36 \times 0.2}{0.458} = 0.1572$$

例 1-50 一架长机和两架僚机一同飞往某目的地进行轰炸，但要到达目的地非由无线电导航不可，而只有长机具有此项设备。一旦到达目的地，各机独立地进行轰炸，且炸毁目标的概率均为 0.3。在到达目的地之前，须经过高射炮区，此时任一飞机被击落的概率为 0.2，求目标被击毁的概率。

解 设 $B_i (i = 0, 1, 2, 3)$ 表示事件"三架飞机中有 i 架通过高射炮区"，A 表示事件"目标被击毁"，则

$$P(B_0) = 0.2, \ P(B_1) = 0.8 \times 0.2 \times 0.2 = 0.032$$
$$P(B_2) = 0.8 \times 0.8 \times 0.2 + 0.8 \times 0.2 \times 0.8 = 0.256$$
$$P(B_3) = 0.8 \times 0.8 \times 0.8 = 0.512$$
$$P(A \mid B_0) = 0, \ P(A \mid B_1) = 0.3$$
$$P(A \mid B_2) = 0.3 + 0.3 - 0.3 \times 0.3 = 0.51$$
$$P(A \mid B_3) = 3 \times 0.3 - 3 \times 0.3^2 + 0.3^3 = 0.657$$

由全概率公式，得

$$P(A) = \sum_{i=0}^{3} P(B_i)P(A \mid B_i)$$
$$= 0.2 \times 0 + 0.032 \times 0.3 + 0.256 \times 0.51 + 0.512 \times 0.657$$
$$= 0.4765$$

习 题 1

一、选择题

1. 设 A、B、C 是随机事件，且 $AB \subset C$，则（　　）。

    A. $\overline{C} \subset \overline{A} \cup \overline{B}$ B. $A \subset C$ 且 $B \subset C$

    C. $\overline{C} \subset \overline{A}\ \overline{B}$ D. $A \subset C$ 或 $B \subset C$

2. 设 A、B、C 是随机事件，则（　　）。

    A. $(A \cup B) - B = A - B$ B. $(A - B) \cup B = A$

    C. $(A \cup B) - C = A \cup (B - C)$ D. $A \cup B = A\overline{B} - \overline{A}B$

3. 设 A、B、C 是随机事件，则（　　）。

    A. $\overline{AB} = A \cup B$ B. $A \cup B = (A\overline{B}) \cup B$

    C. $\overline{A \cup B} \cap C = \overline{A}\ \overline{B}\ \overline{C}$ D. $(AB)(A\overline{B}) = \Omega$

4. 设甲、乙两人进行象棋比赛，A 表示事件"甲胜乙负"，则 $\overline{A}$ 表示事件（　　）。

    A. "甲负乙胜"   B. "甲乙平局"

    C. "甲负"   D. "甲负或平局"

5. 某工厂生产某种圆柱形产品，只有当产品的长度和直径都合格时才算正品，否则就为次品，设 A 表示事件"长度合格"，B 表示事件"直径合格"，则事件"产品不合格"为（　　）。

    A. $A \cup B$ B. $\overline{A}\ \overline{B}$

    C. $\overline{AB}$ D. $\overline{A}B$ 或 $A\overline{B}$

6. 设一个盒子中有 5 件产品，其中 3 件正品，2 件次品。从盒子中任取 2 件，则取出的 2 件产品中至少有 1 件次品的概率为（　　）。

    A. $\dfrac{3}{10}$ B. $\dfrac{5}{10}$ C. $\dfrac{7}{10}$ D. $\dfrac{1}{5}$

7. 在图书馆的书架上按任意的次序摆上 15 本教科书，其中 5 本是硬皮书，管理员随机地抽取 3 本，则至少有 1 本是硬皮书的概率为（　　）。

    A. $\dfrac{45}{91}$ B. $\dfrac{20}{91}$ C. $\dfrac{2}{91}$ D. $\dfrac{67}{91}$

8. 对于任意两个事件 A 和 B，与 $A \cup B = B$ 不等价的是（　　）。

    A. $A \subset B$ B. $\overline{B} \subset \overline{A}$ C. $A\overline{B} = \varnothing$ D. $\overline{A}B = \varnothing$

9. 若两个事件 A、B 同时出现的概率 $P(AB) = 0$，则（　　）。

    A. A、B 互不相容   B. AB 是不可能事件

    C. AB 未必是不可能事件   D. $P(A) = 0$ 或 $P(B) = 0$

10. 设事件 A 与事件 B 互不相容，则（　　）。

    A. $P(\overline{A}\ \overline{B})=0$ B. $P(AB)=P(A)P(B)$

    C. $P(A)=1-P(B)$ D. $P(\overline{A}\cup\overline{B})=1$

11. 设 $P(A)=0.6$, $P(A\cup B)=0.84$, $P(\overline{B}\,|\,A)=0.4$，则 $P(B)=$（　　）。

    A. 0.60   B. 0.36   C. 0.24   D. 0.48

12. 设 $0<P(A)<1$, $0<P(B)<1$，且 $B\subset A$，则（　　）。

    A. $P(\overline{A}B)=1-P(A)$ B. $P(\overline{B}-\overline{A})=P(\overline{B})-P(\overline{A})$

    C. $P(B\,|\,A)=P(B)$ D. $P(A\,|\,\overline{B})=P(A)$

13. 当事件 A 与 B 同时发生时，事件 C 必发生，则（　　）。

    A. $P(C)\leqslant P(A)+P(B)-1$ B. $P(C)\geqslant P(A)+P(B)-1$

    C. $P(C)=P(AB)$ D. $P(C)=P(A\cup B)$

14. 设 A、B 互不相容，且 $P(A)>0$, $P(B)>0$，则（　　）。

    A. $P(B\,|\,A)>0$ B. $P(A\,|\,B)=P(A)$

    C. $P(A\,|\,B)=0$ D. $P(AB)=P(A)P(B)$

15. 设 A、B 是事件，且 $P(A)>0$, $P(A\,|\,B)=1$，则（　　）。

    A. $P(A\cup B)>P(A)$ B. $P(A\cup B)>P(B)$

    C. $P(A\cup B)=P(A)$ D. $P(A\cup B)=P(B)$

16. 设 $A\subset B$, $P(B)>0$，则（　　）。

    A. $P(A)<P(A\,|\,B)$ B. $P(A)\leqslant P(A\,|\,B)$

    C. $P(A)>P(A\,|\,B)$ D. $P(A)\geqslant P(A\,|\,B)$

17. 已知 $0<P(B)<1$，且 $P(A_1\cup A_2\,|\,B)=P(A_1\,|\,B)+P(A_2\,|\,B)$，则（　　）。

    A. $P(A_1\cup A_2\,|\,\overline{B})=P(A_1\,|\,\overline{B})+P(A_2\,|\,\overline{B})$

    B. $P(A_1B\cup A_2B)=P(A_1B)+P(A_2B)$

    C. $P(A_1\cup A_2)=P(A_1\,|\,B)+P(A_2\,|\,B)$

    D. $P(B)=P(A_1)P(B\,|\,A_1)+P(A_2)P(B\,|\,A_2)$

18. 设 A、B 是随机事件，且 $0<P(A)<1$, $0<P(B)<1$, $P(A\,|\,B)+P(\overline{A}\,|\,\overline{B})=1$，则（　　）。

    A. A、B 互不相容   B. A、B 相互对立

    C. A、B 不相互独立   D. A、B 相互独立

19. 设 A、B 是随机事件，且 $0<P(A)<1$, $P(B)>0$, $P(B\,|\,A)+P(\overline{B}\,|\,\overline{A})=1$，则（　　）。

    A. $P(A\,|\,B)=P(\overline{A}\,|\,B)$ B. $P(A\,|\,B)\neq P(\overline{A}\,|\,B)$

    C. $P(AB)=P(A)P(B)$ D. $P(AB)\neq P(A)P(B)$

20. 设 A、B 是随机事件，则下述结论正确的是（　　）。

    A. 若 A 与 B 互不相容，则 A 与 B 相互对立

B. 若 A 与 B 相互对立，则 A 与 B 互不相容

C. 若 A 与 B 相互独立，则 A 与 B 互不相容

D. 若 A 与 B 互不相容，则 A 与 B 相互独立

21. 设随机事件 A、B 相互独立，且 $P(A)=p$，$P(B)=q$，则 A、B 中恰有一个发生的概率为（　　）。

　　A. $p+q$ 　　　　　　　　　　　　　B. $p(1-q)$

　　C. $q(1-p)$ 　　　　　　　　　　　D. $p(1-q)+q(1-p)$

22. 设 A、B、C 三个事件两两独立，则 A、B、C 相互独立的充分必要条件是（　　）。

　　A. A 与 BC 相互独立 　　　　　　B. AB 与 $A \cup C$ 相互独立

　　C. AB 与 AC 相互独立 　　　　　D. $A \cup B$ 与 $A \cup C$ 相互独立

23. 设随机事件 A、B、C 相互独立，且 $P(A) \neq 0$，$0<P(C)<1$，则下面四对事件中不相互独立的是（　　）。

　　A. $\overline{A \cup B}$ 与 C 　　　　　　　　B. $\overline{AC}$ 与 $\overline{C}$

　　C. $\overline{A-B}$ 与 $\overline{C}$ 　　　　　　　D. $\overline{AB}$ 与 $\overline{C}$

24. 将一枚硬币独立地掷两次，设 A_1 表示事件"掷第一次出现正面"，A_2 表示事件"掷第二次出现正面"，A_3 表示事件"正、反面各出现一次"，A_4 表示事件"正面出现两次"，则（　　）。

　　A. A_1，A_2，A_3 相互独立 　　　　B. A_2，A_3，A_4 相互独立

　　C. A_1，A_2，A_3 两两独立 　　　　D. A_2，A_3，A_4 两两独立

二、填空题

1. 设随机事件 A、B 互不相容，且 $P(A)=p$，$P(B)=q$，则 $P(A \cup B)=$ _____，$P(\overline{A} \cup B)=$ _____，$P(A \cup \overline{B})=$ _____，$P(\overline{A}B)=$ _____，$P(A\overline{B})=$ _____，$P(\overline{A}\ \overline{B})=$ _____。

2. 设 $P(A)=p$，$P(B)=q$，且 A、B 相互独立，则 $P(A-B)=$ _____，$P(\overline{A}-B)=$ _____，$P(\overline{A} \cup B)=$ _____。

3. 设 A、B 是两个事件，满足 $P(AB)=P(\overline{A}\ \overline{B})$，且 $P(A)=p$，则 $P(B)=$ _____。

4. 设 $P(A)=0.5$，$P(B)=0.6$，$P(B|A)=0.8$，则 $P(A \cup B)=$ _____。

5. 将 3 只球随机地放入 5 个盒子中去，则每个盒子至多有 1 只球的概率为_____。

6. 将 A、A、C、E、H、I、M、M、T、T、S 这 11 个字母随机地排成一行，则恰好组成英文单词 MATHEMATICS 的概率为_____。

7. 袋中有 3 只红球、4 只白球、5 只黑球，从袋中取球两次，每次取 1 只。

（Ⅰ）若取出的球不放回，则第一次取到红球，第二次取到白球的概率为_____；

（Ⅱ）若取出的球放回，则第一次取到黑球，第二次取到白球的概率为_____。

8. 从 1、2、3、4、5、6 这 6 个数字中等可能地有放回地连续抽取 4 个数字，则

（Ⅰ）事件"取得的 4 个数字完全不同"的概率为_____；

（Ⅱ）事件"取得的 4 个数字不含 1 和 5"的概率为_____；

（Ⅲ）事件"取得的 4 个数字中 3 恰好出现两次"的概率为_____。

9. 从 6 双不同的鞋子中任取 4 只，则

（Ⅰ）这 4 只鞋子中恰有 2 只配成一双的概率为_____；

（Ⅱ）这 4 只鞋子中至少有 2 只配成一双的概率为_____。

10. 随机地向半圆 $0 < y < \sqrt{2ax - x^2}(a > 0)$ 内掷一点，点落在半圆内的任何区域的概率与区域的面积成正比，则原点和该点的连线与 x 轴的夹角小于 $\pi/4$ 的概率为_____。

11. 设 A、B 相互独立，且 A、B 都不发生的概率为 $1/9$，A 发生 B 不发生的概率与 B 发生 A 不发生的概率相等，则 $P(A) = $_____。

12. 设 $P(A) = 0.6$，$P(B) = 0.7$，则

（Ⅰ）在_____条件下，$P(AB)$ 取得最大值，最大值为_____；

（Ⅱ）在_____条件下，$P(AB)$ 取得最小值，最小值为_____。

13. 设 A、B、C 是随机事件，A 与 C 互不相容，$P(AB) = 1/2$，$P(C) = 1/3$，则 $P(AB | \bar{C}) = $_____。

14. 第一个盒子中装有 5 只红球、4 只白球，第二个盒子中装有 4 只红球、5 只白球。先从第一个盒子中任取 2 只球放入第二个盒子中去，然后从第二个盒子中任取 1 只球，则取到白球的概率为_____。

15. 假设一批产品中一、二、三等品各占 60%、30%、10%，从中随意地取出 1 件，结果不是三等品，则取到的是一等品的概率为_____。

16. 某人想买某本书，决定到 3 个书店去买。设每个书店有无此书是等可能的，如果有，是否卖完也是等可能的，且 3 个书店有无此书、是否卖完是相互独立的，则此人买到此书的概率为_____。

17. 一袋子中装有 $m(m \geq 3)$ 只白球和 n 只黑球，现丢失 1 球，不知其颜色。从袋中任取 2 只球，结果都是白球，则丢失的是白球的概率为_____。

18. 盒子中装有 4 只次品晶体管，6 只正品晶体管。现逐个抽取进行测试，测试后不放回，直到 4 只次品晶体管都找到为止，则

（Ⅰ）第 4 只次品晶体管在第 5 次测试时发现的概率为_____；

（Ⅱ）第 4 只次品晶体管在第 10 次测试时发现的概率为_____。

三、解答题

1. 盒中有 10 只晶体管，其中有 3 只次品，有放回地从中取两次，每次取 1 只，试求下列事件的概率：

（Ⅰ）取到的 2 只都是正品；

（Ⅱ）取到的 2 只中，1 只是正品，1 只是次品；

（Ⅲ）取到的 2 只中至少有 1 只是正品。

2. 设 $P(A)=0.5$，$P(B)=0.4$，$P(A-B)=0.3$，求 $P(\overline{A}\bigcup\overline{B})$。

3. 设 $P(A)=0.4$，$P(B)=0.5$，$P(A|B)=0.6$，求：

（Ⅰ）$P(\overline{A}|B)$；

（Ⅱ）$P(\overline{B}|\overline{A})$。

4. 从 1，2，$\cdots$，9 这 9 个数字中任取 1 个数字，取后放回，先后取 5 个数字，求下列事件的概率：

（Ⅰ）最后取出的数字是奇数；

（Ⅱ）5 个数字全不相同；

（Ⅲ）1 恰好出现两次；

（Ⅳ）1 至少出现两次；

（Ⅴ）恰好出现不同的两对数字。

5.（Ⅰ）设 A、B、C 是三个事件，且 $P(A)=P(B)=P(C)=1/4$，$P(AB)=P(BC)=0$，$P(AC)=1/8$，求 A、B、C 中至少有一个发生的概率；

（Ⅱ）已知

$$P(A)=\frac{1}{2}, \quad P(B)=\frac{1}{3}, \quad P(C)=\frac{1}{5}$$

$$P(AB)=\frac{1}{10}, \quad P(AC)=\frac{1}{15}, \quad P(BC)=\frac{1}{20}, \quad P(ABC)=\frac{1}{30}$$

求 $\overline{A}\,\overline{B}$、$\overline{A}\,\overline{B}\,\overline{C}$、$\overline{A}\,\overline{B}C$、$\overline{A}\,\overline{B}\bigcup C$ 的概率；

（Ⅲ）已知 $P(A)=1/2$，则

① 若 A、B 互不相容，求 $P(A\overline{B})$；

② 若 $P(AB)=1/8$，求 $P(A\overline{B})$。

6. 从 5 双不同的鞋子中任取 4 只，试求这 4 只鞋子中至少有 2 只配成一双的概率。

7. 掷两枚骰子，求：

（Ⅰ）两枚骰子点数之和不超过 8 的概率；

（Ⅱ）两枚骰子点数之差不超过 2 的概率。

8. 从 1，2，$\cdots$，100 这 100 个数中任取 1 个数，求所取到的数能被 5 或 9 整除的概率。

9. 一俱乐部有 5 名一年级学生、2 名二年级学生、3 名三年级学生和 2 名四年级学生。

（Ⅰ）在其中任选 4 名学生，求一、二、三、四年级的学生各 1 名的概率；

（Ⅱ）在其中任选 5 名学生，求一、二、三、四年级的学生均包含在内的概率。

10. 袋中有 1 只白球和 1 只黑球。先从袋中任取 1 只球，若取出白球则终止试验；若取出黑球，在把黑球放回袋中的同时，再加进 1 只黑球，然后再从袋中任取 1 只球，如此下去，直到取出白球为止。求下列事件的概率：

（Ⅰ）取了 n 次均未取到白球；

（Ⅱ）试验在第 n 次取球后终止。

11. 在长度为 a 的线段内任取两点，将其分成三段，求它们可以构成一个三角形的概率。

12. 甲袋中有 9 只白球、1 只红球，乙袋中有 10 只白球。每次从甲、乙两袋中随机地各取 1 球交换放入另一袋中，这样进行三次，求红球出现在甲袋中的概率。

13. 有两箱同类型的产品，其中第一箱有 3 件合格品和 3 件不合格品，第二箱仅有 3 件合格品。现从第一箱中任取 3 件放入第二箱，再从第二箱中任取 1 件，试求从第二箱中取出的产品是不合格品的概率；若从第二箱中取出的产品是不合格品，试求从第一箱取出的 3 件产品中恰好有 1 件不合格品的概率。

14. 设甲袋中装有 2 只白球、4 只黑球，乙袋中装有 4 只白球、8 只黑球，丙袋中装有 1 只白球、3 只黑球。现从每袋中各取 1 只球，求：

（Ⅰ）取出的 3 只球恰好是 2 只白球、1 只黑球的概率；

（Ⅱ）在取出的 3 只球是 2 只白球、1 只黑球的条件下，从甲袋中取出的是白球的概率。

15. 甲、乙两人同时向一目标射击，甲击中目标的概率为 0.7，乙击中目标的概率为 0.6，且甲、乙击中目标与否相互独立，求：

（Ⅰ）两人都未击中目标的概率；

（Ⅱ）两人中至少有一人击中目标的概率；

（Ⅲ）两人中至多有一人击中目标的概率。

16. 一个工人看管三台机床，在一小时内机床不需要工人照管的概率：第一台为 0.9，第二台为 0.8，第三台为 0.7。求在一小时内三台机床中最多有一台需要工人照管的概率。

17. 一学生接连参加同一课程的两次考试，第一次及格的概率为 p，若第一次考试及格则第二次及格的概率也是 p，若第一次考试不及格则第二次及格的概率为 $p/2$。

（Ⅰ）若至少一次及格则该生能取得某种资格，求该生取得这种资格的概率；

（Ⅱ）若已知该生第二次已经及格，求该生第一次及格的概率。

18. 有 10 个袋子，其中有 2 个袋子中各装有 2 只白球和 4 只黑球，3 个袋子中各装有 3 只白球和 3 只黑球，5 个袋子中各装有 4 只白球和 2 只黑球。现任取 1 个袋子，从中任取 2 只球，求取出的 2 只球都是白球的概率。

19. 袋中装有 m 枚正品硬币和 n 枚次品硬币（次品硬币的两面均印有国徽）。在袋中任取 1 枚，将它投掷 r 次，已知每次都得到国徽，求这枚硬币是正品的概率。

20. 袋中装有编号为 1、2、3、4 的 4 只球，从袋中任取 1 只球，设 A 表示事件"取到的是 1 号球或 2 号球"，B 表示事件"取到的是 1 号球或 3 号球"，C 表示事件"取到的是 1 号球或 4 号球"，证明事件 A、B、C 两两独立但不相互独立。

第2章 随机变量及其分布

2.1 随 机 变 量

在随机试验中，人们发现随机试验的结果有的可以用数来表示，此时样本空间 Ω 的元素就是一个数，但有的则不然。当样本空间 Ω 的元素不是一个数时，人们对于 Ω 就难以描述和研究。现在需要讨论如何引入一个法则，将随机试验的每一个结果，即 Ω 的每个元素 ω 与实数 x 对应起来，从而产生了随机变量的概念。

例 2-1 在掷一枚硬币三次，观察出现正面和反面情况的随机试验中，其样本空间为
$$\Omega = \{\text{HHH, HHT, HTH, THH, HTT, THT, TTH, TTT}\}$$

以 X 记三次得到正面的总数，则对于样本空间 $\Omega=\{\omega\}$ 中的每一个样本点 ω，X 都有一个数与之对应，因而 X 是定义在样本空间 Ω 上的一个单值实值函数，它的定义域是样本空间，值域是实数集合 $\{0,1,2,3\}$。使用函数记号，X 可写成
$$X = X(\omega) = \begin{cases} 0, & \omega = \text{TTT} \\ 1, & \omega = \text{HTT, THT, TTH} \\ 2, & \omega = \text{HHT, HTH, THH} \\ 3, & \omega = \text{HHH} \end{cases}$$

一般地，有以下定义。

定义 设 $\Omega=\{\omega\}$ 是随机试验的样本空间，称定义在样本空间 Ω 上的单值实值函数 $X=X(\omega)$ 为随机变量。

随机变量的取值随试验结果而定，而试验中各个结果的出现有一定的概率，因而随机变量的取值有一定的概率。在例 2-1 中，X 取值 1，记为 $\{X=1\}$，对应于样本点的集合 $A=\{\text{HTT, THT, TTH}\}$，这是一个事件，当且仅当事件 A 发生时有 $\{X=1\}$，称概率 $P(A)=P(\{\text{HTT, THT, TTH}\})$ 为 $\{X=1\}$ 的概率，即 $P(X=1)=P(A)=3/8$，以后就把 $\{X=1\}$ 与事件 $A=\{\text{HTT, THT, TTH}\}$ 等同起来。类似地，有 $\{X \leqslant 1\}=\{\text{HTT, THT, TTH, TTT}\}$，$\{X \geqslant 2\}=\{\text{HHH, HHT, HTH, THH}\}$。

一般地，$\forall L \subset \mathbf{R}$，则 $\{X \in L\}$ 表示事件 $\{\omega \mid X(\omega) \in L\}$，即样本空间中满足 $X(\omega) \in L$ 的所有样本点 ω 组成的事件。

特别地，$\forall x \in \mathbf{R}$，取 $L=(-\infty, x]$，则 $\{X \in L\}=\{X \leqslant x\}$ 是随机事件，从而就有概率

$P(X \leqslant x)$，于是就得到一个定义在 **R** 上的函数，记为 $F(x) = P(X \leqslant x)$，$x \in \mathbf{R}$。这个函数无论是在理论上，还是在应用上都有着重要的意义，它就是下面要介绍的随机变量的分布函数。

2.2 随机变量的分布函数

定义 设 X 是一个随机变量，称函数

$$F(x) = P(X \leqslant x), \quad x \in \mathbf{R} \tag{2.2.1}$$

为随机变量 X 的分布函数。

分布函数是一个普通的函数，通过它我们可以利用数学分析的方法来研究随机变量，进而可以利用微积分来计算随机事件的概率。

从几何上来看，如果把 X 看成数轴上的随机点的坐标，那么分布函数 $F(x)$ 在 x 处的函数值就表示 X 落在区间 $(-\infty, x]$ 上（即随机点落在点 x 的左边）的概率。

定理 设随机变量 X 的分布函数为 $F(x)$，则 $\forall x_1 < x_2$，有

$$P(x_1 < X \leqslant x_2) = F(x_2) - F(x_1) \tag{2.2.2}$$

证明 由于 $\{x_1 < X \leqslant x_2\} = \{X \leqslant x_2\} - \{X \leqslant x_1\}$，且 $\{X \leqslant x_1\} \subset \{X \leqslant x_2\}$，因此

$$\begin{aligned} P(x_1 < X \leqslant x_2) &= P(\{X \leqslant x_2\} - \{X \leqslant x_1\}) \\ &= P(X \leqslant x_2) - P(X \leqslant x_1) \\ &= F(x_2) - F(x_1) \end{aligned}$$

例 2-2 一个靶子是半径为 R 的圆盘，设击中靶上任一同心圆盘上的点的概率与该圆盘的面积成正比，并且射击均能中靶，以 X 表示弹着点与靶心的距离，试求随机变量 X 的分布函数。

解 当 $x < 0$ 时，事件 $\{X \leqslant x\}$ 是不可能事件，则

$$F(x) = P(X \leqslant x) = 0$$

当 $0 \leqslant x < R$ 时，由题设知 $P(0 \leqslant X \leqslant x) = k \cdot \pi x^2$，其中 k 为比例系数，但由于 $1 = P(0 \leqslant X \leqslant R) = k \cdot \pi R^2$，因此 $k = \dfrac{1}{\pi R^2}$，即

$$P(0 \leqslant X \leqslant x) = \frac{x^2}{R^2}$$

从而

$$F(x) = P(X \leqslant x) = P(X < 0) + P(0 \leqslant X \leqslant x) = \frac{x^2}{R^2}$$

当 $x \geqslant R$ 时，事件 $\{X \leqslant x\}$ 是必然事件，则

$$F(x) = P(X \leqslant x) = 1$$

即随机变量 X 的分布函数为

$$F(x) = \begin{cases} 0, & x < 0 \\ \dfrac{x^2}{R^2}, & 0 \leqslant x < R \\ 1, & x \geqslant R \end{cases}$$

其图像是一条连续的曲线，如图 2-1 所示。

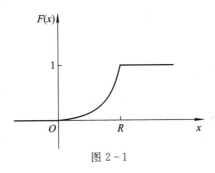

图 2-1

随机变量的分布函数具有以下性质。

性质 1　$0 \leqslant F(x) \leqslant 1 (x \in \mathbf{R})$，且 $F(-\infty) = 0$，$F(+\infty) = 1$。

证明　由于 $\forall x \in \mathbf{R}$，$0 \leqslant P(X \leqslant x) \leqslant 1$，因此

$$0 \leqslant F(x) \leqslant 1$$

又 $\lim\limits_{x \to -\infty} F(x) = 0$，$\lim\limits_{x \to +\infty} F(x) = 1$，故

$$F(-\infty) = 0, F(+\infty) = 1$$

$F(-\infty) = 0$，$F(+\infty) = 1$ 在几何上可以作如下解释：当 X 所落的区间 $(-\infty, x]$ 的端点 x 沿数轴无限向左移动，即 $x \to -\infty$ 时，则"随机点落在 x 的左边"这一事件趋于不可能事件，从而其概率趋于零，即 $F(-\infty) = 0$；当区间端点 x 沿数轴无限向右移动，即 $x \to +\infty$ 时，则"随机点落在 x 的左边"这一事件趋于必然事件，从而其概率趋于 1，即 $F(+\infty) = 1$。

性质 2　$F(x)$ 是单调不减函数，即当 $x_1 < x_2$ 时，$F(x_1) \leqslant F(x_2)$。

证明　由于当 $x_1 < x_2$ 时，$\{X \leqslant x_1\} \subset \{X \leqslant x_2\}$，因此 $P(X \leqslant x_1) \leqslant P(X \leqslant x_2)$，从而

$$F(x_1) \leqslant F(x_2)$$

性质 3　$F(x)$ 是右连续的，即 $F(x+0) = F(x)(x \in \mathbf{R})$。

需要指出的是，如果函数 $F(x)$ 满足上述性质 1、性质 2 及性质 3，那么 $F(x)$ 一定是某个随机变量的分布函数。

例 2-3　设随机变量 X 的分布函数为 $F(x) = A + B\arctan x$，求常数 A 与 B。

解　由

$$F(-\infty) = A - \frac{\pi}{2}B = 0$$

$$F(+\infty) = A + \frac{\pi}{2}B = 1$$

解之得 $A = \dfrac{1}{2}$，$B = \dfrac{1}{\pi}$。

例 2 - 4　设 $F_1(x)$ 与 $F_2(x)$ 分别为随机变量 X_1 和 X_2 的分布函数，且 $F(x) = aF_1(x) - bF_2(x)$ 是某随机变量的分布函数，其中 a、b 为常数，且 $a+b=1/5$，求 a 与 b 的值。

解　由 $F(+\infty)=1$，$F_1(+\infty)=1$，$F_2(+\infty)=1$，得 $a-b=1$。又由于 $a+b=\dfrac{1}{5}$，故

$$a = \frac{3}{5}, \quad b = -\frac{2}{5}$$

例 2 - 5　设随机变量 X 的分布函数为 $F(x) = \begin{cases} 0, & x<0 \\ A\sin x, & 0 \leqslant x \leqslant \dfrac{\pi}{2} \\ 1, & x > \dfrac{\pi}{2} \end{cases}$，求

$P\left(X \leqslant \dfrac{\pi}{6}\right)$。

解　由 $F(x)$ 的右连续性知 $F\left(\dfrac{\pi}{2}+0\right) = F\left(\dfrac{\pi}{2}\right)$，由此可得 $A=1$。因此

$$P\left(X \leqslant \frac{\pi}{6}\right) = F\left(\frac{\pi}{6}\right) = \sin\frac{\pi}{6} = \frac{1}{2}$$

2.3　离散型随机变量及其分布律

我们知道随机变量可能的取值是实数，有些随机变量可能的取值可以一个一个地列举出来。例如，在掷一枚硬币三次的随机试验中，以 X 记三次得到正面的总数，则 X 就是这样的一个随机变量，它可能的取值为 0、1、2、3。像这样的随机变量在实际问题中大量存在，它就是下面要讨论的离散型随机变量。

1. 离散型随机变量的定义

定义 1　设 X 是随机变量，如果其可能的取值为有限个或可列无限多个，则称 X 为离散型随机变量。

容易知道，要掌握一个离散型随机变量 X 的统计规律，必须且只需知道 X 所有可能的取值以及取每一个值的概率。

2. 离散型随机变量的分布律

定义 2（离散型随机变量的分布律）　设 X 是离散型随机变量，其可能的取值为 x_1，x_2，$\cdots$，x_i，$\cdots$，称

$$P(X = x_i) = p_i, \quad i = 1, 2, \cdots \tag{2.3.1}$$

为 X 的分布律，或表示为

X	x_1	x_2	$\cdots$	x_i	$\cdots$
P	p_1	p_2	$\cdots$	p_i	$\cdots$

例 2 - 6 设一汽车在开往目的地的道路上需要经过四组信号灯，每组信号灯禁止汽车通行的概率均为 p。以 X 表示汽车首次停下时，它已通过的信号灯的组数（设各组信号灯的工作是相互独立的），求 X 的分布律。

解 X 可能的取值为 0、1、2、3、4，且
$$P(X = 0) = p$$
$$P(X = 1) = (1 - p)p$$
$$P(X = 2) = (1 - p)^2 p$$
$$P(X = 3) = (1 - p)^3 p$$
$$P(X = 4) = (1 - p)^4$$

即 X 的分布律为

X	0	1	2	3	4
P	p	$(1-p)p$	$(1-p)^2 p$	$(1-p)^3 p$	$(1-p)^4$

若取 $p = 0.5$，则 X 的分布律为

X	0	1	2	3	4
P	0.5	0.25	0.125	0.0625	0.0625

例 2 - 7 设连续进行两次独立的射击，每次射击击中目标的概率为 0.4，以 X 表示击中目标的次数，求 X 的分布律。

解 X 可能的取值为 0、1、2，且
$$P(X = 0) = (1 - 0.4)(1 - 0.4) = 0.36$$
$$P(X = 1) = (1 - 0.4) \times 0.4 + 0.4 \times (1 - 0.4) = 0.48$$
$$P(X = 2) = 0.4 \times 0.4 = 0.16$$

即 X 的分布律为

X	0	1	2
P	0.36	0.48	0.16

例 2 - 8 袋中有 5 只球，其中 3 只红球、2 只白球。从中任取 2 只，设 X 表示其中的红球数，试求 X 的分布律。

解　X 可能的取值为 0、1、2，且

$$P(X=0) = \frac{C_2^2}{C_5^2} = \frac{1}{10}$$

$$P(X=1) = \frac{C_3^1 C_2^1}{C_5^2} = \frac{3}{5}$$

$$P(X=2) = \frac{C_3^2}{C_5^2} = \frac{3}{10}$$

即 X 的分布律为

X	0	1	2
P	$\frac{1}{10}$	$\frac{3}{5}$	$\frac{3}{10}$

3. 离散型随机变量分布律的性质

性质 1　$p_i \geqslant 0 (i=1, 2, \cdots)$。

性质 2　$\sum\limits_i p_i = 1$。

证明　由于

$$\{X=x_1\} \bigcup \{X=x_2\} \bigcup \cdots \bigcup \{X=x_i\} \bigcup \cdots = \Omega$$

且

$$\{X=x_j\} \bigcap \{X=x_k\} = \varnothing, \quad k \neq j; k, j = 1, 2, \cdots$$

因此

$$1 = P(\Omega) = P(\{X=x_1\} \bigcup \{X=x_2\} \bigcup \cdots \bigcup \{X=x_i\} \bigcup \cdots)$$

$$= P(X=x_1) + P(X=x_2) + \cdots + P(X=x_i) + \cdots = \sum_i p_i$$

即 $\sum\limits_i p_i = 1$。

需要指出的是，如果有一列数满足上述性质 1 与性质 2，那么这一列数一定是某个离散型随机变量的分布律。

例 2-9　设离散型随机变量 X 的分布律为 $P(X=k) = \dfrac{C}{k!}(k=0, 1, 2, \cdots)$，求常数 C。

解　由性质 2 得 $\sum\limits_{k=0}^{\infty} \dfrac{C}{k!} = 1$，从而 $Ce = 1$，故 $C = \dfrac{1}{e}$。

例 2-10　设离散型随机变量 X 的分布律为

X	-1	2	3
P	$\frac{1}{4}$	$\frac{1}{2}$	$\frac{1}{4}$

求 X 的分布函数 $F(x)$ 及概率 $P\left(X \leqslant \dfrac{1}{2}\right)$、$P\left(\dfrac{3}{2} < X \leqslant \dfrac{5}{2}\right)$ 和 $P(2 \leqslant X \leqslant 3)$。

解　由于 X 仅在 $x = -1, 2, 3$ 三点处概率不等于零，而 $F(x)$ 的值是 $X \leqslant x$ 的累积概率值，由概率的有限可加性知，它即为小于或等于 x 的那些 x_i 处的概率 p_i 之和，因此当 $x < -1$ 时，

$$F(x) = 0$$

当 $-1 \leqslant x < 2$ 时，

$$F(x) = P(X = -1) = \frac{1}{4}$$

当 $2 \leqslant x < 3$ 时，

$$F(x) = P(X = -1) + P(X = 2) = \frac{3}{4}$$

当 $x \geqslant 3$ 时，

$$F(x) = P(X = -1) + P(X = 2) + P(X = 3) = 1$$

即 X 的分布函数为

$$F(x) = \begin{cases} 0, & x < -1 \\ \dfrac{1}{4}, & -1 \leqslant x < 2 \\ \dfrac{3}{4}, & 2 \leqslant x < 3 \\ 1, & x \geqslant 3 \end{cases}$$

$F(x)$ 的图像如图 2-2 所示，它是一条阶梯形的曲线，在 $x = -1, 2, 3$ 处有跳跃，跳跃值分别为 $\dfrac{1}{4}$，$\dfrac{1}{2}$，$\dfrac{1}{4}$。所求概率分别为

$$P\left(X \leqslant \frac{1}{2}\right) = F\left(\frac{1}{2}\right) = \frac{1}{4}$$

$$P\left(\frac{3}{2} < X \leqslant \frac{5}{2}\right) = F\left(\frac{5}{2}\right) - F\left(\frac{3}{2}\right) = \frac{3}{4} - \frac{1}{4} = \frac{1}{2}$$

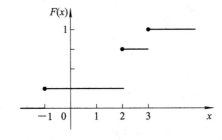

图 2-2

$$P(2 \leqslant X \leqslant 3) = P(\{2 < X \leqslant 3\} \bigcup \{X = 2\}) = P(2 < X \leqslant 3) + P(X = 2)$$

$$= F(3) - F(2) + P(X = 2) = 1 - \frac{3}{4} + \frac{1}{2} = \frac{3}{4}$$

4. 离散型随机变量分布函数

设离散型随机变量 X 的分布律为

$$P(X = x_i) = p_i, \quad i = 1, 2, \cdots$$

由概率的可列可加性得 X 的分布函数为

$$F(x) = P(X \leqslant x) = \sum_{x_i \leqslant x} P(X = x_i)$$

即

$$F(x) = \sum_{x_i \leqslant x} p_i, \quad x \in \mathbf{R} \tag{2.3.2}$$

其中和式是对于所有满足 $x_i \leqslant x$ 的 i 求和的。分布函数 $F(x)$ 在 $x_i (i = 1, 2, \cdots)$ 处有跳跃，跳跃值为 $p_i = P(X = x_i)$。

顺便指出，由上述求分布函数的方法及所得到的结果知，如果已知离散型随机变量 X 的分布函数，也可以反过来求离散型随机变量 X 的分布律，其方法是：X 可能的取值便是分布函数 $F(x)$ 的间断点（分界点）$x_i (i = 1, 2, \cdots)$，从而 X 的分布律为

$$p_i = P(X = x_i) = F(x_i + 0) - F(x_i - 0) = F(x_i) - F(x_i - 0), \quad i = 1, 2, \cdots \tag{2.3.3}$$

例 2 - 11 设离散型随机变量 X 的分布函数为

$$F(x) = \begin{cases} 0, & x < -1 \\ \dfrac{1}{4}, & -1 \leqslant x < 2 \\ \dfrac{3}{4}, & 2 \leqslant x < 3 \\ 1, & x \geqslant 3 \end{cases}$$

试求随机变量 X 的分布律。

解 由于分布函数 $F(x)$ 的分界点为 -1、2、3，因此随机变量 X 可能的取值为 -1、2、3，且

$$P(X = -1) = F(-1) - F(-1 - 0) = \frac{1}{4} - 0 = \frac{1}{4}$$

$$P(X = 2) = F(2) - F(2 - 0) = \frac{3}{4} - \frac{1}{4} = \frac{1}{2}$$

$$P(X = 3) = F(3) - F(3 - 0) = 1 - \frac{3}{4} = \frac{1}{4}$$

即 X 的分布律为

X	-1	2	3
P	$\dfrac{1}{4}$	$\dfrac{1}{2}$	$\dfrac{1}{4}$

这个结果正好是例 2-10 中随机变量 X 的分布律,这是因为这里题设给出的分布函数就是例 2-10 得到的 X 的分布函数,从而该例也就印证了已知离散型随机变量的分布函数求其分布律的方法。

5. 几种重要的离散型随机变量

1)0-1 分布

定义 3 若离散型随机变量 X 只可能的取 0 与 1 两个值,它的分布律为

$$P(X=k)=p^k(1-p)^{1-k}, \quad 0<p<1, k=0,1 \tag{2.3.4}$$

则称 X 服从参数为 p 的 0-1 分布或两点分布。

0-1 分布的分布律也可写成

X	0	1
P	$1-p$	p

对于一个随机试验,如果它的样本空间只包含两个样本点,即 $\Omega=\{\omega_1, \omega_2\}$,总可以在 Ω 上定义一个服从 0-1 分布的随机变量

$$X = X(\omega) = \begin{cases} 0, & \omega = \omega_1 \\ 1, & \omega = \omega_2 \end{cases}$$

来描述这个随机试验的结果。例如,对新生婴儿的性别进行登记,检查产品的质量是否合格,射击一次是否击中,掷一枚硬币是否出现正面等都可以用服从 0-1 分布的随机变量来描述。

例 2-12 箱中装有 12 件产品,其中有 2 件次品,从中任取 1 件,设 $\{X=0\}$ 表示事件"取出的一件产品是正品",$\{X=1\}$ 表示事件"取出的一件产品是次品",则 X 是一离散型随机变量。由于

$$P(X=0)=\frac{C_{10}^1}{C_{12}^1}=\frac{5}{6}, \ P(X=1)=\frac{C_2^1}{C_{12}^1}=\frac{1}{6}$$

因此 X 服从参数为 $\dfrac{1}{6}$ 的 0-1 分布。

设随机变量 X 服从参数为 p 的 0-1 分布,则 X 的分布函数为

$$F(x)=\begin{cases} 0, & x<0 \\ 1-p, & 0 \leqslant x<1 \\ 1, & x \geqslant 1 \end{cases}$$

2)Bernoulli(伯努利)试验与二项分布

在讨论概率的统计定义时,曾经指出在相同的条件下进行大量的重复观察或试验,随

机现象的统计规律就可以呈现出来。事实上，对某一试验独立重复地进行，也是一种得到广泛应用的随机试验。

定义 4 若 n 次重复试验满足：

(1) 每次试验条件相同；

(2) 每次试验的结果都与其他各次试验的结果互不影响，即各次试验是相互独立的，则称此试验为 n 次独立重复试验。

例 2-13 设袋中装有 6 只球，其中 4 只红球、2 只白球。现从袋中连续取球 n 次，每次取 1 只，观察取出球的颜色，再将取出的球放回袋中，则每次取 1 只球就是一次试验。由于每次取球的条件相同，并且一次取出的 1 只球是红球还是白球与其余次取球的结果是互不影响的，即各次取球是独立试验，故这样从袋中取球的试验就是一个 n 次独立重复试验。

从例 2-13 我们发现：该 n 次独立重复试验每次试验的结果只有两个，即红球及白球，这样的 n 次独立重复试验是一种很重要的数学模型，有着极为广泛的应用。一般地，有以下定义。

定义 5 若 n 次独立重复试验每次试验的结果只有两个，即 A 及 $\overline{A}$，则称之为 n 重 Bernoulli 试验。

例 2-14 在 n 重 Bernoulli 试验中，设 B 表示事件"事件 A 恰好发生 k 次"，且 $P(A)=p$，求 $P(B)$。

解 由于各次试验是相互独立的，因此事件 A 在指定的 $k(0 \leqslant k \leqslant n)$ 次试验中发生，在其他 $n-k$ 次试验中不发生（如 A 在前 k 次试验中发生，而在后 $n-k$ 次试验中不发生）的概率为

$$\underbrace{p \cdot p \cdots \cdot p}_{k\text{个}} \cdot \underbrace{(1-p) \cdot (1-p) \cdot \cdots \cdot (1-p)}_{n-k\text{个}} = p^k(1-p)^{n-k}$$

这种方式是事件 B 的一种情况，而这种指定的方式共有 C_n^k 种，并且是两两互不相容的，故所求的概率为

$$P(B) = C_n^k p^k q^{n-k}, \quad q = 1-p$$

以 X 表示 n 重 Bernoulli 试验中事件 A 发生的次数，则 X 就是一个随机变量，其可能的取值为 $0, 1, 2, \cdots, n$，并且

$$P(X=k) = P(B) = C_n^k p^k q^{n-k}, \quad k = 0, 1, 2, \cdots, n$$

显然

$$P(X=k) \geqslant 0, \quad k = 0, 1, 2, \cdots$$

$$\sum_{k=0}^{n} P(X=k) = \sum_{k=0}^{n} C_n^k p^k q^{n-k} = (p+q)^n = 1$$

即 $P(X=k) = C_n^k p^k q^{n-k}(k=0, 1, 2, \cdots, n)$ 形成一离散型随机变量的分布律，由于 $C_n^k p^k$

q^{n-k}刚好是二项式$(p+q)^n$的展开式中出现p^k的那一项，便得到二项分布的随机变量。

定义 6　若离散型随机变量 X 的分布律为

$$P(X = k) = C_n^k p^k q^{n-k}, \quad q = 1 - p, k = 0, 1, 2, \cdots, n \qquad (2.3.5)$$

则称 X 服从参数为 n、p 的二项分布，记为 $X \sim B(n, p)$。

特别地，当 $n=1$ 时，二项分布变为

$$P(X = k) = p^k q^{1-k}, \quad k = 0, 1$$

这时的分布成为参数为 p 的 $0-1$ 分布，可以记为 $X \sim B(1, p)$。

例 2 - 15　在某车间里有 12 台同类型的机器，每台机器由于工艺上的原因，时常需要停机，设各台机器停机与否相互独立，且每台机器在任一时刻处于停机状态的概率为 1/3，求在任一指定时刻这个车间里有 2 台机器处于停机状态的概率。

解　把在指定时刻对一台机器的观察看成一个试验，则对这 12 台机器进行的观察就是 12 次试验。由于各台机器的类型及使用情况都相同，且它们停机与否相互独立，故这 12 次试验为 12 重 Bernoulli 试验。设 X 表示在指定时刻 12 台机器中处于停机状态的台数，则 $X \sim B\left(12, \dfrac{1}{3}\right)$，由$(2.3.5)$式得

$$P(X = 2) = C_{12}^2 \left(\frac{1}{3}\right)^2 \left(1 - \frac{1}{3}\right)^{12-2} = 0.1272$$

例 2 - 16　设在一次试验中，事件 A 发生的概率为 p，现进行 n 次独立试验，求事件 A 至少发生一次的概率及事件 A 至多发生一次的概率。

解　设 X 表示 n 次试验中事件 A 发生的次数，则 $X \sim B(n, p)$，由$(2.3.5)$式得

$$P(X \geqslant 1) = 1 - P(X = 0) = 1 - (1 - p)^n$$
$$P(X \leqslant 1) = P(X = 0) + P(X = 1)$$
$$= (1 - p)^n + C_n^1 p(1 - p)^{n-1}$$
$$= (1 - p)^n + np(1 - p)^{n-1}$$

例 2 - 17　设随机变量 X 服从参数为 2、p 的二项分布，随机变量 Y 服从参数为 3、p 的二项分布，若 $P(X \geqslant 1) = \dfrac{5}{9}$，求 $P(Y \geqslant 1)$。

解　由于 $P(X \geqslant 1) = 1 - P(X=0)$，因此 $P(X=0) = 1 - P(X \geqslant 1) = 1 - \dfrac{5}{9} = \dfrac{4}{9}$。又由于 $P(X=0) = (1-p)^2$，故 $(1-p)^2 = \dfrac{4}{9}$，从而 $p = \dfrac{1}{3}$，所以

$$P(Y \geqslant 1) = 1 - P(Y = 0) = 1 - \left(1 - \frac{1}{3}\right)^3 = \frac{19}{27}$$

例 2 - 18　某人进行 400 次独立的射击，每次射击的命中率为 0.02，求至少命中目标 2 次的概率。

解 将一次射击看成一次试验，则 400 次独立的射击为 400 重 Bernoulli 试验，设 X 表示命中目标的次数，则 $X \sim B(400, 0.02)$，由 (2.3.5) 式得

$$P(X \geqslant 2) = 1 - P(X = 0) - P(X = 1)$$

$$= 1 - (0.98)^{400} - C_{400}^1 (0.02)(0.98)^{399} = 0.9972$$

这个结果有实际意义。一方面，虽然每次射击的命中率很小，只有 0.02，但是如果射击 400 次，则命中目标至少 2 次是几乎可以肯定的。这一事实说明，一个事件尽管在一次试验中发生的概率很小，但只要试验次数很多，而且试验是独立地进行的，那么这一事件的发生几乎是肯定的。这也告诉人们绝不能轻视小概率事件。另一方面，如果射手在 400 次射击中，命中目标的次数不到 2 次，则由于概率 $P(X < 2) \approx 0.003$ 很小，根据实际推断原理，我们将怀疑"每次射击的命中率为 0.02"这一假设，即认为该射手射击的命中率达不到 0.02。

这个例子也反映出一个问题：当 n 充分大、p 充分小时，计算 $C_n^k p^k q^{n-k}$ 是比较麻烦的，那么如何计算 $C_n^k p^k q^{n-k}$，从而得到所求事件的概率呢？为了解决这个问题，引入如下 Poisson(泊松)定理。

定理 1（Poisson 定理） 设 $\lambda > 0$ 是一个常数，n 是任意的正整数，$np = \lambda$，则对任一固定的非负整数 k，有

$$\lim_{n \to \infty} C_n^k p^k (1 - p)^{n-k} = \frac{\lambda^k}{k!} e^{-\lambda}$$

证明 由 $np = \lambda$ 得 $p = \frac{\lambda}{n}$，从而

$$C_n^k p^k (1 - p)^{n-k} = \frac{n(n-1)\cdots(n-k+1)}{k!} \left(\frac{\lambda}{n}\right)^k \left(1 - \frac{\lambda}{n}\right)^{n-k}$$

$$= \frac{\lambda^k}{k!} \left[1 \cdot \left(1 - \frac{1}{n}\right) \cdots \left(1 - \frac{k-1}{n}\right)\right] \left(1 - \frac{\lambda}{n}\right)^n \left(1 - \frac{\lambda}{n}\right)^{-k}$$

对于任意固定的 k，当 $n \to \infty$ 时，有

$$1 \cdot \left(1 - \frac{1}{n}\right) \cdots \left(1 - \frac{k-1}{n}\right) \to 1, \quad \left(1 - \frac{\lambda}{n}\right)^n \to e^{-\lambda}, \quad \left(1 - \frac{\lambda}{n}\right)^{-k} \to 1$$

故

$$\lim_{n \to \infty} C_n^k p^k (1 - p)^{n-k} = \frac{\lambda^k}{k!} e^{-\lambda}$$

在实际应用中，可以得到二项分布的近似计算，即当 n 很大、p 很小时，有

$$C_n^k p^k (1 - p)^{n-k} \approx \frac{\lambda^k}{k!} e^{-\lambda} \tag{2.3.6}$$

其中 $\lambda = np$。

例 2-19 计算机硬件公司制造某种型号的微型芯片，其次品率为 0.1%，各芯片是否成为次品相互独立，求在 1000 只芯片中至少有 2 只次品的概率。

解 设 X 表示 1000 只芯片中的次品数，则 $X \sim B(1000, 0.001)$，从而 $\lambda = np = 1000 \times 0.001 = 1$，由 (2.3.6) 式得

$$P(X \geqslant 2) = 1 - P(X = 0) - P(X = 1) \approx 1 - e^{-1} - e^{-1} \approx 0.264\ 241\ 1$$

显然利用(2.3.6)式计算很方便。一般地，当 $n \geqslant 20$，$p \leqslant 0.05$ 时，用(2.3.6)式近似计算所得到的近似值效果较佳。

我们考虑 Poisson 定理中的一组值：$\dfrac{\lambda^k}{k!} e^{-\lambda}$ ($\lambda > 0$，$k = 0, 1, 2, \cdots$)，显然

$$\frac{\lambda^k}{k!} e^{-\lambda} \geqslant 0, \quad k = 0, 1, 2, \cdots$$

$$\sum_{k=0}^{\infty} \frac{\lambda^k}{k!} e^{-\lambda} = e^{-\lambda} \sum_{k=0}^{\infty} \frac{\lambda^k}{k!} = e^{-\lambda} \cdot e^{\lambda} = 1$$

所以 $\dfrac{\lambda^k}{k!} e^{-\lambda}$ ($\lambda > 0$，$k = 0, 1, 2, \cdots$)可以是某一离散型随机变量的分布律。

3）Poisson 分布

定义 7　若离散型随机变量 X 的分布律为

$$P(X = k) = \frac{\lambda^k}{k!} e^{-\lambda}, \quad \lambda > 0, k = 0, 1, 2, \cdots \tag{2.3.7}$$

则称 X 服从参数为 λ 的 Poisson 分布，记为 $X \sim P(\lambda)$。

Poisson 分布是一种应用非常广泛的概率分布，它的应用例子很丰富。例如，一批产品中出现的次品数，单位时间内商店售出的某种特殊商品的件数，一本书一页中的印刷错误数，某地区某段时间内交通事故次数等都服从 Poisson 分布。

例 2-20　某电话机交换台每分钟收到用户的呼叫次数 X 服从参数为 4 的 Poisson 分布。试求：

(1) 某一分钟恰有 8 次呼叫的概率；

(2) 某一分钟的呼叫次数大于 3 的概率。

解　由于 $X \sim P(4)$，因此 X 的分布律为

$$P(X = k) = \frac{4^k}{k!} e^{-4}, \quad k = 0, 1, 2, \cdots$$

(1) 所求的概率为

$$P(X = 8) = \frac{4^8}{8!} e^{-4} = 0.0298$$

(2) 所求的概率为

$$P(X > 3) = 1 - P(X = 0) - P(X = 1) - P(X = 2) - P(X = 3)$$

$$= 1 - \sum_{k=0}^{3} \frac{4^k}{k!} e^{-4} = 0.5665$$

例 2-21　某人家中在长为 t（单位：小时）的时段内有电话打进的次数 X 服从参数为 $2t$ 的 Poisson 分布。试求：

(1) 若此人外出计划用时 10 分钟，则其间有一次电话打进的概率；

（2）若此人希望外出时没有电话打进的概率至少为 0.5，则其外出应控制最长时间是多少？

解 由于 $X \sim P(2t)$，因此 X 的分布律为

$$P(X=k)=\frac{(2t)^k}{k!}\mathrm{e}^{-2t}, \quad k=0,1,2,\cdots$$

（1）当 $t=\dfrac{10}{60}=\dfrac{1}{6}$ 时，则 $X \sim P\left(2 \times \dfrac{1}{6}\right)$，从而所求的概率为

$$P(X=1)=\frac{1}{3}\mathrm{e}^{-\frac{1}{3}}=0.2388$$

（2）设此人外出用时 t 小时，则其间无电话打进的概率为

$$P(X=0)=\mathrm{e}^{-2t}$$

从而 t 取决于如下条件：

$$P(X=0)=\mathrm{e}^{-2t}\geqslant 0.5$$

即

$$\mathrm{e}^{2t}\leqslant 2, \quad t\leqslant\frac{1}{2}\ln 2=0.3466（小时）$$

所以此人的外出时间应控制小于 20.796 分钟。

4）几何分布

定义 8 若离散型随机变量 X 的分布律为

$$P(X=k)=q^{k-1}p, \quad k=1,2,\cdots,0<p<1,q=1-p \tag{2.3.8}$$

则称 X 服从参数为 p 的几何分布。

例 2-22 某射手对一目标连续地进行独立射击，命中率为 p，射击直到命中目标为止，则射击的次数 X 就是一个服从参数为 p 的几何分布随机变量，其分布律为（2.3.8）式。

例 2-23 袋中有 5 只球，其中 3 只红球、2 只白球，从中任取 2 只。若取出的 2 只球是 2 只红球，则认为试验成功；否则认为试验失败，将取出的球放回袋中，重新抽取，直到试验成功为止。试求试验次数 X 的分布律。

解 由于一次试验成功的概率 $p=\dfrac{C_3^2}{C_5^2}=\dfrac{3}{10}$，因此 X 服从参数为 $p=\dfrac{3}{10}$ 的几何分布，从而 X 的分布律为

$$P(X=k)=\left(1-\frac{3}{10}\right)^{k-1}\frac{3}{10}=\left(\frac{7}{10}\right)^{k-1}\frac{3}{10}, \quad k=1,2,\cdots$$

5）超几何分布

定义 9 设有 N 件产品，其中有 M 件次品，从中任取 n 件，则取出的次品数 X 的分布律为

$$P(X=k)=\frac{C_M^k C_{N-M}^{n-k}}{C_N^n}, \quad k=0,1,2,\cdots,\min\{M,n\} \tag{2.3.9}$$

称 X 服从参数为 N、M、n 的超几何分布。

例 2 - 24　盒中有 12 只乒乓球,其中有 2 只是新的、10 只是用过的。从盒中任取 3 只球,求取出的 3 只球中新球数 X 的分布律。

解　由题设知,X 服从参数为 $N=12$、$M=2$、$n=3$ 的超几何分布,故由(2.3.9)式知,X 的分布律为

$$P(X=k) = \frac{C_2^k C_{10}^{3-k}}{C_{12}^3}, \quad k=0,1,2$$

即

X	0	1	2
P	$\dfrac{12}{22}$	$\dfrac{9}{22}$	$\dfrac{1}{22}$

超几何分布与二项分布有下列关系。

定理 2　设 X 服从参数为 N、M、n 的超几何分布,且对于固定的 n,当 $N \to \infty$ 时,$\dfrac{M}{N} \to p$,则

$$\lim_{N \to \infty} \frac{C_M^k C_{N-M}^{n-k}}{C_N^n} = C_n^k p^k q^{n-k}$$

即

$$\lim_{N \to \infty} P(X=k) = C_n^k p^k q^{n-k}$$

其中 $q=1-p$。

证明　由于当 $N \to \infty$ 时,$\dfrac{M}{N} \to p$,因此

$$P(X=k) = \frac{C_M^k C_{N-M}^{n-k}}{C_N^n}$$

$$= \frac{M(M-1)\cdots(M-k+1)}{k!} \cdot \frac{(N-M)(N-M-1)\cdots[N-M-(n-k)+1]}{(n-k)!}$$

$$\cdot \frac{n!}{N(N-1)\cdots(N-n+1)}$$

$$= \frac{n!}{k!\,(n-k)!} \cdot M^k \left(1-\frac{1}{M}\right)\left(1-\frac{2}{M}\right)\cdots\left(1-\frac{k-1}{M}\right)$$

$$\cdot (N-M)^{n-k} \left(1-\frac{1}{N-M}\right)\left(1-\frac{2}{N-M}\right)\cdots\left(1-\frac{n-k-1}{N-M}\right)$$

$$\cdot N^{-n}\left(1-\frac{1}{N}\right)^{-1}\left(1-\frac{2}{N}\right)^{-1}\cdots\left(1-\frac{n-1}{N}\right)^{-1}$$

$$= C_n^k \left(\frac{M}{N}\right)^k \left(1-\frac{M}{N}\right)^{n-k} \left(1-\frac{1}{M}\right)\left(1-\frac{2}{M}\right)\cdots\left(1-\frac{k-1}{M}\right) \cdot \left(1-\frac{1}{N-M}\right)\left(1-\frac{2}{N-M}\right)$$

$$\cdots\left(1-\frac{n-k-1}{N-M}\right) \cdot \left(1-\frac{1}{N}\right)^{-1}\left(1-\frac{2}{N}\right)^{-1}\cdots\left(1-\frac{n-1}{N}\right)^{-1}$$

从而

$$\lim_{N \to \infty} P(X=k) = C_n^k p^k q^{n-k}$$

由定理 2 知，当 N 很大，n 相对于 N 较小时，如 $\dfrac{n}{N}$ 不超过 5%，超几何分布可用二项分布近似计算。事实上，超几何分布的背景是不放回抽样，而二项分布的背景是放回抽样，当 N 很大时，不放回抽样近似于放回抽样。

2.4 连续型随机变量及其概率密度

离散型随机变量可能的取值是有限个或可列无限多个，它的概率分布可以用分布律来刻画，如果随机变量可能的取值充满某个区间，那么它的概率分布需要如何来刻画呢？

1. 连续型随机变量的定义

例 2-25 在区间 $[0, a]$ 上任意投掷一个质点，以 X 表示该质点的坐标。设质点落在 $[0, a]$ 中任意小区间内的概率与这个小区间的长度成正比，试求 X 的分布函数。

解 当 $x < 0$ 时，事件 $\{X \leqslant x\}$ 是不可能事件，则

$$F(x) = P(X \leqslant x) = 0$$

当 $0 \leqslant x < a$ 时，由题设知 $P(0 \leqslant X \leqslant x) = kx$，其中 k 为比例系数，又已知 $1 = P(0 \leqslant X \leqslant a) = ka$，故 $k = \dfrac{1}{a}$，即

$$P(0 \leqslant X \leqslant x) = \frac{x}{a}$$

从而

$$F(x) = P(X \leqslant x) = P(X < 0) + P(0 \leqslant X \leqslant x) = \frac{x}{a}$$

当 $x \geqslant a$ 时，事件 $\{X \leqslant x\}$ 是必然事件，则

$$F(x) = P(X \leqslant x) = 1$$

即随机变量 X 的分布函数为

$$F(x) = \begin{cases} 0, & x < 0 \\ \dfrac{x}{a}, & 0 \leqslant x < a \\ 1, & x \geqslant a \end{cases}$$

容易看到，本例的随机变量 X 的取值充满区间 $[0, a]$，其分布函数 $F(x)$ 对于任意的 x 可以表示成

$$F(x) = \int_{-\infty}^{x} f(t) \, dt$$

其中

$$f(x) = \begin{cases} \dfrac{1}{a}, & 0 < x < a \\ 0, & \text{其他} \end{cases}$$

这就是说，$F(x)$ 恰好是非负可积函数 $f(x)$ 在区间 $(-\infty, x]$ 上的积分，对于这类随机变量有以下的一般定义。

定义 1　设 X 是随机变量，其分布函数为 $F(x)$，如果存在非负可积函数 $f(x)$，使得

$$F(x) = \int_{-\infty}^{x} f(t)\mathrm{d}t, \qquad -\infty < x < +\infty \tag{2.4.1}$$

则称 X 为连续型随机变量，称 $f(x)$ 为 X 的概率密度函数，简称概率密度。

如果说离散型随机变量的概率分布是用其分布律来刻画的，那么连续型随机变量的概率分布就是用它的概率密度来刻画的。

2. 连续型随机变量概率密度的性质

性质 1　$f(x) \geqslant 0 \, (-\infty < x < +\infty)$。

证明　由定义 1 直接得证。

性质 2　$\displaystyle\int_{-\infty}^{+\infty} f(x)\mathrm{d}x = 1$。

证明　由于 $F(+\infty) = 1$，由 (2.4.1) 式得

$$\int_{-\infty}^{+\infty} f(x)\mathrm{d}x = 1$$

性质 3　$P(a < X \leqslant b) = \displaystyle\int_{a}^{b} f(x)\mathrm{d}x$。

证明　$P(a < X \leqslant b) = P(X \leqslant b) - P(X \leqslant a)$

$$= \int_{-\infty}^{b} f(x)\mathrm{d}x - \int_{-\infty}^{a} f(x)\mathrm{d}x = \int_{a}^{b} f(x)\mathrm{d}x$$

故

$$P(a < X \leqslant b) = \int_{a}^{b} f(x)\mathrm{d}x$$

性质 4　在 $f(x)$ 的连续点 x 处，有 $F'(x) = f(x)$。

证明　在 $f(x)$ 的连续点 x 处，由于 $F(x) = \displaystyle\int_{-\infty}^{x} f(t)\mathrm{d}t$，因此由微积分学基本定理得

$$F'(x) = f(x)$$

需要指出的是，如果函数 $f(x)$ 满足上述性质 1 与性质 2，那么 $f(x)$ 一定是某个连续型随机变量的概率密度。

定理 1　设连续型随机变量 X 的概率密度为 $f(x)$，分布函数为 $F(x)$，则 $F(x)$ 在 $(-\infty, +\infty)$ 上连续。

证明 由微积分学基本定理即可得证。

定理 2 设 X 为连续型随机变量，则随机变量 X 取任一实数值 a 的概率均为零，即 $P(X=a)=0$。

证明 设 X 的分布函数为 $F(x)$，$\Delta x>0$，则由 $\{X=a\}\subset\{a-\Delta x<X\leqslant a\}$ 得

$$0\leqslant P(X=a)\leqslant P(a-\Delta x<X\leqslant a)=F(a)-F(a-\Delta x)$$

在上述不等式中令 $\Delta x\to 0$，由定理 1 得

$$P(X=a)=0 \tag{2.4.2}$$

据此，在计算连续型随机变量落在某一区间的概率时，可以不必区分该区间是开区间或闭区间或半闭区间，从而

$$P(a<X\leqslant b)=P(a\leqslant X<b)=P(a<X<b)=P(a\leqslant X\leqslant b)=\int_a^b f(x)\mathrm{d}x$$

由于事件 $\{X=a\}$ 并非不可能事件，但却有 $P(X=a)=0$，因此我们得到结论：不可能事件的概率是零，但概率是零的事件未必是不可能事件。

例 2-26 设连续型随机变量 X 的概率密度为

$$f(x)=\frac{C}{1+x^2},\qquad -\infty<x<+\infty$$

试求：(1)常数 C；(2)X 的分布函数 $F(x)$；(3)$P(X>1)$。

解 (1) 由 $\int_{-\infty}^{+\infty}f(x)\mathrm{d}x=1$ 得，$1=\int_{-\infty}^{+\infty}\frac{C}{1+x^2}\mathrm{d}x=\pi C$，故 $C=\frac{1}{\pi}$。

(2) $F(x)=\int_{-\infty}^x f(t)\mathrm{d}t=\int_{-\infty}^x\frac{1}{\pi(1+t^2)}\mathrm{d}t=\left[\frac{1}{\pi}\arctan t\right]_{-\infty}^x=\frac{1}{\pi}\arctan x+\frac{1}{2}$

(3) $P(X>1)=\int_1^{+\infty}\frac{1}{\pi(1+x^2)}\mathrm{d}x=\left[\frac{1}{\pi}\arctan x\right]_1^{+\infty}=\frac{1}{\pi}\left(\frac{\pi}{2}-\frac{\pi}{4}\right)=\frac{1}{4}$

例 2-27 设连续型随机变量 X 的概率密度为

$$f(x)=\begin{cases}kx, & 0<x<3\\ 2-\dfrac{x}{2}, & 3\leqslant x<4\\ 0, & 其他\end{cases}$$

试求：(1)常数 k；(2)X 的分布函数 $F(x)$；(3)$P\left(1<X\leqslant\dfrac{7}{2}\right)$。

解 (1) 由 $\int_{-\infty}^{+\infty}f(x)\mathrm{d}x=1$ 得

$$1=\int_0^3 kx\mathrm{d}x+\int_3^4\left(2-\frac{x}{2}\right)\mathrm{d}x=\frac{9}{2}k+\frac{1}{4}$$

解得 $k=\frac{1}{6}$。

(2) 由于 $k=\dfrac{1}{6}$，因此 X 的概率密度为

$$f(x)=\begin{cases}\dfrac{x}{6}, & 0<x<3 \\[2mm] 2-\dfrac{x}{2}, & 3\leqslant x<4 \\[2mm] 0, & \text{其他}\end{cases}$$

从而 X 的分布函数为

$$F(x)=\int_{-\infty}^{x}f(t)\mathrm{d}t=\begin{cases}0, & x<0 \\[2mm] \displaystyle\int_{0}^{x}\dfrac{t}{6}\mathrm{d}t, & 0\leqslant x<3 \\[2mm] \displaystyle\int_{0}^{3}\dfrac{t}{6}\mathrm{d}t+\int_{3}^{x}\left(2-\dfrac{t}{2}\right)\mathrm{d}t, & 3\leqslant x<4 \\[2mm] 1, & x\geqslant 4\end{cases}$$

即

$$F(x)=\begin{cases}0, & x<0 \\[2mm] \dfrac{x^{2}}{12}, & 0\leqslant x<3 \\[2mm] -3+2x-\dfrac{x^{2}}{4}, & 3\leqslant x<4 \\[2mm] 1, & x\geqslant 4\end{cases}$$

(3) $P\left(1<X\leqslant\dfrac{7}{2}\right)=F\left(\dfrac{7}{2}\right)-F(1)=\dfrac{41}{48}$。

例 2-28　设连续型随机变量 X 的概率密度为

$$f(x)=\begin{cases}cx(1-x), & 0<x<1 \\ 0, & \text{其他}\end{cases}$$

求：(1) 常数 c；(2) $P\left(|X|\leqslant\dfrac{1}{2}\right)$、$P\left(X=\dfrac{1}{2}\right)$ 和 $P\left(X\geqslant\dfrac{1}{3}\right)$；(3) X 的分布函数 $F(x)$。

解　(1) 由 $\displaystyle\int_{-\infty}^{+\infty}f(x)\mathrm{d}x=1$ 得

$$1=\int_{0}^{1}cx(1-x)\mathrm{d}x=c\left(\dfrac{1}{2}-\dfrac{1}{3}\right)=\dfrac{c}{6}$$

解得 $c=6$。

(2) 由于 $c=6$，因此 X 的概率密度为

$$f(x)=\begin{cases}6x(1-x), & 0<x<1 \\ 0, & \text{其他}\end{cases}$$

又由于 X 是连续型随机变量，故

$$P\left(|X|\leqslant\frac{1}{2}\right)=P\left(-\frac{1}{2}\leqslant X\leqslant\frac{1}{2}\right)=P\left(0\leqslant X\leqslant\frac{1}{2}\right)=\int_0^{\frac{1}{2}}6x(1-x)\,\mathrm{d}x=\frac{1}{2}$$

$$P\left(X=\frac{1}{2}\right)=0$$

$$P\left(X\geqslant\frac{1}{3}\right)=\int_{\frac{1}{3}}^1 6x(1-x)\,\mathrm{d}x=\frac{20}{27}$$

(3) 因为 $F(x)=\int_{-\infty}^x f(t)\,\mathrm{d}t\,(x\in\mathbf{R})$，所以当 $x<0$ 时，

$$F(x)=0$$

当 $0\leqslant x<1$ 时，

$$F(x)=\int_{-\infty}^x f(t)\,\mathrm{d}t=\int_0^x 6t(1-t)\,\mathrm{d}t=x^2(3-2x)$$

当 $x\geqslant 1$ 时，

$$F(x)=1$$

即 X 的分布函数为

$$F(x)=\begin{cases}0, & x<0\\ x^2(3-2x), & 0\leqslant x<1\\ 1, & x\geqslant 1\end{cases}$$

例 2-29 设连续型随机变量 X 的分布函数为

$$F(x)=\begin{cases}A+Be^{-2x}, & x\geqslant 0\\ C, & x<0\end{cases}$$

求：(1) 常数 A、B、C；(2) X 的概率密度 $f(x)$；(3) $P(-2<X<1)$。

解 (1) 由 $F(-\infty)=0$、$F(+\infty)=1$，得 $C=0$，$A=1$。又由于 X 是连续型随机变量，故 $F(x)$ 是连续函数，从而 $F(x)$ 在 $x=0$ 处连续，于是由 $F(0-0)=F(0+0)$ 得 $B=-1$。

(2) $f(x)=F'(x)=\begin{cases}2e^{-2x}, & x>0\\ 0, & x\leqslant 0\end{cases}$。

(3) $P(-2<X<1)=\int_{-2}^1 f(x)\,\mathrm{d}x=\int_0^1 2e^{-2x}\,\mathrm{d}x=1-e^{-2}$。

例 2-30 某种型号器件的寿命(单位：小时)的概率密度为

$$f(x)=\begin{cases}\dfrac{1000}{x^2}, & x>1000\\ 0, & x\leqslant 1000\end{cases}$$

现有一大批这种器件(设各器件损坏与否相互独立)，从中任取 5 只，求其中至少有 2 只寿命大于 1500 小时的概率。

解 设 X 表示器件的寿命，$A=\{X>1500\}$，则

$$P(A) = P(X > 1500) = \int_{1500}^{+\infty} \frac{1000}{x^2} \mathrm{d}x = \left[-\frac{1000}{x} \right]_{1500}^{+\infty} = \frac{2}{3}$$

设 Y 表示任取的 5 只器件中寿命大于 1500 小时的只数，则 $Y \sim B\left(5, \frac{2}{3}\right)$，从而所求的概率为

$$P(Y \geqslant 2) = 1 - P(Y = 0) - P(Y = 1)$$
$$= 1 - \left(1 - \frac{2}{3}\right)^5 - C_5^1 \frac{2}{3}\left(1 - \frac{2}{3}\right)^4 = \frac{232}{243}$$

3. 几种重要的连续型随机变量

1）均匀分布

定义 2　若连续型随机变量 X 的概率密度为

$$f(x) = \begin{cases} \dfrac{1}{b-a}, & a < x < b \\ 0, & \text{其他} \end{cases} \tag{2.4.3}$$

则称 X 在区间 (a, b) 上服从均匀分布，记为 $X \sim U(a, b)$。

显然，$f(x) \geqslant 0$ 且 $\int_{-\infty}^{+\infty} f(x)\mathrm{d}x = 1$。

设 X 在区间 (a, b) 上服从均匀分布，由 (2.4.1) 式，得 X 的分布函数为

$$F(x) = \begin{cases} 0, & x < a \\ \dfrac{x-a}{b-a}, & a \leqslant x < b \\ 1, & x \geqslant b \end{cases} \tag{2.4.4}$$

概率密度 $f(x)$ 及分布函数 $F(x)$ 的图像分别如图 2-3 和图 2-4 所示。

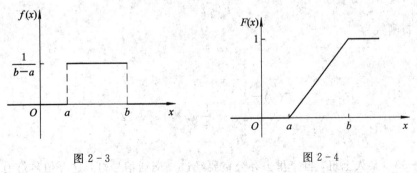

图 2-3　　　　　　　　　　　图 2-4

例 2-31　若随机变量 ξ 在区间 $(0, 5)$ 上服从均匀分布，求方程 $4x^2 + 4\xi x + \xi + 2 = 0$ 有实根的概率。

解　由于随机变量 ξ 在区间 $(0, 5)$ 上服从均匀分布，因此 ξ 的概率密度为

$$f(x) = \begin{cases} \dfrac{1}{5}, & 0 < x < 5 \\ 0, & \text{其他} \end{cases}$$

$$P(\text{“方程 } 4x^2 + 4\xi x + \xi + 2 = 0 \text{ 有实根”}) = P((4\xi)^2 - 4 \cdot 4 \cdot (\xi + 2) \geqslant 0)$$
$$= P(\xi^2 - \xi - 2 \geqslant 0)$$
$$= P(\xi \geqslant 2) + P(\xi \leqslant -1) = \int_2^5 \frac{1}{5} \mathrm{d}x = \frac{3}{5}$$

例 2 - 32 设离散型随机变量 X 的分布律为

$$P(X = 1) = P(X = 2) = \frac{1}{2}$$

在给定 $X = i (i = 1, 2)$ 的条件下,随机变量 Y 服从均匀分布 $U(0, i)$,求 Y 的分布函数 $F(y)$。

解 由全概率公式及题设得

当 $y < 0$ 时,事件 $\{Y \leqslant y\}$ 是不可能事件,则
$$F(y) = P(Y \leqslant y) = 0$$

当 $0 \leqslant y < 1$ 时,
$$F(y) = P(Y \leqslant y) = P(X = 1)P(Y \leqslant y \mid X = 1) + P(X = 2)P(Y \leqslant y \mid X = 2)$$
$$= \frac{1}{2}\left(y + \frac{y}{2}\right) = \frac{3}{4}y$$

当 $1 \leqslant y < 2$ 时,
$$F(y) = P(Y \leqslant y) = P(X = 1)P(Y \leqslant y \mid X = 1) + P(X = 2)P(Y \leqslant y \mid X = 2)$$
$$= \frac{1}{2}\left(1 + \frac{y}{2}\right) = \frac{1}{2} + \frac{1}{4}y$$

当 $y \geqslant 2$ 时,事件 $\{Y \leqslant y\}$ 是必然事件,则
$$F(y) = 1$$

即 Y 的分布函数为

$$F(y) = \begin{cases} 0, & y < 0 \\ \dfrac{3}{4}y, & 0 \leqslant y < 1 \\ \dfrac{1}{2} + \dfrac{1}{4}y, & 1 \leqslant y < 2 \\ 1, & y \geqslant 2 \end{cases}$$

例 2 - 33 某人上班,自家里去办公室要经过一交通信号灯,这一信号灯有 80% 时间亮红灯,这时此人就在信号灯旁等待直至绿灯亮,等待时间(单位:秒)在区间 $[0, 30]$ 上服从均匀分布。以 X 表示此人的等待时间,求 X 的分布函数。

解 设 A 表示事件“信号灯亮绿灯”,X 的分布函数为 $F(x)$,由全概率公式及题设得

当 $x < 0$ 时,事件 $\{X \leqslant x\}$ 是不可能事件,则

$$F(x) = P(X \leqslant x) = 0$$

当 $0 \leqslant x < 30$ 时，

$$F(x) = P(X \leqslant x) = P(A)P(X \leqslant x \mid A) + P(\overline{A})P(X \leqslant x \mid \overline{A})$$

$$= 0.2 \times 1 + 0.8 \times \frac{x}{30} = 0.2 + \frac{2}{75}x;$$

当 $x \geqslant 30$ 时，事件 $\{X \leqslant x\}$ 是必然事件，则

$$F(x) = 1$$

即 X 的分布函数为

$$F(x) = \begin{cases} 0, & x < 0 \\ 0.2 + \dfrac{2}{75}x, & 0 \leqslant x < 30 \\ 1, & x \geqslant 30 \end{cases}$$

结合几何概率，容易得到：

定理 3　设随机变量 $X \sim U[a, b]$，则 X 在 $[a, b]$ 的任一子区间上取值的概率等价于以 a、b 为端点的直线线段上的几何概率。

例 2-34　设随机变量 $X \sim U[-2, 3]$，试求 $P(-1 \leqslant X \leqslant 0)$、$P\left(-2 < X \leqslant -\dfrac{1}{2}\right)$、$P\left(-\dfrac{1}{2} < X < \dfrac{1}{2}\right)$ 和 $P(|X| > 1)$。

解　由于以 -2、3 为端点的直线线段长为 5，以 -1、0 为端点的直线线段是以 -2、3 为端点的直线线段的一部分，且长为 1，因此

$$P(-1 \leqslant X \leqslant 0) = \frac{1}{5}$$

同理可得

$$P\left(-2 < X \leqslant -\frac{1}{2}\right) = \frac{3}{10}, \; P\left(-\frac{1}{2} < X < \frac{1}{2}\right) = \frac{1}{5}, \; P(|X| > 1) = \frac{3}{5}$$

2）正态分布

定义 3　若连续型随机变量 X 的概率密度为

$$f(x) = \frac{1}{\sqrt{2\pi}\sigma} e^{-\frac{(x-\mu)^2}{2\sigma^2}}, \quad -\infty < x < +\infty \tag{2.4.5}$$

其中 μ、$\sigma(\sigma > 0)$ 为常数，则称 X 服从参数为 μ、σ^2 的正态分布或 Gauss（高斯）分布，记为 $X \sim N(\mu, \sigma^2)$。

显然，$f(x) \geqslant 0$。下面验证 $\displaystyle\int_{-\infty}^{+\infty} f(x)\mathrm{d}x = 1$。令 $\dfrac{x-\mu}{\sigma} = y$，得

$$\int_{-\infty}^{+\infty} \frac{1}{\sqrt{2\pi}\sigma} e^{-\frac{(x-\mu)^2}{2\sigma^2}} \mathrm{d}x = \frac{1}{\sqrt{2\pi}} \int_{-\infty}^{+\infty} e^{-\frac{y^2}{2}} \mathrm{d}y$$

记 $I = \int_{-\infty}^{+\infty} \mathrm{e}^{-\frac{y^2}{2}} \mathrm{d}y$，则 $I^2 = \int_{-\infty}^{+\infty} \int_{-\infty}^{+\infty} \mathrm{e}^{-\frac{x^2+y^2}{2}} \mathrm{d}x \mathrm{d}y$，利用极坐标将其化为二次积分，得

$$I^2 = \int_0^{2\pi} \mathrm{d}\theta \int_0^{+\infty} \rho \mathrm{e}^{-\frac{\rho^2}{2}} \mathrm{d}\rho = 2\pi \int_0^{+\infty} \rho \mathrm{e}^{-\frac{\rho^2}{2}} \mathrm{d}\rho = 2\pi$$

而 $I > 0$，故 $I = \sqrt{2\pi}$，即

$$\int_{-\infty}^{+\infty} \mathrm{e}^{-\frac{y^2}{2}} \mathrm{d}y = \sqrt{2\pi} \tag{2.4.6}$$

所以

$$\int_{-\infty}^{+\infty} \frac{1}{\sqrt{2\pi}\sigma} \mathrm{e}^{-\frac{(x-\mu)^2}{2\sigma^2}} \mathrm{d}x = \frac{1}{\sqrt{2\pi}} \int_{-\infty}^{+\infty} \mathrm{e}^{-\frac{y^2}{2}} \mathrm{d}y = 1$$

$f(x)$ 的图像如图 2-5 所示，它关于 $x = \mu$ 对称，在 $x = \mu$ 处取得最大值 $f(\mu) = \frac{1}{\sqrt{2\pi}\sigma}$。
若改变 μ（固定 σ）值，它将沿 x 轴平移，但其形状不变，如图 2-6 所示，称 μ 为位置参数；若改变 σ（固定 μ）值，它的扁尖程度将改变，当 σ 越大时图形变得越扁，当 σ 越小时图形变得越尖，如图 2-7 所示，当 σ 变小时 X 落在 μ 附近的概率越大。

设 $X \sim N(\mu, \sigma^2)$，由 (2.4.1) 式得 X 的分布函数为

$$F(x) = \int_{-\infty}^{x} \frac{1}{\sqrt{2\pi}\sigma} \mathrm{e}^{-\frac{(t-\mu)^2}{2\sigma^2}} \mathrm{d}t, \quad -\infty < x < +\infty \tag{2.4.7}$$

$F(x)$ 的图像如图 2-8 所示。显然，$F(\mu) = \frac{1}{2}$。

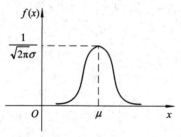

图 2-5

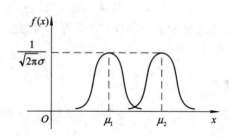

图 2-6

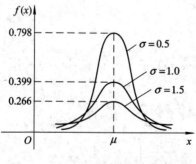

图 2-7

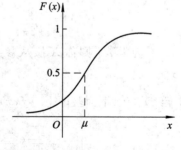

图 2-8

例 2‑35　若随机变量 $X \sim N(\mu, \sigma^2)$，且二次方程 $y^2 + 4y + X = 0$ 无实根的概率为 $1/2$，求参数 μ。

解　由于 $P(\text{“方程 } y^2 + 4y + X = 0 \text{ 无实根”}) = P(16 - 4X < 0) = P(X > 4)$，因此

$$P(X > 4) = \frac{1}{2}$$

故 $\mu = 4$。

定义 4　设 $X \sim N(\mu, \sigma^2)$，若 $\mu = 0$，$\sigma^2 = 1$，则称 X 服从标准正态分布，记为 $X \sim N(0, 1)$。

设 $X \sim N(0, 1)$，由 $(2.4.5)$ 式及 $(2.4.7)$ 式得 X 的概率密度和分布函数分别为

$$\varphi(x) = \frac{1}{\sqrt{2\pi}} e^{\frac{x^2}{2}}, \quad -\infty < x < +\infty \tag{2.4.8}$$

$$\Phi(x) = \int_{-\infty}^{x} \frac{1}{\sqrt{2\pi}} e^{-\frac{t^2}{2}} \mathrm{d}t, \quad -\infty < x < +\infty \tag{2.4.9}$$

$\varphi(x)$，$\Phi(x)$ 的图像分别如图 2‑9 和图 2‑10 所示。显然，$\Phi(0) = \dfrac{1}{2}$。

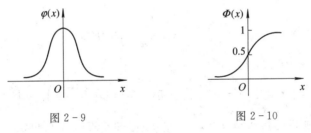

图 2‑9　　　　　　　　　图 2‑10

定理 4　设 $X \sim N(0, 1)$，则 $\Phi(-x) = 1 - \Phi(x)$。

证明　由 $(2.4.9)$ 式得 $\Phi(-x) = \int_{-\infty}^{-x} \frac{1}{\sqrt{2\pi}} e^{-\frac{t^2}{2}} \mathrm{d}t$。令 $t = -u$，则

$$\Phi(-x) = \int_{-\infty}^{-x} \frac{1}{\sqrt{2\pi}} e^{-\frac{t^2}{2}} \mathrm{d}t = -\int_{+\infty}^{x} \frac{1}{\sqrt{2\pi}} e^{-\frac{u^2}{2}} \mathrm{d}u = \int_{x}^{+\infty} \frac{1}{\sqrt{2\pi}} e^{-\frac{u^2}{2}} \mathrm{d}u$$

$$= \int_{-\infty}^{+\infty} \frac{1}{\sqrt{2\pi}} e^{-\frac{u^2}{2}} \mathrm{d}u - \int_{-\infty}^{x} \frac{1}{\sqrt{2\pi}} e^{-\frac{u^2}{2}} \mathrm{d}u = 1 - \Phi(x)$$

由于标准正态分布在工程技术中有着重要的应用，因此人们为了使用方便，通过计算 $\Phi(x)$ 的值，编制了 $\Phi(x)$ 的函数表（见附表 1），供实践中查用。这样，就解决了标准正态分布的问题，但在实际工作中，人们也会经常遇到一般的正态分布 $X \sim N(\mu, \sigma^2)$，要解决一般正态分布的问题，自然需要知道其分布函数，那么如何得到 $F(x)$ 的值呢？这时可以运用如下定理。

定理 5　设 $X \sim N(\mu, \sigma^2)$，则 $Z = \dfrac{X - \mu}{\sigma} \sim N(0, 1)$，称 Z 为 X 的标准化。

证明　由于 Z 的分布函数为

$$F_Z(z) = P(Z \leqslant z) = P\left(\frac{X-\mu}{\sigma} \leqslant z\right) = P(X \leqslant \mu + \sigma z) = \int_{-\infty}^{\mu+\sigma z} \frac{1}{\sqrt{2\pi}\sigma} e^{-\frac{(x-\mu)^2}{2\sigma^2}} dx$$

令 $\frac{x-\mu}{\sigma} = t$，则

$$F_Z(z) = \int_{-\infty}^{\mu+\sigma z} \frac{1}{\sqrt{2\pi}\sigma} e^{-\frac{(x-\mu)^2}{2\sigma^2}} dx = \int_{-\infty}^{z} \frac{1}{\sqrt{2\pi}} e^{-\frac{t^2}{2}} dt = \Phi(z)$$

因此

$$Z = \frac{X-\mu}{\sigma} \sim N(0, 1)$$

定理 6　设 $X \sim N(\mu, \sigma^2)$，则

$$F(x) = \Phi\left(\frac{x-\mu}{\sigma}\right) \tag{2.4.10}$$

$$\forall x_1 < x_2, \ P(x_1 < X \leqslant x_2) = \Phi\left(\frac{x_2-\mu}{\sigma}\right) - \Phi\left(\frac{x_1-\mu}{\sigma}\right) \tag{2.4.11}$$

证明　由定理 5，得

$$F(x) = P(X \leqslant x) = P\left(\frac{X-\mu}{\sigma} \leqslant \frac{x-\mu}{\sigma}\right) = P\left(Z \leqslant \frac{x-\mu}{\sigma}\right) = \Phi\left(\frac{x-\mu}{\sigma}\right)$$

由(2.2.2)式及(2.4.10)式，得

$$P(x_1 < X \leqslant x_2) = F(x_2) - F(x_1) = \Phi\left(\frac{x_2-\mu}{\sigma}\right) - \Phi\left(\frac{x_1-\mu}{\sigma}\right)$$

例 2-36　设随机变量 $X \sim N(10, 0.02^2)$，已知 $\Phi(2.5) = 0.9938$，求 X 在区间(9.95, 10.05)内的概率。

解　$P(9.95 < X < 10.05) = \Phi\left(\frac{10.05-10}{0.02}\right) - \Phi\left(\frac{9.95-10}{0.02}\right) = \Phi(2.5) - \Phi(-2.5)$

$$= 2\Phi(2.5) - 1 = 2 \times 0.9938 - 1 = 0.9876$$

例 2-37　设 $X \sim N(1.5, 4)$，求 $P(X<3.5)$、$P(X>2)$、$P(X<-2)$、$P(2<X<4)$。

解　$P(X<3.5) = \Phi\left(\frac{3.5-1.5}{2}\right) = \Phi(1) = 0.8413$

$$P(X>2) = 1 - P(X \leqslant 2) = 1 - \Phi\left(\frac{2-1.5}{2}\right) = 1 - \Phi(0.25) = 1 - 0.5987 = 0.4013$$

$$P(X<-2) = \Phi\left(\frac{-2-1.5}{2}\right) = \Phi(-1.75) = 1 - \Phi(1.75) = 1 - 0.9599 = 0.0401$$

$$P(2<X<4) = \Phi\left(\frac{4-1.5}{2}\right) - \Phi\left(\frac{2-1.5}{2}\right) = \Phi(1.25) - \Phi(0.25) = 0.8944 - 0.5987$$

$$= 0.2957$$

例 2-38　设随机变量 $X \sim N(2, \sigma^2)$，且 $P(2<X<4) = 0.3$，求 $P(X<0)$。

解　由 $P(2<X<4)=\Phi\left(\dfrac{4-2}{\sigma}\right)-\Phi\left(\dfrac{2-2}{\sigma}\right)=\Phi\left(\dfrac{2}{\sigma}\right)-\Phi(0)=0.3$ 得

$$\Phi\left(\frac{2}{\sigma}\right)=\Phi(0)+0.3=0.5+0.3=0.8$$

从而

$$P(X<0)=\Phi\left(\frac{0-2}{\sigma}\right)=1-\Phi\left(\frac{2}{\sigma}\right)=1-0.8=0.2$$

例 2 - 39　设 $X\sim N(\mu,\sigma^2)$，求 $P(|X-\mu|<\sigma)$、$P(|X-\mu|<2\sigma)$、$P(|X-\mu|<3\sigma)$。

解　$P(|X-\mu|<\sigma)=P(\mu-\sigma<X<\mu+\sigma)=\Phi(1)-\Phi(-1)=2\Phi(1)-1=0.6826$

$P(|X-\mu|<2\sigma)=P(\mu-2\sigma<X<\mu+2\sigma)=\Phi(2)-\Phi(-2)=2\Phi(2)-1=0.9544$

$P(|X-\mu|<3\sigma)=P(\mu-3\sigma<X<\mu+3\sigma)=\Phi(3)-\Phi(-3)=2\Phi(3)-1=0.9972$

由例 2 - 39 可以看到，尽管正态分布的随机变量可能的取值范围是 $(-\infty,+\infty)$，但它的取值在 μ 的 3σ 邻域内的概率为 0.9972，因而该事件的发生几乎是肯定的事，这就是重要的"3σ 规则"。由该规则可得，当 $|x|>4$ 时，$\Phi(x)\approx\begin{cases}0,&x<-4\\1,&x>4\end{cases}$。

3）指数分布

定义 5　若连续型随机变量 X 的概率密度为

$$f(x)=\begin{cases}\lambda e^{-\lambda x},&x>0\\0,&x\leqslant 0\end{cases}\tag{2.4.12}$$

其中 $\lambda>0$ 为常数，则称 X 服从参数为 λ 的指数分布，记为 $X\sim E(\lambda)$。

显然，$f(x)\geqslant 0$。下面验证 $\int_{-\infty}^{+\infty}f(x)\mathrm{d}x=1$，事实上有

$$\int_{-\infty}^{+\infty}f(x)\mathrm{d}x=\int_0^{+\infty}\lambda e^{-\lambda x}\mathrm{d}x=\left[-e^{-\lambda x}\right]_0^{+\infty}=1$$

设 $X\sim E(\lambda)$，由 (2.4.1) 式得 X 的分布函数为

$$F(x)=\begin{cases}1-e^{-\lambda x},&x\geqslant 0\\0,&x<0\end{cases}\tag{2.4.13}$$

指数分布有着重要的应用，常被用来描述寿命类随机变量的分布。如电子元件的寿命、生物的寿命、电话的通话时间、随机服务系统的服务时间等都可以认为服从指数分布。

定理 7　指数分布具有无记忆性，即设 $X\sim E(\lambda)$，则 $\forall s,t>0$，

$$P(X>s+t\,|\,X>s)=P(X>t)$$

证明　$P(X>s+t\,|\,X>s)=\dfrac{P(X>s+t,\,X>s)}{P(X>s)}$

$$=\frac{P(X>s+t)}{P(X>s)}=\frac{1-F(s+t)}{1-F(s)}$$

$$=\frac{e^{-\lambda(s+t)}}{e^{-\lambda s}}=e^{-\lambda t}=P(X>t)$$

即

$$P(X>s+t \mid X>s)=P(X>t)$$

例 2-40 设 X 表示某商店从早晨开始营业起直到第一个顾客到达的等待时间（以分计），X 的分布函数为

$$F(x)=\begin{cases}1-\mathrm{e}^{-0.4x}, & x\geqslant 0\\ 0, & x<0\end{cases}$$

求：（1）至多等待 3 分钟的概率；

（2）至少等待 4 分钟的概率；

（3）等待 3 分钟至 4 分钟的概率；

（4）至多等待 3 分钟或至少等待 4 分钟的概率；

（5）恰好等待 2.5 分钟的概率。

解 （1）$P(X\leqslant 3)=F(3)=1-\mathrm{e}^{-1.2}$。

（2）由于 X 服从指数分布，是连续型随机变量，因此

$$P(X\geqslant 4)=1-P(X<4)=1-P(X\leqslant 4)=\mathrm{e}^{-1.6}$$

（3）$P(3\leqslant X\leqslant 4)=P(3<X\leqslant 4)=F(4)-F(3)=\mathrm{e}^{-1.2}-\mathrm{e}^{-1.6}$。

（4）$P(\{X\leqslant 3\}\bigcup\{X\geqslant 4\})=P(X\leqslant 3)+P(X\geqslant 4)=1-\mathrm{e}^{-1.2}+\mathrm{e}^{-1.6}$。

（5）$P(X=2.5)=0$。

例 2-41 设随机变量 X 服从参数为 $\lambda(\lambda>0)$ 的指数分布，且 $P(X\leqslant 1)=1/2$。求：（1）参数 λ；（2）$P(X>2 \mid X>1)$。

解 （1）由题设知 X 的分布函数为

$$F(x)=\begin{cases}1-\mathrm{e}^{-\lambda x}, & x\geqslant 0\\ 0, & x<0\end{cases}$$

由于 $1/2=P(X\leqslant 1)=F(1)=1-\mathrm{e}^{-\lambda}$，因此 $\lambda=\ln 2$。

（2）方法一：

$$P(X>2 \mid X>1)=\frac{P(X>2,\ X>1)}{P(X>1)}=\frac{P(X>2)}{P(X>1)}=\frac{1-P(X\leqslant 2)}{1-P(X\leqslant 1)}=\frac{1-F(2)}{1-F(1)}$$

$$=\frac{1-(1-\mathrm{e}^{-2\ln 2})}{1-(1-\mathrm{e}^{-\ln 2})}=\frac{1}{2}$$

方法二：

$$P(X>2 \mid X>1)=P(X>1+1 \mid X>1)=P(X>1)$$

$$=1-P(X\leqslant 1)=1-\frac{1}{2}=\frac{1}{2}$$

例 2-42 假设一大型设备在任何长为 t 的时间（单位：小时）内发生故障的次数 $N(t)$

服从参数为 λt 的 Poisson 分布。

(1) 求相继两次故障之间时间间隔 T 的概率分布；

(2) 求在设备无故障工作 8 小时的情形下，再无故障工作 8 小时的概率。

解　(1) 先求 T 的分布函数为 $F_T(t)$。

当 $t<0$ 时，事件 $\{T\leqslant t\}$ 是不可能事件，则

$$F_T(t) = P(T \leqslant t) = 0$$

当 $t\geqslant 0$ 时，

$$F_T(t) = P(T \leqslant t) = 1 - P(T>t) = 1 - P(N(t)=0) = 1 - \mathrm{e}^{-\lambda t}$$

即 T 的分布函数为

$$F_T(t) = \begin{cases} 1-\mathrm{e}^{-\lambda t}, & t\geqslant 0 \\ 0, & t<0 \end{cases}$$

从而 T 的概率密度为

$$f_T(t) = \begin{cases} \lambda\mathrm{e}^{-\lambda t}, & t\geqslant 0 \\ 0, & t<0 \end{cases}$$

即 T 服从参数为 λ 的指数分布。

(2) 方法一：所求的概率为

$$P(T \geqslant 16 \mid T \geqslant 8) = \frac{P(T \geqslant 16, T \geqslant 8)}{P(T \geqslant 8)} = \frac{P(T \geqslant 16)}{P(T \geqslant 8)}$$

$$= \frac{1-P(T<16)}{1-P(T<8)} = \frac{1-P(T \leqslant 16)}{1-P(T \leqslant 8)}$$

$$= \frac{1-F_T(16)}{1-F_T(8)} = \frac{\mathrm{e}^{-16\lambda}}{\mathrm{e}^{-8\lambda}} = \mathrm{e}^{-8\lambda}$$

方法二：由指数分布的无记忆性可得，所求的概率为

$$P(T \geqslant 16 \mid T \geqslant 8) = P(T>8) = 1 - P(T \leqslant 8) = \mathrm{e}^{-8\lambda}$$

例 2-43　假设一设备开机后无故障工作的时间 X（单位：小时）服从参数 $\lambda=1/5$ 的指数分布。设备定时开机，出现故障时自动关闭，而在无故障的情况下工作 2 小时便关机。试求设备每次开动无故障工作的时间 Y 的分布函数 $F(y)$。

解　由于 X 服从参数 $\lambda=1/5$ 的指数分布，因此 X 的概率密度为

$$f(x) = \begin{cases} \dfrac{1}{5}\mathrm{e}^{-\frac{x}{5}}, & x>0 \\ 0, & x\leqslant 0 \end{cases}$$

显然 $Y=\min\{X, 2\}$。

当 $y<0$ 时，事件 $\{Y\leqslant y\}$ 是不可能事件，则

$$F(y) = P(Y \leqslant y) = 0$$

当 $0 \leqslant y < 2$ 时，

$$F(y) = P(Y \leqslant y) = P(\min\{X, 2\} \leqslant y)$$

$$= P(X \leqslant y) = \int_0^y \frac{1}{5} e^{-\frac{x}{5}} dx = 1 - e^{-\frac{y}{5}}$$

当 $y \geqslant 2$ 时，事件 $\{Y \leqslant y\}$ 是必然事件，则

$$F(y) = 1$$

即 Y 的分布函数为

$$F(y) = \begin{cases} 0, & y < 0 \\ 1 - e^{-\frac{y}{5}}, & 0 \leqslant y < 2 \\ 1, & y \geqslant 2 \end{cases}$$

2.5 随机变量函数及其分布

1. 随机变量函数的定义

实际中，常常会遇到某些随机变量函数的问题。例如，某圆盘的半径 R 是随机变量，它的分布是已知的，但实际中关心的是该圆盘的面积 $A = \pi R^2$，即随机变量 R 的函数 A。一般地，有下面的定义。

定义 设 X 是随机变量，$y = g(x)$ 为已知的连续函数，则称 $Y = g(X)$ 为随机变量 X 的函数，简称随机变量函数。

显然，随机变量函数仍是随机变量。

2. 离散型随机变量函数的分布

设离散型随机变量 X 的分布律为

$$P(X = x_i) = p_i, \quad i = 1, 2, \cdots$$

或

X	x_1	x_2	$\cdots$	x_i	$\cdots$
P	p_1	p_2	$\cdots$	p_i	$\cdots$

则 $Y = g(X)$ 也是离散型随机变量，Y 可能的取值为 $g(x_i)(i=1, 2, \cdots)$，其分布律为

$$P(Y = g(x_i)) = P(g(X) = g(x_i)) = P(X = x_i) = p_i, \quad i = 1, 2, \cdots$$

在具体写 Y 的表格形式的分布律时，可按如下方法进行：

(1) 若 $g(x_i)(i=1, 2, \cdots)$ 互不相同，可将 $g(x_i)$ 按照从小到大的顺序重新排序，对应的概率不变，则 Y 的分布律为

Y	$g(x_{i_1})$	$g(x_{i_2})$	$\cdots$	$g(x_{i_k})$	$\cdots$
P	p_{i_1}	p_{i_2}	$\cdots$	p_{i_k}	$\cdots$

(2) 若 $g(x_i)(i=1, 2, \cdots)$ 中有相同的，则应把那些相同的分别合并，并把对应的概率相加，再重新排序，即可得到 Y 的分布律。

例 2-44　设离散型随机变量 X 的分布律为

X	-1	0	1
P	$\dfrac{1}{4}$	$\dfrac{1}{2}$	$\dfrac{1}{4}$

求：(1) 随机变量 $Y = X - 1$ 的分布律；

(2) 随机变量 $Y = -X + 1$ 的分布律；

(3) 随机变量 $Y = X^2$ 的分布律。

解　(1) Y 可能的取值为 -2、-1、0，则

$$P(Y = -2) = P(X - 1 = -2) = P(X = -1) = \frac{1}{4}$$

$$P(Y = -1) = P(X - 1 = -1) = P(X = 0) = \frac{1}{2}$$

$$P(Y = 0) = P(X - 1 = 0) = P(X = 1) = \frac{1}{4}$$

即 Y 的分布律为

Y	-2	-1	0
P	$\dfrac{1}{4}$	$\dfrac{1}{2}$	$\dfrac{1}{4}$

(2) Y 可能的取值为 0、1、2，则

$$P(Y = 0) = P(-X + 1 = 0) = P(X = 1) = \frac{1}{4}$$

$$P(Y = 1) = P(-X + 1 = 1) = P(X = 0) = \frac{1}{2}$$

$$P(Y = 2) = P(-X + 1 = 2) = P(X = -1) = \frac{1}{4}$$

即 Y 的分布律为

Y	0	1	2
P	$\dfrac{1}{4}$	$\dfrac{1}{2}$	$\dfrac{1}{4}$

(3) Y 可能的取值为 0、1，则

$$P(Y = 0) = P(X^2 = 0) = P(X = 0) = \frac{1}{2}$$

$$P(Y=1) = P(X^2=1) = P(X=-1) + P(X=1) = \frac{1}{4} + \frac{1}{4} = \frac{1}{2}$$

即 Y 的分布律为

Y	0	1
P	$\frac{1}{2}$	$\frac{1}{2}$

3. 连续型随机变量函数的分布

设 X 是连续型随机变量，其概率密度为 $f_X(x)$，如果 $Y=g(X)$ 仍是连续型随机变量，那么怎样确定 Y 的概率密度呢？下面通过一些例子给出一般的方法。

例 2 - 45　设连续型随机变量 X 的概率密度为

$$f_X(x) = \begin{cases} 2x, & 0 < x < 1 \\ 0, & 其他 \end{cases}$$

求随机变量 $Y=2X+1$ 的概率密度。

解　设 Y 的分布函数为 $F_Y(y)$，则

$$F_Y(y) = P(Y \leqslant y) = P(2X+1 \leqslant y) = P\left(X \leqslant \frac{y-1}{2}\right) = \int_{-\infty}^{\frac{y-1}{2}} f_X(x)\mathrm{d}x$$

从而 Y 的概率密度为

$$f_Y(y) = F'_Y(y) = \begin{cases} f_X\left(\frac{y-1}{2}\right)\left(\frac{y-1}{2}\right)', & 0 < \frac{y-1}{2} < 1 \\ 0, & 其他 \end{cases}$$

$$= \begin{cases} 2\left(\frac{y-1}{2}\right)\frac{1}{2}, & 1 < y < 3 \\ 0, & 其他 \end{cases}$$

$$= \begin{cases} \dfrac{y-1}{2}, & 1 < y < 3 \\ 0, & 其他 \end{cases}$$

例 2 - 46　设随机变量 $X \sim N(0, 1)$，求 $Y=X^2$ 的概率密度。

解　由于 $X \sim N(0, 1)$，因此 X 的概率密度为

$$\varphi(x) = \frac{1}{\sqrt{2\pi}}\mathrm{e}^{-\frac{x^2}{2}}, \quad -\infty < x < +\infty$$

设 Y 的分布函数为 $F_Y(y)$，则 $F_Y(y) = P(Y \leqslant y) = P(X^2 \leqslant y)$。

当 $y < 0$ 时，

$$F_Y(y) = 0$$

当 $y \geqslant 0$ 时，

$$F_Y(y) = P(Y \leqslant y) = P(X^2 \leqslant y) = P(-\sqrt{y} \leqslant X \leqslant \sqrt{y}) = \int_{-\sqrt{y}}^{\sqrt{y}} \varphi(x) \mathrm{d}x$$

从而 Y 的概率密度为

$$f_Y(y) = F'_Y(y) = \begin{cases} \varphi(\sqrt{y})(\sqrt{y})' - \varphi(-\sqrt{y})(-\sqrt{y})', & y > 0 \\ 0, & y \leqslant 0 \end{cases}$$

$$= \begin{cases} \dfrac{1}{\sqrt{2\pi}} y^{-\frac{1}{2}} \mathrm{e}^{-\frac{y}{2}}, & y > 0 \\ 0, & y \leqslant 0 \end{cases}$$

此时称 Y 服从自由度为 1 的 χ^2 分布。

一般地，当 $y = g(x)$ 是严格单调可微函数时，有下述定理。

定理 设随机变量 X 的概率密度为 $f_X(x)$，$y = g(x)$ 严格单调可微，则 Y 的概率密度为

$$f_Y(y) = \begin{cases} f_X(h(y)) |h'(y)|, & y \in I \\ 0, & 其他 \end{cases}$$

其中：$x = h(y)$ 是 $y = g(x)$ 的反函数；I 是使得 $f_X(h(y)) > 0$，$h(y)$ 和 $h'(y)$ 有意义的 y 的集合。

证明 当 $y = g(x)$ 为严格单调递增可微函数时，其反函数 $x = h(y)$ 存在，且严格单调递增，从而 $h'(y) > 0$。设 Y 的分布函数为 $F_Y(y)$，则

$$F_Y(y) = P(Y \leqslant y) = P(g(X) \leqslant y) = P(X \leqslant h(y)) = \int_{-\infty}^{h(y)} f_X(x) \mathrm{d}x$$

从而 Y 的概率密度为

$$f_Y(y) = \begin{cases} f_X(h(y)) h'(y), & y \in I \\ 0, & 其他 \end{cases}$$

当 $y = g(x)$ 为严格单调递减可微函数时，其反函数 $x = h(y)$ 存在，且严格单调递减，从而 $h'(y) < 0$。设 Y 的分布函数为 $F_Y(y)$，则

$$F_Y(y) = P(Y \leqslant y) = P(g(X) \leqslant y) = P(X \geqslant h(y)) = \int_{h(y)}^{+\infty} f_X(x) \mathrm{d}x$$

从而 Y 的概率密度为

$$f_Y(y) = \begin{cases} -f_X(h(y)) h'(y), & y \in I \\ 0, & 其他 \end{cases}$$

综上可知，当 $y = g(x)$ 严格单调可微时，Y 的概率密度为

$$f_Y(y) = \begin{cases} f_X(h(y)) |h'(y)|, & y \in I \\ 0, & 其他 \end{cases}$$

需要指出的是，定理给出的公式（称为公式法）只适合于 $y = g(x)$ 为严格单调可微的情

况。当 $y=g(x)$ 非严格单调可微时，可以先求出 Y 的分布函数 $F_Y(y)$，然后对 $F_Y(y)$ 求导，得到 Y 的概率密度 $f_Y(y)$，这种方法称为分布函数法。

例 2-47 设连续型随机变量 X 的概率密度为

$$f_X(x) = \frac{1}{\pi(1+x^2)}, \quad -\infty < x < +\infty$$

求随机变量 $Y=1-\sqrt[3]{X}$ 的概率密度 $f_Y(y)$。

解 方法一（分布函数法）：设 Y 的分布函数为 $F_Y(y)$，则

$$F_Y(y) = P(Y \leqslant y) = P(1-\sqrt[3]{X} \leqslant y) = P(\sqrt[3]{X} \geqslant 1-y) = P(X \geqslant (1-y)^3)$$
$$= \int_{(1-y)^3}^{+\infty} \frac{1}{\pi(1+x^2)} dx = \left[\frac{1}{\pi} \arctan x \right]_{(1-y)^3}^{+\infty}$$
$$= \frac{1}{\pi} \left[\frac{\pi}{2} - \arctan(1-y)^3 \right]$$

从而 Y 的概率密度为

$$f_Y(y) = F'_Y(y) = \frac{1}{\pi} \frac{3(1-y)^2}{1+(1-y)^6}, \quad -\infty < y < +\infty$$

方法二（公式法）：由于函数 $y=1-\sqrt[3]{x}$ 严格单调可微，其反函数为 $x=h(y)=(1-y)^3$ $(-\infty<y<+\infty)$，$h'(y)=-3(1-y)^2(-\infty<y<+\infty)$，$f_X(h(y))>0(-\infty<y<+\infty)$，因此 Y 的概率密度为

$$f_Y(y) = f_X((1-y)^3)|-3(1-y)^2| = \frac{1}{\pi} \frac{3(1-y)^2}{1+(1-y)^6}, \quad -\infty < y < +\infty$$

例 2-48 设随机变量 $X \sim N(\mu, \sigma^2)$，求随机变量 $Y=aX+b(a\neq0)$ 的概率密度。

解 方法一（分布函数法）：由于随机变量 $X \sim N(\mu, \sigma^2)$，因此 X 的概率密度为

$$f_X(x) = \frac{1}{\sqrt{2\pi}\sigma} e^{-\frac{(x-\mu)^2}{2\sigma^2}}, \quad -\infty < x < +\infty$$

设 Y 的分布函数为 $F_Y(y)$，则当 $a>0$ 时，

$$F_Y(y) = P(Y \leqslant y) = P(aX+b \leqslant y) = P\left(X \leqslant \frac{y-b}{a}\right) = \int_{-\infty}^{\frac{y-b}{a}} \frac{1}{\sqrt{2\pi}\sigma} e^{-\frac{(x-\mu)^2}{2\sigma^2}} dx$$

从而 Y 的概率密度为

$$f_Y(y) = F'_Y(y) = \frac{1}{\sqrt{2\pi}(a\sigma)} e^{-\frac{(y-(a\mu+b))^2}{2(a\sigma)^2}}, \quad -\infty < y < +\infty$$

当 $a<0$ 时，

$$F_Y(y) = P(Y \leqslant y) = P(aX+b \leqslant y) = P\left(X \geqslant \frac{y-b}{a}\right) = \int_{\frac{y-b}{a}}^{+\infty} \frac{1}{\sqrt{2\pi}\sigma} e^{-\frac{(x-\mu)^2}{2\sigma^2}} dx$$

从而 Y 的概率密度为

$$f_Y(y) = F'_Y(y) = -\frac{1}{\sqrt{2\pi}(a\sigma)} e^{-\frac{(y-(a\mu+b))^2}{2(a\sigma)^2}}, \quad -\infty < y < +\infty$$

$$= \frac{1}{\sqrt{2\pi}((-a)\sigma)} e^{-\frac{(y-(a\mu+b))^2}{2(a\sigma)^2}}, \quad -\infty < y < +\infty$$

故 Y 的概率密度为

$$f_Y(y) = \frac{1}{\sqrt{2\pi}(|a|\sigma)} e^{-\frac{(y-(a\mu+b))^2}{2(a\sigma)^2}}, \quad -\infty < y < +\infty$$

即 $Y = aX + b \sim N(a\mu+b, (a\sigma)^2)$。

　　方法二（公式法）：由于随机变量 $X \sim N(\mu, \sigma^2)$，因此 X 的概率密度为

$$f_X(x) = \frac{1}{\sqrt{2\pi}\sigma} e^{-\frac{(x-\mu)^2}{2\sigma^2}}, \quad -\infty < x < +\infty$$

　　由于函数 $y = ax + b$ 严格单调可微，其反函数为 $x = h(y) = \dfrac{y-b}{a}$ $(-\infty < y < +\infty)$，

$h'(y) = \dfrac{1}{a}$ $(-\infty < y < +\infty)$，$f_X(h(y)) > 0$ $(-\infty < y < +\infty)$，因此 Y 的概率密度为

$$f_Y(y) = f_X\left(\frac{y-b}{a}\right)\left|\frac{1}{a}\right| = \frac{1}{\sqrt{2\pi}(|a|\sigma)} e^{-\frac{(y-(a\mu+b))^2}{2(a\sigma)^2}}, \quad -\infty < y < +\infty$$

　　例 2-49　设连续型随机变量 X 的概率密度为

$$f_X(x) = \begin{cases} e^{-x}, & x > 0 \\ 0, & x \leqslant 0 \end{cases}$$

试求随机变量 $Y = e^X$ 的概率密度。

　　解　方法一（分布函数法）：设 Y 的分布函数为 $F_Y(y)$，则

$$F_Y(y) = P(Y \leqslant y) = P(e^X \leqslant y)$$

当 $y < 1$ 时，$\qquad\qquad\qquad F_Y(y) = 0$

当 $y \geqslant 1$ 时，$\qquad F_Y(y) = P(e^X \leqslant y) = P(X \leqslant \ln y) = \displaystyle\int_0^{\ln y} e^{-x}\mathrm{d}x$

从而 Y 的概率密度为

$$f_Y(y) = \frac{\mathrm{d}F_Y(y)}{\mathrm{d}y} = \begin{cases} \dfrac{1}{y^2}, & y > 1 \\ 0, & y \leqslant 1 \end{cases}$$

　　方法二（公式法）：由于函数 $y = e^x$ 严格单调可微，其反函数为 $x = h(y) = \ln y$ $(y > 0)$，

$h'(y) = \dfrac{1}{y}$ $(y \neq 0)$。由 $f_X(h(y)) > 0$，即 $\ln y > 0$，得 $y > 1$，因此 Y 的概率密度为

$$f_Y(y) = \begin{cases} f_X(\ln y)\left|\dfrac{1}{y}\right|, & y > 1 \\ 0, & y \leqslant 1 \end{cases}$$

即

$$f_Y(y) = \begin{cases} \dfrac{1}{y^2}, & y>1 \\ 0, & y \leqslant 1 \end{cases}$$

例 2-50 设连续型随机变量 X 的概率密度为

$$f(x) = \begin{cases} \dfrac{1}{3\sqrt[3]{x^2}}, & 1 \leqslant x \leqslant 8 \\ 0, & \text{其他} \end{cases}$$

$F(x)$ 是 X 的分布函数，求随机变量 $Y=F(X)$ 的分布函数。

解 当 $x<1$ 时，

$$F(x)=0$$

当 $1 \leqslant x < 8$ 时，

$$F(x) = \int_1^x \frac{1}{3\sqrt[3]{t^2}} \mathrm{d}t = \sqrt[3]{x} - 1$$

当 $x \geqslant 8$ 时，

$$F(x)=1$$

设 $Y=F(X)$ 的分布函数为 $G(y)$，则当 $y<0$ 时，

$$G(y)=0$$

当 $0 \leqslant y < 1$ 时，

$$\begin{aligned} G(y) &= P(Y \leqslant y) = P(F(X) \leqslant y) \\ &= P(\sqrt[3]{X} - 1 \leqslant y) = P(X \leqslant (y+1)^3) \\ &= F[(y+1)^3] = y \end{aligned}$$

当 $y \geqslant 1$ 时，

$$G(y)=1$$

即 $Y=F(X)$ 的分布函数为

$$G(y) = \begin{cases} 0, & y<0 \\ y, & 0 \leqslant y < 1 \\ 1, & y \geqslant 1 \end{cases}$$

例 2-51 设连续型随机变量 X 的概率密度为

$$f(x) = \begin{cases} |x|, & -1 < x < 1 \\ 0, & \text{其他} \end{cases}$$

令 $Y=X^2+1$，求：

(1) Y 的概率密度 $f_Y(y)$；

(2) $P\left(-1 < Y < \dfrac{3}{2}\right)$。

解　(1) 设 Y 的分布函数为 $F_Y(y)$，则

$$F_Y(y) = P(Y \leqslant y) = P(X^2 \leqslant y-1)$$

当 $y < 1$ 时，

$$F_Y(y) = 0$$

当 $1 \leqslant y < 2$ 时，

$$F_Y(y) = P(-\sqrt{y-1} \leqslant X \leqslant \sqrt{y-1}) = \int_{-\sqrt{y-1}}^{\sqrt{y-1}} |x| \, \mathrm{d}x = 2\int_0^{\sqrt{y-1}} x \, \mathrm{d}x = y-1$$

当 $y \geqslant 2$ 时，

$$F_Y(y) = 1$$

故 Y 的概率密度为

$$f_Y(y) = F'_Y(y) = \begin{cases} 1, & 1 < y < 2 \\ 0, & \text{其他} \end{cases}$$

(2)　$$P\left(-1 < Y < \frac{3}{2}\right) = F_Y\left(\frac{3}{2}\right) - F_Y(-1) = F_Y\left(\frac{3}{2}\right) = \frac{1}{2}$$

或

$$P\left(-1 < Y < \frac{3}{2}\right) = \int_1^{\frac{3}{2}} \mathrm{d}y = \frac{1}{2}$$

例 2-52　设连续型随机变量 X 的概率密度为

$$f_X(x) = \begin{cases} \dfrac{2x}{\pi^2}, & 0 < x < \pi \\ 0, & \text{其他} \end{cases}$$

求 $Y = \sin X$ 的概率密度。

解　设 Y 的分布函数为 $F_Y(y)$，则

$$F_Y(y) = P(Y \leqslant y) = P(\sin X \leqslant y)$$

当 $y < 0$ 时，

$$F_Y(y) = 0$$

当 $0 \leqslant y < 1$ 时，

$$\begin{aligned} F_Y(y) &= P(\sin X \leqslant y) \\ &= P(X \leqslant \arcsin y) + P(\pi - \arcsin y \leqslant X \leqslant \pi) \\ &= \int_0^{\arcsin y} \frac{2x}{\pi^2} \mathrm{d}x + \int_{\pi - \arcsin y}^{\pi} \frac{2x}{\pi^2} \mathrm{d}x = \frac{2}{\pi} \arcsin y \end{aligned}$$

当 $y \geqslant 1$ 时，

$$F_Y(y) = 1$$

从而 Y 的概率密度为

$$f_Y(y) = F'_Y(y) = \begin{cases} \dfrac{2}{\pi \sqrt{1-y^2}}, & 0 < y < 1 \\ 0, & \text{其他} \end{cases}$$

习 题 2

一、选择题

1. 下面四个函数中可以作为随机变量分布函数的是（　　）。

A. $F(x) = \begin{cases} 0, & x < -1 \\ \dfrac{1}{2}, & -1 \leqslant x < 0 \\ 2, & x \geqslant 0 \end{cases}$　　　　B. $F(x) = \begin{cases} 0, & x < 0 \\ \sin x, & 0 \leqslant x < \pi \\ 1, & x \geqslant \pi \end{cases}$

C. $F(x) = \begin{cases} 0, & x < 0 \\ \sin x, & 0 \leqslant x < \dfrac{\pi}{2} \\ 1, & x \geqslant \dfrac{\pi}{2} \end{cases}$　　　　D. $F(x) = \begin{cases} 0, & x < 0 \\ x + \dfrac{1}{3}, & 0 \leqslant x \leqslant \dfrac{1}{2} \\ 1, & x > \dfrac{1}{2} \end{cases}$

2. 在下述函数中，可以作为某随机变量分布函数的是（　　）。

A. $F(x) = \dfrac{1}{1+x^2}, \quad -\infty < x < +\infty$

B. $F(x) = \dfrac{1}{\pi}\arctan x + \dfrac{1}{2}, \quad -\infty < x < +\infty$

C. $F(x) = \begin{cases} \dfrac{1}{2}(1 - e^{-x}), & x > 0 \\ 0, & x \leqslant 0 \end{cases}$

D. $F(x) = \displaystyle\int_{-\infty}^{x} f(x)\,\mathrm{d}x, \quad -\infty < x < +\infty,$ 其中 $\displaystyle\int_{-\infty}^{+\infty} f(x)\,\mathrm{d}x = 1$

3. 设 $F(x)$ 是随机变量 X 的分布函数，则（　　）。

A. $F(x)$ 一定连续　　　　　　　　　B. $F(x)$ 一定右连续

C. $F(x)$ 是单调不增的　　　　　　　D. $F(x)$ 一定左连续

4. 设离散型随机变量 X 的分布律为

$$P(X=k) = b\lambda^k, \quad k=1,2,\cdots$$

其中 $b > 0$ 为常数，则（　　）。

A. λ 为任意的正实数　　　　　　　　B. $\lambda = b + 1$

C. $\lambda = \dfrac{1}{b+1}$ 　　　　　　　　　　　D. $\lambda = \dfrac{1}{b-1}$

5. 设随机变量 X 的分布函数为

$$F(x) = \begin{cases} 0, & x<0 \\ \dfrac{1}{2}, & 0 \leqslant x < 1 \\ 1 - \mathrm{e}^{-x}, & x \geqslant 1 \end{cases}$$

则 $P(X=1) = ($ 　　　)。

A. 0　　　　　　　B. $\dfrac{1}{2}$　　　　　　　C. $\dfrac{1}{2} - \mathrm{e}^{-1}$　　　　　　D. $1 - \mathrm{e}^{-1}$

6. 设连续型随机变量 X 的概率密度为 $\varphi(x)$，且 $\varphi(-x) = \varphi(x)$，$F(x)$ 是 X 的分布函数，则对任何的实数 a，有（　　　）。

A. $F(-a) = 1 - \displaystyle\int_0^a \varphi(x)\,\mathrm{d}x$　　　　　　B. $F(-a) = \dfrac{1}{2} - \displaystyle\int_0^a \varphi(x)\,\mathrm{d}x$

C. $F(-a) = F(a)$　　　　　　　　　　D. $F(-a) = 2F(a) - 1$

7. 某人向同一目标独立重复射击，每次射击命中目标的概率为 $p(0 < p < 1)$，则此人第 4 次射击恰好第 2 次命中目标的概率为（　　　）。

A. $3p(1-p)^2$　　　　　　　　　　B. $6p(1-p)^2$

C. $3p^2(1-p)^2$　　　　　　　　　D. $6p^2(1-p)^2$

8. 设连续型随机变量 X 的概率密度和分布函数分别为 $f(x)$ 和 $F(x)$，则（　　　）。

A. $0 \leqslant f(x) \leqslant 1$　　　　　　　　B. $P(X=x) = F(x)$

C. $P(X=x) \leqslant F(x)$　　　　　　　D. $P(X=x) = f(x)$

9. 设连续型随机变量 X 的概率密度为 $f(x) = c\mathrm{e}^{-x^2}(-\infty < x < +\infty)$，则 $c = ($ 　　　)。

A. $\dfrac{1}{\sqrt{2\pi}}$　　　　　B. $\dfrac{1}{\sqrt{\pi}}$　　　　　C. $\dfrac{1}{\pi}$　　　　　D. $\dfrac{1}{2\pi}$

10. 若随机变量 X 可能的取值充满区间（　　　），则 $\varphi(x) = \cos x$ 可以成为随机变量 X 的概率密度。

A. $\left[0, \dfrac{\pi}{2}\right]$　　　　　　　　　　B. $\left[\dfrac{\pi}{2}, \pi\right]$

C. $[0, \pi]$　　　　　　　　　　　　D. $\left[\dfrac{3\pi}{2}, \dfrac{7\pi}{4}\right]$

11. 某电子元件的寿命 X（单位：小时）的概率密度为

$$f(x) = \begin{cases} \dfrac{1000}{x^2}, & x > 1000 \\ 0, & x \leqslant 1000 \end{cases}$$

某仪器上装有这种电子元件 5 只，则在开始使用 1500 小时内正好有 2 只元件需要更换的概率为( )。

A. $\dfrac{1}{3}$ 　　 B. $\dfrac{40}{243}$ 　　 C. $\dfrac{80}{243}$ 　　 D. $\dfrac{2}{3}$

12. 设随机变量 $\xi \sim N(3, 1)$，则 $P(-1 \leqslant \xi \leqslant 1) = ($)。

A. $2\Phi(2)-1$ 　　　　　　　 B. $\Phi(4)-\Phi(2)$

C. $\Phi(-4)-\Phi(-2)$ 　　　　 D. $\Phi(2)-\Phi(4)$

13. 设随机变量 $X \sim N(0, 1)$，则方程 $t^2+2Xt+4=0$ 没有实根的概率为( )。

A. $2\Phi(2)-1$ 　　　　　　　 B. $\Phi(4)-\Phi(2)$

C. $\Phi(-4)-\Phi(-2)$ 　　　　 D. $\Phi(2)-\Phi(4)$

14. 设随机变量 $X \sim N(1, 1)$，其分布函数为 $F(x)$，概率密度为 $f(x)$，则( )。

A. $P(X \leqslant 0) = P(X \geqslant 0) = 0.5$

B. $f(-x) = f(x), \quad -\infty < x < +\infty$

C. $P(X \leqslant 1) = P(X \geqslant 1) = 0.5$

D. $F(-x) = 1 - F(x), \quad -\infty < x < +\infty$

15. 设 $F_1(x)$ 与 $F_2(x)$ 是两个分布函数，其相应的概率密度 $f_1(x)$ 与 $f_2(x)$ 是连续函数，则下列函数中必为概率密度的是( )。

A. $f_1(x)f_2(x)$ 　　　　　　　 B. $2f_2(x)F_1(x)$

C. $f_1(x)F_2(x)$ 　　　　　　　 D. $f_1(x)F_2(x)+f_2(x)F_1(x)$

16. 设随机变量 X 在区间 $(-1, 1)$ 上服从均匀分布，事件 $A = \{0 < X < 1\}$，$B = \left\{|X| < \dfrac{1}{4}\right\}$，则( )。

A. $P(AB) = 0$ 　　　　　　　 B. $P(AB) = P(A)$

C. $P(A) + P(B) = 1$ 　　　　 D. $P(AB) = P(A)P(B)$

17. 设随机变量 X 服从正态分布 $N(\mu, \sigma^2)$，则随 σ 的增大，概率 $P(|X-\mu| < \sigma)$ 将( )。

A. 单调增大 　　　　　　　　 B. 单调减少

C. 保持不变 　　　　　　　　 D. 增减不定

18. 设 $X \sim N(\mu, 4^2)$，$Y \sim N(\mu, 5^2)$，$p_1 = P(X \leqslant \mu-4)$，$p_2 = P(Y \geqslant \mu+5)$，则( )。

A. 对于任何实数 μ，都有 $p_1 = p_2$ 　　 B. 对于任何实数 μ，都有 $p_1 < p_2$

C. 只对 μ 的个别值，才有 $p_1 = p_2$ 　　 D. 对于任何实数 μ，都有 $p_1 > p_2$

19. 设 $f_1(x)$ 为标准正态分布的概率密度，$f_2(x)$ 为在区间 $[-1, 3]$ 上服从均匀分布的概率密度，若

$$f(x) = \begin{cases} af_1(x), & x \leqslant 0 \\ bf_2(x), & x > 0 \end{cases} \quad (a > 0, b > 0)$$

为概率密度，则 a、b 应满足（　　）。

  A. $2a+3b=4$ B. $3a+2b=4$

  C. $a+b=1$ D. $a+b=2$

  20. 设随机变量 X 与 Y 同分布，且 X 的概率密度为

$$f(x)=\begin{cases} \dfrac{3}{8}x^2, & 0<x<2 \\ 0, & \text{其他} \end{cases}$$

设 $A=\{X>a\}$ 与 $B=\{Y>a\}$ 相互独立，且 $P(A\cup B)=\dfrac{3}{4}$，则 $a=$（　　）。

  A. $\sqrt[3]{4}$ B. $\sqrt[3]{5}$ C. $(8+4\sqrt{3})^{\frac{1}{3}}$ D. $(8-4\sqrt{3})^{\frac{1}{3}}$

  21. 设 $X\sim N(\mu_1,\ \sigma_1^2)$，$Y\sim N(\mu_2,\ \sigma_2^2)$，且 $P(|X-\mu_1|<1)>P(|Y-\mu_2|<1)$，则（　　）。

  A. $\sigma_1<\sigma_2$ B. $\sigma_1>\sigma_2$ C. $\mu_1<\mu_2$ D. $\mu_1>\mu_2$

  22. 设 X_1、X_2、X_3 是随机变量，且 $X_1\sim N(0,\ 1)$，$X_2\sim N(0,\ 2^2)$，$X_3\sim N(5,\ 3^2)$，$p_i=P(-2\leqslant X_i\leqslant 2)(i=1,\ 2,\ 3)$，则（　　）。

  A. $p_1>p_2>p_3$ B. $p_2>p_1>p_3$

  C. $p_3>p_1>p_2$ D. $p_1>p_3>p_2$

二、填空题

  1. 设随机变量 X 的分布函数为

$$F(x)=\begin{cases} 0, & x<0 \\ \dfrac{x^2}{2}, & 0\leqslant x<1 \\ -1+2x-\dfrac{x^2}{2}, & 1\leqslant x<2 \\ 1, & x\geqslant 2 \end{cases}$$

若 $P(a<X\leqslant 1.5)=0.695$，则 $a=$ _____。

  2. 设 X 是随机变量，且 $P(X\geqslant x_1)=1-\alpha$，$P(X\leqslant x_2)=1-\beta$，其中 $x_1<x_2$，$\alpha>0$，$\beta>0$，$\alpha+\beta<1$，则 $P(x_1\leqslant X\leqslant x_2)=$ _____。

  3. 从 1、2、3、4 这 4 个数中任意抽取 2 个数，则取出的 2 个数之和 X 的分布律为 _____。

  4. 掷两颗骰子，则两颗骰子出现最大点数 X 的分布律为 _____。

  5. 设随机变量 X 服从参数为 p 的 0—1 分布，且 $P(X=1)=\alpha P(X=0)$，其中 $\alpha>0$ 为常数，则 X 的分布函数为 _____。

  6. 设某批电子元件的正品率为 4/5，现对这批元件进行测试，只要测得一个正品就停止测试，则测试次数 X 的分布律为 _____。

7. 设离散型随机变量 X 的分布律为

$$P(X=k)=\theta(1-\theta)^{k-1}, \quad k=1,2,\cdots$$

其中 $0<\theta<1$。若 $P(X\leqslant2)=5/9$，则 $P(X=3)=$ _____。

8. 某人用一台机器接连独立地制造了 3 个同种零件，第 i 个零件是不合格品的概率为

$$p_i=\frac{1}{i+1}, \quad i=1,2,3$$

以 X 表示 3 个零件中合格品的个数，则 $P(X=2)=$ _____。

9. 某射手有 3 发子弹，射击一次命中目标的概率为 $2/3$。如果命中目标就停止射击，否则一直独立射击到子弹用尽，则耗用子弹数 ξ 的分布律为 _____。

10. 设离散型随机变量 X 的分布函数为

$$F(x)=P(X\leqslant x)=\begin{cases}0, & x<-1\\ 0.4, & -1\leqslant x<1\\ 0.8, & 1\leqslant x<3\\ 1, & x\geqslant3\end{cases}$$

则 X 的分布律为 _____。

11. 设在三次独立试验中，事件 A 发生的概率相等。若已知事件 A 至少发生一次的概率为 $\dfrac{19}{27}$，则事件 A 在一次试验中发生的概率为 _____。

12. 一射手对同一目标独立地进行四次射击，若至少命中目标一次的概率为 $\dfrac{80}{81}$，则该射手的命中率为 _____。

13. 设随机变量 X 的概率密度为 $f(x)=Ce^{-x^2+x}(-\infty<x<+\infty)$，则 $C=$ _____。

14. 设连续型随机变量 X 的概率密度为

$$f(x)=\begin{cases}2x, & 0<x<1\\ 0, & 其他\end{cases}$$

以 Y 表示对 X 的三次独立重复观察中事件 $\left\{X\leqslant\dfrac{1}{2}\right\}$ 出现的次数，则 $P(Y=2)=$ _____。

15. 设连续型随机变量 X 的概率密度为

$$f(x)=\frac{1}{2}e^{-|x|}, \quad -\infty<x<+\infty$$

则 X 的分布函数为 _____。

16. 某公共汽车站从上午 7:00 起，每 15 分钟来一辆公共汽车，即 7:00、7:15、7:30、7:45 等时刻有公共汽车到达该站。设某乘客到达该站的时间在 7:00 到 7:30 之间服从均匀分布，则此乘客等候少于 5 分钟就能乘上车（设只要有公共汽车来乘客就能乘上）的概率为 _____。

17. 设随机变量 $\xi \sim E(2)$，则方程 $x^2 + \xi x + 4 = 0$ 有实根的概率为_____。

18. 若随机变量 ξ 在区间 $(1,6)$ 上服从均匀分布，则方程 $x^2 + \xi x + 1 = 0$ 有实根的概率为_____。

19. 设随机变量 $X \sim N(3, 2^2)$，且 $P(X > C) = P(X \leqslant C)$，则 $C =$ _____。

20. 设随机变量 $X \sim N(160, \sigma^2)$，且 $P(120 < X \leqslant 200) = 0.8$，随机变量 $Y \sim N(100, \sigma^2)$，则 $P(Y \leqslant 140) =$ _____。

21. 设连续型随机变量 X 的概率密度为

$$f(x) = \frac{1}{\pi(1+x^2)}, \quad -\infty < x < +\infty$$

则 $Y = 2X$ 的概率密度为_____。

22. 设随机变量 Y 服从参数为 1 的指数分布，a 为常数且大于零，则 $P(Y \leqslant a + 1 \mid Y > a) =$ _____。

三、解答题

1. 设连续型随机变量 X 的概率密度为

$$f(x) = \begin{cases} Ax(1-x)^3, & 0 \leqslant x \leqslant 1 \\ 0, & \text{其他} \end{cases}$$

（Ⅰ）求常数 A；

（Ⅱ）求 X 的分布函数；

（Ⅲ）在 n 次独立观察中，求 X 的值至少有一次小于 0.5 的概率；

（Ⅳ）求 $Y = X^3$ 的概率密度。

2. 设连续型随机变量 X 的分布函数为

$$F(x) = \begin{cases} 0, & x < 1 \\ \ln x, & 1 \leqslant x < e \\ 1, & x \geqslant e \end{cases}$$

（Ⅰ）求 $P(X < 2)$，$P(0 < X \leqslant 3)$ 和 $P\left(2 < X < \dfrac{5}{2}\right)$；

（Ⅱ）求 X 的概率密度 $f(x)$。

3. 设随机变量 X 在区间 $[2,5]$ 上服从均匀分布，现对 X 进行三次独立观测，试求至少有两次观测值大于 3 的概率。

4. 有一批产品，其验收方案如下：先做第一次检验，从中任取 10 件，经检验无次品则接受这批产品，次品数大于 2 则拒收；否则做第二次检验，其做法是从中再任取 5 件，仅当 5 件中无次品时接受这批产品。若产品的次品率为 10%，试求：

（Ⅰ）这批产品经第一次检验就能被接受的概率；

（Ⅱ）需做第二次检验的概率；

（Ⅲ）这批产品按第二次检验的标准被接受的概率；

（Ⅳ）这批产品在第一次检验未能做决定且第二次检验时被通过的概率；

（Ⅴ）这批产品被接受的概率。

5. 某仪器装有三只独立工作的同型号的电子元件，其寿命（单位：小时）都服从同一指数分布，概率密度为

$$f(x) = \begin{cases} \dfrac{1}{600} e^{-\frac{x}{600}}, & x > 0 \\ 0, & x \leqslant 0 \end{cases}$$

试求在仪器使用的最初 200 小时内，至少有一只电子元件损坏的概率。

6. 设一辆汽车在一天的某段时间内经过某地段出事故的概率为 0.0001，已知在某天该时段内经过该地段的汽车为 1000 辆，求出事故的汽车数不少于 2 辆的概率（利用泊松定理计算）。

7. 假设测量的随机误差 $X \sim N(0, 10^2)$，试求在 100 次独立重复测量中，至少有三次测量误差的绝对值大于 19.6 的概率 α，并利用 Poisson 分布求出 α 的近似值（$\Phi(1.96) = 0.975$）。附表如下：

λ	1	2	3	4	5	6	7	…
$e^{-\lambda}$	0.368	0.135	0.050	0.018	0.007	0.002	0.001	…

8. 某报警中心在长为 t 的时间间隔（单位：小时）内收到紧急呼叫的次数 X 服从参数为 $t/2$ 的 Poisson 分布，且与时间间隔的起点无关。求：

（Ⅰ）某一天中午 12 时至下午 3 时未收到紧急呼叫的概率；

（Ⅱ）某一天中午 12 时至下午 5 时至少收到 1 次紧急呼叫的概率。

9. 设某种元件的寿命 X（单位：小时）服从参数为 $\mu = 160$，σ^2（$\sigma > 0$）的正态分布。若要求 $P(120 < X \leqslant 200) \geqslant 0.80$，问 σ 最大为多少（$\Phi(1.282) = 0.9$）？

10. 设随机变量 $X \sim N(3, 2^2)$，试查表完成下列问题：

（Ⅰ）求 $P(2 < X \leqslant 5)$，$P(-4 < X \leqslant 10)$，$P(|X| > 2)$ 和 $P(X > 3)$；

（Ⅱ）确定 c 的值，使得 $P(X > c) = P(X \leqslant c)$；

（Ⅲ）设 d 满足 $P(X > d) \geqslant 0.9$，问 d 至多为多少？

11. 某地抽样调查结果表明，考生的外语成绩（百分制）近似地服从正态分布，平均成绩为 72 分，96 分以上的人数占考生总数的 2.3%。试求考生的外语成绩在 60 分至 84 分之间的概率。附表如下：

x	0	0.5	1.0	1.5	2.0	2.5	3.0
$\Phi(x)$	0.500	0.692	0.841	0.933	0.977	0.994	0.999

12. 设电源电压不超过 200 V、在 200～240 V 和超过 240 V 三种情况下，某种电子元件损坏的概率分别为 0.1、0.001 和 0.2，假设电源电压服从正态分布 $N(220,25^2)$，已知 $\Phi(0.8)=0.7881$，试求：

（Ⅰ）该电子元件损坏的概率；

（Ⅱ）该电子元件损坏时，电源电压在 200～240 V 的概率。

13. 设离散型随机变量 X 的分布律为

X	-2	0	2	3
P	0.2	0.2	0.3	0.3

试求：（Ⅰ）$Y=-2X+1$ 的分布律；（Ⅱ）$Y=X^2$ 的分布律。

14. 设随机变量 X 服从参数为 2 的指数分布，证明 $Y=1-\mathrm{e}^{-2X}$ 在区间 $(0,1)$ 上服从均匀分布。

15. 设随机变量 X 在区间 $(1,2)$ 上服从均匀分布，试求随机变量 $Y=\mathrm{e}^{2X}$ 的概率密度 $f_Y(y)$。

16. 设随机变量 $X\sim N(0,1)$，求：

（Ⅰ）$Y=\mathrm{e}^X$ 的概率密度；

（Ⅱ）$Y=2X^2+1$ 的概率密度；

（Ⅲ）$Y=|X|$ 的概率密度。

17. 设连续型随机变量 X 的概率密度为

$$f(x)=\begin{cases}\dfrac{1}{9}x^2, & 0<x<3 \\ 0, & 其他\end{cases}$$

令

$$Y=\begin{cases}2, & X\leqslant 1 \\ X, & 1<X<2 \\ 1, & X\geqslant 2\end{cases}$$

（Ⅰ）求 Y 的分布函数；

（Ⅱ）求概率 $P(X\leqslant Y)$。

18. 设随机变量 X 在区间 $(0,1)$ 上服从均匀分布。

（Ⅰ）求 $Y=\mathrm{e}^X$ 的概率密度；

（Ⅱ）求 $Y=-2\ln X$ 的概率密度。

19. 设随机变量 X 的概率密度为 $f(x)(-\infty<x<+\infty)$，求 $Y=X^3$ 的概率密度。

20. 设随机变量 $X\sim E(1)$，求 $Y=X^2$ 的概率密度。

第3章 多维随机变量及其分布

3.1 二维随机变量及其联合分布函数

在实际问题中，许多随机试验的结果需要用两个或两个以上的随机变量来描述。例如：炮弹的弹着点就需要由它的横坐标 X 和纵坐标 Y 来确定，而 X、Y 是定义在同一样本空间上的两个随机变量；某钢材的质量需要由钢材的硬度 X、钢材的含碳量 Y 和钢材的含硫量 Z 来确定，而 X、Y、Z 是定义在同一样本空间上的三个随机变量。一般地，有如下的定义。

定义 1 设随机试验的样本空间为 Ω，X、Y 是定义在 Ω 上的随机变量，则称由 X、Y 构成的向量 (X, Y) 为二维随机变量。

类似地，有 n 维随机变量的定义，因为 n 维随机变量和二维随机变量没有本质的区别，所以以下仅讨论二维随机变量的情形，所得结果不难推广到 n 维随机变量的情况。在定义了多维随机变量后，我们也称单个随机变量为一维随机变量。

二维随机变量 (X, Y) 的性质不仅与 X 及 Y 有关，而且还依赖于这两个随机变量的相互关系，因此逐个研究随机变量 X 及 Y 是不够的，需要将 X 及 Y 作为一个整体 (X, Y) 来讨论。像一维随机变量一样，可以用分布函数来讨论二维随机变量，此时的分布函数称为联合分布函数。

定义 2 设 (X, Y) 是二维随机变量，称二元函数

$$F(x, y) = P(X \leqslant x, Y \leqslant y), \quad x、y \in \mathbf{R} \tag{3.1.1}$$

为二维随机变量 (X, Y) 的联合分布函数。

从几何上来看，如果把二维随机变量 (X, Y) 看成是平面上随机点的坐标，那么联合分布函数 $F(x, y)$ 在 (x, y) 处的函数值就是随机点 (X, Y) 落在以 (x, y) 为右上顶点的左下无界区域内的概率，如图 3-1 所示。

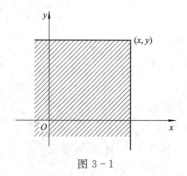

图 3-1

定理　设二维随机变量(X,Y)的联合分布函数为$F(x,y)$，则$\forall x_1 < x_2$，$y_1 < y_2$，有

$$P(x_1 < X \leqslant x_2,\ y_1 < Y \leqslant y_2) = F(x_2,y_2) - F(x_1,y_2) - F(x_2,y_1) + F(x_1,y_1)$$

$$(3.1.2)$$

证明　由联合分布函数的定义，得

$$
\begin{aligned}
P(x_1 < X \leqslant x_2,\ y_1 < Y \leqslant y_2) &= P(x_1 < X \leqslant x_2,\ Y \leqslant y_2) - P(x_1 < X \leqslant x_2,\ Y \leqslant y_1)\\
&= P(X \leqslant x_2,\ Y \leqslant y_2) - P(X \leqslant x_1,\ Y \leqslant y_2)\\
&\quad - P(X \leqslant x_2,\ Y \leqslant y_1) + P(X \leqslant x_1,\ Y \leqslant y_1)\\
&= F(x_2,y_2) - F(x_1,y_2) - F(x_2,y_1) + F(x_1,y_1)
\end{aligned}
$$

这一结果也可以利用联合分布函数的几何解释，借助于图 3-2 直接得到。

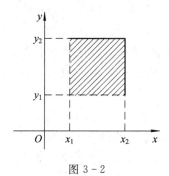

图 3-2

二维随机变量的联合分布函数具有以下的性质。

性质 1　$0 \leqslant F(x,y) \leqslant 1 (x、y \in \mathbf{R})$，且 $F(-\infty,y) = F(x,-\infty) = F(-\infty,-\infty) = 0$，$F(+\infty,+\infty) = 1$。

证明　由于 $\forall x、y \in \mathbf{R}$，$0 \leqslant P(X \leqslant x,\ Y \leqslant y) \leqslant 1$，因此

$$0 \leqslant F(x,y) \leqslant 1$$

且对于任意固定的 y，$\lim\limits_{x \to -\infty} F(x,y) = 0$；对于任意固定的 x，$\lim\limits_{y \to -\infty} F(x,y) = 0$。故

$$F(-\infty,y) = F(x,-\infty) = 0$$

又 $\lim\limits_{(x,y) \to (-\infty,-\infty)} F(x,y) = 0$，$\lim\limits_{(x,y) \to (+\infty,+\infty)} F(x,y) = 1$，故

$$F(-\infty,-\infty) = 0,\ F(+\infty,+\infty) = 1$$

$F(-\infty,y) = F(x,-\infty) = 0$，$F(-\infty,-\infty) = 0$，$F(+\infty,+\infty) = 1$ 在几何上可以作如下解释：在图 3-1 中固定上边边界，将无穷矩形的右边边界向左无限平移，即 $x \to -\infty$，则"随机点(X,Y)落在以(x,y)为右上顶点的左下无界区域内"这一事件趋于不可能事件，从而其概率趋于零，即 $F(-\infty,y) = 0$，类似地，$F(x,-\infty) = 0$；在图 3-1 中将无穷矩形的右边边界向左无限平移，同时将上边边界向下无限平移，即$(x,y) \to (-\infty,-\infty)$，则"随机点$(X,Y)$落在以$(x,y)$为右上顶点的左下无界区域内"这一事件趋于不可能事件，

从而其概率趋于零，即 $F(-\infty, -\infty)=0$；在图 3-1 中将无穷矩形的右边边界向右无限平移，同时将上边边界向上无限平移，即 $(x, y) \rightarrow (+\infty, +\infty)$，则图 3-1 中的区域趋于全平面，所以"随机点 (X, Y) 落在以 (x, y) 为右上顶点的左下无界区域内"这一事件趋于必然事件，从而其概率趋于 1，即 $F(+\infty, +\infty)=1$。

性质 2 对于一个固定的变量，$F(x, y)$ 是另一个变量的单调不减函数，即：对于任意固定的 y，当 $x_1 < x_2$ 时，$F(x_1, y) \leqslant F(x_2, y)$；对于任意固定的 x，当 $y_1 < y_2$ 时，$F(x, y_1) \leqslant F(x, y_2)$。

证明 由于当 $x_1 < x_2$ 时，$\{X \leqslant x_1\} \subset \{X \leqslant x_2\}$，因此 $\{X \leqslant x_1\} \bigcap \{Y \leqslant y\} \subset \{X \leqslant x_2\} \bigcap \{Y \leqslant y\}$，从而 $P(X \leqslant x_1, Y \leqslant y) \leqslant P(X \leqslant x_2, Y \leqslant y)$，即

$$F(x_1, y) \leqslant F(x_2, y)$$

同理可证，对于任意固定的 x，当 $y_1 < y_2$ 时，$F(x, y_1) \leqslant F(x, y_2)$。

性质 3 对于一个固定的变量，$F(x, y)$ 是另一个变量的右连续函数，即：对于任意固定的 y，$F(x, y)$ 关于 x 右连续，$F(x+0, y)=F(x, y)$；对于任意固定的 x，$F(x, y)$ 关于 y 右连续，$F(x, y+0)=F(x, y)$。

性质 4 设 $x_1 < x_2$，$y_1 < y_2$，则 $F(x_2, y_2)-F(x_1, y_2)-F(x_2, y_1)+F(x_1, y_1) \geqslant 0$。

证明 由 (3.1.2) 式及概率的非负性可直接推得。

需要指出的是，如果函数 $F(x, y)$ 满足上述性质 1、性质 2、性质 3 及性质 4，那么 $F(x, y)$ 一定是某个二维随机变量的联合分布函数。

例 3-1 判断函数

$$F(x, y) = \begin{cases} 1, & x+y > 0 \\ 0, & x+y \leqslant 0 \end{cases}$$

是否为联合分布函数。

解 在性质 4 中，取 $x_1=0$，$x_2=1$，$y_1=0$，$y_2=1$，则

$$F(1, 1) - F(0, 1) - F(1, 0) + F(0, 0) = -1 < 0$$

因而 $F(x, y)$ 不是联合分布函数。

3.2 二维离散型随机变量及其联合分布律

1. 二维离散型随机变量的定义

定义 1 设 (X, Y) 是二维随机变量，如果 (X, Y) 可能的取值为有限对或可列无限多对，则称 (X, Y) 为二维离散型随机变量。

显然，要掌握一个二维离散型随机变量 (X, Y) 的统计规律，必须且只需知道 (X, Y) 所有可能的取值以及取每一对值的概率。

2. 二维离散型随机变量的联合分布律

定义 2（二维离散型随机变量的联合分布律）　设 (X, Y) 是二维离散型随机变量，其可能的取值为 $(x_i, y_j)(i, j = 1, 2, \cdots)$，则称

$$P(X = x_i, Y = y_j) = p_{ij}, \quad i, j = 1, 2, \cdots \tag{3.2.1}$$

为 (X, Y) 的联合分布律，或表示为

Y〈X	y_1	y_2	$\cdots$	y_j	$\cdots$
x_1	p_{11}	p_{12}	$\cdots$	p_{1j}	$\cdots$
x_2	p_{21}	p_{22}	$\cdots$	p_{2j}	$\cdots$
$\vdots$	$\vdots$	$\vdots$	$\cdots$	$\vdots$	$\cdots$
x_i	p_{i1}	p_{i2}	$\cdots$	p_{ij}	$\cdots$
$\vdots$	$\vdots$	$\vdots$	$\cdots$	$\vdots$	$\cdots$

例 3-2　设随机变量 X 在 $1, 2, 3, 4$ 四个整数中等可能地取一个值，另一个随机变量 Y 在 $1, 2, \cdots, X$ 中等可能地取一个值，求 (X, Y) 的联合分布律。

解　X、Y 可能的取值为 $1, 2, 3, 4$，且

$$P(X = i, Y = j) = 0, \quad i = 1, 2, 3, 4, j = 1, 2, 3, 4, j > i$$

$$P(X = i, Y = j) = P(X = i)P(Y = j \mid X = i) = \frac{1}{4} \cdot \frac{1}{i} = \frac{1}{4i}, \quad i = 1, 2, 3, 4, j \leqslant i$$

即 (X, Y) 的联合分布律为

Y〈X	1	2	3	4
1	$\frac{1}{4}$	0	0	0
2	$\frac{1}{8}$	$\frac{1}{8}$	0	0
3	$\frac{1}{12}$	$\frac{1}{12}$	$\frac{1}{12}$	0
4	$\frac{1}{16}$	$\frac{1}{16}$	$\frac{1}{16}$	$\frac{1}{16}$

例 3-3　袋中装有 3 只球，它们上面分别标有数字 1、2、2。从该袋中取球两次，每次取 1 只，取出的球不再放回。设 X、Y 分别表示第一次、第二次取得的球上标有的数字，求 (X, Y) 的联合分布律。

解　X、Y 可能的取值为 1、2，且

$$P(X = 1, Y = 1) = 0$$

$$P(X = 1, Y = 2) = P(X = 1)P(Y = 2 \mid X = 1) = \frac{1}{3} \times 1 = \frac{1}{3}$$

$$P(X = 2, Y = 1) = P(X = 2)P(Y = 1 \mid X = 2) = \frac{2}{3} \times \frac{1}{2} = \frac{1}{3}$$

$$P(X = 2, Y = 2) = P(X = 2)P(Y = 2 \mid X = 2) = \frac{2}{3} \times \frac{1}{2} = \frac{1}{3}$$

即(X, Y)的联合分布律为

X \ Y	1	2
1	0	$\frac{1}{3}$
2	$\frac{1}{3}$	$\frac{1}{3}$

例 3-4　设箱子中装有 12 件产品，其中 2 件是次品。从中任取产品两次，每次取 1 件。令

$$X = \begin{cases} 1, & \text{第一次取出的是合格品} \\ 0, & \text{第一次取出的是次品} \end{cases}, \quad Y = \begin{cases} 1, & \text{第二次取出的是合格品} \\ 0, & \text{第二次取出的是次品} \end{cases}$$

(1) 若第一次取出的产品放回，求(X, Y)的联合分布律；

(2) 若第一次取出的产品不放回，求(X, Y)的联合分布律。

解　(1) X、Y 可能的取值为 0、1，且

$$P(X = 0, Y = 0) = \frac{C_2^1 C_2^1}{C_{12}^1 C_{12}^1} = \frac{1}{36}$$

$$P(X = 0, Y = 1) = \frac{C_2^1 C_{10}^1}{C_{12}^1 C_{12}^1} = \frac{5}{36}$$

$$P(X = 1, Y = 0) = \frac{C_{10}^1 C_2^1}{C_{12}^1 C_{12}^1} = \frac{5}{36}$$

$$P(X = 1, Y = 1) = \frac{C_{10}^1 C_{10}^1}{C_{12}^1 C_{12}^1} = \frac{25}{36}$$

即(X, Y)的联合分布律为

X \ Y	0	1
0	$\frac{1}{36}$	$\frac{5}{36}$
1	$\frac{5}{36}$	$\frac{25}{36}$

（2）X、Y 可能的取值为 0、1，且

$$P(X=0, Y=0) = \frac{C_2^1 C_1^1}{C_{12}^1 C_{11}^1} = \frac{1}{66}$$

$$P(X=0, Y=1) = \frac{C_2^1 C_{10}^1}{C_{12}^1 C_{11}^1} = \frac{10}{66}$$

$$P(X=1, Y=0) = \frac{C_{10}^1 C_2^1}{C_{12}^1 C_{11}^1} = \frac{10}{66}$$

$$P(X=1, Y=1) = \frac{C_{10}^1 C_9^1}{C_{12}^1 C_{11}^1} = \frac{45}{66}$$

即 (X, Y) 的联合分布律为

X ＼ Y	0	1
0	$\frac{1}{66}$	$\frac{10}{66}$
1	$\frac{10}{66}$	$\frac{45}{66}$

例 3-5　袋中装有 3 只黑球，2 只红球，2 只白球。从中任取 4 只球，设 X、Y 分别表示取到的黑球数与红球数，试求：

（1）(X, Y) 的联合分布律；

（2）$P(X>Y)$、$P(Y=2X)$、$P(X+Y=3)$ 和 $P(X<3-Y)$。

解　（1）X 可能的取值为 0，1，2，3，Y 可能的取值为 0，1，2，且

$P(X=0, Y=0)=0$，$P(X=0, Y=1)=0$

$P(X=0, Y=2)=\dfrac{C_3^0 C_2^2 C_2^2}{C_7^4}=\dfrac{1}{35}$，$P(X=1, Y=0)=0$

$P(X=1, Y=1)=\dfrac{C_3^1 C_2^1 C_2^2}{C_7^4}=\dfrac{6}{35}$，$P(X=1, Y=2)=\dfrac{C_3^1 C_2^2 C_2^1}{C_7^4}=\dfrac{6}{35}$

$P(X=2, Y=0)=\dfrac{C_3^2 C_2^0 C_2^2}{C_7^4}=\dfrac{3}{35}$，$P(X=2, Y=1)=\dfrac{C_3^2 C_2^1 C_2^1}{C_7^4}=\dfrac{12}{35}$

$P(X=2, Y=2)=\dfrac{C_3^2 C_2^2 C_2^0}{C_7^4}=\dfrac{3}{35}$，$P(X=3, Y=0)=\dfrac{C_3^3 C_2^0 C_2^1}{C_7^4}=\dfrac{2}{35}$

$P(X=3, Y=1)=\dfrac{C_3^3 C_2^1 C_2^0}{C_7^4}=\dfrac{2}{35}$，$P(X=3, Y=2)=0$

即 (X, Y) 的联合分布律为

X \ Y	0	1	2
0	0	0	$\dfrac{1}{35}$
1	0	$\dfrac{6}{35}$	$\dfrac{6}{35}$
2	$\dfrac{3}{35}$	$\dfrac{12}{35}$	$\dfrac{3}{35}$
3	$\dfrac{2}{35}$	$\dfrac{2}{35}$	0

(2) $P(X>Y)=P(X=2,Y=0)+P(X=2,Y=1)$

$\qquad\qquad +P(X=3,Y=0)+P(X=3,Y=1)$

$$=\frac{3}{35}+\frac{12}{35}+\frac{2}{35}+\frac{2}{35}=\frac{19}{35}$$

$P(Y=2X)=P(X=1,Y=2)=\dfrac{6}{35}$

$P(X+Y=3)=P(X=1,Y=2)+P(X=2,Y=1)+P(X=3,Y=0)$

$$=\frac{6}{35}+\frac{12}{35}+\frac{2}{35}=\frac{20}{35}$$

$P(X<3-Y)=P(X+Y<3)=P(X=0,Y=2)+P(X=1,Y=1)+P(X=2,Y=0)$

$$=\frac{1}{35}+\frac{6}{35}+\frac{3}{35}=\frac{10}{35}$$

3. 二维离散型随机变量联合分布律的性质

性质 1 $p_{ij}\geqslant 0(i,j=1,2,\cdots)$。

性质 2 $\sum_i\sum_j p_{ij}=1$。

证明 由于$\{X=x_i\}\bigcap\{Y=y_j\}(i,j=1,2,\cdots)$两两互不相容，且

$$\bigcup_i\bigcup_j(\{X=x_i\}\bigcap\{Y=y_j\})=\Omega$$

因此

$$1=P(\Omega)=P(\bigcup_i\bigcup_j(\{X=x_i\}\bigcap\{Y=y_j\}))$$

$$=\sum_i\sum_j P(X=x_i,Y=y_j)=\sum_i\sum_j p_{ij}$$

即 $\sum_i\sum_j p_{ij}=1$。

4. 二维离散型随机变量联合分布函数

设二维离散型随机变量(X,Y)的联合分布律为

$$P(X=x_i,Y=y_j)=p_{ij},\quad i,j=1,2,\cdots$$

由概率的可列可加性，得 (X,Y) 的联合分布函数为

$$F(x,y) = P(X \leqslant x, Y \leqslant y) = \sum_{x_i \leqslant x} \sum_{y_j \leqslant y} P(X = x_i, Y = y_j) = \sum_{x_i \leqslant x} \sum_{y_j \leqslant y} p_{ij}$$

即

$$F(x,y) = \sum_{x_i \leqslant x} \sum_{y_j \leqslant y} p_{ij}, \quad x、y \in \mathbf{R} \tag{3.2.2}$$

例 3-6 设二维离散型随机变量 (X,Y) 的联合分布律为

Y\X	0	1	2
0	$\frac{1}{4}$	0	$\frac{1}{4}$
1	0	a	0
2	$\frac{1}{12}$	0	$\frac{1}{12}$

试求：(1) 常数 a；(2) $P(X = 2Y)$。

解 (1) 由 $\frac{1}{4} + \frac{1}{4} + a + \frac{1}{12} + \frac{1}{12} = 1$，得 $a = \frac{1}{3}$。

(2) 由 (X,Y) 的联合分布律，得

$$P(X = 2Y) = P(X = 0, Y = 0) + P(X = 2, Y = 1) = \frac{1}{4} + 0 = \frac{1}{4}$$

例 3-7 设二维离散型随机变量 (X,Y) 的联合分布律为

Y\X	-1	1
$-\frac{\sqrt{2}}{2}$	$\frac{1}{3}$	0
$\frac{\sqrt{2}}{2}$	0	$\frac{2}{3}$

求 (X,Y) 的联合分布函数。

解 由 (3.2.2) 式，得 (X,Y) 的联合分布函数为

$$F(x,y) = \begin{cases} 0, & x < -\frac{\sqrt{2}}{2} \text{ 或 } y < -1 \\ \frac{1}{3}, & x \geqslant \frac{\sqrt{2}}{2}, -1 \leqslant y < 1 \text{ 或 } -\frac{\sqrt{2}}{2} \leqslant x < \frac{\sqrt{2}}{2}, y \geqslant 1 \\ 1, & x \geqslant \frac{\sqrt{2}}{2}, y \geqslant 1 \end{cases}$$

3.3 二维连续型随机变量及其联合概率密度

1. 二维连续型随机变量的定义

定义 1 设 (X, Y) 是二维随机变量，其联合分布函数为 $F(x, y)$，如果存在非负可积函数 $f(x, y)$，使得

$$F(x, y) = \int_{-\infty}^{x} \int_{-\infty}^{y} f(u, v) \mathrm{d}u \mathrm{d}v, \quad x、y \in \mathbf{R} \tag{3.3.1}$$

则称 (X, Y) 为二维连续型随机变量，称 $f(x, y)$ 为 (X, Y) 的联合概率密度函数，简称联合概率密度。

2. 二维连续型随机变量联合概率密度的性质

性质 1 $f(x, y) \geqslant 0 (x、y \in \mathbf{R})$。

证明 由定义 1 直接得证。

性质 2 $\int_{-\infty}^{+\infty} \int_{-\infty}^{+\infty} f(x, y) \mathrm{d}x \mathrm{d}y = 1$。

证明 由于 $F(+\infty, +\infty) = 1$，由 (3.3.1) 式，得

$$\int_{-\infty}^{+\infty} \int_{-\infty}^{+\infty} f(x, y) \mathrm{d}x \mathrm{d}y = 1$$

性质 3 $P((X, Y) \in G) = \iint_{G} f(x, y) \mathrm{d}x \mathrm{d}y$。

性质 4 在 $f(x, y)$ 的连续点上，$\dfrac{\partial^2 F(x, y)}{\partial x \partial y} = \dfrac{\partial^2 F(x, y)}{\partial y \partial x} = f(x, y)$。

例 3-8 设二维连续型随机变量 (X, Y) 的联合概率密度为

$$f(x, y) = \begin{cases} c e^{-(3x+4y)}, & x \geqslant 0, y \geqslant 0 \\ 0, & \text{其他} \end{cases}$$

试求：(1) 常数 c；(2) (X, Y) 的联合分布函数；(3) $P(0 < X \leqslant 1, 0 < Y \leqslant 2)$。

解 (1) 由 $\int_{-\infty}^{+\infty} \int_{-\infty}^{+\infty} f(x, y) \mathrm{d}x \mathrm{d}y = 1$，得

$$1 = \int_{0}^{+\infty} \int_{0}^{+\infty} c e^{-(3x+4y)} \mathrm{d}x \mathrm{d}y = c \int_{0}^{+\infty} e^{-3x} \mathrm{d}x \int_{0}^{+\infty} e^{-4y} \mathrm{d}y = \frac{c}{12}$$

故 $c = 12$。

(2) 当 $x < 0$ 或 $y < 0$ 时，

$$F(x, y) = 0$$

当 $x \geqslant 0, y \geqslant 0$ 时，

$$F(x, y) = \int_{-\infty}^{x} \int_{-\infty}^{y} f(u, v) \mathrm{d}u \mathrm{d}v = \int_{0}^{x} \int_{0}^{y} 12 e^{-(3u+4v)} \mathrm{d}u \mathrm{d}v$$

$$= (1 - e^{-3x})(1 - e^{-4y}) = 1 - e^{-3x} - e^{-4y} + e^{-(3x+4y)}$$

即(X, Y)的联合分布函数为

$$F(x, y) = \begin{cases} (1 - e^{-3x})(1 - e^{-4y}), & x \geqslant 0, y \geqslant 0 \\ 0, & 其他 \end{cases}$$

$$= \begin{cases} 1 - e^{-3x} - e^{-4y} + e^{-(3x+4y)}, & x \geqslant 0, y \geqslant 0 \\ 0, & 其他 \end{cases}$$

(3) $P(0 < X \leqslant 1, 0 < Y \leqslant 2) = F(1, 2) - F(1, 0) - F(0, 2) + F(0, 0)$

$$= (1 - e^{-3})(1 - e^{-8})$$

例 3 - 9 已知二维连续型随机变量(X, Y)的联合概率密度为

$$f(x, y) = \begin{cases} 4xy, & 0 \leqslant x \leqslant 1, 0 \leqslant y \leqslant 1 \\ 0, & 其他 \end{cases}$$

求(X, Y)的联合分布函数。

解 当$x < 0$或$y < 0$时，

$$F(x, y) = 0$$

当$0 \leqslant x < 1, y \geqslant 1$时，

$$F(x, y) = \int_{-\infty}^{x} \int_{-\infty}^{y} f(u, v) \mathrm{d}u\mathrm{d}v = \int_{0}^{x} \int_{0}^{1} 4uv \mathrm{d}u\mathrm{d}v = x^2$$

当$x \geqslant 1, 0 \leqslant y < 1$时，

$$F(x, y) = \int_{-\infty}^{x} \int_{-\infty}^{y} f(u, v) \mathrm{d}u\mathrm{d}v = \int_{0}^{1} \int_{0}^{y} 4uv \mathrm{d}u\mathrm{d}v = y^2$$

当$0 \leqslant x < 1, 0 \leqslant y < 1$时，

$$F(x, y) = \int_{-\infty}^{x} \int_{-\infty}^{y} f(u, v) \mathrm{d}u\mathrm{d}v = \int_{0}^{x} \int_{0}^{y} 4uv \mathrm{d}u\mathrm{d}v = x^2 y^2$$

当$x \geqslant 1, y \geqslant 1$时，

$$F(x, y) = 1$$

即(X, Y)的联合分布函数为

$$F(x, y) = \begin{cases} 0, & x < 0 \text{ 或 } y < 0 \\ x^2, & 0 \leqslant x < 1, y \geqslant 1 \\ y^2, & x \geqslant 1, 0 \leqslant y < 1 \\ x^2 y^2, & 0 \leqslant x < 1, 0 \leqslant y < 1 \\ 1, & x \geqslant 1, y \geqslant 1 \end{cases}$$

例 3 - 10 设二维连续型随机变量(X, Y)的联合概率密度为

$$f(x, y) = \begin{cases} k(6 - x - y), & 0 < x < 2, 2 < y < 4 \\ 0, & 其他 \end{cases}$$

试求：(1) 常数k；(2) $P(X < 1, Y < 3)$；(3) $P(X < 1.5)$；(4) $P(X + Y \leqslant 4)$。

解 (1) 由 $\int_{-\infty}^{+\infty}\int_{-\infty}^{+\infty} f(x, y)\mathrm{d}x\mathrm{d}y = 1$，得

$$1 = \int_2^4 \mathrm{d}y \int_0^2 k(6-x-y)\mathrm{d}x = k\int_2^4\left[(6-y)x - \frac{x^2}{2}\right]_0^2 \mathrm{d}y$$

$$= k\int_2^4 (12-2y-2)\mathrm{d}y$$

$$= k\left[10y - y^2\right]_2^4 = 8k$$

故 $k = \dfrac{1}{8}$。

(2) $P(X < 1, Y < 3) = \int_2^3 \mathrm{d}y \int_0^1 \frac{1}{8}(6-x-y)\mathrm{d}x = \frac{1}{8}\int_2^3\left[(6-y)x - \frac{x^2}{2}\right]_0^1 \mathrm{d}y$

$$= \frac{1}{8}\int_2^3\left(\frac{11}{2} - y\right)\mathrm{d}y = \frac{3}{8}$$

(3) $P(X < 1.5) = \int_2^4 \mathrm{d}y \int_0^{1.5} \frac{1}{8}(6-x-y)\mathrm{d}x = \frac{1}{8}\int_2^4\left[(6-y)x - \frac{x^2}{2}\right]_0^{1.5} \mathrm{d}y$

$$= \frac{1}{8}\int_2^4\left(\frac{63}{8} - \frac{3}{2}y\right)\mathrm{d}y = \frac{27}{32}$$

(4) $P(X+Y \leqslant 4) = \iint\limits_{x+y\leqslant 4} f(x, y)\mathrm{d}x\mathrm{d}y = \int_2^4 \mathrm{d}y \int_0^{4-y} \frac{1}{8}(6-x-y)\mathrm{d}x$

$$= \frac{1}{8}\int_2^4\left[(6-y)x - \frac{x^2}{2}\right]_0^{4-y} \mathrm{d}y$$

$$= \frac{1}{8}\int_2^4\left[(6-y)(4-y) - \frac{1}{2}(4-y)^2\right]\mathrm{d}y$$

$$= \frac{1}{8}\int_2^4\left[2(4-y) + \frac{1}{2}(4-y)^2\right]\mathrm{d}y$$

$$= \frac{1}{8}\left[-(4-y)^2 - \frac{1}{6}(4-y)^3\right]_2^4 = \frac{2}{3}$$

3. 几种重要的二维连续型随机变量

1）二维均匀分布

定义 2 若二维连续型随机变量 (X, Y) 的联合概率密度为

$$f(x, y) = \begin{cases} \dfrac{1}{A}, & (x, y) \in G \\ 0, & \text{其他} \end{cases} \tag{3.3.2}$$

其中 A 为区域 G 的面积，则称 (X, Y) 在区域 G 上服从均匀分布，记为 $(X, Y) \sim U(G)$。

例 3-11 设二维连续型随机变量 (X, Y) 在区域 $G = \{(x, y) \mid x^2 + y^2 \leqslant 1\}$ 上服从均匀分布，求 (X, Y) 的联合概率密度及 $P(X+Y \geqslant 1)$。

解 由于区域 G 的面积 $A = \pi$，因此 (X, Y) 的联合概率密度为

$$f(x, y) = \begin{cases} \dfrac{1}{\pi}, & x^2 + y^2 \leqslant 1 \\ 0, & x^2 + y^2 > 1 \end{cases}$$

$$P(X + Y \geqslant 1) = \iint\limits_{x+y \geqslant 1} f(x, y) \mathrm{d}x\mathrm{d}y = \frac{1}{\pi}\left(\frac{\pi}{4} - \frac{1}{2}\right) = \frac{1}{4} - \frac{1}{2\pi}$$

结合几何概率, 容易得到:

定理 设二维连续型随机变量$(X, Y) \sim U(G)$, 则(X, Y)在G的任一子区域上取值的概率等价于平面区域G上的几何概率。

例 3-12 设二维连续型随机变量$(X, Y) \sim U(G)$, 其中$G = \{(x, y) \mid 0 \leqslant x \leqslant 2, 0 \leqslant y \leqslant 1\}$, 试求$P(0 < Y < \sqrt{2X - X^2})$、$P(X^2 + Y^2 \leqslant 1)$、$P(X \leqslant Y)$和$P(X > 2Y)$。

解 由于平面区域G的面积为 2, 平面区域$\{(x, y) \mid 0 < y < \sqrt{2x - x^2}\}$是平面区域$G$的一部分, 且面积为$\pi/2$, 因此

$$P(0 < Y < \sqrt{2X - X^2}) = \frac{\dfrac{\pi}{2}}{2} = \frac{\pi}{4}$$

同理可得

$$P(X^2 + Y^2 \leqslant 1) = \frac{\pi}{8}, \quad P(X \leqslant Y) = \frac{1}{4}, \quad P(X > 2Y) = \frac{1}{2}$$

2) 二维正态分布

定义 3 若二维连续型随机变量(X, Y)的联合概率密度为

$$f(x, y) = \frac{1}{2\pi\sigma_1\sigma_2\sqrt{1-\rho^2}} \mathrm{e}^{-\frac{1}{2(1-\rho^2)}\left[\frac{(x-\mu_1)^2}{\sigma_1^2} - 2\rho\frac{(x-\mu_1)(y-\mu_2)}{\sigma_1\sigma_2} + \frac{(y-\mu_2)^2}{\sigma_2^2}\right]}, \quad x、y \in \mathbf{R} \quad (3.3.3)$$

其中μ_1、μ_2、$\sigma_1(\sigma_1 > 0)$、$\sigma_2(\sigma_2 > 0)$、$\rho(|\rho| < 1)$是常数, 则称(X, Y)服从参数为μ_1、μ_2、σ_1^2、σ_2^2、ρ的二维正态分布, 记为$(X, Y) \sim N(\mu_1, \mu_2; \sigma_1^2, \sigma_2^2; \rho)$。

$f(x, y)$的图像如图 3-3 所示, 它在$x = \mu_1$, $y = \mu_2$处取得最大值为

图 3-3

$$f(\mu_1, \mu_2) = \frac{1}{2\pi\sigma_1\sigma_2\sqrt{1-\rho^2}}$$

3.4 边缘分布

二维随机变量(X, Y)作为一个整体具有联合概率分布(联合分布函数或联合分布律或

联合概率密度），而 X 和 Y 都是随机变量，各自也具有概率分布，这样的分布就是边缘分布。

1. 二维随机变量的边缘分布函数

定义 1 设 (X, Y) 是二维随机变量，称

$$F_X(x) = P(X \leqslant x), \quad x \in \mathbf{R}$$

$$F_Y(y) = P(Y \leqslant y), \quad y \in \mathbf{R}$$

分别为 (X, Y) 关于 X、Y 的边缘分布函数。

定理 1 设 (X, Y) 是二维随机变量，其联合分布函数为 $F(x, y)$，则

$$F_X(x) = F(x, +\infty), \quad x \in \mathbf{R} \tag{3.4.1}$$

$$F_Y(y) = F(+\infty, y), \quad y \in \mathbf{R} \tag{3.4.2}$$

证明 由于 $x \in \mathbf{R}$，$F_X(x) = P(X \leqslant x) = P(X \leqslant x, Y < +\infty) = F(x, +\infty)$，因此

$$F_X(x) = F(x, +\infty), \quad x \in \mathbf{R}$$

同理

$$F_Y(y) = F(+\infty, y), \quad y \in \mathbf{R}$$

例 3-13 设二维随机变量 (X, Y) 的联合分布函数为

$$F(x, y) = \begin{cases} 1 - e^{-2x} - e^{-3y} + e^{-(2x+3y)}, & x \geqslant 0, y \geqslant 0 \\ 0, & 其他 \end{cases}$$

求 $F_X(x)$，$F_Y(y)$。

解 由 (3.4.1) 式得

$$F_X(x) = F(x, +\infty) = \begin{cases} 1 - e^{-2x}, & x \geqslant 0 \\ 0, & x < 0 \end{cases}$$

由 (3.4.2) 式得

$$F_Y(y) = F(+\infty, y) = \begin{cases} 1 - e^{-3y}, & y \geqslant 0 \\ 0, & y < 0 \end{cases}$$

2. 二维离散型随机变量的边缘分布律

定理 2 设二维离散型随机变量 (X, Y) 的联合分布律为

$$P(X = x_i, Y = y_j) = p_{ij}, \quad i, j = 1, 2, \cdots$$

则 (X, Y) 关于 X、Y 的边缘分布律分别为

$$p_{i\cdot} = P(X = x_i) = \sum_j p_{ij}, \quad i = 1, 2, \cdots \tag{3.4.3}$$

$$p_{\cdot j} = P(Y = y_j) = \sum_i p_{ij}, \quad j = 1, 2, \cdots \tag{3.4.4}$$

或在 (X, Y) 的联合分布律中表示为

X \ Y	y_1	y_2	$\cdots$	y_j	$\cdots$	$p_i.$
x_1	p_{11}	p_{12}	$\cdots$	p_{1j}	$\cdots$	$p_1.$
x_2	p_{21}	p_{22}	$\cdots$	p_{2j}	$\cdots$	$p_2.$
$\vdots$	$\vdots$	$\vdots$	$\cdots$	$\vdots$	$\cdots$	$\vdots$
x_i	p_{i1}	p_{i2}	$\cdots$	p_{ij}	$\cdots$	$p_i.$
$\vdots$	$\vdots$	$\vdots$	$\cdots$	$\vdots$	$\cdots$	$\vdots$
$p._{j}$	$p._1$	$p._2$	$\cdots$	$p._j$	$\cdots$	1

证明 由(3.4.1)式和(3.2.2)式得

$$F_X(x) = F(x, +\infty) = \sum_{x_i \leqslant x} \sum_j p_{ij} = \sum_{x_i \leqslant x} \left[\sum_j p_{ij} \right]$$

再由第二章的(2.3.2)式得

$$p_{i.} = P(X = x_i) = \sum_j p_{ij}, \quad i = 1, 2, \cdots$$

同理可证

$$p_{.j} = P(Y = y_j) = \sum_i p_{ij}, \quad j = 1, 2, \cdots$$

例 3-14 袋中装有 2 只白球、3 只黑球,从袋中取球两次,每次取 1 只球,令

$$X = \begin{cases} 1, & \text{第一次取出的是黑球} \\ 0, & \text{第一次取出的是白球} \end{cases}, \quad Y = \begin{cases} 1, & \text{第二次取出的是黑球} \\ 0, & \text{第二次取出的是白球} \end{cases}$$

(1) 若第一次取出的球放回,求(X, Y)的边缘分布律;

(2) 若第一次取出的球不放回,求(X, Y)的边缘分布律。

解 (1) X、Y 可能的取值为 0、1,且

$$P(X = 0, Y = 0) = \frac{C_2^1 C_2^1}{C_5^1 C_5^1} = \frac{4}{25}$$

$$P(X = 0, Y = 1) = \frac{C_2^1 C_3^1}{C_5^1 C_5^1} = \frac{6}{25}$$

$$P(X = 1, Y = 0) = \frac{C_3^1 C_2^1}{C_5^1 C_5^1} = \frac{6}{25}$$

$$P(X = 1, Y = 1) = \frac{C_3^1 C_3^1}{C_5^1 C_5^1} = \frac{9}{25}$$

故(X, Y)的联合分布律及边缘分布律为

Y X	0	1	$p_i.$
0	$\dfrac{4}{25}$	$\dfrac{6}{25}$	$\dfrac{2}{5}$
1	$\dfrac{6}{25}$	$\dfrac{9}{25}$	$\dfrac{3}{5}$
$p._j$	$\dfrac{2}{5}$	$\dfrac{3}{5}$	1

(2) X、Y 可能的取值为 0、1，且

$$P(X=0, Y=0) = P(X=0)P(Y=0 \mid X=0) = \frac{2}{5} \times \frac{1}{4} = \frac{1}{10}$$

$$P(X=0, Y=1) = P(X=0)P(Y=1 \mid X=0) = \frac{2}{5} \times \frac{3}{4} = \frac{3}{10}$$

$$P(X=1, Y=0) = P(X=1)P(Y=0 \mid X=1) = \frac{3}{5} \times \frac{2}{4} = \frac{3}{10}$$

$$P(X=1, Y=1) = P(X=1)P(Y=1 \mid X=1) = \frac{3}{5} \times \frac{2}{4} = \frac{3}{10}$$

故(X, Y)的联合分布律及边缘分布律为

Y X	0	1	$p_i.$
0	$\dfrac{1}{10}$	$\dfrac{3}{10}$	$\dfrac{2}{5}$
1	$\dfrac{3}{10}$	$\dfrac{3}{10}$	$\dfrac{3}{5}$
$p._j$	$\dfrac{2}{5}$	$\dfrac{3}{5}$	1

3. 二维连续型随机变量的边缘概率密度

定理 3 设二维连续型随机变量(X, Y)的联合概率密度为 $f(x, y)$，则(X, Y)关于 X、Y 的边缘概率密度分别为

$$f_X(x) = \int_{-\infty}^{+\infty} f(x, y)\mathrm{d}y, \quad -\infty < x < +\infty \tag{3.4.5}$$

$$f_Y(y) = \int_{-\infty}^{+\infty} f(x, y)\mathrm{d}x, \quad -\infty < y < +\infty \tag{3.4.6}$$

证明 由$(3.4.1)$式和$(3.3.1)$式得

$$F_X(x) = F(x, +\infty) = \int_{-\infty}^{x} \int_{-\infty}^{+\infty} f(u, v)\mathrm{d}u\mathrm{d}v = \int_{-\infty}^{x} \left(\int_{-\infty}^{+\infty} f(u, v)\mathrm{d}v \right) \mathrm{d}u$$

再由第二章的$(2.4.1)$式得

$$f_X(x) = \int_{-\infty}^{+\infty} f(x, v)\mathrm{d}v = \int_{-\infty}^{+\infty} f(x, y)\mathrm{d}y, \quad -\infty < x < +\infty$$

同理可证

$$f_Y(y) = \int_{-\infty}^{+\infty} f(x, y)\mathrm{d}x, \quad -\infty < y < +\infty$$

例 3-15 设平面区域 G 是由 $y = x^2$ 和 $y = x$ 所围成（如图 3-4 所示），且二维连续型随机变量 (X, Y) 在区域 G 上服从均匀分布，求 (X, Y) 关于 X、Y 的边缘概率密度。

解 由于区域 G 的面积为

$$A = \int_0^1 (x - x^2)\mathrm{d}x = \frac{1}{6}$$

因此 (X, Y) 的联合概率密度为

$$f(x, y) = \begin{cases} 6, & (x, y) \in G \\ 0, & \text{其他} \end{cases}$$

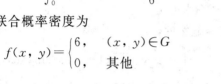

图 3-4

从而

$$f_X(x) = \int_{-\infty}^{+\infty} f(x, y)\mathrm{d}y = \begin{cases} \int_{x^2}^{x} 6\mathrm{d}y = 6(x - x^2), & 0 < x < 1 \\ 0, & \text{其他} \end{cases}$$

$$f_Y(y) = \int_{-\infty}^{+\infty} f(x, y)\mathrm{d}x = \begin{cases} \int_{y}^{\sqrt{y}} 6\mathrm{d}x = 6(\sqrt{y} - y), & 0 < y < 1 \\ 0, & \text{其他} \end{cases}$$

例 3-16 设二维连续型随机变量 $(X, Y) \sim N(\mu_1, \mu_2; \sigma_1^2, \sigma_2^2; \rho)$，即 (X, Y) 的联合概率密度为

$$f(x, y) = \frac{1}{2\pi\sigma_1\sigma_2\sqrt{1-\rho^2}} \mathrm{e}^{-\frac{1}{2(1-\rho^2)}\left[\frac{(x-\mu_1)^2}{\sigma_1^2} - 2\rho\frac{(x-\mu_1)(y-\mu_2)}{\sigma_1\sigma_2} + \frac{(y-\mu_2)^2}{\sigma_2^2}\right]}, \quad x、y \in \mathbf{R}$$

求 (X, Y) 关于 X、Y 的边缘概率密度。

解 由于 $\dfrac{(y-\mu_2)^2}{\sigma_2^2} - 2\rho\dfrac{(x-\mu_1)(y-\mu_2)}{\sigma_1\sigma_2} = \left(\dfrac{y-\mu_2}{\sigma_2} - \rho\dfrac{x-\mu_1}{\sigma_1}\right)^2 - \rho^2\dfrac{(x-\mu_1)^2}{\sigma_1^2}$，因此

$$f_X(x) = \int_{-\infty}^{+\infty} f(x, y)\mathrm{d}y = \frac{1}{2\pi\sigma_1\sigma_2\sqrt{1-\rho^2}}\mathrm{e}^{-\frac{(x-\mu_1)^2}{2\sigma_1^2}} \int_{-\infty}^{+\infty} \mathrm{e}^{-\frac{1}{2(1-\rho^2)}\left(\frac{y-\mu_2}{\sigma_2} - \rho\frac{x-\mu_1}{\sigma_1}\right)^2}\mathrm{d}y$$

令 $t = \dfrac{1}{\sqrt{1-\rho^2}}\left(\dfrac{y-\mu_2}{\sigma_2} - \rho\dfrac{x-\mu_1}{\sigma_1}\right)$，则

$$f_X(x) = \frac{1}{2\pi\sigma_1}\mathrm{e}^{-\frac{(x-\mu_1)^2}{2\sigma_1^2}} \int_{-\infty}^{+\infty} \mathrm{e}^{-\frac{t^2}{2}}\mathrm{d}t = \frac{1}{\sqrt{2\pi}\sigma_1}\mathrm{e}^{-\frac{(x-\mu_1)^2}{2\sigma_1^2}}, \quad -\infty < x < +\infty$$

同理可得

$$f_Y(y) = \frac{1}{\sqrt{2\pi}\sigma_2}\mathrm{e}^{-\frac{(y-\mu_2)^2}{2\sigma_2^2}}, \quad -\infty < y < +\infty$$

该结果说明：如果$(X,Y)\sim N(\mu_1,\mu_2;\sigma_1^2,\sigma_2^2;\rho)$，那么 $X\sim N(\mu_1,\sigma_1^2)$，$Y\sim N(\mu_2,\sigma_2^2)$，且都不依赖于参数 ρ。也就是说，对于任意给定的 μ_1、μ_2、σ_1^2、σ_2^2，不同的 ρ 对应不同的二维正态分布，它们的边缘分布却都是一样的，即单由关于 X、Y 的边缘分布一般不能确定 X、Y 的联合分布，并且(X,Y)不一定服从二维正态分布。

例 3-17　设

$$f(x,y)=\frac{1}{2\pi}e^{-\frac{x^2+y^2}{2}}(1+\sin x\,\sin y),\quad -\infty<x<+\infty,\ -\infty<y<+\infty$$

(1) 证明 $f(x,y)$是二维连续型随机变量(X,Y)的联合概率密度；

(2) 求(X,Y)关于 X、Y 的边缘概率密度。

解　(1) 证明：由于 $f(x,y)\geqslant0$ 是显然的，且

$$\int_{-\infty}^{+\infty}\int_{-\infty}^{+\infty}f(x,y)\mathrm{d}x\mathrm{d}y=\int_{-\infty}^{+\infty}\int_{-\infty}^{+\infty}\frac{1}{2\pi}e^{-\frac{x^2+y^2}{2}}(1+\sin x\,\sin y)\mathrm{d}x\mathrm{d}y$$

$$=\frac{1}{2\pi}\int_{-\infty}^{+\infty}\int_{-\infty}^{+\infty}e^{-\frac{x^2+y^2}{2}}\mathrm{d}x\mathrm{d}y=1$$

因此 $f(x,y)$是二维连续型随机变量(X,Y)的联合概率密度。

(2) 由于 $\int_{-\infty}^{+\infty}e^{-\frac{y^2}{2}}\sin y\mathrm{d}y=\int_{-\infty}^{+\infty}e^{-\frac{x^2}{2}}\sin x\mathrm{d}x=0$，因此

$$f_X(x)=\int_{-\infty}^{+\infty}f(x,y)\mathrm{d}y=\int_{-\infty}^{+\infty}\frac{1}{2\pi}e^{-\frac{x^2+y^2}{2}}(1+\sin x\,\sin y)\mathrm{d}y$$

$$=\frac{1}{\sqrt{2\pi}}e^{-\frac{x^2}{2}}\int_{-\infty}^{+\infty}\frac{1}{\sqrt{2\pi}}e^{-\frac{y^2}{2}}\mathrm{d}y=\frac{1}{\sqrt{2\pi}}e^{-\frac{x^2}{2}},\quad -\infty<x<+\infty$$

同理可得

$$f_Y(y)=\frac{1}{\sqrt{2\pi}}e^{-\frac{y^2}{2}},\quad -\infty<y<+\infty$$

该例说明：虽然有 $X\sim N(0,1)$，$Y\sim N(0,1)$，但(X,Y)却不服从二维正态分布，也就是说，若 X、Y 都服从正态分布，则(X,Y)不一定服从二维正态分布。

3.5　条　件　分　布

由于随机变量可以表示随机事件，而且随机事件有条件概率的概念，因此把随机事件的条件概率引入到随机变量的分布上来，便产生了条件分布的概念。

1. 二维离散型随机变量的条件分布律

例 3-18　设二维离散型随机变量(X,Y)的联合分布律为

$$P(X=x_i,Y=y_j)=p_{ij},\quad i,j=1,2,\cdots$$

(X,Y)关于 X、Y 的边缘分布律分别为 $p_{i\cdot}$ 和 $p_{\cdot j}$。

(1) 设 $p._j > 0$，求在随机事件 $\{Y = y_j\}$ 发生的条件下，随机事件 $\{X = x_i\}$ 发生的条件概率 $P(X = x_i \,|\, Y = y_j)(i = 1, 2, \cdots)$；

(2) 设 $p_i. > 0$，求在随机事件 $\{X = x_i\}$ 发生的条件下，随机事件 $\{Y = y_j\}$ 发生的条件概率 $P(Y = y_j \,|\, X = x_i)(j = 1, 2, \cdots)$。

解　(1) 由条件概率的定义公式得

$$P(X = x_i \,|\, Y = y_j) = \frac{P(X = x_i,\, Y = y_j)}{P(Y = y_j)} = \frac{p_{ij}}{p._j}, \quad i = 1, 2, \cdots$$

(2) 同理可得

$$P(Y = y_j \,|\, X = x_i) = \frac{P(X = x_i,\, Y = y_j)}{P(X = x_i)} = \frac{p_{ij}}{p_i.}, \quad j = 1, 2, \cdots$$

由于 $P(X = x_i \,|\, Y = y_j) \geqslant 0(i = 1, 2, \cdots)$，$\displaystyle\sum_i P(X = x_i \,|\, Y = y_j) = \sum_i \frac{p_{ij}}{p._j} = $ $\displaystyle\frac{1}{p._j} \sum_i p_{ij} = \frac{p._j}{p._j} = 1$，因此 $P(X = x_i \,|\, Y = y_j)(i = 1, 2, \cdots)$ 构成离散型随机变量的分布律。同理，$P(Y = y_j \,|\, X = x_i)(j = 1, 2, \cdots)$ 也构成离散型随机变量的分布律。这样的分布律在研究二维随机变量中有着重要的作用，为此，我们引入以下定义。

定义 1　设二维离散型随机变量 (X, Y) 的联合分布律为

$$P(X = x_i,\, Y = y_j) = p_{ij}, \quad i, j = 1, 2, \cdots$$

如果对于固定的 j，$P(Y = y_j) = p._j > 0$，则称

$$P(X = x_i \,|\, Y = y_j) = \frac{p_{ij}}{p._j}, \quad i = 1, 2, \cdots \tag{3.5.1}$$

为在 $Y = y_j$ 的条件下随机变量 X 的条件分布律。

如果对于固定的 i，$P(X = x_i) = p_i. > 0$，则称

$$P(Y = y_j \,|\, X = x_i) = \frac{p_{ij}}{p_i.}, \quad j = 1, 2, \cdots \tag{3.5.2}$$

为在 $X = x_i$ 的条件下随机变量 Y 的条件分布律。

例 3-19　设二维离散型随机变量 (X, Y) 的联合分布律为

X \ Y	1	2	3	4
1	$\frac{1}{4}$	0	0	0
2	$\frac{1}{8}$	$\frac{1}{8}$	0	0
3	$\frac{1}{12}$	$\frac{1}{12}$	$\frac{1}{12}$	0
4	$\frac{1}{16}$	$\frac{1}{16}$	$\frac{1}{16}$	$\frac{1}{16}$

求：(1) 在 $Y=1$ 的条件下 X 的条件分布律；

(2) 在 $X=2$ 的条件下 Y 的条件分布律。

解 由(X,Y)的联合分布律得 X、Y 的边缘分布律为

X \ Y	1	2	3	4	$p_{i\cdot}$
1	$\frac{1}{4}$	0	0	0	$\frac{1}{4}$
2	$\frac{1}{8}$	$\frac{1}{8}$	0	0	$\frac{1}{4}$
3	$\frac{1}{12}$	$\frac{1}{12}$	$\frac{1}{12}$	0	$\frac{1}{4}$
4	$\frac{1}{16}$	$\frac{1}{16}$	$\frac{1}{16}$	$\frac{1}{16}$	$\frac{1}{4}$
$p_{\cdot j}$	$\frac{25}{48}$	$\frac{13}{48}$	$\frac{7}{48}$	$\frac{3}{48}$	1

(1)
$$P(X=1 \mid Y=1)=\frac{1/4}{25/48}=\frac{12}{25}$$

$$P(X=2 \mid Y=1)=\frac{1/8}{25/48}=\frac{6}{25}$$

$$P(X=3 \mid Y=1)=\frac{1/12}{25/48}=\frac{4}{25}$$

$$P(X=4 \mid Y=1)=\frac{1/16}{25/48}=\frac{3}{25}$$

即在 $Y=1$ 的条件下，X 的条件分布律为

$X=i$	1	2	3	4
$P(X=i \mid Y=1)$	$\frac{12}{25}$	$\frac{6}{25}$	$\frac{4}{25}$	$\frac{3}{25}$

(2)
$$P(Y=1 \mid X=2)=\frac{1/8}{1/4}=\frac{1}{2}$$

$$P(Y=2 \mid X=2)=\frac{1/8}{1/4}=\frac{1}{2}$$

$$P(Y=3 \mid X=2)=\frac{0}{1/4}=0$$

$$P(Y=4 \mid X=2)=\frac{0}{1/4}=0$$

即在 $X=2$ 的条件下，Y 的条件分布律为

$Y=j$	1	2
$P(Y=j\mid X=2)$	$\dfrac{1}{2}$	$\dfrac{1}{2}$

例 3-20　一射手进行射击,击中目标的概率为 $p(0<p<1)$,射击直至击中目标两次为止。设 X 表示首次击中目标所进行的射击次数,Y 表示总共进行的射击次数,试求 (X,Y) 的联合分布律与条件分布律。

解　X 可能的取值为 $1,2,\cdots$,Y 可能的取值为 $2,3,\cdots$。依题设知,$Y=n$ 表示在第 n 次射击时击中目标,且在前 $n-1$ 次射击中恰有一次击中目标,已知各次射击是相互独立的,因此

当 $m<n$ 时,

$$P(X=m,Y=n)=p\cdot p\cdot\underbrace{q\cdot q\cdot\cdots\cdot q}_{n-2\text{个}}=p^2q^{n-2},\qquad q=1-p$$

当 $m\geqslant n$ 时,

$$P(X=m,Y=n)=0$$

即 (X,Y) 的联合分布律为

$$P(X=m,Y=n)=p^2(1-p)^{n-2},\quad n=2,3,\cdots;\ m=1,2,\cdots,n-1$$
$$P(X=m,Y=n)=0,\quad n=2,3,\cdots;\ m\geqslant n$$

又由于

$$P(X=m)=\sum_{n=2}^{\infty}P(X=m,Y=n)=\sum_{n=m+1}^{\infty}p^2q^{n-2}$$
$$=p^2\sum_{n=m+1}^{\infty}q^{n-2}$$
$$=\frac{p^2q^{m-1}}{1-q}=pq^{m-1},\quad m=1,2,\cdots$$

$$P(Y=n)=\sum_{m=1}^{\infty}P(X=m,Y=n)=\sum_{m=1}^{n-1}p^2q^{n-2}$$
$$=(n-1)p^2q^{n-2},\quad n=2,3,\cdots$$

因此当 $n=2,3,\cdots$ 时,X 的条件分布律为

$$P(X=m\mid Y=n)=\frac{p^2q^{n-2}}{(n-1)p^2q^{n-2}}=\frac{1}{n-1},\quad m=1,2,\cdots,n-1$$

当 $m=1,2,\cdots$ 时,Y 的条件分布律为

$$P(Y=n\mid X=m)=\frac{p^2q^{n-2}}{pq^{m-1}}=pq^{n-m-1},\quad n=m+1,m+2,\cdots$$

2. 二维连续型随机变量的条件概率密度

我们知道,当 (X,Y) 是二维连续型随机变量时,则 $\forall x,y\in\mathbf{R}$,有 $P(X=x)=0$,$P(Y=y)=0$。因此就不能像二维离散型随机变量那样,直接由条件概率引入 (X,Y) 的条

件分布。自然就有了下面的极限方法。

定义 2 设二维随机变量 (X, Y) 的联合分布函数为 $F(x, y)$，关于 Y 的边缘分布函数为 $F_Y(y)$，给定 y 及其增量 Δy (不妨设 $\Delta y > 0$)，使得 $P(y < Y \leqslant y + \Delta y) > 0$，如果极限

$$\lim_{\Delta y \to 0} P(X \leqslant x \mid y < Y \leqslant y + \Delta y) = \lim_{\Delta y \to 0} \frac{P(X \leqslant x, y < Y \leqslant y + \Delta y)}{P(y < Y \leqslant y + \Delta y)}$$

$$= \lim_{\Delta y \to 0} \frac{F(x, y + \Delta y) - F(x, y)}{F_Y(y + \Delta y) - F_Y(y)}$$

存在，则称该极限为在 $Y = y$ 的条件下随机变量 X 的条件分布函数，记为 $F_{X \mid Y}(x \mid y)$，即

$$F_{X \mid Y}(x \mid y) = \lim_{\Delta y \to 0} \frac{F(x, y + \Delta y) - F(x, y)}{F_Y(y + \Delta y) - F_Y(y)} \tag{3.5.3}$$

类似地，有

$$F_{Y \mid X}(y \mid x) = \lim_{\Delta x \to 0} \frac{F(x + \Delta x, y) - F(x, y)}{F_X(x + \Delta x) - F_X(x)} \tag{3.5.4}$$

设 (X, Y) 为二维连续型随机变量，其联合概率密度为 $f(x, y)$，关于 Y 的边缘概率密度为 $f_Y(y)$，由连续型随机变量概率密度的性质，得

$$F_{X \mid Y}(x \mid y) = \lim_{\Delta y \to 0} \frac{F(x, y + \Delta y) - F(x, y)}{F_Y(y + \Delta y) - F_Y(y)}$$

$$= \frac{\displaystyle\lim_{\Delta y \to 0} \frac{F(x, y + \Delta y) - F(x, y)}{\Delta y}}{\displaystyle\lim_{\Delta y \to 0} \frac{F_Y(y + \Delta y) - F_Y(y)}{\Delta y}} = \frac{\dfrac{\partial F(x, y)}{\partial y}}{\dfrac{\mathrm{d} F_Y(y)}{\mathrm{d} y}}$$

$$= \frac{\displaystyle\int_{-\infty}^{x} f(u, y) \mathrm{d} u}{f_Y(y)} = \int_{-\infty}^{x} \frac{f(u, y)}{f_Y(y)} \mathrm{d} u$$

且 $\dfrac{f(x, y)}{f_Y(y)} \geqslant 0 \, (-\infty < x < +\infty)$，$\displaystyle\int_{-\infty}^{+\infty} \frac{f(x, y)}{f_Y(y)} \mathrm{d} x = \frac{1}{f_Y(y)} \int_{-\infty}^{+\infty} f(x, y) \mathrm{d} x = \frac{f_Y(y)}{f_Y(y)} = 1$，则 $\dfrac{f(x, y)}{f_Y(y)} \, (-\infty < x < +\infty)$ 构成连续型随机变量的概率密度。同理，$\dfrac{f(x, y)}{f_X(x)} \, (-\infty < y < +\infty)$ 也构成连续型随机变量的概率密度。结合连续型随机变量分布函数与概率密度之间的关系，我们有以下定义。

定义 3 设二维连续型随机变量 (X, Y) 的联合概率密度为 $f(x, y)$，如果对于任意固定的 y，有 $f_Y(y) > 0$，则称

$$f_{X \mid Y}(x \mid y) = \frac{f(x, y)}{f_Y(y)}, \quad -\infty < x < +\infty \tag{3.5.5}$$

为在 $Y = y$ 的条件下随机变量 X 的条件概率密度。

如果对于任意固定的 x，有 $f_X(x) > 0$，则称

$$f_{Y\mid X}(y\mid x) = \frac{f(x,\,y)}{f_X(x)}, \quad -\infty < y < +\infty \tag{3.5.6}$$

为在 $X=x$ 的条件下随机变量 Y 的条件概率密度。

例 3 – 21　设二维连续型随机变量 (X,Y) 的联合概率密度为

$$f(x,\,y) = \begin{cases} \dfrac{1}{\pi R^2}, & x^2 + y^2 \leqslant R^2 \\ 0, & \text{其他} \end{cases}$$

求条件概率密度 $f_{X\mid Y}(x\mid y)$ 与 $f_{Y\mid X}(y\mid x)$。

解　先求 $f_{X\mid Y}(x\mid y)$。由于

$$f_Y(y) = \int_{-\infty}^{+\infty} f(x,\,y)\mathrm{d}x = \begin{cases} \displaystyle\int_{-\sqrt{R^2-y^2}}^{\sqrt{R^2-y^2}} \frac{1}{\pi R^2}\mathrm{d}x = \frac{2\sqrt{R^2-y^2}}{\pi R^2}, & -R < y < R \\ 0, & \text{其他} \end{cases}$$

因此，$\forall\, -R < y < R$，$f_Y(y) > 0$，Y 的条件概率密度为

$$f_{X\mid Y}(x\mid y) = \frac{f(x,\,y)}{f_Y(y)} = \begin{cases} \dfrac{\dfrac{1}{\pi R^2}}{\dfrac{2\sqrt{R^2-y^2}}{\pi R^2}} = \dfrac{1}{2\sqrt{R^2-y^2}}, & -\sqrt{R^2-y^2} < x < \sqrt{R^2-y^2} \\ 0, & \text{其他} \end{cases}$$

再求 $f_{Y\mid X}(y\mid x)$。由于

$$f_X(x) = \int_{-\infty}^{+\infty} f(x,\,y)\mathrm{d}y = \begin{cases} \displaystyle\int_{-\sqrt{R^2-x^2}}^{\sqrt{R^2-x^2}} \frac{1}{\pi R^2}\mathrm{d}y = \frac{2\sqrt{R^2-x^2}}{\pi R^2}, & -R < x < R \\ 0, & \text{其他} \end{cases}$$

因此，$\forall\, -R < x < R$，$f_X(x) > 0$，Y 的条件概率密度为

$$f_{Y\mid X}(y\mid x) = \frac{f(x,\,y)}{f_X(x)} = \begin{cases} \dfrac{\dfrac{1}{\pi R^2}}{\dfrac{2\sqrt{R^2-x^2}}{\pi R^2}} = \dfrac{1}{2\sqrt{R^2-x^2}}, & -\sqrt{R^2-x^2} < y < \sqrt{R^2-x^2} \\ 0, & \text{其他} \end{cases}$$

例 3 – 22　设二维连续型随机变量 (X,Y) 的联合概率密度为

$$f(x,\,y) = \begin{cases} \dfrac{21}{4}x^2 y, & x^2 \leqslant y \leqslant 1 \\ 0, & \text{其他} \end{cases}$$

求条件概率密度 $f_{X\mid Y}(x\mid y)$ 与 $f_{Y\mid X}(y\mid x)$。

解　先求 $f_{X\mid Y}(x\mid y)$。由于

$$f_Y(y) = \int_{-\infty}^{+\infty} f(x,\ y)\mathrm{d}x = \begin{cases} \int_{-\sqrt{y}}^{\sqrt{y}} \dfrac{21}{4}x^2 y\mathrm{d}x = \dfrac{7}{2}y^{\frac{5}{2}}, & 0<y<1 \\ 0, & \text{其他} \end{cases}$$

因此，$\forall\, 0<y<1,\ f_Y(y)>0$，$X$ 的条件概率密度为

$$f_{X|Y}(x\,|\,y) = \frac{f(x,\ y)}{f_Y(y)} = \begin{cases} \dfrac{\dfrac{21}{4}x^2 y}{\dfrac{7}{2}y^{\frac{5}{2}}} = \dfrac{3}{2}x^2 y^{-\frac{3}{2}}, & -\sqrt{y}<x<\sqrt{y} \\ \\ 0, & \text{其他} \end{cases}$$

再求 $f_{Y|X}(y\,|\,x)$。由于

$$f_X(x) = \int_{-\infty}^{+\infty} f(x,\ y)\mathrm{d}y = \begin{cases} \int_{x^2}^{1} \dfrac{21}{4}x^2 y\mathrm{d}y = \dfrac{21}{8}x^2(1-x^4), & -1<x<1 \\ 0, & \text{其他} \end{cases}$$

因此，$\forall\, -1<x<1,\ f_X(x)>0$，$Y$ 的条件概率密度为

$$f_{Y|X}(y\,|\,x) = \frac{f(x,\ y)}{f_X(x)} = \begin{cases} \dfrac{\dfrac{21}{4}x^2 y}{\dfrac{21}{8}x^2(1-x^4)} = \dfrac{2y}{1-x^4}, & x^2<y<1 \\ \\ 0, & \text{其他} \end{cases}$$

例 3 - 23　设随机变量 $X\sim U(0,\ 1)$，在 $X=x(0<x<1)$ 的条件下，随机变量 $Y\sim U(0,\ x)$，求：

(1) $(X,\ Y)$ 的联合概率密度；

(2) Y 的边缘概率密度 $f_Y(y)$；

(3) $P(X+Y>1)$。

解　(1) 由题设知，X 的概率密度为

$$f_X(x) = \begin{cases} 1, & 0<x<1 \\ 0, & \text{其他} \end{cases}$$

又由于在 $X=x(0<x<1)$ 条件下，Y 的条件概率密度为

$$f_{Y|X}(y\,|\,x) = \begin{cases} \dfrac{1}{x}, & 0<y<x \\ 0, & \text{其他} \end{cases}$$

故 $(X,\ Y)$ 的联合概率密度为

$$f(x,\ y) = f_X(x)f_{Y|X}(y\,|\,x) = \begin{cases} \dfrac{1}{x}, & 0<y<x<1 \\ 0, & \text{其他} \end{cases}$$

(2) Y 的边缘概率密度 $f_Y(y)$ 为

$$f_Y(y) = \int_{-\infty}^{+\infty} f(x, y)\mathrm{d}x = \begin{cases} \int_y^1 \dfrac{1}{x}\mathrm{d}x = -\ln y, & 0 < y < 1 \\ \\ 0, & \text{其他} \end{cases}$$

(3) $P(X + Y > 1) = \displaystyle\iint_{x+y>1} f(x, y)\mathrm{d}x\mathrm{d}y = \int_{\frac{1}{2}}^1 \mathrm{d}x \int_{1-x}^x \dfrac{1}{x}\mathrm{d}y = 1 - \ln 2$。

例 3 - 24　设二维连续型随机变量 (X, Y) 的联合概率密度为

$$f(x, y) = \begin{cases} x^2 + \dfrac{1}{3}xy, & 0 \leqslant x \leqslant 1,\ 0 \leqslant y \leqslant 2 \\ \\ 0, & \text{其他} \end{cases}$$

试求：(1) (X, Y) 的联合分布函数；

(2) (X, Y) 的边缘概率密度；

(3) (X, Y) 的条件概率密度；

(4) $P(X+Y>1)$，$P(Y>X)$ 及 $P\left(Y<\dfrac{1}{2}\,\Big|\,X<\dfrac{1}{2}\right)$。

解　(1) 当 $x<0$ 或 $y<0$ 时，

$$F(x, y) = 0$$

当 $0 \leqslant x < 1$，$y \geqslant 2$ 时，

$$F(x, y) = \int_{-\infty}^x \int_{-\infty}^y f(u, v)\mathrm{d}u\mathrm{d}v = \int_0^x \int_0^2 \left(u^2 + \dfrac{1}{3}uv\right)\mathrm{d}u\mathrm{d}v = \dfrac{1}{3}x^2(2x+1)$$

当 $x \geqslant 1$，$0 \leqslant y < 2$ 时，

$$F(x, y) = \int_{-\infty}^x \int_{-\infty}^y f(u, v)\mathrm{d}u\mathrm{d}v = \int_0^1 \int_0^y \left(u^2 + \dfrac{1}{3}uv\right)\mathrm{d}u\mathrm{d}v = \dfrac{1}{12}y(4+y)$$

当 $0 \leqslant x < 1$，$0 \leqslant y < 2$ 时，

$$F(x, y) = \int_{-\infty}^x \int_{-\infty}^y f(u, v)\mathrm{d}u\mathrm{d}v = \int_0^x \int_0^y \left(u^2 + \dfrac{1}{3}uv\right)\mathrm{d}u\mathrm{d}v = \dfrac{1}{3}x^3 y + \dfrac{1}{12}x^2 y^2$$

当 $x \geqslant 1$，$y \geqslant 2$ 时，

$$F(x, y) = 1$$

即 (X, Y) 的联合分布函数为

$$F(x, y) = \begin{cases} 0, & x<0 \text{ 或 } y<0 \\ \\ \dfrac{1}{3}x^2(2x+1), & 0 \leqslant x < 1,\ y \geqslant 2 \\ \\ \dfrac{1}{12}y(4+y), & x \geqslant 1,\ 0 \leqslant y < 2 \\ \\ \dfrac{1}{3}x^3 y + \dfrac{1}{12}x^2 y^2, & 0 \leqslant x < 1,\ 0 \leqslant y < 2 \\ \\ 1, & x \geqslant 1,\ y \geqslant 2 \end{cases}$$

(2) $f_X(x) = \int_{-\infty}^{+\infty} f(x, y)\mathrm{d}y = \begin{cases} \int_0^2 \left(x^2 + \dfrac{1}{3}xy\right)\mathrm{d}y = 2x^2 + \dfrac{2}{3}x, & 0 < x < 1 \\ 0, & \text{其他} \end{cases}$

$f_Y(y) = \int_{-\infty}^{+\infty} f(x, y)\mathrm{d}x = \begin{cases} \int_0^1 \left(x^2 + \dfrac{1}{3}xy\right)\mathrm{d}x = \dfrac{1}{3} + \dfrac{1}{6}y, & 0 < y < 2 \\ 0, & \text{其他} \end{cases}$

(3) $\forall\, 0 < y < 2,\ f_Y(y) > 0$，$X$ 的条件概率密度为

$$f_{X|Y}(x \mid y) = \frac{f(x, y)}{f_Y(y)} = \begin{cases} \dfrac{6x^2 + 2xy}{2+y}, & 0 \leqslant x \leqslant 1 \\ 0, & \text{其他} \end{cases}$$

$\forall\, 0 < x < 1,\ f_X(x) > 0$，$Y$ 的条件概率密度为

$$f_{Y|X}(y \mid x) = \frac{f(x, y)}{f_X(x)} = \begin{cases} \dfrac{3x + y}{6x + 2}, & 0 \leqslant y \leqslant 2 \\ 0, & \text{其他} \end{cases}$$

(4) $P(X + Y > 1) = \iint\limits_{x+y>1} f(x, y)\mathrm{d}x\mathrm{d}y = \int_0^1 \mathrm{d}x \int_{1-x}^2 \left(x^2 + \dfrac{1}{3}xy\right)\mathrm{d}y = \dfrac{65}{72}$

$P(Y > X) = \iint\limits_{y>x} f(x, y)\mathrm{d}x\mathrm{d}y = \int_0^1 \mathrm{d}x \int_x^2 \left(x^2 + \dfrac{1}{3}xy\right)\mathrm{d}y = \dfrac{17}{24}$

$P\left(Y < \dfrac{1}{2} \,\middle|\, X < \dfrac{1}{2}\right) = \dfrac{P\left(X < \dfrac{1}{2}, Y < \dfrac{1}{2}\right)}{P\left(X < \dfrac{1}{2}\right)} = \dfrac{F\left(\dfrac{1}{2}, \dfrac{1}{2}\right)}{\int_0^{\frac{1}{2}} \left(2x^2 + \dfrac{2}{3}x\right)\mathrm{d}x} = \dfrac{5}{32}$

例 3-25 设二维连续型随机变量 (X, Y) 在区域 G 上服从均匀分布，其中 G 是由 $x - y = 0$、$x + y = 2$ 与 $y = 0$ 所围成的三角形区域。试求：

(1) (X, Y) 关于 X 的边缘概率密度 $f_X(x)$；

(2) 条件概率密度 $f_{X|Y}(x \mid y)$；

(3) 概率 $P(X - Y \leqslant 1)$。

解 由题设知，(X, Y) 的联合概率密度为

$$f(x, y) = \begin{cases} 1, & (x, y) \in G \\ 0, & (x, y) \notin G \end{cases}$$

(1) $f_X(x) = \int_{-\infty}^{+\infty} f(x, y)\mathrm{d}y = \begin{cases} \int_0^x \mathrm{d}y = x, & 0 < x < 1 \\ \int_0^{2-x} \mathrm{d}y = 2 - x, & 1 \leqslant x < 2 \\ 0, & \text{其他} \end{cases}$

(2) $f_Y(y) = \int_{-\infty}^{+\infty} f(x, y)\mathrm{d}x = \begin{cases} \int_y^{2-y}\mathrm{d}x = 2(1-y), & 0 < y < 1 \\ 0, & \text{其他} \end{cases}$

$\forall\, 0 < y < 1, f_Y(y) > 0, X$ 的条件概率密度为

$$f_{X|Y}(x|y) = \frac{f(x, y)}{f_Y(y)} = \begin{cases} \dfrac{1}{2(1-y)}, & y < x < 2-y \\ 0, & \text{其他} \end{cases}$$

(3) $P(X - Y \leqslant 1) = 1 - P(X - Y > 1)$

$$= 1 - \iint\limits_{x-y>1} f(x, y)\mathrm{d}x\mathrm{d}y$$

$$= 1 - \int_0^{\frac{1}{2}}\mathrm{d}y\int_{1+y}^{2-y}\mathrm{d}x = \frac{3}{4}$$

例 3-26　设二维连续型随机变量 (X, Y) 的联合概率密度为

$$f(x, y) = \begin{cases} \mathrm{e}^{-x}, & 0 < y < x \\ 0, & \text{其他} \end{cases}$$

试求：(1) 条件概率密度 $f_{Y|X}(y|x)$；

　　　(2) 条件概率 $P(X \leqslant 1 | Y \leqslant 1)$。

解　(1) 由于

$$f_X(x) = \int_{-\infty}^{+\infty} f(x, y)\mathrm{d}y = \begin{cases} \int_0^x \mathrm{e}^{-x}\mathrm{d}y = x\mathrm{e}^{-x}, & x > 0 \\ 0, & x \leqslant 0 \end{cases}$$

因此，$\forall\, x > 0, f_X(x) > 0, Y$ 的条件概率密度为

$$f_{Y|X}(y|x) = \frac{f(x, y)}{f_X(x)} = \begin{cases} \dfrac{1}{x}, & 0 < y < x \\ 0, & \text{其他} \end{cases}$$

(2) 由于

$$f_Y(y) = \int_{-\infty}^{+\infty} f(x, y)\mathrm{d}x = \begin{cases} \int_y^{+\infty} \mathrm{e}^{-x}\mathrm{d}x = \mathrm{e}^{-y}, & y > 0 \\ 0, & y \leqslant 0 \end{cases}$$

因此

$$P(X \leqslant 1 | Y \leqslant 1) = \frac{P(X \leqslant 1, Y \leqslant 1)}{P(Y \leqslant 1)} = \frac{\int_{-\infty}^{1}\int_{-\infty}^{1} f(x, y)\mathrm{d}x\mathrm{d}y}{\int_{-\infty}^{1} f_Y(y)\mathrm{d}y}$$

$$= \frac{\int_0^1 \mathrm{d}x \int_0^x \mathrm{e}^{-x}\mathrm{d}y}{\int_0^1 \mathrm{e}^{-y}\mathrm{d}y} = \frac{\mathrm{e}-2}{\mathrm{e}-1}$$

3.6 随机变量的独立性

我们已经讨论过随机事件的独立性，现在从这一概念出发引进随机变量的独立性，它在概率论与数理统计的研究中是十分重要的。

定义 1 设二维随机变量 (X, Y) 的联合分布函数为 $F(x, y)$，边缘分布函数分别为 $F_X(x)$ 和 $F_Y(y)$，如果

$$F(x, y) = F_X(x)F_Y(y), \quad x、y \in \mathbf{R} \tag{3.6.1}$$

则称随机变量 X 与 Y 相互独立。

从定义可以看出，随机变量 X 与 Y 相互独立等价于：$\forall x、y \in \mathbf{R}$，随机事件 $\{X \leqslant x\}$ 与 $\{Y \leqslant y\}$ 相互独立，即

$$P(X \leqslant x, Y \leqslant y) = P(X \leqslant x)P(Y \leqslant y), \quad x、y \in \mathbf{R} \tag{3.6.2}$$

定理 1 设二维离散型随机变量 (X, Y) 的联合分布律为 $P(X = x_i, Y = y_j) = p_{ij}$（$i, j = 1, 2, \cdots$），边缘分布律分别为 $p_{i.}$ 和 $p_{.j}$，则 X 与 Y 相互独立的充要条件是

$$p_{ij} = p_{i.} \cdot p_{.j}, \quad i, j = 1, 2, \cdots \tag{3.6.3}$$

证明 必要性：设 X 与 Y 相互独立，则对 (X, Y) 任一对可能的取值 (x_i, y_j) 及自然数 $m、n$，有

$$P\left(x_i - \frac{1}{m} < X \leqslant x_i, y_j - \frac{1}{n} < Y \leqslant y_j\right)$$

$$= P(X \leqslant x_i, Y \leqslant y_j) - P\left(X \leqslant x_i - \frac{1}{m}, Y \leqslant y_j\right)$$

$$\quad - P\left(X \leqslant x_i, Y \leqslant y_j - \frac{1}{n}\right) + P\left(X \leqslant x_i - \frac{1}{m}, Y \leqslant y_j - \frac{1}{n}\right)$$

$$= P(X \leqslant x_i)P(Y \leqslant y_j) - P\left(X \leqslant x_i - \frac{1}{m}\right)P(Y \leqslant y_j)$$

$$\quad - P(X \leqslant x_i)P\left(Y \leqslant y_j - \frac{1}{n}\right) + P\left(X \leqslant x_i - \frac{1}{m}\right)P\left(Y \leqslant y_j - \frac{1}{n}\right)$$

$$= \left(P(X \leqslant x_i) - P\left(X \leqslant x_i - \frac{1}{m}\right)\right)P(Y \leqslant y_j)$$

$$\quad - \left(P(X \leqslant x_i) - P\left(X \leqslant x_i - \frac{1}{m}\right)\right)P\left(Y \leqslant y_j - \frac{1}{n}\right)$$

$$= P\left(x_i - \frac{1}{m} < X \leqslant x_i\right)P(Y \leqslant y_j) - P\left(x_i - \frac{1}{m} < X \leqslant x_i\right)P\left(Y \leqslant y_j - \frac{1}{n}\right)$$

$$= P\left(x_i - \frac{1}{m} < X \leqslant x_i\right)\left(P(Y \leqslant y_j) - P\left(Y \leqslant y_j - \frac{1}{n}\right)\right)$$

$$= P\left(x_i - \frac{1}{m} < X \leqslant x_i\right)P\left(y_j - \frac{1}{n} < Y \leqslant y_j\right)$$

在上面等式的两边，先令 $m \to \infty$，再令 $n \to \infty$，由第一章的(1.3.8)式得

$$P\left(\bigcap_{m=1}^{\infty}\left(x_i - \frac{1}{m} < X \leqslant x_i\right), \bigcap_{n=1}^{\infty}\left(y_j - \frac{1}{n} < Y \leqslant y_j\right)\right)$$

$$= P\left(\bigcap_{m=1}^{\infty}\left(x_i - \frac{1}{m} < X \leqslant x_i\right)\right)P\left(\bigcap_{n=1}^{\infty}\left(y_j - \frac{1}{n} < Y \leqslant y_j\right)\right)$$

即

$$P(X = x_i, Y = y_j) = P(X = x_i)P(Y = y_j)$$

故

$$p_{ij} = p_{i \cdot}\, p_{\cdot j}, \quad i, j = 1, 2, \cdots$$

充分性：设 $p_{ij} = p_{i \cdot}\, p_{\cdot j}(i, j = 1, 2, \cdots)$，则 $\forall x$、$y \in \mathbf{R}$，有

$$F(x, y) = P(X \leqslant x, Y \leqslant y) = \sum_{x_i \leqslant x}\sum_{y_j \leqslant y} p_{ij} = \sum_{x_i \leqslant x}\sum_{y_j \leqslant y} p_{i \cdot}\, p_{\cdot j}$$

$$= \sum_{x_i \leqslant x} p_{i \cdot} \sum_{y_j \leqslant y} p_{\cdot j} = F_X(x)F_Y(y)$$

即

$$F(x, y) = F_X(x)F_Y(y), \quad x、y \in \mathbf{R}$$

故 X 与 Y 相互独立。

定理 2 设二维连续型随机变量(X, Y)的联合概率密度 $f(x, y)$ 及边缘概率密度 $f_X(x)$、$f_Y(y)$ 是除有限个点外的连续函数，则 X 与 Y 相互独立的充要条件是

$$f(x, y) = f_X(x)f_Y(y), \quad x、y \in \mathbf{R} \tag{3.6.4}$$

证明 必要性：设 X 与 Y 相互独立，则 $F(x, y) = F_X(x)F_Y(y)(x, y \in \mathbf{R})$，两边对 x、y 求偏导数，得

$$f(x, y) = \frac{\partial^2 F(x, y)}{\partial x \partial y} = F'_X(x)F'_Y(y) = f_X(x)f_Y(y)$$

即

$$f(x, y) = f_X(x)f_Y(y), \quad x、y \in \mathbf{R}$$

充分性：设 $f(x, y) = f_X(x)f_Y(y)(x, y \in \mathbf{R})$，则

$$F(x, y) = \int_{-\infty}^{x}\int_{-\infty}^{y} f(u, v)\mathrm{d}u\mathrm{d}v = \int_{-\infty}^{x}\int_{-\infty}^{y} f_X(u)f_Y(v)\mathrm{d}u\mathrm{d}v$$

$$= \int_{-\infty}^{x} f_X(u)\mathrm{d}u \int_{-\infty}^{y} f_Y(v)\mathrm{d}v = F_X(x)F_Y(y)$$

即

$$F(x, y) = F_X(x)F_Y(y), \quad x、y \in \mathbf{R}$$

因此 X 与 Y 相互独立。

例 3-27 一电子仪器由两个部件构成，以 X 与 Y 分别表示两个部件的寿命(单位：千小时)，已知(X, Y)的联合分布函数为

$$F(x, y) = \begin{cases} 1 - e^{-0.5x} - e^{-0.5y} + e^{-0.5(x+y)}, & x \geqslant 0, \ y \geqslant 0 \\ 0, & \text{其他} \end{cases}$$

(1) 问 X 与 Y 是否相互独立？

(2) 求两个部件的寿命都超过 100 小时的概率。

解 (1) 由于

$$F_X(x) = F(x, +\infty) = \begin{cases} 1 - e^{-0.5x}, & x \geqslant 0 \\ 0, & x < 0 \end{cases}$$

$$F_Y(y) = F(+\infty, y) = \begin{cases} 1 - e^{-0.5y}, & y \geqslant 0 \\ 0, & y < 0 \end{cases}$$

且

$$F(x, y) = F_X(x) F_Y(y), \quad x、y \in \mathbf{R}$$

因此 X 与 Y 相互独立。

(2) 所求的概率为

$$P(X > 0.1, Y > 0.1) = P(X > 0.1)P(Y > 0.1)$$
$$= [1 - F_X(0.1)][1 - F_Y(0.1)] = e^{-0.5 \times 0.1} e^{-0.5 \times 0.1} = e^{-0.1}$$

例 3-28 设二维离散型随机变量 (X, Y) 的联合分布律为

X ＼ Y	0	1	$p_i.$
1	$\dfrac{1}{6}$	$\dfrac{2}{6}$	$\dfrac{1}{2}$
2	$\dfrac{1}{6}$	$\dfrac{2}{6}$	$\dfrac{1}{2}$
$p._j$	$\dfrac{1}{3}$	$\dfrac{2}{3}$	1

判断 X 与 Y 是否相互独立。

解 由于

$$P(X = 1, Y = 0) = \frac{1}{6} = \frac{1}{2} \times \frac{1}{3} = P(X = 1)P(Y = 0)$$

$$P(X = 1, Y = 1) = \frac{2}{6} = \frac{1}{2} \times \frac{2}{3} = P(X = 1)P(Y = 1)$$

$$P(X = 2, Y = 0) = \frac{1}{6} = \frac{1}{2} \times \frac{1}{3} = P(X = 2)P(Y = 0)$$

$$P(X = 2, Y = 1) = \frac{2}{6} = \frac{1}{2} \times \frac{2}{3} = P(X = 2)P(Y = 1)$$

因此 X 与 Y 相互独立。

例 3 - 29　设随机变量 X、Y 相互独立同分布，X 的概率密度为

$$f_X(x) = \begin{cases} 3x^2, & 0 \leqslant x \leqslant 1 \\ 0, & \text{其他} \end{cases}$$

且 $A = \{X > a\}$，$B = \{Y > a\}$，$P(A \cup B) = \dfrac{63}{64}$，求常数 a 的值。

解　由于 X、Y 相互独立，因此事件 $A = \{X > a\}$、$B = \{Y > a\}$ 相互独立，又由于

$$P(X > a) = P(Y > a) = \int_a^1 3x^2 \mathrm{d}x = 1 - a^3$$

所以

$$\begin{aligned}
\frac{63}{64} = P(A \cup B) &= P(A) + P(B) - P(AB) \\
&= P(X > a) + P(Y > a) - P(X > a, Y > a) \\
&= P(X > a) + P(Y > a) - P(X > a)P(Y > a) \\
&= 1 - a^3 + 1 - a^3 - (1 - a^3)(1 - a^3) = 1 - a^6
\end{aligned}$$

解之得 $a = 1/2$。

例 3 - 30　设离散型随机变量 X、Y 的分布律分别为

X	-1	0	1
P	$\dfrac{1}{4}$	$\dfrac{1}{2}$	$\dfrac{1}{4}$

Y	0	1
P	$\dfrac{1}{2}$	$\dfrac{1}{2}$

且 $P(XY = 0) = 1$。

(1) 求 (X, Y) 的联合分布律；

(2) 问 X、Y 是否相互独立，为什么？

解　由于 $P(XY = 0) = 1$，因此

$$P(X = -1, Y = 1) = P(X = 1, Y = 1) = 0$$

从而 (X, Y) 的联合分布律有如下结构：

X \ Y	0	1	$p_i.$
-1	p_{11}	0	$\dfrac{1}{4}$
0	p_{21}	p_{22}	$\dfrac{1}{2}$
1	p_{31}	0	$\dfrac{1}{4}$
$p_{.j}$	$\dfrac{1}{2}$	$\dfrac{1}{2}$	1

由联合分布律与边缘分布律的关系得

$$p_{11} = \frac{1}{4}, \ p_{31} = \frac{1}{4}, \ p_{22} = \frac{1}{2}, \ p_{21} = 0$$

故(X, Y)的联合分布律为

X ＼ Y	0	1	$p_i.$
-1	$\frac{1}{4}$	0	$\frac{1}{4}$
0	0	$\frac{1}{2}$	$\frac{1}{2}$
1	$\frac{1}{4}$	0	$\frac{1}{4}$
$p._j$	$\frac{1}{2}$	$\frac{1}{2}$	1

(2) 由于$P(X=-1, Y=0)=\frac{1}{4}\neq\frac{1}{4}\times\frac{1}{2}=P(X=-1)P(Y=0)$，因此$X$、$Y$不相互独立。

例 3 - 31　设随机变量X、Y相互独立，且$X\sim U(0, 1)$，$Y\sim U(0, 2)$，求$P(X+Y\leqslant 1)$。

解　由于$X\sim U(0, 1)$，$Y\sim U(0, 2)$，因此X、Y的概率密度分别为

$$f_X(x)=\begin{cases}1, & 0<x<1 \\ 0, & 其他\end{cases}$$

$$f_Y(y)=\begin{cases}\dfrac{1}{2}, & 0<y<2 \\ 0, & 其他\end{cases}$$

又由于X、Y相互独立，故(X, Y)的联合概率密度为

$$f(x, y)=f_X(x)f_Y(y)=\begin{cases}\dfrac{1}{2}, & 0<x<1, 0<y<2 \\ 0, & 其他\end{cases}$$

所以

$$P(X+Y\leqslant 1)=\iint\limits_{x+y\leqslant 1}f(x, y)\mathrm{d}x\mathrm{d}y=\int_0^1\mathrm{d}x\int_0^{1-x}\frac{1}{2}\mathrm{d}y=\frac{1}{4}$$

由该例我们不难得到下列一般性的重要结果。

定理 3　设随机变量X、Y相互独立，且$X\sim U[a, b]$，$Y\sim U[c, d]$，则二维随机变量$(X, Y)\sim U[a, b; c, d]$，其中$[a, b; c, d]=\{(x, y)\,|\,a\leqslant x\leqslant b, c\leqslant y\leqslant d\}$；反之亦然。

证明　由于$X\sim U[a, b]$，$Y\sim U[c, d]$，因此X、Y的概率密度分别为

$$f_X(x) = \begin{cases} \dfrac{1}{b-a}, & a \leqslant x \leqslant b \\ 0, & \text{其他} \end{cases}$$

$$f_Y(y) = \begin{cases} \dfrac{1}{d-c}, & c \leqslant y \leqslant d \\ 0, & \text{其他} \end{cases}$$

又由于 X、Y 相互独立,故 (X,Y) 的联合概率密度为

$$f(x,y) = f_X(x) f_Y(y) = \begin{cases} \dfrac{1}{(b-a)(d-c)}, & a \leqslant x \leqslant b,\ c \leqslant y \leqslant d \\ 0, & \text{其他} \end{cases}$$

从而 $(X,Y) \sim U[a,b; c,d]$。

反过来,设 $(X,Y) \sim U[a,b; c,d]$,则 (X,Y) 的联合概率密度为

$$f(x,y) = \begin{cases} \dfrac{1}{(b-a)(d-c)}, & a \leqslant x \leqslant b,\ c \leqslant y \leqslant d \\ 0, & \text{其他} \end{cases}$$

由于

$$f_X(x) = \int_{-\infty}^{+\infty} f(x,y) \mathrm{d}y = \begin{cases} \displaystyle\int_c^d \dfrac{1}{(b-a)(d-c)} \mathrm{d}y = \dfrac{1}{b-a}, & a \leqslant x \leqslant b \\ 0, & \text{其他} \end{cases}$$

$$f_Y(y) = \int_{-\infty}^{+\infty} f(x,y) \mathrm{d}x = \begin{cases} \displaystyle\int_a^b \dfrac{1}{(b-a)(d-c)} \mathrm{d}x = \dfrac{1}{d-c}, & c \leqslant y \leqslant d \\ 0, & \text{其他} \end{cases}$$

且

$$f(x,y) = f_X(x) f_Y(y), \qquad x、y \in \mathbf{R}$$

因此 X、Y 相互独立,且 $X \sim U[a,b]$,$Y \sim U[c,d]$。

例 3-32　设随机变量 X、Y 相互独立,且 $X \sim U[-1,1]$,$Y \sim U[-1,1]$,求 $P(Y > X^2)$。

解　由于 X、Y 相互独立,且 $X \sim U[-1,1]$,$Y \sim U[-1,1]$,因此 $(X,Y) \sim U[-1,1; -1,1]$。又由于平面区域 $[-1,1; -1,1]$ 的面积为 4,平面区域 $\{(x,y) \mid y > x^2\}$ 含在平面区域 $[-1,1; -1,1]$ 中的部分的面积为 $2\displaystyle\int_0^1 \sqrt{y}\, \mathrm{d}y = \dfrac{4}{3}$,故

$$P(Y > X^2) = \dfrac{\dfrac{4}{3}}{4} = \dfrac{1}{3}$$

定理 4　设二维连续型随机变量 $(X,Y) \sim N(\mu_1, \mu_2; \sigma_1^2, \sigma_2^2; \rho)$,则 X、Y 相互独立的充要条件是 $\rho = 0$。

证明 设$(X, Y) \sim N(\mu_1, \mu_2; \sigma_1^2, \sigma_2^2; \rho)$，则$(X, Y)$的联合概率密度及边缘概率密度分别为

$$f(x, y) = \frac{1}{2\pi\sigma_1\sigma_2\sqrt{1-\rho^2}} e^{-\frac{1}{2(1-\rho^2)}\left[\frac{(x-\mu_1)^2}{\sigma_1^2} - 2\rho\frac{(x-\mu_1)(y-\mu_2)}{\sigma_1\sigma_2} + \frac{(y-\mu_2)^2}{\sigma_2^2}\right]}, \quad x, y \in \mathbf{R}$$

$$f_X(x) = \frac{1}{\sqrt{2\pi}\sigma_1} e^{-\frac{(x-\mu_1)^2}{2\sigma_1^2}}, \quad x \in \mathbf{R}$$

$$f_Y(y) = \frac{1}{\sqrt{2\pi}\sigma_2} e^{-\frac{(y-\mu_2)^2}{2\sigma_2^2}}, \quad y \in \mathbf{R}$$

充分性：设$\rho = 0$，则(X, Y)的联合概率密度为

$$f(x, y) = \frac{1}{2\pi\sigma_1\sigma_2} e^{-\frac{1}{2}\left[\frac{(x-\mu_1)^2}{\sigma_1^2} + \frac{(y-\mu_2)^2}{\sigma_2^2}\right]}$$

$$= \frac{1}{\sqrt{2\pi}\sigma_1} e^{-\frac{(x-\mu_1)^2}{2\sigma_1^2}} \frac{1}{\sqrt{2\pi}\sigma_2} e^{-\frac{(y-\mu_2)^2}{2\sigma_2^2}} = f_X(x) f_Y(y)$$

故X、Y相互独立。

必要性：设X、Y相互独立，则$f(x, y) = f_X(x) f_Y(y)(x, y \in \mathbf{R})$。特别地，取$x = \mu_1$，$y = \mu_2$，得

$$f(\mu_1, \mu_2) = f_X(\mu_1) f_Y(\mu_2)$$

即

$$\frac{1}{2\pi\sigma_1\sigma_2\sqrt{1-\rho^2}} = \frac{1}{\sqrt{2\pi}\sigma_1} \frac{1}{\sqrt{2\pi}\sigma_2}$$

故$\rho = 0$。

例 3-33 设二维连续型随机变量$(X, Y) \sim N(1, 1; 4, 4; 0)$，求$P(X \leqslant 1, Y \leqslant 1)$。

解 由于$(X, Y) \sim N(1, 1; 4, 4; 0)$，且$\rho = 0$，因此$X \sim N(1, 4)$，$Y \sim N(1, 4)$，且$X$、$Y$相互独立，从而

$$P(X \leqslant 1, Y \leqslant 1) = P(X \leqslant 1)P(Y \leqslant 1) = \frac{1}{2} \times \frac{1}{2} = \frac{1}{4}$$

例 3-34 （1）设X、Y是非负的连续型随机变量且相互独立，X的分布函数为$F_X(x)$，Y的概率密度为$f_Y(y)$，证明$P(X < Y) = \int_0^{+\infty} F_X(x) f_Y(x) \mathrm{d}x$；

（2）若X、Y相互独立且分别服从参数为λ_1、λ_2的指数分布，利用上述结果求$P(X < Y)$。

解 （1）设X的概率密度为$f_X(x)$，由于X、Y是非负的连续型随机变量且相互独立，因此(X, Y)的联合概率密度为

$$f(x, y) = \begin{cases} f_X(x) f_Y(y), & x \geqslant 0, y \geqslant 0 \\ 0, & \text{其他} \end{cases}$$

从而

$$P(X < Y) = \iint\limits_{x < y} f(x, y) \mathrm{d}x\mathrm{d}y = \int_0^{+\infty} \left(f_Y(y) \int_0^y f_X(x) \mathrm{d}x \right) \mathrm{d}y$$

$$= \int_0^{+\infty} f_Y(y) F_X(y) \mathrm{d}y = \int_0^{+\infty} F_X(x) f_Y(x) \mathrm{d}x$$

（2）由于 X、Y 相互独立且分别服从参数为 λ_1、λ_2 的指数分布，因此

$$F_X(x) = \begin{cases} 1 - \mathrm{e}^{-\lambda_1 x}, & x \geqslant 0 \\ 0, & x < 0 \end{cases}, \quad f_Y(y) = \begin{cases} \lambda_2 \mathrm{e}^{-\lambda_2 y}, & y > 0 \\ 0, & y \leqslant 0 \end{cases}$$

从而

$$P(X < Y) = \int_0^{+\infty} F_X(x) f_Y(x) \mathrm{d}x = \int_0^{+\infty} (1 - \mathrm{e}^{-\lambda_1 x}) \lambda_2 \mathrm{e}^{-\lambda_2 x} \mathrm{d}x$$

$$= \int_0^{+\infty} (\lambda_2 \mathrm{e}^{-\lambda_2 x} - \lambda_2 \mathrm{e}^{-(\lambda_1 + \lambda_2) x}) \mathrm{d}x$$

$$= 1 - \frac{\lambda_2}{\lambda_1 + \lambda_2} = \frac{\lambda_1}{\lambda_1 + \lambda_2}$$

例 3-35 把三只球等可能地放入编号为 1、2、3 的三个盒子中，记落入第 1 号盒子中的球的个数为 X，落入第 2 号盒子中的球的个数为 Y。

（1）求二维随机变量 (X, Y) 的联合分布律；

（2）问 X、Y 是否相互独立，为什么？

（3）求在 $Y = 1$ 的条件下 X 的条件分布律。

解 （1）X、Y 可能的取值为 0，1，2，3，且

$$P(X = i, Y = j) = P(X = i) P(Y = j \mid X = i), \quad i, j = 0, 1, 2, 3$$

又由于 $X \sim B\left(3, \dfrac{1}{3}\right)$，故

$$P(X = i) = \mathrm{C}_3^i \left(\frac{1}{3}\right)^i \left(\frac{2}{3}\right)^{3-i}, \quad i = 0, 1, 2, 3$$

由于在 $X = i$ 的条件下，剩下的 $3 - i$ 只球等可能落入第 2 号与第 3 号盒子中，因此在 $X = i$ 的条件下，$Y \sim B\left(3 - i, \dfrac{1}{2}\right)$，从而

$$P(Y = j \mid X = i) = \mathrm{C}_{3-i}^j \left(\frac{1}{2}\right)^j \left(\frac{1}{2}\right)^{3-i-j} = \mathrm{C}_{3-i}^j \left(\frac{1}{2}\right)^{3-i}, \quad j = 0, 1, \cdots, 3-i$$

所以
$$P(X = i, Y = j) = \mathrm{C}_3^i \left(\frac{1}{3}\right)^i \left(\frac{2}{3}\right)^{3-i} \cdot \mathrm{C}_{3-i}^j \left(\frac{1}{2}\right)^{3-i}$$

$$= \mathrm{C}_3^i \mathrm{C}_{3-i}^j \left(\frac{1}{3}\right)^i \left(\frac{1}{3}\right)^{3-i} = \mathrm{C}_3^i \mathrm{C}_{3-i}^j \left(\frac{1}{3}\right)^3$$

$$= \frac{3!}{i! \, j! \, (3-i-j)!} \left(\frac{1}{3}\right)^3, \quad i, j = 0, 1, 2, 3; \ i + j \leqslant 3$$

即 (X, Y) 的联合概率分布为

Y X	0	1	2	3	$p_i.$
0	$\frac{1}{27}$	$\frac{1}{9}$	$\frac{1}{9}$	$\frac{1}{27}$	$\frac{8}{27}$
1	$\frac{1}{9}$	$\frac{2}{9}$	$\frac{1}{9}$	0	$\frac{4}{9}$
2	$\frac{1}{9}$	$\frac{1}{9}$	0	0	$\frac{2}{9}$
3	$\frac{1}{27}$	0	0	0	$\frac{1}{27}$
$p._j$	$\frac{8}{27}$	$\frac{4}{9}$	$\frac{2}{9}$	$\frac{1}{27}$	1

(2) 因为 $P(X=0,Y=0)=\frac{1}{27}\neq\frac{8}{27}\times\frac{8}{27}=P(X=0)P(Y=0)$，所以 X,Y 不相互独立。

(3)
$$P(X=0\mid Y=1)=\frac{P(X=0,Y=1)}{P(Y=1)}=\frac{1/9}{4/9}=\frac{1}{4}$$
$$P(X=1\mid Y=1)=\frac{P(X=1,Y=1)}{P(Y=1)}=\frac{2/9}{4/9}=\frac{1}{2}$$
$$P(X=2\mid Y=1)=\frac{P(X=2,Y=1)}{P(Y=1)}=\frac{1/9}{4/9}=\frac{1}{4}$$
$$P(X=3\mid Y=1)=\frac{P(X=3,Y=1)}{P(Y=1)}=0$$

即在 $Y=1$ 的条件下 X 的条件分布律为

$X=i$	0	1	2
$P(X=i\mid Y=1)$	$\frac{1}{4}$	$\frac{1}{2}$	$\frac{1}{4}$

二维随机变量的相应概念和结果可以推广到 n 维随机变量的情况。

设 $X_1,X_2,\cdots,X_n$ 是定义在同一样本空间 Ω 上的 n 个随机变量，则 n 维随机变量 $(X_1,X_2,\cdots,X_n)$ 的联合分布函数为

$$F(x_1,x_2,\cdots,x_n)=P(X_1\leqslant x_1,X_2\leqslant x_2,\cdots,X_n\leqslant x_n),\quad x_i\in\mathbf{R},i=1,2,\cdots,n$$

$$(3.6.5)$$

如果存在非负可积函数 $f(x_1, x_2, \cdots, x_n)$，使得

$$F(x_1, x_2, \cdots, x_n) = \int_{-\infty}^{x_1} \int_{-\infty}^{x_2} \cdots \int_{-\infty}^{x_n} f(u_1, u_2, \cdots, u_n) du_1 du_2 \cdots du_n,$$

$$x_i \in \mathbf{R}, \ i = 1, 2, \cdots, n \qquad (3.6.6)$$

则称 $(X_1, X_2, \cdots, X_n)$ 为 n 维连续型随机变量，并称 $f(x_1, x_2, \cdots, x_n)$ 为 $(X_1, X_2, \cdots, X_n)$ 的联合概率密度函数，简称联合概率密度。

设 $(X_1, X_2, \cdots, X_n)$ 是 n 维随机变量，则 $(X_1, X_2, \cdots, X_n)$ 关于 $X_i (i=1, 2, \cdots, n)$ 的边缘分布函数为

$$F_{X_i}(x_i) = P(X_i \leqslant x_i) = F(+\infty, \cdots, +\infty, x_i, +\infty, \cdots, +\infty), \quad x_i \in \mathbf{R}$$

$$(3.6.7)$$

如果 $\forall x_1, x_2, \cdots, x_n \in \mathbf{R}$，有

$$F(x_1, x_2, \cdots, x_n) = F_{X_1}(x_1) F_{X_2}(x_2) \cdots F_{X_n}(x_n) \qquad (3.6.8)$$

则称随机变量 $X_1, X_2, \cdots, X_n$ 相互独立。

设 n 维连续型随机变量 $(X_1, X_2, \cdots, X_n)$ 的联合概率密度为 $f(x_1, x_2, \cdots, x_n)$，则称

$$f_{X_i}(x_i) = \int_{-\infty}^{+\infty} \int_{-\infty}^{+\infty} \cdots \int_{-\infty}^{+\infty} f(x_1, x_2, \cdots, x_n) dx_1 \cdots dx_{i-1} dx_{i+1} \cdots dx_n, \quad x_i \in \mathbf{R}$$

$$(3.6.9)$$

为 n 维连续型随机变量 $(X_1, X_2, \cdots, X_n)$ 关于 $X_i (i=1, 2, \cdots, n)$ 的边缘概率密度。

若 $f(x_1, x_2, \cdots, x_n)$，$f_{X_1}(x_1)$，$f_{X_2}(x_2)$，$\cdots$，$f_{X_n}(x_n)$ 都是连续函数，则 $X_1, X_2, \cdots, X_n$ 相互独立的充要条件是

$$f(x_1, x_2, \cdots, x_n) = f_{X_1}(x_1) f_{X_2}(x_2) \cdots f_{X_n}(x_n), \quad x_1, x_2, \cdots, x_n \in \mathbf{R} \quad (3.6.10)$$

下面介绍的定理在数理统计中是很有用的。

定理 5　设 $(X_1, X_2, \cdots, X_m)$ 与 $(Y_1, Y_2, \cdots, Y_n)$ 相互独立，则 $X_i (i=1, 2, \cdots, m)$ 与 $Y_j (j=1, 2, \cdots, n)$ 相互独立。又若 $h(x_1, x_2, \cdots, x_m)$ 和 $g(y_1, y_2, \cdots, y_n)$ 是连续函数，则 $h(X_1, X_2, \cdots, X_m)$ 与 $g(Y_1, Y_2, \cdots, Y_n)$ 相互独立。

定理 6　设随机变量 $X_1, X_2, \cdots, X_n$ 相互独立，则将 $X_1, X_2, \cdots, X_n$ 任意分成 $k(2 \leqslant k \leqslant n)$ 个没有相同随机变量的不同小组，并对每个小组中的随机变量施以相应的连续函数运算后，所得到的 k 个随机变量也相互独立。

3.7　二维随机变量函数及其分布

1. 二维随机变量函数的定义

定义　设 (X, Y) 是二维随机变量，$z = g(x, y)$ 为已知的连续函数，则称 $Z = g(X, Y)$

为二维随机变量(X, Y)的函数。显然，二维随机变量函数是一维随机变量。

2. 二维离散型随机变量函数的分布

设二维离散型随机变量(X, Y)的联合分布律为

$$P(X = x_i, Y = y_j) = p_{ij}, \quad i, j = 1, 2, \cdots$$

则$Z = g(X, Y)$可能的取值为$z_l(l = 1, 2, \cdots)$，其中$z_l = g(x_i, y_j)(i, j = 1, 2, \cdots)$，则$Z$的分布律为

$$P(Z = z_l) = \sum_{g(x_i, y_j) = z_l} p_{ij}, \quad l = 1, 2, \cdots \tag{3.7.1}$$

特别地，当$Z = X + Y$时，则

$$P(Z = z_l) = \sum_{x_i + y_j = z_l} p_{ij} = \sum_{x_i + y_j = z_l} P(X = x_i, Y = y_j)$$

$$= \sum_i P(X = x_i, Y = z_l - x_i) \tag{3.7.2}$$

或

$$P(Z = z_l) = \sum_{x_i + y_j = z_l} p_{ij} = \sum_{x_i + y_j = z_l} P(X = x_i, Y = y_j)$$

$$= \sum_j P(X = z_l - y_j, Y = y_j) \tag{3.7.3}$$

若X与Y相互独立，则

$$P(Z = z_l) = \sum_i P(X = x_i) P(Y = z_l - x_i) \tag{3.7.4}$$

或

$$P(Z = z_l) = \sum_j P(X = z_l - y_j) P(Y = y_j) \tag{3.7.5}$$

此时$Z = X + Y$的分布称为和的分布。

例 3-36 设二维离散型随机变量(X, Y)的联合分布律为

X＼Y	1	2
0	$\frac{4}{25}$	$\frac{6}{25}$
1	$\frac{7}{25}$	$\frac{8}{25}$

(1) 求$Z = 2X - Y$的分布律；

(2) 求$Z = X + Y$的分布律。

解 (1)由于X可能的取值为0、1，Y可能的取值为1、2，因此$Z = 2X - Y$可能的取值为-2、-1、0、1。

$$P(Z = -2) = P(X = 0, Y = 2) = \frac{6}{25}$$

$$P(Z=-1) = P(X=0, Y=1) = \frac{4}{25}$$

$$P(Z=0) = P(X=1, Y=2) = \frac{8}{25}$$

$$P(Z=1) = P(X=1, Y=1) = \frac{7}{25}$$

即 $Z=2X-Y$ 的分布律为

Z	-2	-1	0	1
P	$\frac{6}{25}$	$\frac{4}{25}$	$\frac{8}{25}$	$\frac{7}{25}$

(2) 由于 X 可能的取值为 0、1，Y 可能的取值为 1、2，因此 $Z=X+Y$ 可能的取值为 1、2、3。

$$P(Z=1) = P(X=0, Y=1) = \frac{4}{25}$$

$$P(Z=2) = P(X=0, Y=2) + P(X=1, Y=1) = \frac{6}{25} + \frac{7}{25} = \frac{13}{25}$$

$$P(Z=3) = P(X=1, Y=2) = \frac{8}{25}$$

即 $Z=X+Y$ 的分布律为

Z	1	2	3
P	$\frac{4}{25}$	$\frac{13}{25}$	$\frac{8}{25}$

例 3-37 设随机变量 X、Y 相互独立，且 $X \sim P(\lambda_1)$，$Y \sim P(\lambda_2)$，证明 $Z=X+Y \sim P(\lambda_1+\lambda_2)$。

证明 由于 X、Y 分别服从参数为 λ_1、λ_2 的泊松分布，因此其分布律分别为

$$P(X=k) = \frac{\lambda_1^k}{k!}e^{-\lambda_1}, \quad k=0,1,2,\cdots$$

$$P(Y=l) = \frac{\lambda_2^l}{l!}e^{-\lambda_2}, \quad l=0,1,2,\cdots$$

又由于 X、Y 相互独立，故 $Z=X+Y$ 的分布律为

$$P(Z=m) = \sum_{k=0}^{m} P(X=k, Y=m-k) = \sum_{k=0}^{m} P(X=k)P(Y=m-k)$$

$$= \sum_{k=0}^{m} \frac{\lambda_1^k}{k!}e^{-\lambda_1} \frac{\lambda_2^{m-k}}{(m-k)!}e^{-\lambda_2} = \frac{1}{m!}\sum_{k=0}^{m} \frac{m!}{k!(m-k)!}\lambda_1^k \lambda_2^{m-k} e^{-(\lambda_1+\lambda_2)}$$

$$= \frac{1}{m!}\left(\sum_{k=0}^{m} C_m^k \lambda_1^k \lambda_2^{m-k}\right)e^{-(\lambda_1+\lambda_2)} = \frac{(\lambda_1+\lambda_2)^m}{m!}e^{-(\lambda_1+\lambda_2)}, \quad m=0,1,2,\cdots$$

从而 $Z=X+Y\sim P(\lambda_1+\lambda_2)$。

3. 二维连续型随机变量函数的分布

设二维连续型随机变量(X,Y)的联合概率密度为 $f(x,y)$，则 Z 的分布函数为

$$F_Z(z)=P(Z\leqslant z)=P(g(X,Y)\leqslant z)=\iint\limits_{g(x,y)\leqslant z} f(x,y)\mathrm{d}x\mathrm{d}y \tag{3.7.6}$$

从而 $Z=g(X,Y)$的概率密度为

$$f_Z(z)=F'_Z(z)$$

特别地，当 $Z=X+Y$ 时

$$F_Z(z)=P(Z\leqslant z)=P(X+Y\leqslant z)=\iint\limits_{x+y\leqslant z} f(x,y)\mathrm{d}x\mathrm{d}y$$

将二重积分化成二次积分(积分区域如图 3-5 所示)，得

$$F_Z(z)=\int_{-\infty}^{+\infty}\left[\int_{-\infty}^{z-y}f(x,y)\mathrm{d}x\right]\mathrm{d}y$$

固定 z 和 y，对积分$\int_{-\infty}^{z-y}f(x,y)\mathrm{d}x$ 做变换，令 $x=u-y$，得

$$\int_{-\infty}^{z-y}f(x,y)\mathrm{d}x=\int_{-\infty}^{z}f(u-y,y)\mathrm{d}u$$

因此

$$\begin{aligned}F_Z(z)&=\int_{-\infty}^{+\infty}\left[\int_{-\infty}^{z}f(u-y,y)\mathrm{d}u\right]\mathrm{d}y\\&=\int_{-\infty}^{z}\left[\int_{-\infty}^{+\infty}f(u-y,y)\mathrm{d}y\right]\mathrm{d}u\end{aligned}$$

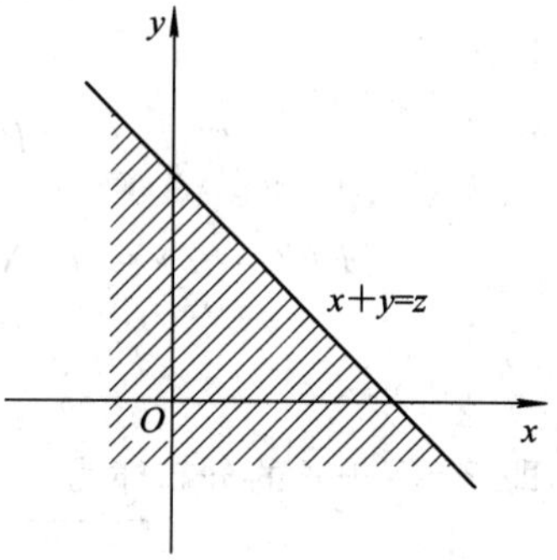

图 3-5

由分布函数与概率密度的关系，得

$$f_Z(z)=\int_{-\infty}^{+\infty}f(z-y,y)\mathrm{d}y,\quad z\in\mathbf{R} \tag{3.7.7}$$

同理可得

$$f_Z(z)=\int_{-\infty}^{+\infty}f(x,z-x)\mathrm{d}x,\quad z\in\mathbf{R} \tag{3.7.8}$$

若 X 与 Y 相互独立，则

$$f_Z(z)=\int_{-\infty}^{+\infty}f_X(z-y)f_Y(y)\mathrm{d}y,\quad z\in\mathbf{R} \tag{3.7.9}$$

$$f_Z(z)=\int_{-\infty}^{+\infty}f_X(x)f_Y(z-x)\mathrm{d}x,\quad z\in\mathbf{R} \tag{3.7.10}$$

例 3-38 设随机变量 X 与 Y 相互独立，且都服从正态分布 $N(0,1)$，求 $Z=X+Y$ 的概率密度。

解 由于 X 与 Y 的概率密度分别为

$$f_X(x) = \frac{1}{\sqrt{2\pi}} e^{-\frac{x^2}{2}}, \quad -\infty < x < +\infty$$

$$f_Y(y) = \frac{1}{\sqrt{2\pi}} e^{-\frac{y^2}{2}}, \quad -\infty < y < +\infty$$

因此，由(3.7.10)式得

$$f_Z(z) = \frac{1}{2\pi} \int_{-\infty}^{+\infty} e^{-\frac{x^2}{2}} \cdot e^{-\frac{(z-x)^2}{2}} \mathrm{d}x = \frac{1}{2\pi} e^{-\frac{z^2}{4}} \int_{-\infty}^{+\infty} e^{-\left(x-\frac{z}{2}\right)^2} \mathrm{d}x$$

令 $t = x - \dfrac{z}{2}$，则

$$f_Z(z) = \frac{1}{2\pi} e^{-\frac{z^2}{4}} \int_{-\infty}^{+\infty} e^{-t^2} \mathrm{d}t = \frac{1}{2\pi} e^{-\frac{z^2}{4}} \sqrt{\pi} = \frac{1}{2\sqrt{\pi}} e^{-\frac{z^2}{4}}, \quad -\infty < z < +\infty$$

即 $Z \sim N(0, 2)$。

　　一般地，若 X 与 Y 相互独立且 $X \sim N(\mu_1, \sigma_1^2)$，$Y \sim N(\mu_2, \sigma_2^2)$，则 $X+Y \sim N(\mu_1+\mu_2, \sigma_1^2+\sigma_2^2)$，这个结果还可以推广到 n 个相互独立正态随机变量之和的情况，即若 $X_i \sim N(\mu_i, \sigma_i^2)(i=1, 2, \cdots, n)$，且它们相互独立，则 $X_1+X_2+\cdots+X_n \sim N(\mu_1+\mu_2+\cdots+\mu_n, \sigma_1^2+\sigma_2^2+\cdots+\sigma_n^2)$。更一般地，可以证明有限个相互独立的正态随机变量的线性组合（系数不全为零）仍然服从正态分布。

　　例 3-39　设随机变量 X 与 Y 相互独立，且都在区间$(0, 1)$上服从均匀分布，求 $Z = X+Y$ 的概率密度。

　　解　由于 X 与 Y 的概率密度分别为

$$f_X(x) = \begin{cases} 1, & 0 < x < 1 \\ 0, & \text{其他} \end{cases}$$

$$f_Y(y) = \begin{cases} 1, & 0 < y < 1 \\ 0, & \text{其他} \end{cases}$$

因此，由(3.7.10)式得

$$f_Z(z) = \int_{-\infty}^{+\infty} f_X(x) f_Y(z-x) \mathrm{d}x$$

由 $\begin{cases} 0 < x < 1 \\ 0 < z-x < 1 \end{cases}$，得 $x < z < 1+x$，从而 $0 < z < 2$。故当 $0 < z < 2$ 时，$f_Z(z) > 0$，在其他点，$f_Z(z) = 0$。

再由 $\begin{cases} 0 < x < 1 \\ 0 < z-x < 1 \end{cases}$，得 $\begin{cases} 0 < x < 1 \\ z-1 < x < z \end{cases}$，从而 Z 的概率密度为

$$f_Z(z) = \int_{-\infty}^{+\infty} f_X(x) f_Y(z-x) \mathrm{d}x = \begin{cases} \int_0^z \mathrm{d}x = z, & 0 < z < 1 \\ \int_{z-1}^1 \mathrm{d}x = 2-z, & 1 \leqslant z < 2 \\ 0, & \text{其他} \end{cases}$$

例 3 - 40　设二维连续型随机变量(X, Y)的联合概率密度为

$$f(x, y) = \begin{cases} \dfrac{1}{2}(x+y)\mathrm{e}^{-(x+y)}, & x>0, \ y>0 \\ 0, & \text{其他} \end{cases}$$

求 $Z = X + Y$ 的概率密度。

解　由(3.7.8)式得

$$f_Z(z) = \int_{-\infty}^{+\infty} f(x, z-x)\mathrm{d}x$$

由 $\begin{cases} x>0 \\ z-x>0 \end{cases}$，得 $z>x$，从而 $z>0$。故当 $z>0$ 时，$f_Z(z)>0$，当 $z\leqslant 0$ 时，$f_Z(z)=0$。

再由 $\begin{cases} x>0 \\ z-x>0 \end{cases}$，得 $\begin{cases} x>0 \\ x<z \end{cases}$，即 $0<x<z$，从而 Z 的概率密度为

$$f_Z(z) = \int_{-\infty}^{+\infty} f(x, z-x)\mathrm{d}x = \begin{cases} \displaystyle\int_0^z \frac{1}{2}(x+z-x)\mathrm{e}^{-(x+z-x)}\mathrm{d}x = \frac{1}{2}z^2\mathrm{e}^{-z}, & z>0 \\ 0, & z\leqslant 0 \end{cases}$$

例 3 - 41　设随机变量 X、Y 相互独立同服从正态分布 $N(0, \sigma^2)$，求 $Z=\sqrt{X^2+Y^2}$ 的概率密度 $f_Z(z)$。

解　由于 X、Y 同服从正态分布 $N(0, \sigma^2)$，因此 X、Y 的概率密度分别为

$$f_X(x) = \frac{1}{\sqrt{2\pi}\sigma}\mathrm{e}^{-\frac{x^2}{2\sigma^2}}, \quad -\infty<x<+\infty$$

$$f_Y(y) = \frac{1}{\sqrt{2\pi}\sigma}\mathrm{e}^{-\frac{y^2}{2\sigma^2}}, \quad -\infty<y<+\infty$$

又由于 X、Y 相互独立，故 (X, Y) 的联合概率密度为

$$f(x, y) = f_X(x)f_Y(y) = \frac{1}{2\pi\sigma^2}\mathrm{e}^{-\frac{x^2+y^2}{2\sigma^2}}, \quad -\infty<x<+\infty, \ -\infty<y<+\infty$$

(1) 先求 Z 的分布函数 $F_Z(z) = P(Z\leqslant z) = P(\sqrt{X^2+Y^2}\leqslant z)$。

当 $z<0$ 时，

$$F_Z(z) = 0$$

当 $z\geqslant 0$ 时，

$$F_Z(z) = P(\sqrt{X^2+Y^2}\leqslant z) = P(X^2+Y^2\leqslant z^2) = \iint\limits_{x^2+y^2\leqslant z^2} f(x, y)\mathrm{d}x\mathrm{d}y$$

$$= \iint\limits_{x^2+y^2\leqslant z^2} \frac{1}{2\pi\sigma^2}\mathrm{e}^{-\frac{x^2+y^2}{2\sigma^2}}\mathrm{d}x\mathrm{d}y = \int_0^{2\pi}\mathrm{d}\theta\int_0^z \frac{1}{2\pi\sigma^2}\mathrm{e}^{-\frac{\rho^2}{2\sigma^2}}\rho\mathrm{d}\rho = 1-\mathrm{e}^{-\frac{z^2}{2\sigma^2}}$$

(2) 再求 Z 的概率密度 $f_Z(z)$。

$$f_Z(z)=F'_Z(z)=\begin{cases}\dfrac{z}{\sigma^2}\mathrm{e}^{-\frac{z^2}{2\sigma^2}}, & z>0 \\ 0, & z\leqslant 0\end{cases}$$

例 3-42 设随机变量 X、Y 相互独立同在区间 $(0,1)$ 上服从均匀分布，A 是以 X、Y 为边长的矩形的面积，试求：(1) A 的概率密度；(2) $P\left(A>\dfrac{1}{2}\right)$。

解 (1) 由于 $A=XY$，且 X、Y 的概率密度分别为

$$f_X(x)=\begin{cases}1, & 0<x<1 \\ 0, & 其他\end{cases}$$

$$f_Y(y)=\begin{cases}1, & 0<y<1 \\ 0, & 其他\end{cases}$$

又由于 X,Y 相互独立，因此 (X,Y) 的联合概率密度为

$$f(x,y)=f_X(x)f_Y(y)=\begin{cases}1, & 0<x<1,\ 0<y<1 \\ 0, & 其他\end{cases}$$

先求 A 的分布函数 $F_A(z)$。当 $z<0$ 时，

$$F_A(z)=0$$

当 $0\leqslant z<1$ 时，

$$F_A(z)=P(A\leqslant z)=P(XY\leqslant z)=1-P(XY>z)$$

$$=1-\iint\limits_{xy>z}f(x,y)\mathrm{d}x\mathrm{d}y=1-\int_z^1\mathrm{d}x\int_{\frac{z}{x}}^1\mathrm{d}y=z-z\ln z$$

其对应的积分区域如图 3-6 所示。

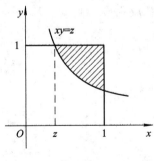

图 3-6

当 $z\geqslant 1$ 时，

$$F_A(z)=1$$

再求 A 的概率密度 $f_A(z)$。

$$f_A(z)=F'_A(z)=\begin{cases}-\ln z, & 0<z<1 \\ 0, & 其他\end{cases}$$

(2) $P\left(A > \dfrac{1}{2}\right) = \int_{\frac{1}{2}}^{1}(-\ln z)\mathrm{d}z = [-z\ln z]_{\frac{1}{2}}^{1} + \int_{\frac{1}{2}}^{1} z \cdot \dfrac{1}{z}\mathrm{d}z = \dfrac{1}{2}(1 - \ln 2)$。

例 3-43 设二维连续型随机变量 (X, Y) 的联合概率密度为 $f(x, y)$，求 $Z = \dfrac{Y}{X}$ 的概率密度。

解 设 Z 的分布函数为 $F_Z(z)$，则

$$F_Z(z) = P(Z \leqslant z) = P\left(\dfrac{Y}{X} \leqslant z\right)$$

$$= \iint\limits_{\frac{y}{x} \leqslant z} f(x, y)\mathrm{d}x\mathrm{d}y$$

$$= \iint\limits_{G_1 \cup G_2} f(x, y)\mathrm{d}x\mathrm{d}y$$

$$= \iint\limits_{\frac{y}{x} \leqslant z,\, x<0} f(x, y)\mathrm{d}x\mathrm{d}y + \iint\limits_{\frac{y}{x} \leqslant z,\, x>0} f(x, y)\mathrm{d}x\mathrm{d}y$$

$$= \int_{-\infty}^{0}\left[\int_{zx}^{+\infty} f(x, y)\mathrm{d}y\right]\mathrm{d}x + \int_{0}^{+\infty}\left[\int_{-\infty}^{zx} f(x, y)\mathrm{d}y\right]\mathrm{d}x$$

其对应的积分区域如图 3-7 所示，做变换 $y = xu$，得

$$F_Z(z) = \int_{-\infty}^{0}\left[\int_{z}^{+\infty} xf(x, xu)\mathrm{d}u\right]\mathrm{d}x + \int_{0}^{+\infty}\left[\int_{-\infty}^{z} xf(x, xu)\mathrm{d}u\right]\mathrm{d}x$$

$$= \int_{-\infty}^{0}\left[\int_{-\infty}^{z} (-x)f(x, xu)\mathrm{d}u\right]\mathrm{d}x + \int_{0}^{+\infty}\left[\int_{-\infty}^{z} xf(x, xu)\mathrm{d}u\right]\mathrm{d}x$$

$$= \int_{-\infty}^{+\infty}\left[\int_{-\infty}^{z} |x|f(x, xu)\mathrm{d}u\right]\mathrm{d}x$$

$$= \int_{-\infty}^{z}\left[\int_{-\infty}^{+\infty} |x|f(x, xu)\mathrm{d}x\right]\mathrm{d}u$$

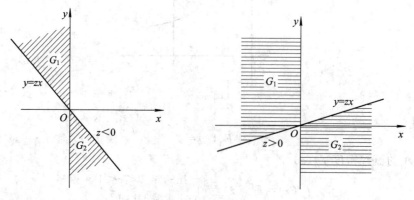

图 3-7

由分布函数与概率密度的关系，得

$$f_Z(z) = \int_{-\infty}^{+\infty} |x| f(x, xz) \mathrm{d}x, \quad z \in \mathbf{R} \tag{3.7.11}$$

例 3 - 44　设随机变量 X、Y 相互独立，且 X 的分布律为

X	1	2
P	0.3	0.7

Y 的概率密度为 $f(y)$，求随机变量 $U = X + Y$ 的概率密度 $g(u)$。

解　设 Y 的分布函数为 $F(y)$，$U = X + Y$ 的分布函数为 $G(u)$，由全概率公式得

$$\begin{aligned}
G(u) &= P(U \leqslant u) = P(X + Y \leqslant u) \\
&= P(X = 1)P(X + Y \leqslant u \,|\, X = 1) + P(X = 2)P(X + Y \leqslant u \,|\, X = 2) \\
&= 0.3 P(X + Y \leqslant u \,|\, X = 1) + 0.7 P(X + Y \leqslant u \,|\, X = 2) \\
&= 0.3 P(Y \leqslant u - 1 \,|\, X = 1) + 0.7 P(Y \leqslant u - 2 \,|\, X = 2)
\end{aligned}$$

由于 X、Y 相互独立，因此

$$G(u) = 0.3 P(Y \leqslant u - 1) + 0.7 P(Y \leqslant u - 2) = 0.3 F(u - 1) + 0.7 F(u - 2)$$

从而 $U = X + Y$ 的概率密度为

$$g(u) = G'(u) = 0.3 F'(u - 1) + 0.7 F'(u - 2) = 0.3 f(u - 1) + 0.7 f(u - 2)$$

4. 极值分布

设 $X_1, X_2, \cdots, X_n$ 是 n 个相互独立的随机变量，它们的分布函数分别为 $F_{X_1}(x_1)$，$F_{X_2}(x_2), \cdots, F_{X_n}(x_n)$，则 $M = \max\{X_1, X_2, \cdots, X_n\}$ 的分布函数为

$$\begin{aligned}
F_M(x) &= F_{\max}(x) = P(M \leqslant x) \\
&= P(\max\{X_1, X_2, \cdots, X_n\} \leqslant x) \\
&= P(X_1 \leqslant x, X_2 \leqslant x, \cdots, X_n \leqslant x) \\
&= P(X_1 \leqslant x)P(X_2 \leqslant x) \cdots P(X_n \leqslant x) \\
&= F_{X_1}(x) F_{X_2}(x) \cdots F_{X_n}(x) \\
&= \prod_{i=1}^{n} F_{X_i}(x), \quad x \in \mathbf{R}
\end{aligned}$$

即

$$F_{\max}(x) = \prod_{i=1}^{n} F_{X_i}(x), \quad x \in \mathbf{R} \tag{3.7.12}$$

若 $X_1, X_2, \cdots, X_n$ 是连续型随机变量，则 $M = \max\{X_1, X_2, \cdots, X_n\}$ 的概率密度为

$$f_M(x) = f_{\max}(x) = F'_M(x) = \frac{\mathrm{d}}{\mathrm{d}x} \left[\prod_{i=1}^{n} F_{X_i}(x) \right], \quad x \in \mathbf{R} \tag{3.7.13}$$

类似地，$N = \min\{X_1, X_2, \cdots, X_n\}$ 的分布函数为

$$F_N(x) = F_{\min}(x) = P(N \leqslant x)$$
$$= P(\min\{X_1, X_2, \cdots, X_n\} \leqslant x)$$
$$= 1 - P(\min\{X_1, X_2, \cdots, X_n\} > x)$$
$$= 1 - P(X_1 > x, X_2 > x, \cdots, X_n > x)$$
$$= 1 - P(X_1 > x)P(X_2 > x)\cdots P(X_n > x)$$
$$= 1 - [1 - P(X_1 \leqslant x)][1 - P(X_2 \leqslant x)]\cdots[1 - P(X_n \leqslant x)]$$
$$= 1 - [1 - F_{X_1}(x)][1 - F_{X_2}(x)]\cdots[1 - F_{X_n}(x)]$$
$$= 1 - \prod_{i=1}^{n}(1 - F_{X_i}(x)), \quad x \in \mathbf{R}$$

即

$$F_{\min}(x) = 1 - \prod_{i=1}^{n}(1 - F_{X_i}(x)), \quad x \in \mathbf{R} \tag{3.7.14}$$

若 $X_1, X_2, \cdots, X_n$ 是连续型随机变量，则 $N = \min\{X_1, X_2, \cdots, X_n\}$ 的概率密度为

$$f_N(x) = f_{\min}(x) = F_N'(x) = \frac{\mathrm{d}}{\mathrm{d}x}\left[1 - \prod_{i=1}^{n}[1 - F_{X_i}(x)]\right], \quad x \in \mathbf{R} \tag{3.7.15}$$

特别地，当 $X_1, X_2, \cdots, X_n$ 相互独立且具有相同的分布函数为 $F(x)$，则 $M = \max\{X_1, X_2, \cdots, X_n\}$ 的分布函数为

$$F_M(x) = F_{\max}(x) = [F(x)]^n, \quad x \in \mathbf{R} \tag{3.7.16}$$

若 $X_1, X_2, \cdots, X_n$ 是连续型随机变量，其概率密度均为 $f(x)$，则 $M = \max\{X_1, X_2, \cdots, X_n\}$ 的概率密度为

$$f_M(x) = f_{\max}(x) = F_M'(x) = n[F(x)]^{n-1}f(x), \quad x \in \mathbf{R} \tag{3.7.17}$$

类似地，当 $X_1, X_2, \cdots, X_n$ 相互独立且具有相同的分布函数 $F(x)$，则 $N = \min\{X_1, X_2, \cdots, X_n\}$ 的分布函数为

$$F_N(x) = F_{\min}(x) = 1 - [1 - F(x)]^n, \quad x \in \mathbf{R} \tag{3.7.18}$$

若 $X_1, X_2, \cdots, X_n$ 是连续型随机变量，其概率密度均为 $f(x)$，则 $N = \min\{X_1, X_2, \cdots, X_n\}$ 的概率密度为

$$f_N(x) = f_{\min}(x) = F_N'(x) = n[1 - F(x)]^{n-1}f(x), \quad x \in \mathbf{R} \tag{3.7.19}$$

例 3 - 45 设某型号的电子元件寿命（单位：小时）服从正态分布 $N(160, 20^2)$，随机选取 4 件，求其中没有一件寿命小于 180 小时的概率。

解 设随机选取的 4 件的寿命分别为 T_1, T_2, T_3, T_4，则 $T_i \sim N(160, 20^2)(i = 1, 2, 3, 4)$，其公共分布函数为 $F(t)$，令 $T = \min\{T_1, T_2, T_3, T_4\}$，则

$$F_{\min}(t) = 1 - [1 - F(t)]^4$$

从而所求的概率为

$$P(T \geqslant 180) = 1 - F_{\min}(180) = \left[1 - F(180)\right]^4 = \left[1 - \Phi\left(\frac{180 - 160}{20}\right)\right]^4 = \left[1 - \Phi(1)\right]^4$$

例 3-46　对某种电子装置的输出测量了 5 次，得到的观测值为 X_1，X_2，X_3，X_4，X_5，设它们是相互独立的随机变量，且都服从同一分布，分布函数为

$$F(z) = \begin{cases} 1 - e^{-\frac{z^2}{8}}, & z \geqslant 0 \\ 0, & z < 0 \end{cases}$$

试求 $\{\max\{X_1, X_2, X_3, X_4, X_5\} > 4\}$ 的概率。

解　令 $V = \max\{X_1, X_2, X_3, X_4, X_5\}$，由于 X_1，X_2，X_3，X_4，X_5 相互独立同分布，因此 V 的分布函数为

$$F_{\max}(v) = \left[F(v)\right]^5$$

从而所求的概率为

$$P(V > 4) = 1 - P(V \leqslant 4) = 1 - F_{\max}(4) = 1 - \left[F(4)\right]^5 = 1 - (1 - e^{-2})^5$$

例 3-47　设二维离散型随机变量 (X, Y) 的联合分布律为

X \\ Y	0	1	2	3
0	0	0.01	0.01	0.01
1	0.01	0.02	0.03	0.02
2	0.03	0.04	0.05	0.04
3	0.05	0.05	0.05	0.06
4	0.07	0.06	0.05	0.06
5	0.09	0.08	0.06	0.05

试求：(1) $P(X = 2 \mid Y = 2)$，$P(Y = 3 \mid X = 0)$；

(2) $V = \max\{X, Y\}$ 的分布律；

(3) $U = \min\{X, Y\}$ 的分布律；

(4) $W = V + U$ 的分布律。

解　(1)　$P(X = 2 \mid Y = 2) = \dfrac{P(X = 2, Y = 2)}{P(Y = 2)} = \dfrac{P(X = 2, Y = 2)}{\sum\limits_{i=0}^{5} P(X = i, Y = 2)}$

$$= \frac{0.05}{0.25} = \frac{1}{5}$$

$$P(Y = 3 \mid X = 0) = \frac{P(X = 0, Y = 3)}{P(X = 0)} = \frac{P(X = 0, Y = 3)}{\sum\limits_{j=0}^{3} P(X = 0, Y = j)}$$

$$= \frac{0.01}{0.03} = \frac{1}{3}$$

(2) $P(V=i)=P(\max\{X, Y\}=i)=P(X=i, Y<i)+P(X\leqslant i, Y=i)$

$$=\sum_{k=0}^{i-1}P(X=i, Y=k)+\sum_{k=0}^{i}P(X=k, Y=i), i=0, 1, 2, 3, 4, 5$$

故 $V=\max\{X, Y\}$ 的分布律为

V	0	1	2	3	4	5
P	0	0.04	0.16	0.28	0.24	0.28

(3) $P(U=i)=P(\min\{X, Y\}=i)=P(X=i, Y\geqslant i)+P(X>i, Y=i)$

$$=\sum_{k=i}^{3}P(X=i, Y=k)+\sum_{k=i+1}^{5}P(X=k, Y=i), i=0, 1, 2, 3$$

故 $U=\min\{X, Y\}$ 的分布律为

U	0	1	2	3
P	0.28	0.30	0.25	0.17

(4) 由于 $W=V+U=\max\{X, Y\}+\min\{X, Y\}=X+Y$，因此 $W=V+U$ 的分布律为

W	0	1	2	3	4	5	6	7	8
P	0	0.02	0.06	0.13	0.19	0.24	0.19	0.12	0.05

例 3-48 设随机变量 X、Y 相互独立，且 $X\sim E(\alpha)$，$Y\sim E(\beta)$，$\alpha\neq\beta$，试求：

(1) $Z=\min\{X, Y\}$ 的概率密度；

(2) $Z=\max\{X, Y\}$ 的概率密度；

(3) $Z=X+Y$ 的概率密度。

解 由于 $X\sim E(\alpha)$，$Y\sim E(\beta)$，因此 X、Y 的概率密度分别为

$$f_X(x)=\begin{cases}\alpha e^{-\alpha x}, & x>0 \\ 0, & x\leqslant 0\end{cases}$$

$$f_Y(y)=\begin{cases}\beta e^{-\beta y}, & y>0 \\ 0, & y\leqslant 0\end{cases}$$

其分布函数分别为

$$F_X(x)=\begin{cases}1-e^{-\alpha x}, & x\geqslant 0 \\ 0, & x<0\end{cases}$$

$$F_Y(y)=\begin{cases}1-e^{-\beta y}, & y\geqslant 0 \\ 0, & y<0\end{cases}$$

(1) 由(3.7.14)式，得 $Z=\min\{X, Y\}$ 的分布函数为

$$F_Z(z)=1-[1-F_X(z)][1-F_Y(z)]=\begin{cases}1-e^{-(\alpha+\beta)z}, & z\geqslant 0 \\ 0, & z<0\end{cases}$$

从而 $Z=\min\{X,Y\}$ 的概率密度为

$$f_Z(z)=F'_Z(z)=\begin{cases}(\alpha+\beta)\mathrm{e}^{-(\alpha+\beta)z}, & z>0\\ 0, & z\leqslant 0\end{cases}$$

(2) 由 (3.7.12) 式，得 $Z=\max\{X,Y\}$ 的分布函数为

$$F_Z(z)=F_X(z)F_Y(z)=\begin{cases}(1-\mathrm{e}^{-\alpha z})(1-\mathrm{e}^{-\beta z}), & z\geqslant 0\\ 0, & z<0\end{cases}$$

从而 $Z=\max\{X,Y\}$ 的概率密度为

$$f_Z(z)=F'_Z(z)=\begin{cases}\alpha\mathrm{e}^{-\alpha z}+\beta\mathrm{e}^{-\beta z}-(\alpha+\beta)\mathrm{e}^{-(\alpha+\beta)z}, & z>0\\ 0, & z\leqslant 0\end{cases}$$

(3) 由 (3.7.9) 式，得

$$f_Z(z)=\int_{-\infty}^{+\infty}f_X(z-y)f_Y(y)\mathrm{d}y$$

由 $\begin{cases}z-y>0\\ y>0\end{cases}$，得 $z>y$，从而 $z>0$。故当 $z>0$ 时，$f_Z(z)>0$；当 $z\leqslant 0$，$f_Z(z)=0$。

再由 $\begin{cases}z-y>0\\ y>0\end{cases}$，得 $\begin{cases}y<z\\ y>0\end{cases}$，即 $0<y<z$，从而 $Z=X+Y$ 的概率密度为

$$f_Z(z)=\int_{-\infty}^{+\infty}f_X(z-y)f_Y(y)\mathrm{d}y$$

$$=\begin{cases}\int_0^z\alpha\mathrm{e}^{-\alpha(z-y)}\beta\mathrm{e}^{-\beta y}\mathrm{d}y, & z>0\\ 0, & z\leqslant 0\end{cases}=\begin{cases}\alpha\beta\mathrm{e}^{-\alpha z}\int_0^z\mathrm{e}^{-(\beta-\alpha)y}\mathrm{d}y, & z>0\\ 0, & z\leqslant 0\end{cases}$$

$$=\begin{cases}\dfrac{\alpha\beta}{\beta-\alpha}(\mathrm{e}^{-\alpha z}-\mathrm{e}^{-\beta z}), & z>0\\ 0, & z\leqslant 0\end{cases}$$

例 3-49 设随机变量 X_1，X_2，X_3 相互独立，且 $X_i\sim E(\lambda_i)(i=1,2,3)$，试证明

$$P(X_1=\min\{X_1,X_2,X_3\})=\frac{\lambda_1}{\lambda_1+\lambda_2+\lambda_3}$$

证明 由于 $X_i\sim E(\lambda_i)(i=1,2,3)$，因此 X_i 的概率密度为

$$f_{X_i}(x_i)=\begin{cases}\lambda_i\mathrm{e}^{-\lambda_i x_i}, & x_i>0\\ 0, & x_i\leqslant 0\end{cases}$$

又由于 X_1，X_2，X_3 相互独立，故 (X_1,X_2,X_3) 的联合概率密度为

$$f(x_1,x_2,x_3)=f_{X_1}(x_1)f_{X_2}(x_2)f_{X_3}(x_3)$$

$$=\begin{cases}\lambda_1\lambda_2\lambda_3\mathrm{e}^{-(\lambda_1 x_1+\lambda_2 x_2+\lambda_3 x_3)}, & x_1>0,x_2>0,x_3>0\\ 0, & \text{其他}\end{cases}$$

故

$$P(X_1 = \min\{X_1, X_2, X_3\}) = P(X_1 \leqslant X_2, X_1 \leqslant X_3)$$

$$= \iiint\limits_{\substack{x_1 \leqslant x_2 \\ x_1 \leqslant x_3}} f(x_1, x_2, x_3) \mathrm{d}x_1 \mathrm{d}x_2 \mathrm{d}x_3$$

$$= \int_0^{+\infty} \lambda_1 \mathrm{e}^{-\lambda_1 x_1} \mathrm{d}x_1 \int_{x_1}^{+\infty} \lambda_2 \mathrm{e}^{-\lambda_2 x_2} \mathrm{d}x_2 \int_{x_1}^{+\infty} \lambda_3 \mathrm{e}^{-\lambda_3 x_3} \mathrm{d}x_3$$

$$= \int_0^{+\infty} \lambda_1 \mathrm{e}^{-\lambda_1 x_1} \left(\left[-\mathrm{e}^{-\lambda_2 x_2} \right]_{x_1}^{+\infty} \left[-\mathrm{e}^{-\lambda_3 x_3} \right]_{x_1}^{+\infty} \right) \mathrm{d}x_1 = \frac{\lambda_1}{\lambda_1 + \lambda_2 + \lambda_3}$$

即

$$P(X_1 = \min\{X_1, X_2, X_3\}) = \frac{\lambda_1}{\lambda_1 + \lambda_2 + \lambda_3}$$

例 3-50 设连续型随机变量 X_1, X_2, X_3 相互独立同分布,试证明

$$P(X_3 = \max\{X_1, X_2, X_3\}) = \frac{1}{3}$$

证明 设 X_1, X_2, X_3 的共同概率密度为 $f(x)$,共同分布函数为 $F(x)$,由于 X_1, X_2, X_3 相互独立,因此 (X_1, X_2, X_3) 的联合概率密度为

$$f^*(x_1, x_2, x_3) = f(x_1)f(x_2)f(x_3)$$

故

$$P(X_3 = \max\{X_1, X_2, X_3\}) = P(X_3 \geqslant X_1, X_3 \geqslant X_2)$$

$$= \iiint\limits_{\substack{x_3 \geqslant x_1 \\ x_3 \geqslant x_2}} f^*(x_1, x_2, x_3) \mathrm{d}x_1 \mathrm{d}x_2 \mathrm{d}x_3 = \iiint\limits_{\substack{x_3 \geqslant x_1 \\ x_3 \geqslant x_2}} f(x_1)f(x_2)f(x_3) \mathrm{d}x_1 \mathrm{d}x_2 \mathrm{d}x_3$$

$$= \int_{-\infty}^{+\infty} f(x_3) \mathrm{d}x_3 \int_{-\infty}^{x_3} f(x_2) \mathrm{d}x_2 \int_{-\infty}^{x_3} f(x_1) \mathrm{d}x_1$$

$$= \int_{-\infty}^{+\infty} f(x_3) [F(x_3)]^2 \mathrm{d}x_3 = \int_{-\infty}^{+\infty} [F(x_3)]^2 \mathrm{d}(F(x_3))$$

$$= \frac{1}{3} [F^3(x_3)]_{-\infty}^{+\infty} = \frac{1}{3}$$

即

$$P(X_3 = \max\{X_1, X_2, X_3\}) = \frac{1}{3}$$

习 题 3

一、选择题

1. 下面四个二元函数中( )不能作为二维随机变量 (X, Y) 的联合分布函数。

A. $F(x, y) = \begin{cases} (1 - \mathrm{e}^{-x})(1 - \mathrm{e}^{-y}), & x \geqslant 0, y \geqslant 0 \\ 0, & \text{其他} \end{cases}$

B. $F(x, y) = \dfrac{1}{\pi^2}\left(\dfrac{\pi}{2}+\arctan\dfrac{x}{3}\right)\left(\dfrac{\pi}{2}+\arctan\dfrac{y}{2}\right)$, $-\infty < x < +\infty$, $-\infty < y < +\infty$

C. $F(x, y) = \begin{cases} 1, & x+2y \geqslant 1 \\ 0, & x+2y < 1 \end{cases}$

D. $F(x, y) = \begin{cases} 1-2^{-x}-2^{-y}+2^{-(x+y)}, & x \geqslant 0, y \geqslant 0 \\ 0, & 其他 \end{cases}$

2. 设二维连续型随机变量(X, Y)的联合概率密度为

$$f(x, y) = Ae^{-\frac{x^2+y^2}{6}}, \quad -\infty < x < +\infty, -\infty < y < +\infty$$

则常数 $A = ($ $)$。

A. $\dfrac{1}{2\pi}$ 　　　　B. $\dfrac{1}{12\pi}$ 　　　　C. $\dfrac{1}{24\pi}$ 　　　　D. $\dfrac{1}{6\pi}$

3. 设随机变量 X 与 Y 相互独立，其分布律分别为

X	0	1
P	$\dfrac{1}{2}$	$\dfrac{1}{2}$

Y	0	1
P	$\dfrac{1}{2}$	$\dfrac{1}{2}$

则$($ $)$。

A. $X=Y$ 　　　　　　　　　　B. $P(X=Y)=1$

C. $P(X=Y)=\dfrac{1}{2}$ 　　　　　　D. $P(X=Y)=\dfrac{1}{4}$

4. 设 X、Y 相互独立且都在区间$[0, 1]$上服从均匀分布，则在区间或区域上服从均匀分布的随机变量是$($ $)$。

A. (X, Y) 　　　　B. $X+Y$ 　　　　C. X^2 　　　　D. $X-Y$

5. 设随机变量 X、Y 相互独立，且分别服从参数为 1 和参数为 4 的指数分布，则 $P(X<Y)=($ $)$。

A. $\dfrac{1}{5}$ 　　　　B. $\dfrac{1}{3}$ 　　　　C. $\dfrac{2}{5}$ 　　　　D. $\dfrac{4}{5}$

6. 设随机变量 X 与 Y 相互独立，且 $X\sim N(\mu_1, \sigma_1^2)$，$Y\sim N(\mu_2, \sigma_2^2)$，则 $Z=X+Y$ 满足$($ $)$。

A. $Z\sim N(\mu_1, \sigma_1^2+\sigma_2^2)$ 　　　　　　B. $Z\sim N(\mu_1+\mu_2, \sigma_1\sigma_2)$

C. $Z\sim N(\mu_1+\mu_2, \sigma_1^2\sigma_2^2)$ 　　　　D. $Z\sim N(\mu_1+\mu_2, \sigma_1^2+\sigma_2^2)$

7. 设二维连续型随机变量$(X, Y)\sim N(\mu_1, \mu_2; \sigma_1^2, \sigma_2^2; \rho)$，且 $\rho=0$，$f_X(x)$、$f_Y(y)$ 分别是 X、Y 的边缘概率密度，则在 $Y=y$ 的条件下，X 的条件概率密度 $f_{X|Y}(x|y)$ 为$($ $)$。

A. $f_X(x)$　　　　B. $f_Y(y)$　　　　C. $f_X(x)f_Y(y)$　　　　D. $\dfrac{f_X(x)}{f_Y(y)}$

8. 设随机变量 X 与 Y 相互独立，且分别服从正态分布 $N(0,1)$ 和 $N(1,1)$，则有（　　）。

A. $P(X+Y\leqslant 0)=\dfrac{1}{2}$　　　　　　　　B. $P(X+Y\leqslant 1)=\dfrac{1}{2}$

C. $P(X-Y\leqslant 0)=\dfrac{1}{2}$　　　　　　　　D. $P(X-Y\leqslant 1)=\dfrac{1}{2}$

9. 设相互独立的两个随机变量 X、Y 具有相同的分布，且

$$P(X=-1)=P(Y=-1)=P(X=1)=P(Y=1)=\frac{1}{2}$$

则有（　　）。

A. $P(X=Y)=\dfrac{1}{2}$　　　　　　　　B. $P(X=Y)=1$

C. $P(X+Y=0)=\dfrac{1}{4}$　　　　　　　D. $P(XY=1)=\dfrac{1}{4}$

10. 设随机变量 X 与 Y 相互独立，且

$$P(X=1)=P(Y=1)=p>0,\ P(X=0)=P(Y=0)=1-p>0,$$

令 $Z=\begin{cases}1, & X+Y \text{ 为偶数}\\ 0, & X+Y \text{ 为奇数}\end{cases}$，要使 X 与 Z 相互独立，则 p 的值为（　　）。

A. $\dfrac{1}{3}$　　　　B. $\dfrac{1}{4}$　　　　C. $\dfrac{1}{2}$　　　　D. $\dfrac{2}{3}$

11. 设二维离散型随机变量 (X,Y) 的联合分布律为

X＼Y	0	1
0	0.4	a
1	b	0.1

已知事件 $\{X=0\}$ 与 $\{X+Y=1\}$ 相互独立，则（　　）。

A. $a=0.2, b=0.3$　　　　　　　　B. $a=0.4, b=0.1$

C. $a=0.3, b=0.2$　　　　　　　　D. $a=0.1, b=0.4$

12. 设离散型随机变量 $X_i(i=1,2)$ 的分布律为

X_i	-1	0	1
P	$\dfrac{1}{4}$	$\dfrac{1}{2}$	$\dfrac{1}{4}$

且满足 $P(X_1X_2=0)=1$，则 $P(X_1=X_2)=$（　　）。

A. 0   B. $\dfrac{1}{4}$ C. $\dfrac{1}{2}$ D. 1

13. 设二维连续型随机变量 (X, Y) 具有下述联合概率密度, 则 X 与 Y 是相互独立的为( )。

A. $f(x, y) = \begin{cases} x^2 + \dfrac{1}{3}xy, & 0 \leqslant x \leqslant 1, \ 0 \leqslant y \leqslant 2 \\ 0, & \text{其他} \end{cases}$

B. $f(x, y) = \begin{cases} 6x^2 y, & 0 < x < 1, \ 0 < y < 1 \\ 0, & \text{其他} \end{cases}$

C. $f(x, y) = \begin{cases} \dfrac{3}{2}x, & 0 < x < 1, \ -x < y < x \\ 0, & \text{其他} \end{cases}$

D. $f(x, y) = \begin{cases} 24y(1-x), & 0 < x < 1, \ 0 < y < x \\ 0, & \text{其他} \end{cases}$

14. 设随机变量 X 与 Y 相互独立, 且都在区间 $(0, 1)$ 上服从均匀分布, 则 $P(X^2 + Y^2 \leqslant 1) = ($)。

A. $\dfrac{1}{4}$ B. $\dfrac{1}{2}$ C. $\dfrac{\pi}{8}$ D. $\dfrac{\pi}{4}$

15. 设随机变量 X 与 Y 相互独立, 且 X 与 Y 的分布律分别为

X	0	1	2	3
P	$\dfrac{1}{2}$	$\dfrac{1}{4}$	$\dfrac{1}{8}$	$\dfrac{1}{8}$

Y	-1	0	1
P	$\dfrac{1}{3}$	$\dfrac{1}{3}$	$\dfrac{1}{3}$

则 $P(X + Y = 2) = ($)。

A. $\dfrac{1}{12}$ B. $\dfrac{1}{8}$ C. $\dfrac{1}{6}$ D. $\dfrac{1}{2}$

16. 设随机变量 X、Y 相互独立, 它们的分布函数分别为 $F_X(x)$、$F_Y(y)$, 则 $Z = \max\{X, Y\}$ 的分布函数为( )。

A. $F_Z(z) = \max\{F_X(z), F_Y(z)\}$

B. $F_Z(z) = \max\{|F_X(z)|, |F_Y(z)|\}$

C. $F_Z(z) = F_X(z)F_Y(z)$

D. $F_Z(z) = 1 - [1 - F_X(z)][1 - F_Y(z)]$

17. 设随机变量 X 与 Y 相互独立, 它们的分布函数分别为 $F_X(x)$、$F_Y(y)$, 则 $Z = \min\{X, Y\}$ 的分布函数为( )。

A. $F_Z(z) = F_X(z)$ B. $F_Z(z) = F_Y(z)$

C. $F_Z(z)=\min\{F_X(z),F_Y(z)\}$ D. $F_Z(z)=1-[1-F_X(z)][1-F_Y(z)]$

18. 设二维连续型随机变量(X,Y)的联合概率密度为

$$f(x,y)=\begin{cases} e^{-(x+y)}, & x>0,y>0 \\ 0, & \text{其他}\end{cases}$$

则 $Z=\dfrac{X+Y}{2}$ 的概率密度为（　　）。

  A. $f_Z(z)=\begin{cases}\dfrac{1}{2}e^{-(x+y)}, & x>0,y>0 \\ 0, & \text{其他}\end{cases}$

  B. $f_Z(z)=\begin{cases}e^{-\frac{x+y}{2}}, & x>0,y>0 \\ 0, & \text{其他}\end{cases}$

  C. $f_Z(z)=\begin{cases}4ze^{-2z}, & z>0 \\ 0, & z\leqslant 0\end{cases}$

  D. $f_Z(z)=\begin{cases}\dfrac{1}{2}e^{-z}, & z>0 \\ 0, & z\leqslant 0\end{cases}$

19. 设随机变量X服从指数分布，则随机变量$Y=\min\{X,2\}$的分布函数（　　）。

  A. 是连续函数   B. 至少有两个间断点

  C. 是阶梯函数   D. 恰好有一个间断点

20. 设随机变量X与Y相互独立，且X服从标准正态分布$N(0,1)$，Y的分布律为 $P(Y=0)=P(Y=1)=\dfrac{1}{2}$，记$F_Z(z)$为$Z=XY$的分布函数，则函数$F_Z(z)$的间断点的个数为（　　）。

  A. 0   B. 1   C. 2   D. 3

二、填空题

1. 设随机变量X与Y相互独立，下表列出了二维离散型随机变量(X,Y)的联合分布律及关于X和关于Y的边缘分布律的部分数值，试将其余的数值填入表中的空白处。

X＼Y	y_1	y_2	y_3	$p_{i\cdot}$
x_1	(1)	$\dfrac{1}{8}$	(2)	(3)
x_2	$\dfrac{1}{8}$	(4)	(5)	(6)
$p_{\cdot j}$	$\dfrac{1}{6}$	(7)	(8)	1

2. 设二维离散型随机变量 (X, Y) 的联合分布律为

(X, Y)	$(1, 1)$	$(1, 2)$	$(1, 3)$	$(2, 1)$	$(2, 2)$	$(2, 3)$
P	$\dfrac{1}{6}$	$\dfrac{1}{9}$	$\dfrac{1}{18}$	$\dfrac{1}{3}$	α	β

则 α、β 应满足的条件为_____；若 X、Y 相互独立，则 $\alpha=$_____，$\beta=$_____。

3. 设随机变量 X_1，X_2，X_3，X_4 相互独立同分布，$P(X_i=0)=0.6$，$P(X_i=1)=0.4$ $(i=1, 2, 3, 4)$，则行列式 $X=\begin{vmatrix} X_1 & X_2 \\ X_3 & X_4 \end{vmatrix}$ 的分布律为_____。

4. 从 1，2，3，4 中任取一个数，记为 X，再从 1，2，$\cdots$，X 中任取一数，记为 Y，则 $P(Y=2)=$_____。

5. 设二维连续型随机变量 (X, Y) 的联合概率密度为

$$f(x, y)=\begin{cases} 6x, & 0\leqslant x\leqslant y\leqslant 1 \\ 0, & \text{其他} \end{cases}$$

则 $P(X+Y\leqslant 1)=$_____。

6. 设二维连续型随机变量 (X, Y) 的联合概率密度为

$$f(x, y)=\begin{cases} c\sin(x+y), & 0\leqslant x, y\leqslant\dfrac{\pi}{4} \\ 0, & \text{其他} \end{cases}$$

则 $c=$_____，Y 的边缘概率密度为 $f_Y(y)=$_____。

7. 设平面区域 D 由曲线 $y=\dfrac{1}{x}$ 及直线 $y=0$、$x=1$ 与 $x=e^2$ 所围成，二维连续型随机变量 (X, Y) 在区域 D 上服从均匀分布，则 (X, Y) 关于 X 的边缘概率密度在 $x=2$ 处的值为_____。

8. 设数 X 在区间 $(0, 1)$ 上随机地取值，当观察到 $X=x(0<x<1)$ 时，数 Y 在区间 $(x, 1)$ 上随机地取值，则 Y 的概率密度 $f_Y(y)=$_____。

9. 设 X、Y 为两个随机变量，且 $P(X\geqslant 0, Y\geqslant 0)=\dfrac{3}{7}$，$P(X\geqslant 0)=P(Y\geqslant 0)=\dfrac{4}{7}$，则 $P(\max\{X, Y\}\geqslant 0)=$_____。

10. 设 X 与 Y 是相互独立的随机变量，且服从同一分布，则 $P(a<\min\{X, Y\}\leqslant b)=$_____。

11. 设随机变量 X 与 Y 相互独立，且均在区间 $[0, 3]$ 上服从均匀分布，则 $P(\max\{X, Y\}\leqslant 1)=$_____。

12. 设二维连续型随机变量 (X, Y) 在区域 $G=\{(x, y)\,|\,0\leqslant x\leqslant 1, 0\leqslant y\leqslant 2\}$ 上服从均匀分布，则 $P(\max\{X, Y\}>\dfrac{1}{2})=$_____。

13. 设随机变量 X 与 Y 相互独立，且均服从参数 $\lambda=1$ 的指数分布，则 $P(1<X+Y\leqslant 2)=$ _____。

14. 设离散型随机变量 X、Y 相互独立，其分布律分别为

X	-1	0	1
P	$\dfrac{1}{3}$	$\dfrac{1}{3}$	$\dfrac{1}{3}$

Y	-1	1
P	$\dfrac{1}{3}$	$\dfrac{2}{3}$

则 $P(X=Y)=$ _____。

15. 甲、乙两人独立地各进行两次射击，设甲的命中率为 0.2，乙的命中率为 0.5，以 X 和 Y 分别表示甲和乙命中目标的次数，则二维离散型随机变量 (X,Y) 的联合分布律为 _____。

16. 设随机变量 X、Y 相互独立，且 $X\sim N(\mu,\sigma^2)$，$Y\sim U[-\pi,\pi]$，则随机变量 $Z=X+Y$ 的概率密度为 $f_Z(z)=$ _____。

17. 设离散型随机变量 X 的分布律为

X	1	2	3	4
P	$\dfrac{1}{8}$	$\dfrac{1}{2}$	$\dfrac{1}{4}$	$\dfrac{1}{8}$

$Y=\max\{X,2\}$，则二维离散型随机变量 (X,Y) 的带边缘分布律的联合分布律为 _____。

18. 设随机变量 X、Y 相互独立同分布，其概率密度均为

$$f(x)=\begin{cases} e^{1-x}, & x>1 \\ 0, & x\leqslant 1 \end{cases}$$

则随机变量 $Z=X+Y$ 的概率密度为 _____。

19. 设随机变量 X、Y 相互独立同分布，其概率密度均为

$$f(x)=\begin{cases} e^{-x}, & x>0 \\ 0, & x\leqslant 0 \end{cases}$$

则随机变量 $Z=\dfrac{Y}{X}$ 的概率密度为 _____。

20. 设二维连续型随机变量 (X,Y) 的联合概率密度为 $f(x,y)$，则随机变量 $Z=XY$ 的概率密度为 _____。

21. 设二维连续型随机变量 (X,Y) 的联合概率密度为

$$f(x,y)=\begin{cases} x+y, & 0<x<1,\ 0<y<1 \\ 0, & \text{其他} \end{cases}$$

则随机变量 $Z=XY$ 的概率密度为 _____。

22. 设离散型随机变量 X、Y 相互独立，其分布律分别为

$$P(X=i)=p(i), \quad i=0,1,2,\cdots$$

$$P(Y = j) = q(j), \quad j = 0, 1, 2, \cdots$$

则随机变量 $Z = X + Y$ 的分布律为_____。

三、解答题

1. 设随机变量 U 在区间 $[-2, 2]$ 上服从均匀分布，定义随机变量

$$X = \begin{cases} -1, & U \leqslant -1 \\ 1, & U > -1 \end{cases}, \quad Y = \begin{cases} -1, & U \leqslant 1 \\ 1, & U > 1 \end{cases}$$

试求：（Ⅰ）(X, Y) 的联合分布律；

（Ⅱ）$X + Y$ 和 $(X + Y)^2$ 的分布律。

2. 袋中有 1 只红球、2 只黑球与 3 只白球，现有放回地从袋中取球两次，每次取 1 只球。以 X、Y、Z 分别表示两次取球所取得的红球、黑球与白球的个数。试求：

（Ⅰ）$P(X=1 \mid Z=0)$；

（Ⅱ）二维离散型随机变量 (X, Y) 的联合分布律。

3. 设 X 与 Y 是相互独立的随机变量，它们都在区间 $(0, l)$ 上服从均匀分布，试求方程 $t^2 + Xt + Y = 0$ 有实根的概率。

4. 设二维连续型随机变量 (X, Y) 服从二维正态分布，其联合概率密度为

$$f(x, y) = \frac{1}{2\pi 10^2} e^{-\frac{1}{2}\left(\frac{x^2}{10^2} + \frac{y^2}{10^2}\right)}, \quad -\infty < x, y < +\infty$$

求 $P(X < Y)$。

5. 设二维连续型随机变量 (X, Y) 的联合分布函数为

$$F(x, y) = A\left(B + \arctan \frac{x}{2}\right)\left(C + \arctan \frac{y}{3}\right), \quad -\infty < x, y < +\infty$$

试求：（Ⅰ）常数 A，B，C；

（Ⅱ）联合概率密度 $f(x, y)$；

（Ⅲ）边缘概率密度 $f_X(x)$，$f_Y(y)$。

6. 设二维连续型随机变量 (X, Y) 的联合概率密度为

$$f(x, y) = \begin{cases} ax^2 + 2xy^2, & 0 \leqslant x \leqslant 1, 0 \leqslant y \leqslant 1 \\ 0, & \text{其他} \end{cases}$$

试求：（Ⅰ）常数 a；

（Ⅱ）联合分布函数 $F(x, y)$；

（Ⅲ）$P(X < Y)$。

7. 设 U、V 是仅取 -1，1 两值的随机变量，且 $P(U=1) = 1/2$，$P(V=1 \mid U=1) = P(V=-1 \mid U=-1) = 1/3$，试求：

（Ⅰ）二维离散型随机变量 (U, V) 的联合分布律；

（Ⅱ）方程 $x^2 + Ux + V = 0$ 有实根的概率；

（Ⅲ）方程 $x^2 + (U+V)x + U + V = 0$ 有实根的概率。

8. 设二维连续型随机变量 (X, Y) 的联合概率密度为

$$f(x, y) = \begin{cases} 1, & |y| < x, 0 < x < 1 \\ 0, & \text{其他} \end{cases}$$

试求：（Ⅰ）条件概率密度 $f_{X|Y}(x|y)$，$f_{Y|X}(y|x)$；

（Ⅱ）$P\left(X > \dfrac{1}{2} \middle| Y > 0\right)$。

9. 设 (X, Y) 是二维连续型随机变量，X 的边缘概率密度为

$$f_X(x) = \begin{cases} 3x^2, & 0 < x < 1 \\ 0, & \text{其他} \end{cases}$$

在给定 $X = x (0 < x < 1)$ 的条件下，Y 的条件概率密度为

$$f_{Y|X}(y|x) = \begin{cases} \dfrac{3y^2}{x^3}, & 0 < y < x \\ 0, & \text{其他} \end{cases}$$

试求：（Ⅰ）二维连续型随机变量 (X, Y) 的联合概率密度 $f(x, y)$；

（Ⅱ）Y 的边缘概率密度 $f_Y(y)$；

（Ⅲ）$P(X > 2Y)$。

10. 设随机变量 X、Y 相互独立，X 在区间 $(0, 1)$ 上服从均匀分布，Y 的概率密度为

$$f_Y(y) = \begin{cases} \dfrac{1}{2}\mathrm{e}^{-\frac{y}{2}}, & y > 0 \\ 0, & y \leqslant 0 \end{cases}$$

试求：（Ⅰ）二维连续型随机变量 (X, Y) 的联合概率密度；

（Ⅱ）二次方程 $t^2 + 2Xt + Y = 0$ 有实根的概率。

11. 设二维连续型随机变量 (X, Y) 的联合概率密度为

$$f(x, y) = A\mathrm{e}^{-2x^2 + 2xy - y^2}, \quad -\infty < x < +\infty, -\infty < y < +\infty$$

求常数 A 及条件概率密度 $f_{Y|X}(y|x)$。

12. 设二维连续型随机变量 (X, Y) 的联合概率密度为

$$f(x, y) = \begin{cases} \mathrm{e}^{-y}, & x > 0, y > x \\ 0, & \text{其他} \end{cases}$$

试求：（Ⅰ）X、Y 的边缘概率密度，并判断其独立性；

（Ⅱ）X、Y 的条件概率密度；

（Ⅲ）$P(X > 2 | Y < 4)$。

13. 设某班车起点站上客人数 X 服从参数为 $\lambda (\lambda > 0)$ 的泊松分布。每位乘客在中途下车的概率为 $p (0 < p < 1)$，且中途下车与否相互独立，以 Y 表示在中途下车的人数，试求：

（Ⅰ）在发车时有 n 个乘客的条件下，中途有 m 个乘客下车的概率；

（Ⅱ）二维离散型随机变量 (X,Y) 的联合分布律；

（Ⅲ）(X,Y) 关于 Y 的边缘分布律。

14. 设随机变量 X 与 Y 相互独立，X 的分布律为 $P(X=i)=\dfrac{1}{3}(i=-1,0,1)$，$Y$ 的概率密度为

$$f_Y(y)=\begin{cases}1, & 0\leqslant y<1 \\ 0, & \text{其他}\end{cases}$$

记 $Z=X+Y$，试求：

（Ⅰ）条件概率 $P\left(Z\leqslant\dfrac{1}{2}\mid X=0\right)$；

（Ⅱ）Z 的概率密度。

15. 设随机变量 X、Y 相互独立，且 $X\sim E(\lambda)$，$Y\sim E(\mu)$，令

$$Z=\begin{cases}1, & X\leqslant Y \\ 0, & X>Y\end{cases}$$

试求：（Ⅰ）条件概率密度 $f_{X\mid Y}(x\mid y)$；

（Ⅱ）求随机变量 Z 的分布律和分布函数。

16. 一旅客到达火车站的时间 X 在早上 7:55 至 8:00 之间服从均匀分布，Y 为火车在这段时间开出的时刻（单位：分钟），其概率密度为

$$f_Y(y)=\begin{cases}\dfrac{2}{25}(5-y), & 0\leqslant y\leqslant 5 \\ 0, & \text{其他}\end{cases}$$

试求：（Ⅰ）旅客能赶上火车的概率；

（Ⅱ）$Z=Y-X$ 的概率密度。

17. 某种商品一周的需求量是一个随机变量，其概率密度为

$$f(x)=\begin{cases}x\mathrm{e}^{-x}, & x>0 \\ 0, & x\leqslant 0\end{cases}$$

设各周的需求量是相互独立的。试求：

（Ⅰ）两周的需求量 Y 的概率密度；

（Ⅱ）三周的需求量 Z 的概率密度。

18. 设二维连续型随机变量 (X,Y) 的联合概率密度为

$$f(x,y)=\begin{cases}A(1+y+xy), & 0<x<1,0<y<1 \\ 0, & \text{其他}\end{cases}$$

（Ⅰ）试确定常数 A；

（Ⅱ）试问 X、Y 是否相互独立，为什么？

（Ⅲ）试求 $Z=X+Y$ 的概率密度。

19. 设二维连续型随机变量(X, Y)的联合概率密度为

$$f(x, y) = \begin{cases} 1, & 0 < x < 1, \ 0 < y < 2x \\ 0, & 其他 \end{cases}$$

试求：（Ⅰ）(X, Y)的边缘概率密度 $f_X(x)$，$f_Y(y)$；

（Ⅱ）$Z = 2X - Y$ 的概率密度 $f_Z(z)$；

（Ⅲ）$P\left(Y \leqslant \dfrac{1}{2} \mid X \leqslant \dfrac{1}{2}\right)$。

20. 设二维连续型随机变量(X, Y)在区域 $G = \{(x, y) \mid 1 \leqslant x \leqslant 3, \ 1 \leqslant y \leqslant 3\}$ 上服从均匀分布，试求随机变量$U = |X - Y|$ 的概率密度 $p(u)$。

21. 设二维连续型随机变量(X, Y)的联合概率密度为

$$f(x, y) = \begin{cases} 2 - x - y, & 0 < x < 1, \ 0 < y < 1 \\ 0, & 其他 \end{cases}$$

试求：（Ⅰ）$P(X > 2Y)$；

（Ⅱ）$Z = X + Y$ 的概率密度 $f_Z(z)$。

22. 设随机变量 X 与 Y 相互独立，其概率密度分别为

$$f_X(x) = \begin{cases} 1, & 0 \leqslant x \leqslant 1 \\ 0, & 其他 \end{cases}, \quad f_Y(y) = \begin{cases} e^{-y}, & y > 0 \\ 0, & 其他 \end{cases}$$

求随机变量 $Z = 2X + Y$ 的概率密度。

23. 设二维连续型随机变量(X, Y)的联合概率密度为

$$f(x, y) = \begin{cases} \dfrac{1}{2}(x + y)e^{-(x+y)}, & x > 0, \ y > 0 \\ 0, & 其他 \end{cases}$$

（Ⅰ）问 X、Y 是否相互独立；

（Ⅱ）求 $Z = X + 2Y$ 的概率密度 $f_Z(z)$。

24. 设二维连续型随机变量(X, Y)的联合概率密度为

$$f(x, y) = \begin{cases} be^{-(x+y)}, & 0 < x < 1, \ y > 0 \\ 0, & 其他 \end{cases}$$

试求：（Ⅰ）常数 b；

（Ⅱ）边缘概率密度 $f_X(x)$，$f_Y(y)$；

（Ⅲ）随机变量 $U = \max\{X, Y\}$ 的分布函数 $F_U(u)$。

第 4 章　随机变量的数字特征

随机变量的分布函数、分布律和概率密度是随机变量概率特性最完整的刻画，但它们在实际中是不易得到的，因而人们转而讨论随机变量某些侧面或某些方面取值的特征，这就是随机变量的数字特征，它在理论和实际应用中都很重要。

4.1　数　学　期　望

1. 随机变量数学期望的定义

例 4 - 1　设有 10 根钢筋的抗拉指标分别为

$$110，120，120，125，125，125，130，130，135，140$$

求它们的平均抗拉指标。

解　由于它们的平均抗拉指标就是这 10 根钢筋抗拉指标的算术平均，因此它们的平均抗拉指标为

$$\frac{1}{10}(110+120+120+125+125+125+130+130+135+140)$$

$$=110\times\frac{1}{10}+120\times\frac{2}{10}+125\times\frac{3}{10}+130\times\frac{2}{10}+135\times\frac{1}{10}+140\times\frac{1}{10}$$

$$=126$$

从例 4 - 1 可以看出，这里所求的平均抗拉指标并不是这 10 根钢筋所取的 6 个不同的抗拉指标值 110、120、125、130、135、140 的简单平均，而是依次乘以 $\frac{1}{10}$、$\frac{2}{10}$、$\frac{3}{10}$、$\frac{2}{10}$、$\frac{1}{10}$、$\frac{1}{10}$ 后的和，其实就是我们熟知的加权平均。而这 6 个分数对应的就是不同抗拉指标的权数，由于它们非负，加起来等于 1，因而它们有类似于离散型随机变量的分布律，那么以离散型随机变量可能的取值的概率作为其可能的取值的权数进行加权平均，就得到离散型随机变量的数学期望。

定义 1　设 X 是离散型随机变量，其分布律为

$$P(X=x_i)=p_i，\quad i=1，2，\cdots$$

如果级数 $\sum_i x_i p_i$ 绝对收敛，则称级数 $\sum_i x_i p_i$ 的和为随机变量 X 的数学期望（期望）或均值，记为 $E(X)$ 或 EX，即

$$EX = \sum_i x_i p_i \tag{4.1.1}$$

对于连续型随机变量 X，如果其概率密度为 $f(x)$，那么 X 取任一点 $x \in (-\infty, +\infty)$ 的概率元素为 $f(x)\mathrm{d}x$，期望元素为 $xf(x)\mathrm{d}x$，因此 X 的数学期望就是 $\int_{-\infty}^{+\infty} xf(x)\mathrm{d}x$，从而我们有如下定义。

定义 2 设 X 是连续型随机变量，其概率密度为 $f(x)$，如果积分 $\int_{-\infty}^{+\infty} xf(x)\mathrm{d}x$ 绝对收敛，则称积分 $\int_{-\infty}^{+\infty} xf(x)\mathrm{d}x$ 的值为随机变量 X 的数学期望（期望）或均值，记为 $E(X)$ 或 EX，即

$$EX = \int_{-\infty}^{+\infty} xf(x)\mathrm{d}x \tag{4.1.2}$$

例 4-2 设离散型随机变量 X 的分布律为

X	0	1	2
P	$\frac{1}{4}$	$\frac{1}{2}$	$\frac{1}{4}$

求 X 的数学期望 EX。

解
$$EX = 0 \times \frac{1}{4} + 1 \times \frac{1}{2} + 2 \times \frac{1}{4} = 1$$

例 4-3 设随机变量 X 服从参数为 p 的 $0-1$ 分布，即 $X \sim B(1, p)$，求 EX。

解 由于 X 服从参数为 p 的 $0-1$ 分布，因此 X 的分布律为
$$P(X=0) = 1-p, \quad P(X=1) = p$$
从而
$$EX = 0 \cdot (1-p) + 1 \cdot p = p$$

例 4-4 设随机变量 X 服从参数为 n、p 的二项分布，即 $X \sim B(n, p)$，求 EX。

解 由于 $X \sim B(n, p)$，因此 X 的分布律为
$$P(X = k) = C_n^k p^k q^{n-k}, \quad k = 0, 1, 2, \cdots, n, \ q = 1-p$$
从而

$$EX = \sum_{k=0}^{n} k \cdot C_n^k p^k q^{n-k} = \sum_{k=0}^{n} k \cdot \frac{n!}{k!(n-k)!} p^k q^{n-k}$$

$$= np \sum_{k=1}^{n} \frac{(n-1)!}{(k-1)![(n-1)-(k-1)]!} p^{k-1} q^{(n-1)-(k-1)}$$

$$= np \sum_{k=1}^{n} C_{n-1}^{k-1} p^{k-1} q^{(n-1)-(k-1)}$$

$$= np(p+q)^{n-1} = np$$

例 4-5 设随机变量 X 服从参数为 λ 的 Poisson 分布，即 $X \sim P(\lambda)$，求 EX。

解 由于 $X \sim P(\lambda)$，因此 X 的分布律为

$$P(X=k)=\frac{\lambda^k}{k!}\mathrm{e}^{-\lambda}, \quad k=0,1,2,\cdots$$

从而

$$EX = \sum_{k=0}^{\infty} k \cdot \frac{\lambda^k}{k!}\mathrm{e}^{-\lambda} = \lambda\mathrm{e}^{-\lambda}\sum_{k=1}^{\infty}\frac{\lambda^{k-1}}{(k-1)!} = \lambda\mathrm{e}^{-\lambda}\cdot\mathrm{e}^{\lambda} = \lambda$$

例 4 - 6　设随机变量 X 服从参数为 p 的几何分布，求 EX。

解　由于 X 服从参数为 p 的几何分布，因此 X 的分布律为

$$P(X=k) = q^{k-1}p, \quad k=1,2,\cdots,0<p<1,q=1-p$$

从而

$$EX = \sum_{k=1}^{\infty} k \cdot q^{k-1}p = p(1+2q+3q^2+\cdots)$$

$$= p(q+q^2+q^3+\cdots)' = p\left(\frac{q}{1-q}\right)'$$

$$= \frac{p}{(1-q)^2} = \frac{1}{p}$$

对于服从参数为 N、M、n 的超几何分布随机变量 X，它的分布律为

$$P(X=k) = \frac{C_M^k C_{N-M}^{n-k}}{C_N^n}, \quad k=0,1,2,\cdots,\min\{M,n\}$$

它的数学期望为

$$EX = \frac{nM}{N}$$

例 4 - 7　设连续型随机变量 X 的概率密度为

$$f(x)=\begin{cases}2x, & 0<x<1\\0, & \text{其他}\end{cases}$$

求 X 的数学期望 EX。

解
$$EX = \int_{-\infty}^{+\infty} xf(x)\mathrm{d}x = \int_0^1 x\cdot 2x\mathrm{d}x = \frac{2}{3}$$

例 4 - 8　设随机变量 X 在区间 (a,b) 上服从均匀分布，即 $X\sim U(a,b)$，求 EX。

解　由于 $X\sim U(a,b)$，因此 X 的概率密度为

$$f(x)=\begin{cases}\dfrac{1}{b-a}, & a<x<b\\0, & \text{其他}\end{cases}$$

从而

$$EX = \int_{-\infty}^{+\infty} xf(x)\mathrm{d}x = \int_a^b x\cdot\frac{1}{b-a}\mathrm{d}x = \frac{a+b}{2}$$

例 4 - 9　设随机变量 X 服从参数为 μ、σ^2 的正态分布，即 $X \sim N(\mu, \sigma^2)$，求 EX。

解　由于 $X \sim N(\mu, \sigma^2)$，因此 X 的概率密度为

$$f(x) = \frac{1}{\sqrt{2\pi}\sigma} e^{-\frac{(x-\mu)^2}{2\sigma^2}}, \quad -\infty < x < +\infty$$

从而

$$EX = \int_{-\infty}^{+\infty} xf(x)\,dx = \int_{-\infty}^{+\infty} x \cdot \frac{1}{\sqrt{2\pi}\sigma} e^{-\frac{(x-\mu)^2}{2\sigma^2}}\,dx$$

做变换 $\dfrac{x-\mu}{\sigma} = t$，则

$$EX = \int_{-\infty}^{+\infty} (\mu + \sigma t)\,\frac{1}{\sqrt{2\pi}} e^{-\frac{t^2}{2}}\,dt$$

$$= \mu \int_{-\infty}^{+\infty} \frac{1}{\sqrt{2\pi}} e^{-\frac{t^2}{2}}\,dt + \sigma \int_{-\infty}^{+\infty} t\,\frac{1}{\sqrt{2\pi}} e^{-\frac{t^2}{2}}\,dt = \mu$$

例 4 - 10　设随机变量 X 服从参数为 λ 的指数分布，即 $X \sim E(\lambda)$，求 EX。

解　由于 $X \sim E(\lambda)$，因此 X 的概率密度为

$$f(x) = \begin{cases} \lambda e^{-\lambda x}, & x > 0 \\ 0, & x \leqslant 0 \end{cases}$$

从而

$$EX = \int_{-\infty}^{+\infty} xf(x)\,dx = \int_{0}^{+\infty} x \cdot \lambda e^{-\lambda x}\,dx$$

$$= -\int_{0}^{+\infty} x\,d(e^{-\lambda x}) = \left[-x e^{-\lambda x}\right]_{0}^{+\infty} + \int_{0}^{+\infty} e^{-\lambda x}\,dx = \frac{1}{\lambda}$$

2. 随机变量函数的数学期望

在许多实际问题中，我们经常需要求随机变量函数的数学期望。对于随机变量函数，前面曾经给出了定义，下面我们不加证明地给出它们的数学期望。

定理 1　设离散型随机变量 X 的分布律为 $P(X = x_i) = p_i (i = 1, 2, \cdots)$，$y = g(x)$ 为已知的连续函数，如果级数 $\sum_i g(x_i) p_i$ 绝对收敛，则

$$EY = E[g(X)] = \sum_i g(x_i) p_i \tag{4.1.3}$$

定理 2　设连续型随机变量 X 的概率密度为 $f(x)$，$y = g(x)$ 为已知的连续函数，如果积分 $\int_{-\infty}^{+\infty} g(x) f(x)\,dx$ 绝对收敛，则

$$EY = E[g(X)] = \int_{-\infty}^{+\infty} g(x) f(x)\,dx \tag{4.1.4}$$

定理 1、定理 2 的重要意义就在于当我们求 EY 时，不必求得 Y 的分布律或概率密度，

而只需利用 X 的分布律或概率密度。

定理 3　设二维离散型随机变量(X, Y)的联合分布律为 $P(X = x_i, Y = y_j) = p_{ij}$ $(i, j = 1, 2, \cdots)$，$z = g(x, y)$ 为已知的连续函数，如果级数 $\sum_i \sum_j g(x_i, y_j)p_{ij}$ 绝对收敛，则

$$EZ = E[g(X, Y)] = \sum_i \sum_j g(x_i, y_j)p_{ij} \tag{4.1.5}$$

定理 4　设二维连续型随机变量(X, Y)的联合概率密度为 $f(x, y)$，$z = g(x, y)$ 为已知的连续函数，如果积分 $\int_{-\infty}^{+\infty} \int_{-\infty}^{+\infty} g(x, y)f(x, y)\mathrm{d}x\mathrm{d}y$ 绝对收敛，则

$$EZ = E[g(X, Y)] = \int_{-\infty}^{+\infty} \int_{-\infty}^{+\infty} g(x, y)f(x, y)\mathrm{d}x\mathrm{d}y \tag{4.1.6}$$

像一维随机变量函数一样，定理3、定理4的重要意义就在于当我们求 EZ 时，不必求得 Z 的分布律或概率密度，而只需利用(X, Y)的联合分布律或联合概率密度就可以了。

例 4-11　设离散型随机变量 X 的分布律为

X	-2	0	2
P	0.4	0.3	0.3

求 EX、EX^2、$E(3X+1)$。

解
$$EX = (-2) \times 0.4 + 0 \times 0.3 + 2 \times 0.3 = -0.2$$
$$EX^2 = (-2)^2 \times 0.4 + 0^2 \times 0.3 + 2^2 \times 0.3 = 2.8$$
$$E(3X+1) = [3 \times (-2) + 1] \times 0.4 + [3 \times 0 + 1] \times 0.3 + [3 \times 2 + 1] \times 0.3 = 0.4$$

例 4-12　设随机变量 $X \sim P(\lambda)$，求 $E\left(\dfrac{1}{1+X}\right)$。

解　由于 $X \sim P(\lambda)$，因此 X 的分布律为

$$P(X = k) = \frac{\lambda^k}{k!}\mathrm{e}^{-\lambda}, \quad k = 0, 1, 2, \cdots$$

从而

$$E\left(\frac{1}{1+X}\right) = \sum_{k=0}^{\infty} \frac{1}{1+k} \cdot \frac{\lambda^k}{k!}\mathrm{e}^{-\lambda} = \sum_{k=0}^{\infty} \frac{\lambda^k}{(k+1)!}\mathrm{e}^{-\lambda}$$

$$= \frac{\mathrm{e}^{-\lambda}}{\lambda} \sum_{k=0}^{\infty} \frac{\lambda^{k+1}}{(k+1)!} = \frac{\mathrm{e}^{-\lambda}}{\lambda} \sum_{m=1}^{\infty} \frac{\lambda^m}{m!} = \frac{\mathrm{e}^{-\lambda}}{\lambda}\left(\sum_{m=0}^{\infty} \frac{\lambda^m}{m!} - 1\right)$$

$$= \frac{\mathrm{e}^{-\lambda}}{\lambda}(\mathrm{e}^{\lambda} - 1) = \frac{1}{\lambda}(1 - \mathrm{e}^{-\lambda})$$

例 4-13　设连续型随机变量 X 的概率密度为

$$f(x) = \begin{cases} \mathrm{e}^{-x}, & x > 0 \\ 0, & x \leqslant 0 \end{cases}$$

求 $E(2X)$、EX^2、$E(\mathrm{e}^{-2X})$。

解
$$E(2X) = \int_{-\infty}^{+\infty} 2xf(x)\mathrm{d}x = \int_0^{+\infty} 2x\mathrm{e}^{-x}\mathrm{d}x$$

$$= -2\int_0^{+\infty} x\mathrm{d}(\mathrm{e}^{-x}) = [-2x\mathrm{e}^{-x}]_0^{+\infty} + 2\int_0^{+\infty} \mathrm{e}^{-x}\mathrm{d}x = 2$$

$$EX^2 = \int_{-\infty}^{+\infty} x^2 f(x)\mathrm{d}x = \int_0^{+\infty} x^2 \mathrm{e}^{-x}\mathrm{d}x$$

$$= -\int_0^{+\infty} x^2 \mathrm{d}(\mathrm{e}^{-x}) = [-x^2\mathrm{e}^{-x}]_0^{+\infty} + 2\int_0^{+\infty} x\mathrm{e}^{-x}\mathrm{d}x = 2$$

$$E(\mathrm{e}^{-2X}) = \int_{-\infty}^{+\infty} \mathrm{e}^{-2x}f(x)\mathrm{d}x = \int_0^{+\infty} \mathrm{e}^{-2x}\mathrm{e}^{-x}\mathrm{d}x$$

$$= \int_0^{+\infty} \mathrm{e}^{-3x}\mathrm{d}x = \frac{1}{3}$$

例 4 - 14 设二维离散型随机变量 (X,Y) 的联合分布律为

X \ Y	−1	0	1
1	0.2	0.1	0.1
2	0.1	0.0	0.1
3	0.0	0.3	0.1

求 EX、EY、$E\left(\dfrac{Y}{X}\right)$、$E(X-Y)^2$。

解

$$EX = \sum_{i=1}^{3}\sum_{j=1}^{3} x_i p_{ij}$$

$$= 1\times(0.2+0.1+0.1)+2\times(0.1+0.0+0.1)+3\times(0.0+0.3+0.1)$$

$$= 2$$

$$EY = \sum_{i=1}^{3}\sum_{j=1}^{3} y_j p_{ij} = \sum_{j=1}^{3}\sum_{i=1}^{3} y_j p_{ij}$$

$$= (-1)\times(0.2+0.1+0.0)+0\times(0.1+0.0+0.3)+1\times(0.1+0.1+0.1)$$

$$= 0$$

$$E\left(\frac{Y}{X}\right) = \frac{-1}{1}\times0.2 + \frac{0}{1}\times0.1 + \frac{1}{1}\times0.1$$

$$+ \frac{-1}{2}\times0.1 + \frac{0}{2}\times0.0 + \frac{1}{2}\times0.1 + \frac{-1}{3}\times0.0 + \frac{0}{3}\times0.3 + \frac{1}{3}\times0.1$$

$$= -\frac{1}{15}$$

$$E(X-Y)^2 = 2^2 \times 0.2 + 1^2 \times 0.1 + 0^2 \times 0.1$$
$$+ 3^2 \times 0.1 + 2^2 \times 0.0 + 1^2 \times 0.1 + 4^2 \times 0.0 + 3^2 \times 0.3 + 2^2 \times 0.1$$
$$= 5$$

当然本例也可以先求出 X、Y 的边缘分布律，再求 EX、EY；同理可以先求 $\dfrac{Y}{X}$、$(X-Y)^2$ 的分布律，然后再求 $E\left(\dfrac{Y}{X}\right)$、$E(X-Y)^2$。

例 4-15　设二维连续型随机变量 (X, Y) 的联合概率密度为

$$f(x, y) = \begin{cases} 12y^2, & 0 \leqslant y \leqslant x \leqslant 1 \\ 0, & \text{其他} \end{cases}$$

求 EX、EY、$E(XY)$、$E(X^2 + Y^2)$。

解

$$EX = \int_{-\infty}^{+\infty} \int_{-\infty}^{+\infty} x f(x, y) \mathrm{d}x \mathrm{d}y = \iint\limits_{0 \leqslant y \leqslant x \leqslant 1} x \cdot 12y^2 \mathrm{d}x \mathrm{d}y$$

$$= 12 \int_0^1 x \mathrm{d}x \int_0^x y^2 \mathrm{d}y = \frac{4}{5}$$

$$EY = \int_{-\infty}^{+\infty} \int_{-\infty}^{+\infty} y f(x, y) \mathrm{d}x \mathrm{d}y = \iint\limits_{0 \leqslant y \leqslant x \leqslant 1} y \cdot 12y^2 \mathrm{d}x \mathrm{d}y$$

$$= 12 \int_0^1 \mathrm{d}x \int_0^x y^3 \mathrm{d}y = \frac{3}{5}$$

$$E(XY) = \int_{-\infty}^{+\infty} \int_{-\infty}^{+\infty} xy f(x, y) \mathrm{d}x \mathrm{d}y = \iint\limits_{0 \leqslant y \leqslant x \leqslant 1} xy \cdot 12y^2 \mathrm{d}x \mathrm{d}y$$

$$= 12 \int_0^1 x \mathrm{d}x \int_0^x y^3 \mathrm{d}y = \frac{1}{2}$$

$$E(X^2 + Y^2) = \int_{-\infty}^{+\infty} \int_{-\infty}^{+\infty} (x^2 + y^2) f(x, y) \mathrm{d}x \mathrm{d}y$$

$$= \iint\limits_{0 \leqslant y \leqslant x \leqslant 1} (x^2 + y^2) \cdot 12y^2 \mathrm{d}x \mathrm{d}y = 12 \int_0^1 \mathrm{d}x \int_0^x (x^2 y^2 + y^4) \mathrm{d}y$$

$$= \frac{16}{15}$$

需要指出的是，本例也可以先求出 X、Y 的边缘概率密度，再求出 EX、EY，不过本例的方法要简单、方便一些。

例 4-16　设某种商品每周的需求量 X 是在区间 $[10, 30]$ 上服从均匀分布的随机变量，而经销商店进货数量为区间 $[10, 30]$ 中的某一整数。商店每销售 1 单位商品可获利 500 元。若供大于求，则削价处理，每处理 1 单位商品亏损 100 元；若供不应求，则可从外部调剂供应，此时 1 单位商品仅获利 300 元。为使商店所获利润期望值不少于 9280 元，试确定最小的进货量。

解　设商店的进货量为 a，则商店的利润为

$$H(X)=\begin{cases} 500a+300(X-a), & a<X\leqslant30 \\ 500X-100(a-X), & 10\leqslant X\leqslant a \end{cases}$$

$$=\begin{cases} 300X+200a, & a<X\leqslant30 \\ 600X-100a, & 10\leqslant X\leqslant a \end{cases}$$

因此商店的期望利润为

$$E[H(X)]=\int_{10}^{a}\frac{1}{20}(600x-100a)\mathrm{d}x+\int_{a}^{30}\frac{1}{20}(300x+200a)\mathrm{d}x$$

$$=-7.5a^2+350a+5250$$

从而 a 取决于如下条件：

$$-7.5a^2+350a+5250\geqslant9280$$

即

$$7.5a^2-350a+4030\leqslant0$$

解之得

$$20\frac{2}{3}\leqslant a\leqslant26$$

所以，为使商店所获利润期望值不少于 9280 元，该商店的最小进货量为 21 单位。

3. 随机变量数学期望的性质

性质 1　设 C 是常数，则

$$EC=C$$

证明　把 C 看做是只取一个值 C 的随机变量 X，则 X 的分布律为 $P(X=C)=1$，从而

$$EC=EX=C\cdot1=C$$

以下性质仅就连续型随机变量的情形加以证明，离散型随机变量的情形证明类似，只需将证明中的"积分"用"和式"代替即可。

性质 2　设 X 是随机变量，C 是常数，则

$$E(CX)=C\cdot EX$$

证明　不妨设 X 的概率密度为 $f(x)$，则

$$E(CX)=\int_{-\infty}^{+\infty}Cxf(x)\mathrm{d}x=C\int_{-\infty}^{+\infty}xf(x)\mathrm{d}x=C\cdot EX$$

性质 3　设 X、Y 是两个随机变量，则

$$E(X+Y)=EX+EY$$

证明　不妨设 (X,Y) 的联合概率密度为 $f(x,y)$，则

$$E(X+Y)=\int_{-\infty}^{+\infty}\int_{-\infty}^{+\infty}(x+y)f(x,y)\mathrm{d}x\mathrm{d}y$$

$$=\int_{-\infty}^{+\infty}\int_{-\infty}^{+\infty}xf(x,y)\mathrm{d}x\mathrm{d}y+\int_{-\infty}^{+\infty}\int_{-\infty}^{+\infty}yf(x,y)\mathrm{d}x\mathrm{d}y$$

$$=EX+EY$$

该性质可以推广到有限个随机变量的情况，结合性质 2，设 X_1，X_2，$\cdots$，X_n 是随机变

量，C_1，C_2，$\cdots$，C_n 是常数，则

$$E(C_1X_1 + C_2X_2 + \cdots + C_nX_n) = C_1EX_1 + C_2EX_2 + \cdots + C_nEX_n$$

性质 4 设 X、Y 是相互独立的随机变量，则

$$E(XY) = EX \cdot EY$$

证明 不妨设 (X,Y) 的联合概率密度为 $f(x,y)$，边缘概率密度分别为 $f_X(x)$、$f_Y(y)$，由于 X 与 Y 相互独立，因此 $f(x,y) = f_X(x)f_Y(y)$，则

$$\begin{aligned}
E(XY) &= \int_{-\infty}^{+\infty}\int_{-\infty}^{+\infty} xyf(x,y)\mathrm{d}x\mathrm{d}y \\
&= \int_{-\infty}^{+\infty}\int_{-\infty}^{+\infty} xyf_X(x)f_Y(y)\mathrm{d}x\mathrm{d}y \\
&= \int_{-\infty}^{+\infty} xf_X(x)\mathrm{d}x\int_{-\infty}^{+\infty} yf_Y(y)\mathrm{d}y \\
&= EX \cdot EY
\end{aligned}$$

该性质也可以推广到有限个相互独立的随机变量的情况，设 X_1，X_2，$\cdots$，X_n 是相互独立的随机变量，则

$$E(X_1X_2\cdots X_n) = EX_1EX_2\cdots EX_n$$

例 4-17 投掷 n 枚骰子，求出现的点数之和 X 的数学期望。

解 设 $X_i(i=1,2,\cdots,n)$ 表示第 i 枚骰子出现的点数，则 X_i 是随机变量，且它可能的取值为 1，2，3，4，5，6，其分布律为

X_i	1	2	3	4	5	6
P	$\frac{1}{6}$	$\frac{1}{6}$	$\frac{1}{6}$	$\frac{1}{6}$	$\frac{1}{6}$	$\frac{1}{6}$

从而 $EX_i = 1\times\frac{1}{6} + 2\times\frac{1}{6} + \cdots + 6\times\frac{1}{6} = \frac{7}{2}(i=1,2,\cdots,n)$，又由于 $X = \sum_{i=1}^{n}X_i$，故

$$EX = \sum_{i=1}^{n}EX_i = \frac{7}{2}n$$

例 4-18 将编号为 $1\sim n$ 的 n 只球随机地放入编号为 $1\sim n$ 的 n 个盒子中去，一个盒子装一只球，若一只球装入与球同号的盒子中称为一个配对，以 X 记总的配对数，求 EX。

解 设 $X_i = \begin{cases} 1, & \text{若第 } i \text{ 号球装入第 } i \text{ 号盒子} \\ 0, & \text{若第 } i \text{ 号球未装入第 } i \text{ 号盒子} \end{cases}(i=1,2,\cdots,n)$，则

$$P(X_i = 0) = \frac{n-1}{n},\ P(X_i = 1) = \frac{1}{n}$$

从而

$$EX_i = \frac{1}{n}$$

又由于 $X = \sum_{i=1}^{n} X_i$，故

$$EX = \sum_{i=1}^{n} EX_i = n \times \frac{1}{n} = 1$$

例 4-19 一辆载有 20 位旅客的民航送客车自机场开出，旅客有 10 个车站可以下车，如到达一个车站没有旅客下车就不停车。设每位旅客在各个车站下车是等可能的，并且各旅客是否下车相互独立。以 X 表示停车的次数，求 EX。

解 设 $X_i = \begin{cases} 1, & \text{在第 } i \text{ 站有人下车} \\ 0, & \text{在第 } i \text{ 站没有人下车} \end{cases}$ $(i=1, 2, \cdots, 10)$，则

$$X = X_1 + X_2 + \cdots + X_{10}$$

由于任一旅客在第 i 站不下车的概率为 $\frac{9}{10}$，因此 20 位旅客都不在第 i 站下车的概率为 $\left(\frac{9}{10}\right)^{20}$，从而在第 i 站有人下车的概率为 $1 - \left(\frac{9}{10}\right)^{20}$，即

$$P(X_i = 0) = \left(\frac{9}{10}\right)^{20}, \quad P(X_i = 1) = 1 - \left(\frac{9}{10}\right)^{20}$$

于是

$$EX_i = 1 - \left(\frac{9}{10}\right)^{20}$$

故

$$\begin{aligned} EX &= E(X_1 + X_2 + \cdots + X_{10}) \\ &= EX_1 + EX_2 + \cdots + EX_{10} \\ &= 10 \left[1 - \left(\frac{9}{10}\right)^{20} \right] = 8.784 \end{aligned}$$

例 4-20 设二维连续型随机变量 $(X, Y) \sim N(\mu, \mu; \sigma^2, \sigma^2; 0)$，求 $E(XY)$。

解 由于 $(X, Y) \sim N(\mu, \mu; \sigma^2, \sigma^2; 0)$，且 $\rho = 0$，因此 $X \sim N(\mu, \sigma^2)$，$Y \sim N(\mu, \sigma^2)$，且 X、Y 相互独立，$EX = EY = \mu$，从而

$$E(XY) = EX \cdot EY = \mu^2$$

例 4-21 某企业生产线上产品的合格率为 0.96，不合格产品中只有 3/4 的产品可进行再加工，且再加工的合格率为 0.8，其余为废品。已知每件合格产品可获利 80 元，每件废品亏损 20 元。为保证该企业每天平均利润不低于 2 万元，问该企业每天至少应生产多少件产品？

解 由于进行再加工后，产品的合格率为

$$p = 0.96 + 0.04 \times \frac{3}{4} \times 0.8 = 0.984$$

设 n 为该企业每天生产的产品数，X 为 n 件产品中的合格产品数，$T(n)$ 为 n 件产品的利润，则 $X \sim B(n, p)$，即 $X \sim B(n, 0.984)$，从而 $EX = np = 0.984n$。由于

$$T(n) = 80X - 20(n - X) = 100X - 20n$$

因此，该企业每天的平均利润为

$$E[T(n)] = E(100X - 20n) = 100EX - 20n = 100 \times 0.984n - 20n = 78.4n$$

从而 n 取决于如下条件：

$$E[T(n)] = 78.4n \geqslant 20000$$

即

$$n \geqslant 255.1020$$

所以，为保证该企业每天平均利润不低于 2 万元，该企业每天至少应生产 256 件产品。

4.2　方　　差

1. 随机变量方差的定义

我们知道，随机变量的数学期望表示随机变量可能的取值的平均这一数字特征，但在许多实际问题中，还需要考虑随机变量可能的取值与其均值的偏离程度。因此，人们自然想到用 $E(|X - EX|)$ 来度量随机变量可能的取值与其均值 EX 的偏离程度，但由于上式中带有绝对值，破坏了函数的一些分析性质，不便于数学运算，所以为了方便，常用 $E(X - EX)^2$ 来度量，这就产生了随机变量方差的概念。

定义　设 X 是一随机变量，如果 $E(X - EX)^2$ 存在，则称之为随机变量 X 的方差，记为 $D(X)$ 或 DX，即

$$DX = E(X - EX)^2 \tag{4.2.1}$$

称 $\sqrt{DX}$ 为随机变量 X 的均方差或标准差。

随机变量的方差 DX 刻画了随机变量 X 可能的取值的集中程度：DX 越小，X 可能的取值越集中（在 EX 的附近）；DX 越大，X 可能的取值越分散。

由方差的定义可以看到，随机变量的方差 DX 是随机变量 X 的函数的数学期望，因此当 X 是离散型随机变量时，其分布律为 $P(X = x_i) = p_i (i = 1, 2, \cdots)$，则

$$DX = \sum_i (x_i - EX)^2 p_i \tag{4.2.2}$$

当 X 为连续型随机变量时，其概率密度为 $f(x)$，则

$$DX = \int_{-\infty}^{+\infty} (x - EX)^2 f(x) \mathrm{d}x \tag{4.2.3}$$

由方差的定义，结合随机变量数学期望的性质，容易得到

$$DX = EX^2 - (EX)^2 \tag{4.2.4}$$

事实上

$$DX = E(X - EX)^2 = E[X^2 - 2X \cdot EX + (EX)^2]$$
$$= EX^2 - 2EX \cdot EX + (EX)^2$$
$$= EX^2 - (EX)^2$$

例 4-22 设离散型随机变量 X 分布律为

X	1	2	3
P	$\dfrac{1}{3}$	$\dfrac{1}{3}$	$\dfrac{1}{3}$

求 DX。

解 由于

$$EX = 1 \times \frac{1}{3} + 2 \times \frac{1}{3} + 3 \times \frac{1}{3} = 2$$

$$EX^2 = 1^2 \times \frac{1}{3} + 2^2 \times \frac{1}{3} + 3^2 \times \frac{1}{3} = \frac{14}{3}$$

因此

$$DX = EX^2 - (EX)^2 = \frac{14}{3} - 2^2 = \frac{2}{3}$$

例 4-23 设随机变量 X 服从参数为 p 的 $0-1$ 分布，即 $X \sim B(1, p)$，求 DX。

解 由于 X 服从参数为 p 的 $0-1$ 分布，因此 X 的分布律为
$$P(X = 0) = 1 - p, \ P(X = 1) = p$$
因为 $EX = p$，而
$$EX^2 = 0^2 \cdot (1 - p) + 1^2 \cdot p = p$$
所以 X 的方差为
$$DX = EX^2 - (EX)^2 = p - p^2 = p(1 - p)$$

例 4-24 设随机变量 X 服从参数为 n，p 的二项分布，即 $X \sim B(n, p)$，求 DX。

解 由于 $X \sim B(n, p)$，因此 X 的分布律为
$$P(X = k) = C_n^k p^k q^{n-k}, \quad k = 0, 1, 2, \cdots, n, q = 1 - p$$
因为 $EX = np$，而

$$EX^2 = E[X(X - 1)] + EX = \sum_{k=0}^{n} k(k-1)C_n^k p^k q^{n-k} + np$$

$$= n(n-1)p^2 \sum_{k=2}^{n} C_{n-2}^{k-2} p^{k-2} q^{n-k} + np$$

$$= n(n-1)p^2 + np = n^2 p^2 + npq$$

所以 X 的方差为
$$DX = EX^2 - (EX)^2 = n^2 p^2 + npq - (np)^2 = npq$$

例 4 - 25　设随机变量 X 服从参数为 λ 的 Poisson 分布，即 $X \sim P(\lambda)$，求 DX。

解　由于 $X \sim P(\lambda)$，因此 X 的分布律为

$$P(X = k) = \frac{\lambda^k}{k!} \mathrm{e}^{-\lambda}, \quad k = 0, 1, 2, \cdots$$

因为 $EX = \lambda$，而

$$EX^2 = \sum_{k=0}^{\infty} k^2 \cdot \frac{\lambda^k}{k!} \mathrm{e}^{-\lambda} = \sum_{k=1}^{\infty} k \cdot \frac{\lambda^k}{(k-1)!} \mathrm{e}^{-\lambda}$$

$$= \lambda \sum_{m=0}^{\infty} (m+1) \frac{\lambda^m}{m!} \mathrm{e}^{-\lambda} = \lambda \left[\sum_{m=0}^{\infty} m \cdot \frac{\lambda^m}{m!} \mathrm{e}^{-\lambda} + \sum_{m=0}^{\infty} \frac{\lambda^m}{m!} \mathrm{e}^{-\lambda} \right]$$

$$= \lambda(\lambda + 1) = \lambda^2 + \lambda$$

所以 X 的方差为

$$DX = EX^2 - (EX)^2 = \lambda^2 + \lambda - \lambda^2 = \lambda$$

例 4 - 26　设随机变量 X 服从参数为 p 的几何分布，求 DX。

解　由于 X 服从参数为 p 的几何分布，因此 X 的分布律为

$$P(X = k) = q^{k-1} p, \quad k = 1, 2, \cdots, 0 < p < 1, q = 1 - p$$

因为 $EX = 1/p$，而

$$EX^2 = \sum_{k=1}^{\infty} k^2 q^{k-1} p = p \Big[q \sum_{k=1}^{\infty} (q^k)' \Big]' = p \Big[\frac{q}{(1-q)^2} \Big]' = \frac{2-p}{p^2}$$

所以 X 的方差为

$$DX = EX^2 - (EX)^2 = \frac{2-p}{p^2} - \left(\frac{1}{p} \right)^2 = \frac{1-p}{p^2}$$

对于服从参数为 N、M、n 的超几何分布随机变量 X，它的分布律为

$$P(X = k) = \frac{\mathrm{C}_M^k \mathrm{C}_{N-M}^{n-k}}{\mathrm{C}_N^n}, \quad k = 0, 1, 2, \cdots, \min\{M, n\}$$

它的方差为

$$DX = \frac{nM(N-M)(N-n)}{N^2(N-1)}$$

例 4 - 27　设连续型随机变量 X 的概率密度为

$$f(x) = \begin{cases} 1 + x, & -1 \leqslant x \leqslant 0 \\ 1 - x, & 0 < x \leqslant 1 \\ 0, & \text{其他} \end{cases}$$

求 DX。

解　由于

$$EX = \int_{-1}^{0} x(1+x)\,\mathrm{d}x + \int_{0}^{1} x(1-x)\,\mathrm{d}x = 0$$

$$EX^2 = \int_{-1}^{0} x^2 (1+x) \mathrm{d}x + \int_{0}^{1} x^2 (1-x) \mathrm{d}x = \frac{1}{6}$$

因此

$$DX = EX^2 - (EX)^2 = \frac{1}{6} - 0^2 = \frac{1}{6}$$

例 4-28 设随机变量 X 在区间 (a, b) 上服从均匀分布, 即 $X \sim U(a, b)$, 求 DX。

解 由于 $X \sim U(a, b)$, 因此 X 的概率密度为

$$f(x) = \begin{cases} \dfrac{1}{b-a}, & a < x < b \\ 0, & \text{其他} \end{cases}$$

因为 $EX = \dfrac{a+b}{2}$, 而

$$EX^2 = \int_{-\infty}^{+\infty} x^2 f(x) \mathrm{d}x = \int_{a}^{b} x^2 \cdot \frac{1}{b-a} \mathrm{d}x$$

$$= \frac{1}{b-a} \cdot \frac{b^3 - a^3}{3} = \frac{b^2 + ab + a^2}{3}$$

所以 X 的方差为

$$DX = EX^2 - (EX)^2 = \frac{b^2 + ab + a^2}{3} - \left(\frac{a+b}{2}\right)^2 = \frac{(b-a)^2}{12}$$

例 4-29 设随机变量 X 服从参数为 μ、σ^2 的正态分布, 即 $X \sim N(\mu, \sigma^2)$, 求 DX。

解 由于 $X \sim N(\mu, \sigma^2)$, 因此 X 的概率密度为

$$f(x) = \frac{1}{\sqrt{2\pi}\sigma} \mathrm{e}^{-\frac{(x-\mu)^2}{2\sigma^2}}, \quad -\infty < x < +\infty$$

因为 $EX = \mu$, 所以 X 的方差为

$$DX = E(X - EX)^2 = \int_{-\infty}^{+\infty} (x - EX)^2 f(x) \mathrm{d}x = \int_{-\infty}^{+\infty} (x - \mu)^2 \frac{1}{\sqrt{2\pi}\sigma} \mathrm{e}^{-\frac{(x-\mu)^2}{2\sigma^2}} \mathrm{d}x$$

做变换 $\dfrac{x-\mu}{\sigma} = t$, 则

$$DX = \int_{-\infty}^{+\infty} (\sigma t)^2 \frac{1}{\sqrt{2\pi}} \mathrm{e}^{-\frac{t^2}{2}} \mathrm{d}t = -\frac{1}{\sqrt{2\pi}}\sigma^2 \int_{-\infty}^{+\infty} t \, \mathrm{d}(\mathrm{e}^{-\frac{t^2}{2}})$$

$$= -\frac{1}{\sqrt{2\pi}}\sigma^2 \left[t\mathrm{e}^{-\frac{t^2}{2}} \right]_{-\infty}^{+\infty} + \sigma^2 \int_{-\infty}^{+\infty} \frac{1}{\sqrt{2\pi}} \mathrm{e}^{-\frac{t^2}{2}} \mathrm{d}t = \sigma^2$$

例 4-30 设随机变量 X 服从参数为 λ 的指数分布, 即 $X \sim E(\lambda)$, 求 DX。

解 由于 $X \sim E(\lambda)$, 因此 X 的概率密度为

$$f(x) = \begin{cases} \lambda \mathrm{e}^{-\lambda x}, & x > 0 \\ 0, & x \leqslant 0 \end{cases}$$

因为 $EX = \dfrac{1}{\lambda}$，而

$$
\begin{aligned}
EX^2 &= \int_{-\infty}^{+\infty} x^2 f(x)\,\mathrm{d}x = \int_0^{+\infty} x^2 \cdot \lambda \mathrm{e}^{-\lambda x}\,\mathrm{d}x \\
&= -\int_0^{+\infty} x^2 \mathrm{d}(\mathrm{e}^{-\lambda x}) = [-x^2 \mathrm{e}^{-\lambda x}]_0^{+\infty} + 2\int_0^{+\infty} x\mathrm{e}^{-\lambda x}\,\mathrm{d}x \\
&= \frac{2}{\lambda}\int_0^{+\infty} x \cdot \lambda \mathrm{e}^{-\lambda x}\,\mathrm{d}x = \frac{2}{\lambda^2}
\end{aligned}
$$

所以 X 的方差为

$$
DX = EX^2 - (EX)^2 = \frac{2}{\lambda^2} - \left(\frac{1}{\lambda}\right)^2 = \frac{1}{\lambda^2}
$$

2. 随机变量方差的性质

性质 1　设 C 是常数，则 $DC=0$。

证明　$DC = E(C-EC)^2 = E(C-C)^2 = 0$

性质 2　设 X 是随机变量，C 是常数，则 $D(X+C)=DX$。

证明　
$$
\begin{aligned}
D(X+C) &= E[(X+C) - E(X+C)]^2 = E(X+C-EX-C)^2 \\
&= E(X-EX)^2 = DX
\end{aligned}
$$

性质 3　设 X 是随机变量，C 是常数，则 $D(CX)=C^2 DX$。

证明　
$$
\begin{aligned}
D(CX) &= E[CX - E(CX)]^2 = E(CX - C \cdot EX)^2 \\
&= E[C(X-EX)]^2 = C^2 E(X-EX)^2 = C^2 DX
\end{aligned}
$$

性质 4　设 X、Y 是相互独立的随机变量，则

$$
D(X+Y) = DX + DY
$$

证明　由于 X、Y 相互独立，因此 $E(XY) = EX \cdot EY$，从而

$$
\begin{aligned}
D(X+Y) &= E[X+Y-E(X+Y)]^2 \\
&= E[(X-EX)+(Y-EY)]^2 \\
&= E(X-EX)^2 + E(Y-EY)^2 + 2E[(X-EX)(Y-EY)] \\
&= DX + DY + 2[E(XY) - EX \cdot EY - EY \cdot EX + EX \cdot EY] \\
&= DX + DY + 2[E(XY) - EX \cdot EY] \\
&= DX + DY
\end{aligned}
$$

性质 4 可以推广到有限个相互独立随机变量的情况，设 X_1，X_2，$\cdots$，X_n 是相互独立的随机变量，则

$$
D(X_1 + X_2 + \cdots + X_n) = DX_1 + DX_2 + \cdots + DX_n
$$

性质 5　设 X 是随机变量，则 $DX=0$ 的充要条件是 X 以概率 1 取常数 EX，即 $P(X=EX)=1$。

定理 1　设随机变量 $X \sim B(n, p)$，则

$$X = X_1 + X_2 + \cdots + X_n$$

其中 X_1，X_2，$\cdots$，X_n 相互独立且同服从参数为 p 的 $0-1$ 分布。

证明 由于事件 $\{X_1 + X_2 + \cdots + X_n = k\}$ 发生只需当且仅当 X_1，X_2，$\cdots$，X_n 中有 k 个随机变量取 1，其余取 0，而这种方式共有 C_n^k 种，它们两两互不相容，且每种方式发生的概率均为 $p^k q^{n-k}$，因此 $P(X_1 + X_2 + \cdots + X_n = k) = C_n^k p^k q^{n-k}$（$q = 1 - p$，$k = 0$，$1$，$2$，$\cdots$，$n$），从而 $X = X_1 + X_2 + \cdots + X_n$。

例 4-31 设随机变量 X 服从参数为 n、p 的二项分布，即 $X \sim B(n, p)$，求 EX、DX。

解 设 $X \sim B(n, p)$，由定理 1 得 $X = X_1 + X_2 + \cdots + X_n$，其中 X_1，X_2，$\cdots$，X_n 相互独立且同服从参数为 p 的 $0-1$ 分布。由于 $EX_i = p$，$DX_i = pq$（$i = 1$，2，$\cdots$，n），因此

$$EX = EX_1 + EX_2 + \cdots + EX_n = np$$

又由于 X_1，X_2，$\cdots$，X_n 相互独立，故

$$DX = DX_1 + DX_2 + \cdots + DX_n = npq$$

定理 2 设 $X_i \sim N(\mu_i, \sigma_i^2)$（$i = 1$，$2$，$\cdots$，$n$），且它们相互独立，$c_1$，$c_2$，$\cdots$，$c_n$ 是不全为零的常数，则

$$c_1 X_1 + c_2 X_2 + \cdots + c_n X_n \sim N(c_1 \mu_1 + c_2 \mu_2 + \cdots + c_n \mu_n, c_1^2 \sigma_1^2 + c_2^2 \sigma_2^2 + \cdots + c_n^2 \sigma_n^2)$$

证明 由和的分布可归纳得 $c_1 X_1 + c_2 X_2 + \cdots + c_n X_n$ 服从正态分布，由于

$$E(c_1 X_1 + c_2 X_2 + \cdots + c_n X_n) = c_1 EX_1 + c_2 EX_2 + \cdots + c_n EX_n$$
$$= c_1 \mu_1 + c_2 \mu_2 + \cdots + c_n \mu_n$$

又由于 X_1，X_2，$\cdots$，X_n 相互独立，故

$$D(c_1 X_1 + c_2 X_2 + \cdots + c_n X_n) = c_1^2 DX_1 + c_2^2 DX_2 + \cdots + c_n^2 DX_n$$
$$= c_1^2 \sigma_1^2 + c_2^2 \sigma_2^2 + \cdots + c_n^2 \sigma_n^2$$

因此

$$c_1 X_1 + c_2 X_2 + \cdots + c_n X_n \sim N(c_1 \mu_1 + c_2 \mu_2 + \cdots + c_n \mu_n, c_1^2 \sigma_1^2 + c_2^2 \sigma_2^2 + \cdots + c_n^2 \sigma_n^2)$$

例 4-32 设随机变量 $X \sim N(1, 3)$，$Y \sim N(1, 4)$，且 X、Y 相互独立，求 $Z = X - 2Y$ 的概率密度。

解 由于 X、Y 相互独立且都服从正态分布，因此 $Z = X - 2Y$ 服从正态分布，又由于

$$EZ = E(X - 2Y) = EX - 2EY = 1 - 2 \times 1 = -1$$
$$DZ = D(X - 2Y) = DX + 4DY = 3 + 4 \times 4 = 19$$

故 $Z \sim N(-1, 19)$，从而 Z 的概率密度为

$$f_Z(z) = \frac{1}{\sqrt{38\pi}} e^{-\frac{(z+1)^2}{38}}, \quad -\infty < z < +\infty$$

例 4-33 设随机变量 X_1，X_2、X_3 相互独立，其中 X_1 在区间 $[0, 6]$ 上服从均匀分布，X_2 服从正态分布 $N(0, 2^2)$，X_3 服从参数为 3 的 Poisson 分布，记 $Y = X_1 - 2X_2 + 3X_3$，求 DY。

解　由于 X_1，X_2，X_3 相互独立，且 $DX_1 = \dfrac{(6-0)^2}{12} = 3$，$DX_2 = 4$，$DX_3 = 3$，因此

$$DY = D(X_1 - 2X_2 + 3X_3) = DX_1 + 4DX_2 + 9DX_3 = 3 + 16 + 27 = 46$$

4.3　协方差与相关系数

1. 协方差的定义和性质

对于二维随机变量 (X, Y)，往往需要讨论它们之间的相关关系，比如线性关系。这样，除了讨论 X 与 Y 的数学期望和方差外，还需要讨论描述 X 与 Y 之间相互关系的数字特征，为此，我们引入以下定义。

定义 1　设 X、Y 是随机变量，若 $E[(X-EX)(Y-EY)]$ 存在，则称之为 X 与 Y 的协方差，记为 $\mathrm{cov}(X, Y)$，即

$$\mathrm{cov}(X, Y) = E[(X - EX)(Y - EY)] \tag{4.3.1}$$

由协方差的定义，结合随机变量数学期望的性质，容易得到

$$\mathrm{cov}(X, Y) = E(XY) - EX \cdot EY \tag{4.3.2}$$

事实上

$$\begin{aligned}
\mathrm{cov}(X, Y) &= E[(X - EX)(Y - EY)] \\
&= E(XY - X \cdot EY - Y \cdot EX + EX \cdot EY) \\
&= E(XY) - EX \cdot EY - EY \cdot EX + EX \cdot EY \\
&= E(XY) - EX \cdot EY
\end{aligned}$$

例 4‑34　设二维离散型随机变量 (X, Y) 的联合分布律为

X \ Y	0	1	2
0	0.6	0.0	0.1
1	0.0	0.1	0.0
2	0.1	0.0	0.1

求 $\mathrm{cov}(X, Y)$。

解　由于

$$EX = 0 \times (0.6 + 0.0 + 0.1) + 1 \times (0.0 + 0.1 + 0.0) + 2 \times (0.1 + 0.0 + 0.1) = 0.5$$

$$EY = 0 \times (0.6 + 0.0 + 0.1) + 1 \times (0.0 + 0.1 + 0.0) + 2 \times (0.1 + 0.0 + 0.1) = 0.5$$

$$\begin{aligned}
E(XY) &= (0 \times 0) \times 0.6 + (0 \times 1) \times 0.0 + (0 \times 2) \times 0.1 \\
&\quad + (1 \times 0) \times 0.0 + (1 \times 1) \times 0.1 + (1 \times 2) \times 0.0 \\
&\quad + (2 \times 0) \times 0.1 + (2 \times 1) \times 0.0 + (2 \times 2) \times 0.1 = 0.5
\end{aligned}$$

因此
$$\mathrm{cov}(X,Y)=E(XY)-EX\cdot EY=0.5-0.5\times 0.5=0.25$$

例 4 - 35 设二维连续型随机变量(X,Y)的联合概率密度为
$$f(x,y)=\begin{cases}1, & |y|<x, 0<x<1 \\ 0, & \text{其他}\end{cases}$$

求 $\mathrm{cov}(X,Y)$。

解 设 $G=\{(x,y)\mid |y|<x, 0<x<1\}$，如图 4 - 1 所示，则

$$EX=\int_{-\infty}^{+\infty}\int_{-\infty}^{+\infty}xf(x,y)\mathrm{d}x\mathrm{d}y=\iint\limits_{G}x\mathrm{d}x\mathrm{d}y=\int_{0}^{1}\mathrm{d}x\int_{-x}^{x}x\mathrm{d}y=\int_{0}^{1}2x^2\mathrm{d}x=\frac{2}{3}$$

$$EY=\int_{-\infty}^{+\infty}\int_{-\infty}^{+\infty}yf(x,y)\mathrm{d}x\mathrm{d}y=\iint\limits_{G}y\mathrm{d}x\mathrm{d}y=\int_{0}^{1}\mathrm{d}x\int_{-x}^{x}y\mathrm{d}y=0$$

$$E(XY)=\int_{-\infty}^{+\infty}\int_{-\infty}^{+\infty}xyf(x,y)\mathrm{d}x\mathrm{d}y=\iint\limits_{G}xy\mathrm{d}x\mathrm{d}y=\int_{0}^{1}x\mathrm{d}x\int_{-x}^{x}y\mathrm{d}y=0$$

从而
$$\mathrm{cov}(X,Y)=E(XY)-EX\cdot EY=0$$

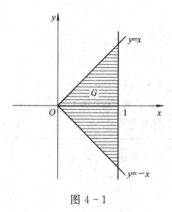

图 4 - 1

协方差具有以下性质。

性质 1 $\mathrm{cov}(X,X)=DX$。

证明 $\mathrm{cov}(X,X)=E[(X-EX)(X-EX)]=E(X-EX)^2=DX$。

性质 2 $\mathrm{cov}(X,Y)=\mathrm{cov}(Y,X)$。

证明 $\mathrm{cov}(X,Y)=E[(X-EX)(Y-EY)]=E[(Y-EY)(X-EX)]=\mathrm{cov}(Y,X)$。

性质 3 $\mathrm{cov}(aX+b,cY+d)=ac\,\mathrm{cov}(X,Y)$，其中 a、b、c、d 为常数。

证明 $\mathrm{cov}(aX+b,cY+d)=E\{[aX+b-E(aX+b)][cY+d-E(cY+d)]\}$
$$=acE[(X-EX)(Y-EY)]=ac\,\mathrm{cov}(X,Y)$$

性质 4 $\mathrm{cov}(X_1+X_2,Y)=\mathrm{cov}(X_1,Y)+\mathrm{cov}(X_2,Y)$。

证明　$\operatorname{cov}(X_1+X_2,Y)=E\{[X_1+X_2-E(X_1+X_2)](Y-EY)\}$

$\qquad\qquad\qquad =E\{[(X_1-EX_1)+(X_2-EX_2)](Y-EY)\}$

$\qquad\qquad\qquad =E[(X_1-EX_1)(Y-EY)]+E[(X_2-EX_2)(Y-EY)]$

$\qquad\qquad\qquad =\operatorname{cov}(X_1,Y)+\operatorname{cov}(X_2,Y)$

性质 5　$D(X\pm Y)=DX+DY\pm2\operatorname{cov}(X,Y)$。

证明　$D(X\pm Y)=E[X\pm Y-E(X\pm Y)]^2=E[(X-EX)\pm(Y-EY)]^2$

$\qquad\qquad\quad =E(X-EX)^2+E(Y-EY)^2\pm2E[(X-EX)(Y-EY)]$

$\qquad\qquad\quad =DX+DY\pm2\operatorname{cov}(X,Y)$

例 4 - 36　设二维离散型随机变量(X,Y)的联合分布律为

X＼Y	0	1	2
0	$\dfrac{1}{4}$	0	$\dfrac{1}{4}$
1	0	$\dfrac{1}{3}$	0
2	$\dfrac{1}{12}$	0	$\dfrac{1}{12}$

求 $\operatorname{cov}(X-Y,Y)$。

解　由(X,Y)的联合分布律可得 X、Y、XY 的分布律分别为

X	0	1	2
P	$\dfrac{1}{2}$	$\dfrac{1}{3}$	$\dfrac{1}{6}$

Y	0	1	2
P	$\dfrac{1}{3}$	$\dfrac{1}{3}$	$\dfrac{1}{3}$

XY	0	1	4
P	$\dfrac{7}{12}$	$\dfrac{1}{3}$	$\dfrac{1}{12}$

$$EX=0\times\frac{1}{2}+1\times\frac{1}{3}+2\times\frac{1}{6}=\frac{2}{3}$$

$$EY=0\times\frac{1}{3}+1\times\frac{1}{3}+2\times\frac{1}{3}=1$$

$$E(XY)=0\times\frac{7}{12}+1\times\frac{1}{3}+4\times\frac{1}{12}=\frac{2}{3}$$

从而

$$\operatorname{cov}(X,Y)=E(XY)-EX\cdot EY=\frac{2}{3}-\frac{2}{3}\times1=0$$

又由于

$$EY^2=0^2\times\frac{1}{3}+1^2\times\frac{1}{3}+2^2\times\frac{1}{3}=\frac{5}{3}$$

$$DY = EY^2 - (EY)^2 = \frac{5}{3} - 1^2 = \frac{2}{3}$$

故

$$\text{cov}(X-Y, Y) = \text{cov}(X, Y) - \text{cov}(Y, Y) = \text{cov}(X, Y) - DY = 0 - \frac{2}{3} = -\frac{2}{3}$$

例 4-37 设二维连续型随机变量 (X, Y) 的联合概率密度为

$$f(x, y) = \begin{cases} x+y, & 0 \leqslant x \leqslant 1, \ 0 \leqslant y \leqslant 1 \\ 0, & \text{其他} \end{cases}$$

求 $D(2X-3Y+8)$。

解

$$EX = \int_{-\infty}^{+\infty} \int_{-\infty}^{+\infty} x f(x, y) \mathrm{d}x \mathrm{d}y = \int_0^1 \mathrm{d}y \int_0^1 x(x+y) \mathrm{d}x = \frac{7}{12}$$

$$EX^2 = \int_{-\infty}^{+\infty} \int_{-\infty}^{+\infty} x^2 f(x, y) \mathrm{d}x \mathrm{d}y = \int_0^1 \mathrm{d}y \int_0^1 x^2(x+y) \mathrm{d}x = \frac{5}{12}$$

$$DX = EX^2 - (EX)^2 = \frac{5}{12} - \left(\frac{7}{12}\right)^2 = \frac{11}{144}$$

根据对称性，得

$$EY = \frac{7}{12}, \ DY = \frac{11}{144}$$

$$E(XY) = \int_{-\infty}^{+\infty} \int_{-\infty}^{+\infty} xy f(x, y) \mathrm{d}x \mathrm{d}y = \int_0^1 \mathrm{d}y \int_0^1 xy(x+y) \mathrm{d}x = \frac{1}{3}$$

从而

$$\text{cov}(X, Y) = E(XY) - EX \cdot EY = \frac{1}{3} - \frac{7}{12} \times \frac{7}{12} = -\frac{1}{144}$$

故

$$D(2X-3Y+8) = 4DX + 9DY - 2\text{cov}(2X, 3Y)$$
$$= 4DX + 9DY - 12\text{cov}(X, Y)$$
$$= 4 \times \frac{11}{144} + 9 \times \frac{11}{144} - 12 \times \left(-\frac{1}{144}\right) = \frac{155}{144}$$

例 4-38 设二维离散型随机变量 (X, Y) 的联合分布律为

X \ Y	-1	0	1
0	$\frac{1}{3}$	0	a
1	$\frac{1}{4}$	b	$\frac{1}{12}$

且 $P(X+Y=1 \mid X=0) = 1/3$，试求：

(1) 常数 a，b；

(2) $\mathrm{cov}(X,Y)$。

解　(1) 由于

$$P(X+Y=1\mid X=0)=\frac{P(X+Y=1,\,X=0)}{P(X=0)}$$

$$=\frac{P(X=0,\,Y=1)}{P(X=0)}=\frac{a}{\frac{1}{3}+a}=\frac{3a}{1+3a}$$

因此 $\dfrac{3a}{1+3a}=\dfrac{1}{3}$，从而 $a=\dfrac{1}{6}$。

又由于 $a+b+\dfrac{1}{3}+\dfrac{1}{4}+\dfrac{1}{12}=1$，$a=\dfrac{1}{6}$，故 $b=\dfrac{1}{6}$。

(2) 由 (X,Y) 的联合分布律可得 X、Y、XY 的分布律分别为

X	0	1
P	$\dfrac{1}{2}$	$\dfrac{1}{2}$

Y	-1	0	1
P	$\dfrac{7}{12}$	$\dfrac{1}{6}$	$\dfrac{1}{4}$

XY	-1	0	1
P	$\dfrac{1}{4}$	$\dfrac{2}{3}$	$\dfrac{1}{12}$

$$EX=\frac{1}{2},\quad EY=-1\times\frac{7}{12}+0\times\frac{1}{6}+1\times\frac{1}{4}=-\frac{1}{3}$$

$$E(XY)=-1\times\frac{1}{4}+0\times\frac{2}{3}+1\times\frac{1}{12}=-\frac{1}{6}$$

故

$$\mathrm{cov}(X,Y)=E(XY)-EX\cdot EY=-\frac{1}{6}-\frac{1}{2}\times\left(-\frac{1}{3}\right)=0$$

例 4-39　箱中装有 6 只球，其中红、白、黑球的个数分别为 1、2、3，现从箱中随机地取出 2 只球，记 X 为取出的红球数，Y 为取出的白球数。试求：

(1) 二维离散型随机变量 (X,Y) 的联合分布律；

(2) $\mathrm{cov}(X,Y)$。

解　(1) X 可能的取值为 0、1，Y 可能的取值为 0、1、2，且

$$P(X=0,\,Y=0)=\frac{C_3^2}{C_6^2}=\frac{1}{5}$$

$$P(X=0,\,Y=1)=\frac{C_2^1 C_3^1}{C_6^2}=\frac{2}{5}$$

$$P(X=0,\,Y=2)=\frac{C_2^2}{C_6^2}=\frac{1}{15}$$

$$P(X=1,\,Y=0)=\frac{C_1^1 C_3^1}{C_6^2}=\frac{1}{5}$$

$$P(X=1, Y=1) = \frac{C_1^1 C_2^1}{C_6^2} = \frac{2}{15}$$

$$P(X=1, Y=2) = 0$$

即(X, Y)的联合分布律为

Y X	0	1	2
0	$\frac{1}{5}$	$\frac{2}{5}$	$\frac{1}{15}$
1	$\frac{1}{5}$	$\frac{2}{15}$	0

(2) 由(X, Y)的联合分布律可得 X、Y、XY 的分布律分别为

X	0	1
P	$\frac{2}{3}$	$\frac{1}{3}$

Y	0	1	2
P	$\frac{2}{5}$	$\frac{8}{15}$	$\frac{1}{15}$

XY	0	1
P	$\frac{13}{15}$	$\frac{2}{15}$

$$EX = \frac{1}{3}, \quad EY = 0 \times \frac{2}{5} + 1 \times \frac{8}{15} + 2 \times \frac{1}{15} = \frac{2}{3}, \quad E(XY) = \frac{2}{15}$$

故
$$\text{cov}(X, Y) = E(XY) - EX \cdot EY = \frac{2}{15} - \frac{1}{3} \times \frac{2}{3} = -\frac{4}{45}$$

2. 相关系数的定义和性质

定义 2 设 X、Y 是随机变量，若 $DX > 0$，$DY > 0$，则称

$$\rho_{XY} = \frac{\text{cov}(X, Y)}{\sqrt{DX}\sqrt{DY}} \tag{4.3.3}$$

为 X 与 Y 的相关系数。

例 4-40 设箱中装有 100 件产品，其中一等品、二等品和三等品分别为 80 件、10 件和 10 件，现随机地抽取 1 件。记

$$X_i = \begin{cases} 1, & \text{若抽到 } i \text{ 等品} \\ 0, & \text{其他} \end{cases}, \quad i = 1, 2, 3$$

试求随机变量 X_1 与 X_2 的相关系数。

解 先求二维离散型随机变量(X_1, X_2)的联合分布律。X_1、X_2 可能的取值为 0、1，且

$$P(X_1=0, X_2=0) = P(X_3=1) = \frac{10}{100} = 0.1$$

$$P(X_1=0, X_2=1) = P(X_2=1) = \frac{10}{100} = 0.1$$

$$P(X_1=1, X_2=0) = P(X_1=1) = \frac{80}{100} = 0.8$$

$$P(X_1=1，X_2=1)=0$$

即$(X_1，X_2)$的联合分布律为

X_1 \ X_2	0	1
0	0.1	0.1
1	0.8	0

再求 X_1 与 X_2 的相关系数。由$(X_1，X_2)$的联合分布律可得 X_1、X_2 的分布律分别为

X_1	0	1
P	0.2	0.8

X_2	0	1
P	0.9	0.1

$$EX_1=0.8，DX_1=0.8\times0.2=0.16$$
$$EX_2=0.1，DX_2=0.1\times0.9=0.09$$
$$E(X_1X_2)=0\times0\times0.1+0\times1\times0.1+1\times0\times0.8+1\times1\times0=0$$

从而

$$\mathrm{cov}(X_1，X_2)=E(X_1X_2)-EX_1\cdot EX_2=0-0.8\times0.1=-0.08$$

故

$$\rho_{X_1X_2}=\frac{\mathrm{cov}(X_1，X_2)}{\sqrt{DX_1}\sqrt{DX_2}}=\frac{-0.08}{\sqrt{0.16}\times\sqrt{0.09}}=-\frac{2}{3}$$

例 4-41　设二维连续型随机变量$(X，Y)$的联合概率密度为

$$f(x，y)=\begin{cases}\dfrac{1}{2}\sin(x+y)，&0\leqslant x\leqslant\dfrac{\pi}{2}，0\leqslant y\leqslant\dfrac{\pi}{2}\\0，&其他\end{cases}$$

试求随机变量 X、Y 的相关系数 ρ_{XY}。

解
$$EX=\int_{-\infty}^{+\infty}\int_{-\infty}^{+\infty}xf(x，y)\mathrm{d}x\mathrm{d}y=\int_0^{\frac{\pi}{2}}\int_0^{\frac{\pi}{2}}x\cdot\frac{1}{2}\sin(x+y)\mathrm{d}x\mathrm{d}y$$

$$=\frac{1}{2}\int_0^{\frac{\pi}{2}}x(\cos x+\sin x)\mathrm{d}x=\frac{\pi}{4}-\frac{1}{2}\int_0^{\frac{\pi}{2}}(\sin x-\cos x)\mathrm{d}x=\frac{\pi}{4}$$

$$EX^2=\int_{-\infty}^{+\infty}\int_{-\infty}^{+\infty}x^2f(x，y)\mathrm{d}x\mathrm{d}y=\int_0^{\frac{\pi}{2}}\int_0^{\frac{\pi}{2}}x^2\cdot\frac{1}{2}\sin(x+y)\mathrm{d}x\mathrm{d}y$$

$$=\frac{1}{2}\int_0^{\frac{\pi}{2}}x^2(\cos x+\sin x)\mathrm{d}x=\frac{\pi^2}{8}+\frac{\pi}{2}-2$$

$$DX=EX^2-(EX)^2=\frac{\pi^2}{8}+\frac{\pi}{2}-2-\frac{\pi^2}{16}=\frac{\pi^2}{16}+\frac{\pi}{2}-2$$

同理可得

$$EY = \frac{\pi}{4}, \quad DY = \frac{\pi^2}{16} + \frac{\pi}{2} - 2$$

$$E(XY) = \int_{-\infty}^{+\infty} \int_{-\infty}^{+\infty} xy f(x, y) \mathrm{d}x \mathrm{d}y = \int_0^{\frac{\pi}{2}} \int_0^{\frac{\pi}{2}} xy \cdot \frac{1}{2} \sin(x+y) \mathrm{d}x \mathrm{d}y$$

$$= \frac{1}{2} \int_0^{\frac{\pi}{2}} x \left[\left(\frac{\pi}{2} - 1 \right) \sin x + \cos x \right] \mathrm{d}x$$

$$= \frac{1}{2} \left[\left(\frac{\pi}{2} - 1 \right) \int_0^{\frac{\pi}{2}} x \sin x \mathrm{d}x + \int_0^{\frac{\pi}{2}} x \cos x \mathrm{d}x \right] = \frac{\pi}{2} - 1$$

从而

$$\mathrm{cov}(X, Y) = E(XY) - EX \cdot EY = \frac{\pi}{2} - 1 - \frac{\pi^2}{16}$$

故

$$\rho_{XY} = \frac{\mathrm{cov}(X, Y)}{\sqrt{DX}\sqrt{DY}} = \frac{\dfrac{\pi}{2} - 1 - \dfrac{\pi^2}{16}}{\dfrac{\pi^2}{16} + \dfrac{\pi}{2} - 2}$$

例 4-42　设离散型随机变量 X 与 Y 的分布律分别为

X	0	1
P	$\frac{1}{3}$	$\frac{2}{3}$

Y	-1	0	1
P	$\frac{1}{3}$	$\frac{1}{3}$	$\frac{1}{3}$

且 $P(X^2 = Y^2) = 1$。试求：

(1) 二维离散型随机变量 (X, Y) 的联合分布律；

(2) $Z = XY$ 的分布律；

(3) X 与 Y 的相关系数 ρ_{XY}。

解　(1) 由 $P(X^2 = Y^2) = 1$，得 $P(X^2 \neq Y^2) = 0$，从而

$$P(X=0, Y=-1) = P(X=0, Y=1) = P(X=1, Y=0) = 0$$

故 (X, Y) 的联合分布律为

X \ Y	-1	0	1
0	0	$\frac{1}{3}$	0
1	$\frac{1}{3}$	0	$\frac{1}{3}$

(2) $Z = XY$ 可能的取值为 -1、0、1，由 (X, Y) 的联合分布律可得 Z 的分布律为

Z	-1	0	1
P	$\dfrac{1}{3}$	$\dfrac{1}{3}$	$\dfrac{1}{3}$

（3）由 X、Y 及 Z 的分布律，得

$$EX = \frac{2}{3},\ DX = \frac{2}{9},\ EY = 0,\ DY = \frac{2}{3},\ EZ = E(XY) = 0$$

从而

$$\mathrm{cov}(X,\ Y) = 0$$

故

$$\rho_{XY} = 0$$

定理 1　设二维连续型随机变量 $(X,\ Y) \sim N(\mu_1,\ \mu_2;\ \sigma_1^2,\ \sigma_2^2;\ \rho)$，则 $\rho_{XY} = \rho$。

证明　由于 $(X,\ Y) \sim N(\mu_1,\ \mu_2;\ \sigma_1^2,\ \sigma_2^2;\ \rho)$，因此 $(X,\ Y)$ 的联合概率密度为

$$f(x,\ y) = \frac{1}{2\pi\sigma_1\sigma_2\sqrt{1-\rho^2}} e^{-\frac{1}{2(1-\rho^2)}\left[\frac{(x-\mu_1)^2}{\sigma_1^2} - 2\rho\frac{(x-\mu_1)(y-\mu_2)}{\sigma_1\sigma_2} + \frac{(y-\mu_2)^2}{\sigma_2^2}\right]},\quad x,\ y \in \mathbf{R}$$

且 $EX = \mu_1$，$EY = \mu_2$，$DX = \sigma_1^2$，$DY = \sigma_2^2$，从而

$$\mathrm{cov}(X,\ Y) = E\left[(X-\mu_1)(Y-\mu_2)\right] = \int_{-\infty}^{+\infty}\int_{-\infty}^{+\infty}(x-\mu_1)(y-\mu_2)f(x,\ y)\mathrm{d}x\mathrm{d}y$$

又由于

$$\frac{(y-\mu_2)^2}{\sigma_2^2} - 2\rho\frac{(x-\mu_1)(y-\mu_2)}{\sigma_1\sigma_2} = \left(\frac{y-\mu_2}{\sigma_2} - \rho\frac{x-\mu_1}{\sigma_1}\right)^2 - \rho^2\frac{(x-\mu_1)^2}{\sigma_1^2}$$

做变换 $u = \dfrac{x-\mu_1}{\sigma_1}$，$v = \dfrac{1}{\sqrt{1-\rho^2}}\left(\dfrac{y-\mu_2}{\sigma_2} - \rho\dfrac{x-\mu_1}{\sigma_1}\right)$，则

$$\mathrm{cov}(X,\ Y) = \frac{1}{2\pi}\int_{-\infty}^{+\infty}\int_{-\infty}^{+\infty}(\sigma_1\sigma_2\sqrt{1-\rho^2}\,uv + \rho\sigma_1\sigma_2 u^2)e^{-\frac{u^2+v^2}{2}}\mathrm{d}u\mathrm{d}v$$

$$= \frac{\rho\sigma_1\sigma_2}{2\pi}\left(\int_{-\infty}^{+\infty}u^2 e^{-\frac{u^2}{2}}\mathrm{d}u\right)\left(\int_{-\infty}^{+\infty}e^{-\frac{v^2}{2}}\mathrm{d}v\right) + \frac{\sigma_1\sigma_2\sqrt{1-\rho^2}}{2\pi}\left(\int_{-\infty}^{+\infty}u e^{-\frac{u^2}{2}}\mathrm{d}u\right)\left(\int_{-\infty}^{+\infty}v e^{-\frac{v^2}{2}}\mathrm{d}v\right)$$

$$= \frac{\rho\sigma_1\sigma_2}{2\pi}\cdot\sqrt{2\pi}\cdot\sqrt{2\pi} = \rho\sigma_1\sigma_2$$

故

$$\rho_{XY} = \frac{\mathrm{cov}(X,\ Y)}{\sqrt{DX}\sqrt{DY}} = \frac{\rho\sigma_1\sigma_2}{\sigma_1\sigma_2} = \rho$$

定理 1 说明，二维正态随机变量 $(X,\ Y)$ 的联合概率密度中的参数 ρ 就是 X 与 Y 的相关系数，因而二维正态随机变量的分布完全可由 X、Y 各自的数学期望、方差以及它们的相关系数所确定。

定理 2（Cauchy - Schwarz 不等式）　设 X、Y 是随机变量，且 $EX^2 < +\infty$，$EY^2 <$

$+\infty$，则

$$[E(XY)]^2 \leqslant EX^2 EY^2$$

证明　由于 $EX^2 < +\infty$，$EY^2 < +\infty$，且 $|XY| \leqslant \dfrac{1}{2}(X^2+Y^2)$，因此 $E(XY)$ 存在。又由于 $\forall\, t \in \mathbf{R}$，有

$$0 \leqslant E(X+tY)^2 = EX^2 + 2tE(XY) + t^2 EY^2$$

所以关于 t 的二次三项式的判别式非正，从而

$$[2E(XY)]^2 - 4EX^2 EY^2 \leqslant 0$$

即

$$[E(XY)]^2 \leqslant EX^2 EY^2$$

相关系数具有以下性质。

性质 1　$|\rho_{XY}| \leqslant 1$。

证明　由 Cauchy-Schwarz 不等式，得

$$\begin{aligned}
[\mathrm{cov}(X,Y)]^2 &= \{E[(X-EX)(Y-EY)]\}^2 \\
&\leqslant E(X-EX)^2 E(Y-EY)^2 \\
&= DX \cdot DY
\end{aligned}$$

即

$$\left[\frac{\mathrm{cov}(X,Y)}{\sqrt{DX}\sqrt{DY}}\right]^2 \leqslant 1$$

故

$$|\rho_{XY}| \leqslant 1$$

性质 2　设随机变量 X、Y 相互独立且方差均大于零，则 $\rho_{XY} = 0$。

证明　设 X、Y 相互独立，则 $E(XY) = EX \cdot EY$，从而

$$\mathrm{cov}(X,Y) = E(XY) - EX \cdot EY = 0$$

故

$$\rho_{XY} = 0$$

性质 3　$|\rho_{XY}| = 1$ 的充要条件是存在常数 $a(a \neq 0)$ 与 b，使得 $P(Y=aX+b)=1$。

证明　由相关系数的定义 (4.3.3) 式知，$|\rho_{XY}| = 1$ 等价于

$$\{E[(X-EX)(Y-EY)]\}^2 = E(X-EX)^2 E(Y-EY)^2 \tag{4.3.4}$$

由于 (4.3.4) 式等价于关于 t 的一元二次方程

$$t^2 E(X-EX)^2 + 2tE[(X-EX)(Y-EY)] + E(Y-EY)^2 = 0$$

有重根 $t = t_0$，即

$$E[t_0(X-EX) + (Y-EY)]^2 = 0$$

又由于

$$E[t_0(X-EX)+(Y-EY)]=0$$

因此

$$E[t_0(X-EX)+(Y-EY)]^2-\{E[t_0(X-EX)+(Y-EY)]\}^2=0$$

即

$$D[t_0(X-EX)+(Y-EY)]=0 \qquad (4.3.5)$$

由随机变量方差的性质 5，知(4.3.5)式等价于

$$P\{t_0(X-EX)+(Y-EY)=E[t_0(X-EX)+(Y-EY)]\}=1$$

即

$$P(t_0(X-EX)+(Y-EY)=0)=1$$

亦即

$$P(Y=-t_0X+EY+t_0EX)=1$$

取 $a=-t_0$，$b=EY+t_0EX$，则

$$P(Y=aX+b)=1$$

例 4-43　设二维连续型随机变量(X,Y)的联合概率密度为

$$f(x,y)=\frac{1}{2}[\varphi_1(x,y)+\varphi_2(x,y)]$$

其中 $\varphi_1(x,y)$，$\varphi_2(x,y)$ 都是二维正态随机变量的联合概率密度，且它们对应的二维随机变量的相关系数分别为 $\frac{1}{3}$ 和 $-\frac{1}{3}$，它们的边缘概率密度所对应的随机变量的数学期望都为 0，方差都为 1。

(1) 求(X,Y)关于 X、Y 的边缘概率密度；

(2) 求 X 与 Y 的相关系数；

(3) 问 X 与 Y 是否相互独立，为什么？

解　(1) 由于二维正态随机变量的两个边缘概率密度都是一维正态随机变量的概率密度，因此由题设知，$\varphi_1(x,y)$ 和 $\varphi_2(x,y)$ 的两个边缘概率密度均为标准正态随机变量的概率密度，从而

$$f_X(x)=\int_{-\infty}^{+\infty}f(x,y)\mathrm{d}y=\int_{-\infty}^{+\infty}\frac{1}{2}[\varphi_1(x,y)+\varphi_2(x,y)]\mathrm{d}y$$

$$=\frac{1}{2}\left[\int_{-\infty}^{+\infty}\varphi_1(x,y)\mathrm{d}y+\int_{-\infty}^{+\infty}\varphi_2(x,y)\mathrm{d}y\right]$$

$$=\frac{1}{2}\left[\frac{1}{\sqrt{2\pi}}\mathrm{e}^{-\frac{x^2}{2}}+\frac{1}{\sqrt{2\pi}}\mathrm{e}^{-\frac{x^2}{2}}\right]=\frac{1}{\sqrt{2\pi}}\mathrm{e}^{-\frac{x^2}{2}},\quad -\infty<x<+\infty$$

同理可得

$$f_Y(y) = \frac{1}{\sqrt{2\pi}} e^{-\frac{y^2}{2}}, \quad -\infty < y < +\infty$$

（2）由于 $X \sim N(0, 1)$，$Y \sim N(0, 1)$，因此

$$EX = EY = 0, DX = DY = 1$$

又由于

$$\begin{aligned}
E(XY) &= \int_{-\infty}^{+\infty} \int_{-\infty}^{+\infty} xy f(x, y) \mathrm{d}x \mathrm{d}y \\
&= \frac{1}{2} \left[\int_{-\infty}^{+\infty} \int_{-\infty}^{+\infty} xy\varphi_1(x, y) \mathrm{d}x\mathrm{d}y + \int_{-\infty}^{+\infty} \int_{-\infty}^{+\infty} xy\varphi_2(x, y) \mathrm{d}x\mathrm{d}y \right] \\
&= \frac{1}{2} \left(\frac{1}{3} - \frac{1}{3} \right) = 0
\end{aligned}$$

故

$$\mathrm{cov}(X, Y) = E(XY) - EX \cdot EX = 0$$

从而

$$\rho_{XY} = 0$$

（3）由于

$$\varphi_1(x, y) = \frac{3}{4\pi\sqrt{2}} e^{-\frac{9}{16}\left(x^2 - \frac{2}{3}xy + y^2\right)}, \quad -\infty < x, y < +\infty$$

$$\varphi_2(x, y) = \frac{3}{4\pi\sqrt{2}} e^{-\frac{9}{16}\left(x^2 + \frac{2}{3}xy + y^2\right)}, \quad -\infty < x, y < +\infty$$

因此 (X, Y) 的联合概率密度为

$$\begin{aligned}
f(x, y) &= \frac{1}{2} \left[\varphi_1(x, y) + \varphi_2(x, y) \right] \\
&= \frac{3}{8\pi\sqrt{2}} \left[e^{-\frac{9}{16}\left(x^2 - \frac{2}{3}xy + y^2\right)} + e^{-\frac{9}{16}\left(x^2 + \frac{2}{3}xy + y^2\right)} \right], \quad -\infty < x, y < +\infty
\end{aligned}$$

$$f_X(x)f_Y(y) = \frac{1}{\sqrt{2\pi}} e^{-\frac{x^2}{2}} \cdot \frac{1}{\sqrt{2\pi}} e^{-\frac{y^2}{2}} = \frac{1}{2\pi} e^{-\frac{x^2+y^2}{2}}, \quad -\infty < x, y < +\infty$$

显然 $f(x, y) \neq f_X(x)f_Y(y)$，所以 X 与 Y 不相互独立。

例 4-44 设 A 与 B 是随机事件，$0 < P(A) < 1$，$0 < P(B) < 1$，称

$$\rho = \frac{P(AB) - P(A)P(B)}{\sqrt{P(A)P(\overline{A})}\sqrt{P(B)P(\overline{B})}}$$

为事件 A 与 B 的相关系数。

（1）证明事件 A 与 B 相互独立的充分必要条件是其相关系数 $\rho = 0$；

（2）利用随机变量的相关系数的性质证明 $|\rho| \leqslant 1$。

证明 （1）由 ρ 的定义知，要使 $\rho = 0$ 只需当且仅当 $P(AB) = P(A)P(B)$，即 A 与 B

相互独立的充分必要条件是其相关系数 $\rho=0$。

（2）定义随机变量 X 与 Y 如下：

$$X=\begin{cases}1, & \text{若 } A \text{ 发生} \\ 0, & \text{若 } A \text{ 不发生}\end{cases}, \quad Y=\begin{cases}1, & \text{若 } B \text{ 发生} \\ 0, & \text{若 } B \text{ 不发生}\end{cases}$$

则 X 与 Y 都服从 $0-1$ 分布，其分布律分别为

X	0	1
P	$P(\overline{A})$	$P(A)$

Y	0	1
P	$P(\overline{B})$	$P(B)$

由于

$$EX = P(A), EY = P(B), DX = P(A)P(\overline{A}), DY = P(B)P(\overline{B}), E(XY) = P(AB)$$

因此

$$\mathrm{cov}(X, Y) = E(XY) - EX \cdot EY = P(AB) - P(A)P(B)$$

$$\rho_{XY} = \frac{\mathrm{cov}(X, Y)}{\sqrt{DX}\sqrt{DY}} = \frac{P(AB) - P(A)P(B)}{\sqrt{P(A)P(\overline{A})}\sqrt{P(B)P(\overline{B})}}$$

所以随机变量 X 与 Y 的相关系数就是事件 A 与 B 的相关系数，即 $\rho_{XY}=\rho$，又由于 $|\rho_{XY}|\leqslant 1$，故 $|\rho|\leqslant 1$。

例 4-45　设随机变量 X、Y 具有相同的分布，且 X 的分布律为

$$P(X=0)=\frac{1}{3}, P(X=1)=\frac{2}{3}$$

X 与 Y 的相关系数 $\rho_{XY}=\frac{1}{2}$，试求：

（1）(X, Y) 的联合分布律；

（2）$P(X+Y\leqslant 1)$。

解　（1）X、Y 可能的取值为 0、1，且

$$EX = \frac{2}{3}, EY = \frac{2}{3}, DX = \frac{2}{3}\times\frac{1}{3} = \frac{2}{9}, DY = \frac{2}{3}\times\frac{1}{3} = \frac{2}{9}$$

$$E(XY) = P(X = 1, Y = 1)$$

$$\frac{1}{2} = \rho_{XY} = \frac{\mathrm{cov}(X, Y)}{\sqrt{DX}\sqrt{DY}} = \frac{E(XY) - EX \cdot EY}{\sqrt{DX}\sqrt{DY}} = \frac{P(X = 1, Y = 1) - \frac{2}{3}\times\frac{2}{3}}{\sqrt{\frac{2}{9}}\sqrt{\frac{2}{9}}}$$

解之，得

$$P(X=1, Y=1)=\frac{5}{9}$$

从而

$$P(X=1,Y=0)=\frac{2}{3}-\frac{5}{9}=\frac{1}{9}$$

$$P(X=0,Y=1)=\frac{2}{3}-\frac{5}{9}=\frac{1}{9}$$

$$P(X=0,Y=0)=\frac{1}{3}-\frac{1}{9}=\frac{2}{9}$$

即 (X,Y) 的联合分布律为

Y\X	0	1
0	$\frac{2}{9}$	$\frac{1}{9}$
1	$\frac{1}{9}$	$\frac{5}{9}$

(2) $P(X+Y\leqslant1)=1-P(X+Y>1)=1-P(X=1,Y=1)=1-\frac{5}{9}=\frac{4}{9}$

例 4-46 设连续型随机变量 $X\sim N(0,1)$，$Y=X^3$，试求 X 与 Y 的相关系数。

解 由于 $X\sim N(0,1)$，因此

$$EX=0,DX=1,EX^2=DX+(EX)^2=1$$

$$EY=EX^3=\int_{-\infty}^{+\infty}x^3\frac{1}{\sqrt{2\pi}}e^{-\frac{x^2}{2}}dx=0$$

$$E(XY)=EX^4=\int_{-\infty}^{+\infty}x^4\frac{1}{\sqrt{2\pi}}e^{-\frac{x^2}{2}}dx=-\frac{1}{\sqrt{2\pi}}\int_{-\infty}^{+\infty}x^3d(e^{-\frac{x^2}{2}})$$

$$=\left[-\frac{1}{\sqrt{2\pi}}x^3e^{-\frac{x^2}{2}}\right]_{-\infty}^{+\infty}+3\int_{-\infty}^{+\infty}x^2\frac{1}{\sqrt{2\pi}}e^{-\frac{x^2}{2}}dx=3EX^2=3$$

$$EX^6=\int_{-\infty}^{+\infty}x^6\frac{1}{\sqrt{2\pi}}e^{-\frac{x^2}{2}}dx=-\frac{1}{\sqrt{2\pi}}\int_{-\infty}^{+\infty}x^5d(e^{-\frac{x^2}{2}})$$

$$=\left[-\frac{1}{\sqrt{2\pi}}x^5e^{-\frac{x^2}{2}}\right]_{-\infty}^{+\infty}+5\int_{-\infty}^{+\infty}x^4\frac{1}{\sqrt{2\pi}}e^{-\frac{x^2}{2}}dx=5EX^4=15$$

$$DY=EY^2-(EY)^2=EX^6=15$$

从而

$$\text{cov}(X,Y)=E(XY)-EX\cdot EY=3$$

故

$$\rho_{XY}=\frac{\text{cov}(X,Y)}{\sqrt{DX}\sqrt{DY}}=\frac{3}{\sqrt{15}}=\frac{\sqrt{15}}{5}$$

3. 不相关及其条件

相关系数 ρ_{XY} 的实际意义就在于它是用来刻画随机变量 X、Y 之间有没有线性关系、线性关系强弱的一个数字特征。它的绝对值越大，X、Y 之间的线性关系就越强；反之，它的绝对值越小，X、Y 之间的线性关系就越弱。当 X、Y 之间不存在线性关系时，我们有以下定义。

定义 3　设 X、Y 是随机变量，若 $\rho_{XY}=0$，则称 X 与 Y 不相关。

定理 3　若随机变量 X、Y 相互独立且方差均大于零，则 X、Y 不相关，但反之不然。

证明　设 X、Y 相互独立且方差均大于零，由相关系数的性质 2 知 $\rho_{XY}=0$，则 X、Y 不相关。

例 4 - 47　设二维离散型随机变量 (X,Y) 的联合分布律为

X＼Y	1	4	$p_i.$
-2	0	$\frac{1}{4}$	$\frac{1}{4}$
-1	$\frac{1}{4}$	0	$\frac{1}{4}$
1	$\frac{1}{4}$	0	$\frac{1}{4}$
2	0	$\frac{1}{4}$	$\frac{1}{4}$
$p._j$	$\frac{1}{2}$	$\frac{1}{2}$	1

问 X、Y 是否相关？X、Y 是否相互独立？

解　由于 $EX=0$，$EY=\frac{5}{2}$，$E(XY)=0$，因此 $\text{cov}(X,Y)=0$，从而 $\rho_{XY}=0$，故 X、Y 不相关。但又由于

$$P(X=-2,Y=1)=0\neq\frac{1}{4}\times\frac{1}{2}=P(X=-2)P(Y=1)$$

故 X、Y 不相互独立。事实上，X、Y 具有关系 $Y=X^2$，即 Y 的值完全由 X 的值所确定。

定理 4　若二维连续型随机变量 (X,Y) 服从二维正态分布，则 X、Y 不相关的充要条件是 X、Y 相互独立。

证明　不妨设 $(X,Y)\sim N(\mu_1,\mu_2;\sigma_1^2,\sigma_2^2;\rho)$，由定理 1 知 $\rho_{XY}=\rho$，又由于 X、Y 相互独立的充要条件是 $\rho=0$，故 X、Y 不相关的充要条件是 X、Y 相互独立。

定理 5　设 X、Y 是方差均大于零的随机变量，则

(1) X、Y 不相关的充要条件是 $\text{cov}(X,Y)=0$；

(2) X、Y 不相关的充要条件是 $E(XY)=EX\cdot EY$；

(3) X、Y 不相关的充要条件是 $D(X\pm Y)=DX+DY$；

(4) X、Y 不相关的充要条件是 $D(X+Y)=D(X-Y)$。

例 4-48 设随机变量 X 在区间 $[-1,1]$ 上服从均匀分布，$Y=X^2$，问：

(1) X 与 Y 是否相关；

(2) X 与 Y 是否相互独立，为什么？

解 (1) 由于 $X \sim U[-1,1]$，因此 X 的概率密度为

$$f(x) = \begin{cases} \dfrac{1}{2}, & -1 \leqslant x \leqslant 1 \\ 0, & \text{其他} \end{cases}$$

$$EX=0, \quad DX=\frac{1}{3}, \quad EY=EX^2=DX+(EX)^2=\frac{1}{3}$$

$$E(XY) = EX^3 = \int_{-\infty}^{+\infty} x^3 f(x)\,\mathrm{d}x = \int_{-1}^{1} x^3 \cdot \frac{1}{2}\,\mathrm{d}x = 0$$

从而

$$\mathrm{cov}(X,Y) = E(XY) - EX \cdot EY = 0$$

故 X 与 Y 不相关。

(2) 由于

$$P\left(0 \leqslant X \leqslant \frac{1}{4}\right) = \frac{1}{8}$$

$$P\left(0 \leqslant Y \leqslant \frac{1}{4}\right) = P\left(0 \leqslant X^2 \leqslant \frac{1}{4}\right) = P\left(-\frac{1}{2} \leqslant X \leqslant \frac{1}{2}\right) = \frac{1}{2}$$

$$P\left(0 \leqslant X \leqslant \frac{1}{4}, 0 \leqslant Y \leqslant \frac{1}{4}\right) = P\left(0 \leqslant X \leqslant \frac{1}{4}\right) = \frac{1}{8}$$

因此

$$P\left(0 \leqslant X \leqslant \frac{1}{4}, 0 \leqslant Y \leqslant \frac{1}{4}\right) = \frac{1}{8} \neq \frac{1}{8} \times \frac{1}{2} = P\left(0 \leqslant X \leqslant \frac{1}{4}\right) P\left(0 \leqslant Y \leqslant \frac{1}{4}\right)$$

故 X 与 Y 不相互独立。

例 4-49 设 A，B 是随机事件，若随机变量

$$X = \begin{cases} 1, & \text{若 } A \text{ 发生} \\ -1, & \text{若 } A \text{ 不发生} \end{cases}, \qquad Y = \begin{cases} 1, & \text{若 } B \text{ 发生} \\ -1, & \text{若 } B \text{ 不发生} \end{cases}$$

试证明随机变量 X 与 Y 不相关的充分必要条件是随机事件 A 与 B 相互独立。

证明 记 $P(A)=p_1$，$P(B)=p_2$，$P(AB)=p_{12}$，由数学期望的定义得

$$EX = P(A) - P(\overline{A}) = 2p_1 - 1, \quad EY = P(B) - P(\overline{B}) = 2p_2 - 1$$

由于 XY 只有两个可能的取值 1 和 -1，且

$$P(XY=1) = P(AB) + P(\overline{A}\ \overline{B}) = 2p_{12} - p_1 - p_2 + 1$$

$$P(XY=-1) = 1 - P(XY=1) = p_1 + p_2 - 2p_{12}$$

$$E(XY) = P(XY=1) - P(XY=-1) = 4p_{12} - 2p_1 - 2p_2 + 1$$

因此

$$\text{cov}(X,Y) = E(XY) - EX \cdot EY = 4p_{12} - 4p_1 p_2$$

所以

$$\text{cov}(X, Y) = 0 \quad 当且仅当 \quad p_{12} = p_1 p_2$$

即

$$\text{cov}(X, Y) = 0 \quad 当且仅当 \quad P(AB) = P(A)P(B)$$

故 X 与 Y 不相关的充分必要条件是 A 与 B 相互独立。

4.4　n 维正态随机变量

1. 矩的概念

定义 1　设 X、Y 是随机变量,若

$$EX^k, \quad k = 1, 2, \cdots$$

存在,则称它为 X 的 k 阶原点矩,简称 k 阶矩,记为 μ_k,即

$$\mu_k = EX^k, \quad k = 1, 2, \cdots \tag{4.4.1}$$

若

$$E(X - EX)^k, \quad k = 1, 2, \cdots$$

存在,则称它为 X 的 k 阶中心矩,记为 υ_k,即

$$\upsilon_k = E(X - EX)^k, \quad k = 1, 2, \cdots \tag{4.4.2}$$

若

$$E(X^k Y^l), \quad k, l = 1, 2, \cdots$$

存在,则称它为 X 与 Y 的 $(k+l)$ 阶混合原点矩,简称 $(k+l)$ 阶混合矩,记为 μ_{kl},即

$$\mu_{kl} = E(X^k Y^l), \quad k, l = 1, 2, \cdots \tag{4.4.3}$$

若

$$E[(X - EX)^k (Y - EY)^l], \quad k, l = 1, 2, \cdots$$

存在,则称它为 X 与 Y 的 $(k+l)$ 阶混合中心矩,记为 υ_{kl},即

$$\upsilon_{kl} = E[(X - EX)^k (Y - EY)^l], \quad k, l = 1, 2, \cdots \tag{4.4.4}$$

显然,EX 为 X 的一阶原点矩,DX 为 X 的二阶中心矩,$\text{cov}(X, Y)$ 为 X 与 Y 的二阶混合中心矩。且一阶矩和二阶矩间有如下重要关系:

$$EX^2 = DX + (EX)^2 \tag{4.4.5}$$

例 4-50　设 X 表示 10 次独立重复射击中命中目标的次数,每次射击命中目标的概率为 0.4,求 X^2 的数学期望 EX^2。

解 由于 $X \sim B(10, 0.4)$，因此

$$EX = 10 \times 0.4 = 4, \quad DX = 10 \times 0.4 \times (1 - 0.4) = 2.4$$

$$EX^2 = DX + (EX)^2 = 2.4 + 4^2 = 18.4$$

例 4 - 51 设随机变量 $X \sim P(\lambda)$，且已知 $E[(X-1)(X-2)] = 1$，求参数 λ。

解 由于 $X \sim P(\lambda)$，因此 $EX = DX = \lambda$，又由于

$$1 = E[(X-1)(X-2)] = EX^2 - 3EX + 2$$

$$= DX + (EX)^2 - 3EX + 2$$

$$= \lambda + \lambda^2 - 3\lambda + 2 = \lambda^2 - 2\lambda + 2$$

即 $(\lambda - 1)^2 = 0$，故 $\lambda = 1$。

例 4 - 52 设二维连续型随机变量 $(X, Y) \sim N(1, 1; 2, 2; 0)$，求 $E(X+Y)^2$。

解 由于 $(X, Y) \sim N(1, 1; 2, 2; 0)$，且 $\rho = 0$，因此 $X \sim N(1, 2)$，$Y \sim N(1, 2)$，且 X、Y 相互独立，$EX = EY = 1$，$DX = DY = 2$，从而

$$E(X+Y)^2 = EX^2 + 2E(XY) + EY^2$$

$$= DX + (EX)^2 + 2EX \cdot EY + DY + (EY)^2$$

$$= 2 + 1^2 + 2 \times 1 \times 1 + 2 + 1^2 = 8$$

2. n 维正态随机变量

我们知道，若 $(X_1, X_2) \sim N(\mu_1, \mu_2; \sigma_1^2, \sigma_2^2; \rho)$，则二维正态随机变量 (X_1, X_2) 的联合概率密度为

$$f(x_1, x_2) = \frac{1}{2\pi\sigma_1\sigma_2\sqrt{1-\rho^2}} e^{-\frac{1}{2(1-\rho^2)}\left[\frac{(x_1-\mu_1)^2}{\sigma_1^2} - 2\rho\frac{x_1-\mu_1}{\sigma_1}\frac{x_2-\mu_2}{\sigma_2} + \frac{(x_2-\mu_2)^2}{\sigma_2^2}\right]}, \quad x_1, x_2 \in \mathbf{R}$$

其中 $\mu_1 = EX_1$，$\mu_2 = EX_2$，$\sigma_1^2 = DX_1$，$\sigma_2^2 = DX_2$，$\rho = \rho_{X_1 X_2}$。

下面用向量和矩阵的形式来表示二维正态随机变量的联合概率密度，为此，令

$$\boldsymbol{x} = (x_1, x_2), \quad \boldsymbol{\mu} = (\mu_1, \mu_2), \quad \boldsymbol{B} = \begin{bmatrix} \sigma_1^2 & \rho\sigma_1\sigma_2 \\ \rho\sigma_1\sigma_2 & \sigma_2^2 \end{bmatrix}$$

则

$$|\boldsymbol{B}| = \sigma_1^2\sigma_2^2(1-\rho^2)$$

$$\boldsymbol{B}^{-1} = \frac{1}{\sigma_1^2\sigma_2^2(1-\rho^2)} \begin{bmatrix} \sigma_2^2 & -\rho\sigma_1\sigma_2 \\ -\rho\sigma_1\sigma_2 & \sigma_1^2 \end{bmatrix} = \frac{1}{1-\rho^2} \begin{bmatrix} \dfrac{1}{\sigma_1^2} & -\dfrac{\rho}{\sigma_1\sigma_2} \\ -\dfrac{\rho}{\sigma_1\sigma_2} & \dfrac{1}{\sigma_2^2} \end{bmatrix}$$

从而

$$\frac{1}{1-\rho^2}\left[\frac{(x_1-\mu_1)^2}{\sigma_1^2} - 2\rho\frac{x_1-\mu_1}{\sigma_1}\frac{x_2-\mu_2}{\sigma_2} + \frac{(x_2-\mu_2)^2}{\sigma_2^2}\right] = (\boldsymbol{x}-\boldsymbol{\mu})\boldsymbol{B}^{-1}(\boldsymbol{x}-\boldsymbol{\mu})^{\mathrm{T}}$$

所以

$$f(\boldsymbol{x}) = f(x_1,\ x_2) = \frac{1}{2\pi |\boldsymbol{B}|^{\frac{1}{2}}} e^{-\frac{1}{2}(\boldsymbol{x}-\boldsymbol{\mu})\boldsymbol{B}^{-1}(\boldsymbol{x}-\boldsymbol{\mu})^{\mathrm{T}}}$$

定义 2　设 $\boldsymbol{X}=(X_1,\ X_2,\ \cdots,\ X_n)$ 为 n 维随机变量，$\mu_i=EX_i(i=1,\ 2,\ \cdots,\ n)$，称向量
$$\boldsymbol{\mu}=(\mu_1,\ \mu_2,\ \cdots,\ \mu_n)$$
为 n 维随机变量 $\boldsymbol{X}=(X_1,\ X_2,\ \cdots,\ X_n)$ 的均值向量。

设 $\sigma_{ij}=\mathrm{cov}(X_i,\ X_j)=E[(X_i-EX_i)(X_j-EX_j)](i,\ j=1,\ 2,\ \cdots,\ n)$，称矩阵

$$\boldsymbol{B}=(\sigma_{ij})_{n\times n}=\begin{bmatrix} \sigma_{11} & \sigma_{12} & \cdots & \sigma_{1n} \\ \sigma_{21} & \sigma_{22} & \cdots & \sigma_{2n} \\ \vdots & \vdots & \cdots & \vdots \\ \sigma_{n1} & \sigma_{n2} & \cdots & \sigma_{nn} \end{bmatrix}$$

为 n 维随机变量 $\boldsymbol{X}=(X_1,\ X_2,\ \cdots,\ X_n)$ 的协方差矩阵。

由于 $\sigma_{ij}=\sigma_{ji}(i\neq j;\ i,\ j=1,\ 2,\ \cdots,\ n)$，因此协方差矩阵 $\boldsymbol{B}$ 为一个对称矩阵。

定义 3　设 $\boldsymbol{X}=(X_1,\ X_2,\ \cdots,\ X_n)$ 为 n 维随机变量，均值向量为 $\boldsymbol{\mu}=(\mu_1,\ \mu_2,\ \cdots,\ \mu_n)$，协方差矩阵为 $\boldsymbol{B}=(\sigma_{ij})_{n\times n}$，如果其联合概率密度为

$$f(\boldsymbol{x}) = f(x_1,\ x_2,\ \cdots,\ x_n) = \frac{1}{(2\pi)^{\frac{n}{2}} |\boldsymbol{B}|^{\frac{1}{2}}} e^{-\frac{1}{2}(\boldsymbol{x}-\boldsymbol{\mu})\boldsymbol{B}^{-1}(\boldsymbol{x}-\boldsymbol{\mu})^{\mathrm{T}}},\quad x_i \in \mathbf{R},\ i=1,\ 2,\ \cdots,\ n$$

则称 $\boldsymbol{X}=(X_1,\ X_2,\ \cdots,\ X_n)$ 服从均值向量为 $\boldsymbol{\mu}$，协方差矩阵为 $\boldsymbol{B}$ 的 n 维正态分布，记为 $\boldsymbol{X}\sim N(\boldsymbol{\mu},\ \boldsymbol{B})$。

n 维正态随机变量具有以下性质。

性质 1　n 维正态随机变量 $\boldsymbol{X}=(X_1,\ X_2,\ \cdots,\ X_n)$ 的每一个分量 $X_i(i=1,\ 2,\ \cdots,\ n)$ 都是正态随机变量；反之，若 $X_1,\ X_2,\ \cdots,\ X_n$ 都是正态随机变量，且相互独立，则 $\boldsymbol{X}=(X_1,\ X_2,\ \cdots,\ X_n)$ 是 n 维正态随机变量。

性质 2　n 维随机变量 $\boldsymbol{X}=(X_1,\ X_2,\ \cdots,\ X_n)$ 服从 n 维正态分布的充要条件是 $X_1,\ X_2,\ \cdots,\ X_n$ 的任意线性组合 $c_1X_1+c_2X_2+\cdots+c_nX_n$ 服从一维正态分布，其中 $c_1,\ c_2,\ \cdots,\ c_n$ 不全为零。

性质 3　若 $(X_1,\ X_2,\ \cdots,\ X_n)$ 服从 n 维正态分布，且 $Y_1,\ Y_2,\ \cdots,\ Y_k$ 可由 $X_1,\ X_2,\ \cdots,\ X_n$ 线性表示，即 $(Y_1,\ Y_2,\ \cdots,\ Y_k)$ 是 $(X_1,\ X_2,\ \cdots,\ X_n)$ 的线性变换，则 $(Y_1,\ Y_2,\ \cdots,\ Y_k)$ 服从 k 维正态分布。

性质 4　若 $(X_1,\ X_2,\ \cdots,\ X_n)$ 服从 n 维正态分布，$m<n$，则 $(X_1,\ X_2,\ \cdots,\ X_n)$ 的 m 个分量构成的 m 维随机变量 $(X_1,\ X_2,\ \cdots,\ X_m)$ 服从 m 维正态分布。

性质 5　若 $(X_1,\ X_2,\ \cdots,\ X_n)$ 服从 n 维正态分布，则 $X_1,\ X_2,\ \cdots,\ X_n$ 相互独立与 $X_1,\ X_2,\ \cdots,\ X_n$ 两两不相关等价。

例 4-53　设二维连续型随机变量 $(X,\ Y)\sim N\left(0,\ 1;\ 1,\ 4;\ -\dfrac{1}{2}\right)$，试求：

(1) $E(XY)$；

(2) $D(2X+Y)$；

(3) $\text{cov}(2X+Y, X+Y)$；

(4) 随机变量 $2X+Y$ 与 $X+Y$ 的相关系数。

解 (1) 由于 $(X, Y) \sim N\left(0, 1; 1, 4; -\dfrac{1}{2}\right)$，因此 $EX=0$，$DX=1$，$EY=1$，$DY=4$，$\rho_{XY}=-\dfrac{1}{2}$，则

$$E(XY) = \text{cov}(X, Y) + EX \cdot EY = \rho_{XY}\sqrt{DX}\sqrt{DY} + EX \cdot EY$$

$$= -\frac{1}{2} \times 1 \times 2 + 0 \times 1 = -1$$

(2)
$$D(2X+Y) = 4DX + DY + 2\text{cov}(2X, Y)$$
$$= 4DX + DY + 4\text{cov}(X, Y)$$
$$= 4DX + DY + 4\rho_{XY}\sqrt{DX}\sqrt{DY}$$
$$= 4 \times 1 + 4 + 4 \times \left(-\frac{1}{2}\right) \times 1 \times 2 = 4$$

(3)
$$\text{cov}(2X+Y, X+Y) = 2\text{cov}(X, X) + 3\text{cov}(X, Y) + \text{cov}(Y, Y)$$
$$= 2DX + 3\rho_{XY}\sqrt{DX}\sqrt{DY} + DY$$
$$= 2 \times 1 + 3 \times \left(-\frac{1}{2}\right) \times 1 \times 2 + 4 = 3$$

(4) 由于 $D(X+Y) = DX + DY + 2\text{cov}(X, Y)$
$$= DX + DY + 2\rho_{XY}\sqrt{DX}\sqrt{DY}$$
$$= 1 + 4 + 2 \times \left(-\frac{1}{2}\right) \times 1 \times 2 = 3$$

因此随机变量 $2X+Y$ 与 $X+Y$ 的相关系数为

$$\rho_{2X+Y, X+Y} = \frac{\text{cov}(2X+Y, X+Y)}{\sqrt{D(2X+Y)}\sqrt{D(X+Y)}} = \frac{3}{\sqrt{4}\sqrt{3}} = \frac{\sqrt{3}}{2}$$

习 题 4

一、选择题

1. 有 10 张奖券，其中 8 张 2 元，2 张 5 元，今某人从中随机地抽取 3 张，则此人得奖金额的数学期望为( )。

    A. 6   B. 12   C. 7.8   D. 9

2. 已知随机变量 X 服从二项分布，$EX=2.4$，$DX=1.44$，则二项分布的参数 n、p 的

值为（　　）。

  A. $n=4$、$p=0.6$ B. $n=6$、$p=0.4$

  C. $n=8$、$p=0.3$ D. $n=24$、$p=0.1$

  3. 已知离散型随机变量 ξ 可能的取值为 $x_1=-1$，$x_2=0$，$x_3=1$，$E\xi=0.1$，$D\xi=0.89$，则对应于 x_1，x_2，x_3 的概率为（　　）。

  A. $p_1=0.4$，$p_2=0.1$，$p_3=0.5$ B. $p_1=0.1$，$p_2=0.4$，$p_3=0.5$

  C. $p_1=0.5$，$p_2=0.1$，$p_3=0.4$ D. $p_1=0.4$，$p_2=0.5$，$p_3=0.1$

  4. 设离散型随机变量 X 可能的取值为 x_1 和 x_2，而且 $x_2>x_1$，X 取 x_1 的概率为 0.6，又已知 $EX=1.4$，$DX=0.24$，则 X 的分布律为（　　）。

A.

X	0	1
P	0.6	0.4

B.

X	1	2
P	0.6	0.4

C.

X	n	$n+1$
P	0.6	0.4

（n 为正整数）

D.

X	a	b
P	0.6	0.4

（$a<b$ 为实数）

  5. 设随机变量 X 服从参数为 λ 的 Poisson 分布，则 $(D(kX))^2EX=（　　）$。

  A. $k^2\lambda^2$ B. $k^2\lambda^4$ C. $k^4\lambda^2$ D. $k^4\lambda^3$

  6. 设离散型随机变量 X 的分布律为 $P(X=n)=\dfrac{1}{n(n+1)}(n=1,2,\cdots)$，则 EX 为（　　）。

  A. 0   B. 1   C. 0.5   D. 不存在

  7. 设连续型随机变量 X 的概率密度为

$$f(x)=\begin{cases}2x, & 0<x<1 \\ 0, & \text{其他}\end{cases}$$

则 $P(|X-EX|\geqslant 2\sqrt{DX})=（　　）$。

  A. $\dfrac{9-8\sqrt{2}}{9}$ B. $\dfrac{6+4\sqrt{2}}{9}$ C. $\dfrac{6-4\sqrt{2}}{9}$ D. $\dfrac{9+8\sqrt{2}}{9}$

  8. 设 X 的概率密度为 $f(x)=Ae^{-ax^2-bx-c}(-\infty<x<+\infty)$，其中 A,a,b,c 均为常数，则（　　）。

  A. $EX=-\dfrac{2b}{a}$，$DX=\dfrac{2}{a}$ B. $EX=-\dfrac{b}{2a}$，$DX=\dfrac{2}{a}$

  C. $EX=-\dfrac{2b}{a}$，$DX=\dfrac{1}{2a}$ D. $EX=-\dfrac{b}{2a}$，$DX=\dfrac{1}{2a}$

  9. 设随机变量 $X\sim E(3)$，$Y\sim E(\lambda)$，且 X 与 Y 相互独立，$D(X+Y)=\dfrac{25}{144}$，则 $P(Y\leqslant 2)=（　　）$。

A. $1-e^{-8}$ B. $1-e^{-2}$ C. $1-e^{-4}$ D. $1-e^{-6}$

10. 设连续型随机变量 X_1 与 X_2 相互独立，且方差存在，其概率密度分别为 $f_{X_1}(x_1)$ 与 $f_{X_2}(x_2)$。随机变量 Y_1 的概率密度为 $f_{Y_1}(y)=\dfrac{1}{2}\left[f_{X_1}(y)+f_{X_2}(y)\right]$，随机变量 $Y_2=\dfrac{1}{2}(X_1+X_2)$，则（   ）。

     A. $EY_1>EY_2$，$DY_1>DY_2$ B. $EY_1=EY_2$，$DY_1=DY_2$

     C. $EY_1=EY_2$，$DY_1<DY_2$ D. $EY_1=EY_2$，$DY_1>DY_2$

11. 设随机变量 X 与 Y 相互独立且同在区间 $(0,\theta)(\theta>0)$ 上服从均匀分布，则 $E[\min\{X,Y\}]=($ $)$。

     A. $\dfrac{\theta}{2}$ B. θ C. $\dfrac{\theta}{3}$ D. $\dfrac{\theta}{4}$

12. 设随机变量 X 的分布函数为

$$F(x)=0.3\Phi(x)+0.7\Phi\left(\frac{x-1}{2}\right)$$

其中 $\Phi(x)$ 为标准正态随机变量的分布函数，则 $EX=($ $)$。

     A. 0 B. 0.3 C. 0.7 D. 1

13. 设随机变量 X 与 Y 相互独立，且 EX 与 EY 存在，记 $U=\max\{X,Y\}$，$V=\min\{X,Y\}$，则 $E(UV)=($ $)$。

     A. $EU\cdot EV$ B. $EX\cdot EY$ C. $EU\cdot EY$ D. $EX\cdot EV$

14. 设连续型随机变量 X 的概率密度为

$$f(x)=\begin{cases}a+bx, & 0<x<1 \\ 0, & \text{其他}\end{cases}$$

又 $EX=0.5$，则 $DX=($ $)$。

     A. $\dfrac{1}{2}$ B. $\dfrac{1}{3}$ C. $\dfrac{1}{4}$ D. $\dfrac{1}{12}$

15. 设 X 是一随机变量，$EX=\mu$，$DX=\sigma^2(\mu,\sigma>0$ 为常数），则对任意常数 C，有（   ）。

     A. $E(X-C)^2=EX^2-C^2$ B. $E(X-C)^2=E(X-\mu)^2$

     C. $E(X-C)^2<E(X-\mu)^2$ D. $E(X-C)^2\geqslant E(X-\mu)^2$

16. 设随机变量 X 与 Y 相互独立，且 $X\sim N(\mu,\sigma_1^2)$，$Y\sim N(\mu,\sigma_2^2)$，则 $D(|X-Y|)=($ $)$。

     A. $(\sigma_1^2+\sigma_2^2)\left(1-\dfrac{2}{\pi}\right)$ B. $\sigma_1^2+\sigma_2^2$

     C. $|\sigma_1^2-\sigma_2^2|$ D. $(\sigma_1^2-\sigma_2^2)\left(1-\dfrac{2}{\pi}\right)$

17. 设随机变量 X_1，X_2，$\cdots$，$X_n(n>1)$ 相互独立同分布，且方差 $\sigma^2>0$，令 $Y=\dfrac{1}{n}\sum_{i=1}^{n}X_i$，则（　　）。

    A. $\text{cov}(X_1,Y)=\dfrac{\sigma^2}{n}$ B. $\text{cov}(X_1,Y)=\sigma^2$

    C. $D(X_1+Y)=\dfrac{n+2}{n}\sigma^2$ D. $D(X_1-Y)=\dfrac{n+1}{n}\sigma^2$

18. 设二维随机变量 (X,Y) 服从二维正态分布，则随机变量 $\xi=X+Y$ 与 $\eta=X-Y$ 不相关的充分必要条件为（　　）。

    A. $EX=EY$ B. $EX^2-[EX]^2=EY^2-[EY]^2$

    C. $EX^2=EY^2$ D. $EX^2+[EX]^2=EY^2+[EY]^2$

19. 设随机变量 X 与 Y 相互独立同分布，记 $U=X-Y$，$V=X+Y$，则随机变量 U 与 V（　　）。

    A. 不相互独立   B. 相互独立

    C. 相关系数不为零   D. 相关系数为零

20. 设随机变量 X 与 Y 的方差存在且不等于零，则 $D(X+Y)=DX+DY$ 是 X 与 Y（　　）。

    A. 不相关的充分条件，但不是必要条件

    B. 相互独立的充分条件，但不是必要条件

    C. 不相关的充分必要条件

    D. 相互独立的充分必要条件

21. 对于任意两个随机变量 X 与 Y，若 $E(XY)=EX\cdot EY$，则（　　）。

    A. $D(XY)=DX\cdot DY$ B. $D(X+Y)=DX+DY$

    C. X 与 Y 相互独立   D. $DX\cdot DY=0$

22. 设随机变量 X 与 Y 满足 $D(X+Y)=D(X-Y)$，则（　　）。

    A. X 与 Y 相互独立   B. $\text{cov}(X,Y)=0$

    C. $DY=0$ D. $DX\cdot DY=0$

23. 设 X、Y 为随机变量，且 $D(2X+Y)=0$，则 X 与 Y 的相关系数 $\rho_{XY}=$（　　）。

    A. -1 B. 0 C. $\dfrac{1}{2}$ D. 1

24. 将长度为 1 m 的木棒随机地截成两段，则两段长度的相关系数为（　　）。

    A. 1 B. $\dfrac{1}{2}$ C. $-\dfrac{1}{2}$ D. -1

25. 将一枚硬币重复掷 n 次，设 X 与 Y 分别表示正面向上和反面向上的次数，则 X 与 Y 的相关系数 $\rho_{XY}=$（　　）。

    A. -1 B. 0 C. $\dfrac{1}{2}$ D. 1

26. 设随机变量 $X \sim N(0, 1)$，$Y \sim N(1, 4)$，且相关系数 $\rho_{XY} = 1$，则（　　）。

    A. $P(Y = -2X - 1) = 1$ B. $P(Y = 2X - 1) = 1$

    C. $P(Y = -2X + 1) = 1$ D. $P(Y = 2X + 1) = 1$

二、填空题

1. 设甲袋中有 3 只红球和 3 只白球，乙袋中有 3 只白球，从甲袋中任取 3 只球放入乙袋，则乙袋中红球数 X 的数学期望为_____。

2. 设连续型随机变量 X 的概率密度为

$$f(x) = \begin{cases} \dfrac{2}{\pi(1 + x^2)}, & |x| < 1 \\ 0, & |x| \geqslant 1 \end{cases}$$

则 $E[\sin X] =$ _____，$DX =$ _____。

3. 设随机变量 X 服从标准正态分布 $N(0, 1)$，则 $E(Xe^{2X}) =$ _____。

4. 设随机变量 X_1，X_2，X_3 相互独立，且 $X_1 \sim N(1, 2)$，$X_2 \sim N(2, 4)$，$X_3 \sim N(3, 6)$，令 $Y = X_1 + 2X_2 - 3X_3$，则随机变量 Y 的概率密度为_____。

5. 设 X 与 Y 是两个相互独立且同服从正态分布 $N\left(0, \dfrac{1}{2}\right)$ 的随机变量，则随机变量 $|X - Y|$ 的数学期望 $E|X - Y| =$ _____，方差 $D|X - Y| =$ _____。

6. 设随机变量 $X \sim P(2)$，若随机变量 $Z = 3X - 2$，则 $EZ =$ _____。

7. 设随机变量 $X_{ij}(i, j = 1, 2, \cdots, n; n \geqslant 2)$ 相互独立同分布，$EX_{ij} = 2$，则行列式 $Y =$
$$\begin{vmatrix} X_{11} & X_{12} & \cdots & X_{1n} \\ X_{21} & X_{22} & \cdots & X_{2n} \\ \vdots & \vdots & \cdots & \vdots \\ X_{n1} & X_{n2} & \cdots & X_{nn} \end{vmatrix}$$
的数学期望 $EY =$ _____。

8. 已知连续型随机变量 X 的概率密度为

$$f(x) = \frac{1}{\sqrt{\pi}} e^{-x^2 + 2x - 1}, \quad -\infty < x < +\infty$$

则 X 的期望为_____，方差为_____。

9. 设随机变量 X 与 Y 相互独立，$X \sim B(5, 0.6)$，$Y \sim B(n, p)$，且 $E(X + Y) = 6$，$D(X - Y) = 2.7$，则 $n =$ _____，$p =$ _____。

10. 设随机变量 $X \sim N(-3, 1)$，$Y \sim N(2, 1)$，且 X 与 Y 相互独立，若随机变量 $Z = X - 2Y + 7$，则 $Z \sim$ _____。

11. 设随机变量 X 服从参数为 λ 的指数分布，则 $P(X > \sqrt{DX}) =$ _____。

12. 设随机变量 X 服从参数为 1 的指数分布，则数学期望 $E(X + e^{-2X}) =$ _____。

13. 设随机变量 X、Y 相互独立，其概率密度分别为

$$f_X(x) = \begin{cases} 2e^{-2x}, & x>0 \\ 0, & x\leqslant 0 \end{cases}, \quad f_Y(y) = \begin{cases} 4e^{-4y}, & y>0 \\ 0, & y\leqslant 0 \end{cases}$$

则 $E(X+Y)=$ _____ , $E(XY)=$ _____ 。

14. 设随机变量 X 在区间 $(-1,2)$ 上服从均匀分布，随机变量 $Y = \begin{cases} 1, & X>0 \\ 0, & X=0 \\ -1, & X<0 \end{cases}$ ，则

方差 $DY=$ _____ 。

15. 设随机变量 X、Y 相互独立，且 $X\sim P(2)$，$Y\sim P(3)$，a、b 为常数，则 $E(aX+bY)=$ _____ ，$D(aX+bY)=$ _____ 。

16. 设随机变量 $X\sim P(\lambda)$，且 $P(X=1)=P(X=2)$，则 $EX=$ _____ ，$DX=$ _____ 。

17. 设连续型随机变量 ξ 的概率密度为

$$\varphi(x) = \begin{cases} ax^2+bx+c, & 0<x<1 \\ 0, & \text{其他} \end{cases}$$

已知 $E\xi=0.5$，$D\xi=0.15$，则 $a=$ _____ ，$b=$ _____ ，$c=$ _____ 。

18. 若随机变量 ξ_1、ξ_2、ξ_3 相互独立，且服从相同的两点分布，其分布律为

ξ_i	0	1
P	0.8	0.2

$(i=1,2,3)$，则 $X=\xi_1+\xi_2+\xi_3\sim$ _____ ，$EX=$ _____ ，$DX=$ _____ 。

19. 设 X、Y 是随机变量，$DX=36$，$DY=64$，$\rho_{XY}=0.2$，则 $D(X-Y)=$ _____ 。

20. 设二维随机变量 $(X,Y)\sim N(\mu,\mu;\sigma^2,\sigma^2;0)$，则 $E(XY^2)=$ _____ 。

21. 设随机变量 X 与 Y 的相关系数为 0.9，若 $Z=X-0.4$，则 Y 与 Z 的相关系数为 _____ 。

22. 设 X 与 Y 是随机变量，$DX=4$，$DY=9$，$\rho_{XY}=0.6$，则 $D(3X-2Y)=$ _____ 。

23. 设随机变量 X 与 Y 相互独立，且同服从正态分布 $N(\mu,\sigma^2)$，令 $\xi=\alpha X+\beta Y$，$\eta=\alpha X-\beta Y$，其中 α、β 为常数，则 $E(\xi\eta)=$ _____ 。

24. 设二维连续型随机变量 (X,Y) 服从二维正态分布，且 $X\sim N(0,3)$，$Y\sim N(0,4)$，X 与 Y 的相关系数 $\rho_{XY}=-\dfrac{1}{4}$，则 (X,Y) 的联合概率密度为 _____ 。

25. 设二维离散型随机变量 (X,Y) 的联合分布律为

X＼Y	-1	0	1
0	0.07	0.18	0.15
1	0.08	0.32	0.20

则 $\text{cov}(X^2,Y^2)=$ _____ ，$\rho_{XY}=$ _____ 。

26. 设二维连续型随机变量(X,Y)在区域$G=\{(x,y)|x\geqslant 0,x+y\leqslant 1,x-y\leqslant 1\}$上服从均匀分布，则$E(2X+Y)=$_____，$\text{cov}(X,Y)=$_____。

27. 设X_1、X_2、Y是随机变量，$\text{cov}(X_1,Y)=6$，$\text{cov}(X_2,Y)=2$，则$\text{cov}(5X_1+3X_2,Y)=$_____。

28. 设随机变量X的方差$DX=36$，Y的方差$DY=64$，相关系数$\rho_{XY}=0.2$，则$\text{cov}(X,Y)=$_____，$D(X+Y)=$_____，$D(X-Y)=$_____。

29. 设随机变量X与Y的相关系数为0.5，$EX=EY=0$，$EX^2=EY^2=2$，则$E[(X+Y)^2]=$_____。

30. 设随机变量$\xi\sim N(0,1)$，$\eta=\xi^{2n}$，n为正整数，则$\rho_{\xi\eta}=$_____。

31. 设随机变量X、Y相互独立且都服从正态分布$N(0,\sigma^2)$，若$U=aX+bY$，$V=aX-bY$，其中a、b为常数，则$\rho_{UV}=$_____。

32. 设连续型随机变量$\Theta\sim U(-\pi,\pi)$，$X=\sin\Theta$，$Y=\cos\Theta$，则$\rho_{XY}=$_____。

三、解答题

1. 已知随机变量X的分布函数为
$$F(x)=\begin{cases}0, & x\leqslant -1\\ a+b\arcsin x, & -1<x\leqslant 1\\ 1, & x>1\end{cases}$$
求EX，DX。

2. 设二维离散型随机变量(X,Y)的联合分布律为

X \ Y	0	1
0	0.10	0.15
1	0.25	0.20
2	0.15	0.15

试求：（Ⅰ）X的边缘分布律；（Ⅱ）$X+Y$的分布律；（Ⅲ）$Z=\sin\dfrac{\pi(X+Y)}{2}$的数学期望。

3. 设ξ，η是相互独立且服从同一分布的两个随机变量，已知ξ的分布律为$P(\xi=i)=\dfrac{1}{3}$（$i=1,2,3$），若$X=\max\{\xi,\eta\}$，$Y=\min\{\xi,\eta\}$，试求：

（Ⅰ）二维离散型随机变量(X,Y)的联合分布律；

（Ⅱ）随机变量X的数学期望EX。

4. 设连续型随机变量Y服从参数为$\lambda=1$的指数分布，定义随机变量
$$X_k=\begin{cases}0, & Y\leqslant k\\ 1, & Y>k\end{cases}, \quad k=1,2$$

试求：（Ⅰ）(X_1, X_2) 的联合分布律；（Ⅱ）$E(X_1+X_2)$。

5. 设连续型随机变量 X 的概率密度为

$$f(x)=\frac{1}{\pi(1+x^2)}, \quad -\infty<x<+\infty$$

求 $E[\min\{|X|, 1\}]$。

6. 设二维连续型随机变量 $(X, Y)\sim N(0, 0; 1, 1; \rho)$，求 $E[\max\{X, Y\}]$。

7. 设随机变量 X_1, X_2, $\cdots$, X_n 相互独立，且都在区间 $(0, 1)$ 上服从均匀分布，试求：

（Ⅰ）$U=\max\{X_1, X_2, \cdots, X_n\}$ 的数学期望；

（Ⅱ）$V=\min\{X_1, X_2, \cdots, X_n\}$ 的数学期望。

8. 设二维连续型随机变量 (X, Y) 在区域 $D=\{(x, y)\,|\,0<x<1, |y|<x\}$ 上服从均匀分布，求 (X, Y) 关于 X 的边缘概率密度及随机变量 $Z=2X+1$ 的方差。

9. 设二维连续型随机变量 (X, Y) 在以点 $(0, 1)$、$(1, 0)$、$(1, 1)$ 为顶点的三角形区域上服从均匀分布，试求随机变量 $U=X+Y$ 的方差。

10. 设二维离散型随机变量 (X, Y) 的联合分布律为

X＼Y	-1	0	1
-2	0.1	0.3	0.1
2	0.2	0.2	0.1

试求：（Ⅰ）$E(XY)$；（Ⅱ）X 与 Y 的相关系数 ρ_{XY}。

11. 设二维连续型随机变量 (X, Y) 在区域 $G=\{(x, y)\,|\,0\leqslant x\leqslant 2, 0\leqslant y\leqslant 1\}$ 上服从均匀分布，记

$$U=\begin{cases}0, & \text{若 } X\leqslant Y \\ 1, & \text{若 } X>Y\end{cases}, \quad V=\begin{cases}0, & \text{若 } X\leqslant 2Y \\ 1, & \text{若 } X>2Y\end{cases}$$

（Ⅰ）求 (U, V) 的联合分布律；（Ⅱ）求 U 与 V 的相关系数 ρ_{UV}。

12. 设连续型随机变量 X 的概率密度为

$$f_X(x)=\begin{cases}\dfrac{1}{2}, & -1<x<0 \\[2mm] \dfrac{1}{4}, & 0\leqslant x<2 \\[2mm] 0, & \text{其他}\end{cases}$$

令 $Y=X^2$，$F(x, y)$ 为二维随机变量 (X, Y) 的联合分布函数，试求：

（Ⅰ）Y 的概率密度 $f_Y(y)$；（Ⅱ）$\text{cov}(X, Y)$；（Ⅲ）$F\left(-\dfrac{1}{2}, 4\right)$。

13. 设二维离散型随机变量(X, Y)的联合分布律为

X \ Y	-1	0	1
-1	a	0	0.2
0	0.1	b	0.2
1	0	0.1	c

其中a、b、c为常数，$EX = -0.2$，$P(Y \leqslant 0 \mid X \leqslant 0) = 0.5$，记$Z = X + Y$，试求：
（Ⅰ）a, b, c的值；（Ⅱ）Z的分布律；（Ⅲ）$P(X = Z)$。

14. 设二维连续型随机变量(X, Y)的联合概率密度为

$$f(x, y) = \begin{cases} \dfrac{1}{8}(x + y), & 0 \leqslant x \leqslant 2, 0 \leqslant y \leqslant 2 \\ 0, & 其他 \end{cases}$$

试求ρ_{XY}与$D(X + Y)$。

15. 设袋中有a只白球，b只红球，现从袋中有放回地取球n次，每次取1只球，若

$$X_i = \begin{cases} 1, & 第 i 次取到白球 \\ 0, & 第 i 次取到红球 \end{cases}, \quad i = 1, 2, \cdots, n$$

$$Y_i = \begin{cases} 1, & 第 i 次取到白球 \\ -1, & 第 i 次取到红球 \end{cases}, \quad i = 1, 2, \cdots, n$$

试求X_i与Y_i的相关系数。

16. 设随机变量X与Y的期望和方差都存在，试求常数a、b，使$E[Y - (aX + b)]^2$达到最小。

17. 设A、B是随机事件，且$P(A) = \dfrac{1}{4}$，$P(B \mid A) = \dfrac{1}{3}$，$P(A \mid B) = \dfrac{1}{2}$，令

$$X = \begin{cases} 1, & A 发生 \\ 0, & \overline{A} 发生 \end{cases}, \quad Y = \begin{cases} 1, & B 发生 \\ 0, & \overline{B} 发生 \end{cases}$$

试求：（Ⅰ）(X, Y)的联合分布律；（Ⅱ）ρ_{XY}；（Ⅲ）$Z = X^2 + Y^2$的分布律。

18. 设二维连续型随机变量(X, Y)的联合概率密度为

$$f(x, y) = \begin{cases} \dfrac{1}{\pi}, & x^2 + y^2 \leqslant 1 \\ 0, & 其他 \end{cases}$$

问X与Y是否相关？是否相互独立？说明理由。

19. 设二维离散型随机变量 (X, Y) 的联合分布律为

Y \ X	-1	0	1
-1	$\frac{1}{8}$	$\frac{1}{8}$	$\frac{1}{8}$
0	$\frac{1}{8}$	0	$\frac{1}{8}$
1	$\frac{1}{8}$	$\frac{1}{8}$	$\frac{1}{8}$

问 X 与 Y 是否相关? 是否相互独立? 说明理由.

20. 设随机变量 X 与 Y 相互独立同分布,且 X 的分布律为

X	1	2
P	$\frac{2}{3}$	$\frac{1}{3}$

记 $U=\max\{X, Y\}$,$V=\min\{X, Y\}$,试求:

（Ⅰ）(U, V) 的联合分布律;

（Ⅱ）U 与 V 的协方差 $\operatorname{cov}(U, V)$.

21. 设连续型随机变量 X 的概率密度为

$$f(x) = \frac{1}{2}\mathrm{e}^{-|x|}, \quad -\infty < x < +\infty$$

试求:（Ⅰ）EX,DX;

（Ⅱ）$\operatorname{cov}(X, |X|)$,问 X 与 $|X|$ 是否相关;

（Ⅲ）$D(X+|X|)$,问 X 与 $|X|$ 是否相互独立,为什么?

22. 设随机变量 $X \sim N(1, 3^2)$,$Y \sim N(0, 4^2)$,X 与 Y 的相关系数 $\rho_{XY}=-\frac{1}{2}$,令 $Z=\frac{X}{3}+\frac{Y}{2}$,试求:（Ⅰ）$EZ$,$DZ$;（Ⅱ）$\rho_{XZ}$.

23. 设随机变量 X 与 Y 相互独立,且都服从参数为 1 的指数分布,记 $U=\max\{X, Y\}$,$V=\min\{X, Y\}$。试求:（Ⅰ）V 的概率密度 $f_V(v)$;（Ⅱ）$E(U+V)$.

24. 设 X 与 Y 是随机变量,$EX=EY=0$,$DX=4$,$DY=16$,$\rho_{XY}=-0.5$,若 $W=(aX+3Y)^2$.试求常数 a 使得 EW 为最小,并求 EW 的最小值.

25. 设二维连续型随机变量 (X, Y) 服从二维正态分布,且 $DX=\sigma_X^2$,$DY=\sigma_Y^2$。证明当 $a^2=\frac{\sigma_X^2}{\sigma_Y^2}$ 时,随机变量 $U=X-aY$ 与 $V=X+aY$ 相互独立.

第5章 大数定律及中心极限定理

5.1 Chebyshev(切比雪夫)不等式

为了给出概率论的基本理论大数定理的证明，先介绍一个重要的不等式。

定理(Chebyshev 不等式) 设 X 是随机变量，如果 EX、DX 存在，则 $\forall \varepsilon>0$，有

$$P(|X-EX|\geqslant \varepsilon)\leqslant \frac{DX}{\varepsilon^2} \qquad (5.1.1)$$

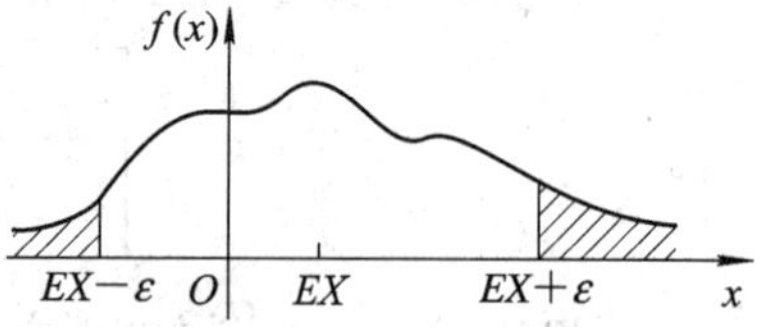

图 5-1

证明 只就连续型随机变量的情况来证明。设 X 的概率密度为 $f(x)$(如图 5-1 所示)，则有

$$\begin{aligned}P(|X-EX|\geqslant \varepsilon) &= \int_{|x-EX|\geqslant\varepsilon} f(x)\mathrm{d}x \leqslant \int_{|x-EX|\geqslant\varepsilon} \frac{(x-EX)^2}{\varepsilon^2} f(x)\mathrm{d}x \\ &= \frac{1}{\varepsilon^2}\int_{|x-EX|\geqslant\varepsilon}(x-EX)^2 f(x)\mathrm{d}x \leqslant \frac{1}{\varepsilon^2}\int_{-\infty}^{+\infty}(x-EX)^2 f(x)\mathrm{d}x \\ &= \frac{DX}{\varepsilon^2}\end{aligned}$$

Chebyshev 不等式也可以写成以下的形式：

$$P(|X-EX|<\varepsilon)\geqslant 1-\frac{DX}{\varepsilon^2} \qquad (5.1.2)$$

Chebyshev 不等式给出了在随机变量的分布未知，而 EX 和 DX 已知的情况下如何估计概率 $P(|X-EX|\geqslant\varepsilon)$ 或 $P(|X-EX|<\varepsilon)$ 的界限。

例 5-1 已知正常男性成年人的血液中，平均每毫升含白细胞数是 7300，标准差是 700，试估计每毫升男性成年人血液中含白细胞数在 5200 至 9400 之间的概率。

解 设每毫升男性成年人血液中所含白细胞数为 X，则 $EX=7300$，$DX=700^2$，从而

$$\begin{aligned}P(5200<X<9400) &= P(5200-7300<X-7300<9400-7300) \\ &= P(-2100<X-7300<2100)=P(|X-7300|<2100)\end{aligned}$$

由(5.1.2)式，得

$$\begin{aligned}P(5200<X<9400) &= P(|X-7300|<2100)=P(|X-EX|<2100)\geqslant 1-\frac{DX}{2100^2} \\ &= 1-\frac{700^2}{2100^2}=\frac{8}{9}\end{aligned}$$

即每毫升男性成年人血液中所含白细胞数在 5200 至 9400 之间的概率不小于 $\dfrac{8}{9}$。

例 5 - 2　设在 n 重 Bernoulli 试验中，事件 A 每次发生的概率为 0.75，试用 Chebyshev 不等式确定 n 至少为多少时才能使 A 发生的频率在 0.74 到 0.76 之间的概率不小于 0.90。

解　设 n 重 Bernoulli 试验中 A 发生的次数为 X，则 $X \sim B(n, 0.75)$，从而

$$EX = n \times 0.75 = 0.75n, \quad DX = n \times 0.75 \times 0.25 = 0.1875n$$

又由于 n 次试验中 A 发生的频率为 $\dfrac{X}{n}$，故 $\left\{0.74 < \dfrac{X}{n} < 0.76\right\} = \{|X - 0.75n| < 0.01n\}$。

在 (5.1.2) 式中取 $\varepsilon = 0.01n$，得

$$P\left(0.74 < \frac{X}{n} < 0.76\right) = P(|X - 0.75n| < 0.01n) \geqslant 1 - \frac{0.1875n}{(0.01n)^2} = 1 - \frac{1875}{n}$$

由此可得 $1 - \dfrac{1875}{n} \geqslant 0.90$，$n \geqslant 18\,750$，故 n 至少为 18 750 时才能使 A 发生的频率在 0.74 到 0.75 之间的概率不小于 0.90。

5.2　大　数　定　律

大数定律是叙述随机变量序列的前若干项的算术平均值在某种条件下收敛到这些项的均值的算术平均值，本节介绍几个重要的大数定律。

定义 1　设 X_1，X_2，$\cdots$，X_n，$\cdots$ 是随机变量序列，如果存在数列 a_1，a_2，$\cdots$，a_n，$\cdots$，使得 $\forall \varepsilon > 0$，有

$$\lim_{n \to \infty} P\left(\left|\frac{1}{n}\sum_{i=1}^{n}X_i - a_n\right| \geqslant \varepsilon\right) = 0 \tag{5.2.1}$$

则称随机变量序列 $\{X_n\}$ 服从大数定律。

定义 2　设 X_1，X_2，$\cdots$，X_n，$\cdots$ 是随机变量序列，X 是随机变量，如果 $\forall \varepsilon > 0$，有

$$\lim_{n \to \infty} P(|X_n - X| \geqslant \varepsilon) = 0$$

则称随机变量序列 $\{X_n\}$ 依概率收敛于 X，记为

$$X_n \xrightarrow{P} X, \quad n \to \infty \tag{5.2.2}$$

定理 1(Chebyshev 大数定律)　设 X_1，X_2，$\cdots$，X_n，$\cdots$ 是相互独立的随机变量序列，具有相同的数学期望和方差，即 $EX_i = \mu$，$DX_i = \sigma^2 (i = 1, 2, \cdots)$，则 $\forall \varepsilon > 0$，有

$$\lim_{n \to \infty} P\left(\left|\frac{1}{n}\sum_{i=1}^{n}X_i - \mu\right| \geqslant \varepsilon\right) = 0 \tag{5.2.3}$$

即

$$\frac{1}{n}\sum_{i=1}^{n}X_i \xrightarrow{P} \mu, \quad n \to \infty$$

证明　由于

$$E\left[\frac{1}{n}\sum_{i=1}^{n}X_i\right]=\frac{1}{n}\sum_{i=1}^{n}EX_i=\mu$$

$$D\left[\frac{1}{n}\sum_{i=1}^{n}X_i\right]=\frac{1}{n^2}\sum_{i=1}^{n}DX_i=\frac{\sigma^2}{n}$$

由 Chebyshev 不等式,得

$$0\leqslant P\left(\left|\frac{1}{n}\sum_{i=1}^{n}X_i-\mu\right|\geqslant\varepsilon\right)=P\left(\left|\frac{1}{n}\sum_{i=1}^{n}X_i-E\left[\frac{1}{n}\sum_{i=1}^{n}X_i\right]\right|\geqslant\varepsilon\right)$$

$$\leqslant\frac{D\left[\dfrac{1}{n}\sum\limits_{i=1}^{n}X_i\right]}{\varepsilon^2}=\frac{\sigma^2}{n\varepsilon^2}\to 0,\quad n\to\infty$$

因此

$$\lim_{n\to\infty}P\left(\left|\frac{1}{n}\sum_{i=1}^{n}X_i-\mu\right|\geqslant\varepsilon\right)=0$$

Chebyshev 大数定律具有下面更一般的形式。

定理 2 设 X_1,X_2,$\cdots$,X_n,$\cdots$是相互独立的随机变量序列,具有相同的数学期望,即 $EX_i=\mu(i=1,2,\cdots)$。若存在常数 $C>0$,使得 $DX_i\leqslant C(i=1,2,\cdots)$,则 $\forall\varepsilon>0$,有

$$\lim_{n\to\infty}P\left(\left|\frac{1}{n}\sum_{i=1}^{n}X_i-\mu\right|\geqslant\varepsilon\right)=0 \tag{5.2.4}$$

即

$$\frac{1}{n}\sum_{i=1}^{n}X_i\xrightarrow{P}\mu,\quad n\to\infty$$

证明 由于

$$E\left[\frac{1}{n}\sum_{i=1}^{n}X_i\right]=\frac{1}{n}\sum_{i=1}^{n}EX_i=\mu$$

$$D\left[\frac{1}{n}\sum_{i=1}^{n}X_i\right]=\frac{1}{n^2}\sum_{i=1}^{n}DX_i\leqslant\frac{C}{n}$$

由 Chebyshev 不等式,得

$$0\leqslant P\left(\left|\frac{1}{n}\sum_{i=1}^{n}X_i-\mu\right|\geqslant\varepsilon\right)=P\left(\left|\frac{1}{n}\sum_{i=1}^{n}X_i-E\left[\frac{1}{n}\sum_{i=1}^{n}X_i\right]\right|\geqslant\varepsilon\right)$$

$$\leqslant\frac{D\left[\dfrac{1}{n}\sum\limits_{i=1}^{n}X_i\right]}{\varepsilon^2}\leqslant\frac{C}{n\varepsilon^2}\to 0,\quad n\to\infty$$

因此

$$\lim_{n\to\infty}P\left(\left|\frac{1}{n}\sum_{i=1}^{n}X_i-\mu\right|\geqslant\varepsilon\right)=0$$

定理 3(Markov(马尔可夫)大数定律) 设 X_1,X_2,$\cdots$,X_n,$\cdots$是随机变量序列,且

$\lim\limits_{n\to\infty}\dfrac{1}{n^2}D\Big[\sum\limits_{i=1}^{n}X_i\Big]=0$，则 $\forall\varepsilon>0$，有

$$\lim_{n\to\infty}P\Big(\Big|\frac{1}{n}\sum_{i=1}^{n}X_i-\frac{1}{n}\sum_{i=1}^{n}EX_i\Big|\geqslant\varepsilon\Big)=0 \qquad (5.2.5)$$

即

$$\frac{1}{n}\sum_{i=1}^{n}X_i\xrightarrow{P}\frac{1}{n}\sum_{i=1}^{n}EX_i,\qquad n\to\infty$$

证明　由 Chebyshev 不等式，得

$$0\leqslant P\Big(\Big|\frac{1}{n}\sum_{i=1}^{n}X_i-\frac{1}{n}\sum_{i=1}^{n}EX_i\Big|\geqslant\varepsilon\Big)=P\Big(\Big|\frac{1}{n}\sum_{i=1}^{n}X_i-E\Big[\frac{1}{n}\sum_{i=1}^{n}X_i\Big]\Big|\geqslant\varepsilon\Big)$$

$$\leqslant\frac{D\Big[\dfrac{1}{n}\sum\limits_{i=1}^{n}X_i\Big]}{\varepsilon^2}=\frac{\dfrac{1}{n^2}D\Big[\sum\limits_{i=1}^{n}X_i\Big]}{\varepsilon^2}\to0,\qquad n\to\infty$$

因此

$$\lim_{n\to\infty}P\Big(\Big|\frac{1}{n}\sum_{i=1}^{n}X_i-\frac{1}{n}\sum_{i=1}^{n}EX_i\Big|\geqslant\varepsilon\Big)=0$$

以上大数定律说明在方差 $DX_i(i=1,2,\cdots)$ 满足一定的条件下，随机变量序列 X_1，X_2，$\cdots$，X_n，$\cdots$ 服从大数定律。但在方差 $DX_i(i=1,2,\cdots)$ 不存在时，随机变量序列 X_1，X_2，$\cdots$，X_n，$\cdots$ 是否服从大数定律呢？下面的 Khintchine(辛钦)大数定律回答了这个问题。

定理 4(Khintchine 大数定律)　设 X_1，X_2，$\cdots$，X_n，$\cdots$ 是相互独立且同分布的随机变量序列，具有有限的数学期望，即 $EX_i=\mu(i=1,2,\cdots)$，则 $\forall\varepsilon>0$，有

$$\lim_{n\to\infty}P\Big(\Big|\frac{1}{n}\sum_{i=1}^{n}X_i-\mu\Big|\geqslant\varepsilon\Big)=0 \qquad (5.2.6)$$

即

$$\frac{1}{n}\sum_{i=1}^{n}X_i\xrightarrow{P}\mu,\qquad n\to\infty$$

以上的大数定律说明：在随机变量序列 X_1，X_2，$\cdots$，X_n，$\cdots$ 满足一定的条件下，当 $n\to\infty$ 时，随机事件 $\Big\{\Big|\dfrac{1}{n}\sum\limits_{i=1}^{n}X_i-\dfrac{1}{n}\sum\limits_{i=1}^{n}EX_i\Big|\geqslant\varepsilon\Big\}$ 的概率趋向于 0，即 $\Big\{\Big|\dfrac{1}{n}\sum\limits_{i=1}^{n}X_i-\dfrac{1}{n}\sum\limits_{i=1}^{n}EX_i\Big|<\varepsilon\Big\}$ 的概率趋向于 1。也就是说，对于任意给定的正数 ε，当 n 充分大时，$\Big|\dfrac{1}{n}\sum\limits_{i=1}^{n}X_i-\dfrac{1}{n}\sum\limits_{i=1}^{n}EX_i\Big|<\varepsilon$ 成立的概率很大。通俗地说，Chebyshev 大数定律和 Khintchine 大数定律表明，在随机变量序列 X_1，X_2，$\cdots$，X_n，$\cdots$ 满足各自定理的条件下，当 n 充分大时它前 n 项的算术平均 $\dfrac{1}{n}\sum\limits_{i=1}^{n}X_i$ 很可能接近于 μ；Markov 大数定律表明，在随机变量序列 X_1，X_2，$\cdots$，X_n，$\cdots$ 满

足定理的条件下，当 n 充分大时它前 n 项的算术平均 $\frac{1}{n}\sum_{i=1}^{n}X_i$ 很可能接近于 $\frac{1}{n}\sum_{i=1}^{n}EX_i$。

我们已经知道，事件的频率与事件的概率是两个不同的概念，频率不是概率，频率的极限由于可能不存在，因此更不可能是概率，但频率的稳定值是概率。除了这些我们知道的结果外，频率和概率之间还有怎样的关系呢？下面的 Bernoulli 大数定律回答了这个问题。

定理 5（Bernoulli 大数定律） 设 n_A 表示 n 重 Bernoulli 试验中事件 A 发生的次数，p 是事件 A 在一次试验中发生的概率，即 $P(A)=p$，则 $\forall \varepsilon > 0$，有

$$\lim_{n\to\infty} P\left(\left|\frac{n_A}{n}-p\right| \geqslant \varepsilon\right) = 0$$

即

$$\frac{n_A}{n} \xrightarrow{P} p, \quad n\to\infty$$

证明 设 $X_i = \begin{cases} 1, & \text{若 } A \text{ 在第 } i \text{ 次试验中发生} \\ 0, & \text{若 } A \text{ 在第 } i \text{ 次试验中不发生} \end{cases}$ $(i=1, 2, \cdots, n)$，则

$$EX_i = p, \quad DX_i = p(1-p), \quad i=1, 2, \cdots, n$$

且 $n_A = \sum_{i=1}^{n}X_i$，从而 $\frac{n_A}{n} = \frac{1}{n}\sum_{i=1}^{n}X_i$。

由试验的独立性知，$X_1, X_2, \cdots, X_n$ 是相互独立的随机变量，由定理 1 得

$$\lim_{n\to\infty} P\left(\left|\frac{n_A}{n}-p\right| \geqslant \varepsilon\right) = \lim_{n\to\infty} P\left(\left|\frac{1}{n}\sum_{i=1}^{n}X_i-p\right| \geqslant \varepsilon\right) = 0$$

该大数定律说明：对于任意给定的正数 ε，只要独立重复试验的次数 n 充分大，随机事件 $\left\{\left|\frac{n_A}{n}-p\right| \geqslant \varepsilon\right\}$ 将是一个小概率事件。由实际推断原理知，这一事件实际上几乎是不可能发生的，即当 n 充分大时随机事件 $\left\{\left|\frac{n_A}{n}-p\right| < \varepsilon\right\}$ 实际上几乎是必然要发生的。也就是说，对于任意给定的任意小的正数 ε，当 n 充分大时事件"频率 $\frac{n_A}{n}$ 与概率 p 的偏差小于 ε"实际上几乎是必然要发生的，这就是我们所说的频率稳定性的真正含义。由实际推断原理，在实际应用中，当试验次数很大时，便可以用事件的频率来代替事件的概率。

例 5-3 设随机变量 $X_1, X_2, \cdots, X_n, \cdots$ 相互独立，且 $X_i(i=1, 2, \cdots)$ 具有如下的分布律：

$$P(X_i=-ia)=\frac{1}{2i^2}, \quad P(X_i=0)=1-\frac{1}{i^2}, \quad P(X_i=ia)=\frac{1}{2i^2}$$

问 $X_1, X_2, \cdots, X_n, \cdots$ 是否满足 Chebyshev 大数定律。

解　由题设知，X_1，X_2，$\cdots$，X_n，$\cdots$相互独立，且

$$EX_i=-ia\times\frac{1}{2i^2}+0\times\left(1-\frac{1}{i^2}\right)+ia\times\frac{1}{2i^2}=0,\quad i=1,2,\cdots$$

$$EX_i^2=(-ia)^2\times\frac{1}{2i^2}+0^2\times\left(1-\frac{1}{i^2}\right)+(ia)^2\times\frac{1}{2i^2}=a^2,\quad i=1,2,\cdots$$

$$DX_i=EX_i^2-(EX_i)^2=a^2,\quad i=1,2,\cdots$$

故 X_1，X_2，$\cdots$，X_n，$\cdots$具有相同的数学期望和相同的方差，并且方差有限，所以 X_1，X_2，X_n，$\cdots$满足 Chebyshev 大数定律。

5.3　中心极限定理

在许多实际问题中，我们会经常遇到这样的随机变量，它是由大量的相互独立的随机因素的综合影响而形成的，而其中每一个个别因素在总的影响中所起的作用是微小的，这种随机变量往往近似地服从正态分布，这就是中心极限定理的实际背景。

定理 1（独立同分布中心极限定理）　设 X_1，X_2，$\cdots$，X_n，$\cdots$是相互独立且同分布的随机变量序列，且具有如下的数学期望和方差：

$$EX_i=\mu,DX_i=\sigma^2,\quad i=1,2,\cdots$$

则 $\forall x\in\mathbf{R}$，随机变量 $Y_n=\dfrac{\sum\limits_{i=1}^{n}X_i-E\left[\sum\limits_{i=1}^{n}X_i\right]}{\sqrt{D\left[\sum\limits_{i=1}^{n}X_i\right]}}=\dfrac{\sum\limits_{i=1}^{n}X_i-n\mu}{\sqrt{n}\sigma}$ 的分布函数 $F_n(x)$ 满足

$$\lim_{n\to\infty}F_n(x)=\lim_{n\to\infty}P\left\{\frac{\sum\limits_{i=1}^{n}X_i-n\mu}{\sqrt{n}\sigma}\leqslant x\right\}=\int_{-\infty}^{x}\frac{1}{\sqrt{2\pi}}\mathrm{e}^{-\frac{t^2}{2}}\mathrm{d}t=\Phi(x)\qquad(5.3.1)$$

定理 1 也称为 Lindeberg-Levy（林德伯格－勒维）中心极限定理，它在实际中有着广泛的应用。当 n 充分大时，$\sum\limits_{i=1}^{n}X_i$ 近似地服从以它的均值为均值，它的方差为方差的正态分布，即 $\sum\limits_{i=1}^{n}X_i$ 近似地服从正态分布 $N(n\mu,n\sigma^2)$。因此对于任意的实数 x 及 $a<b$，有

$$P\left\{\sum_{i=1}^{n}X_i\leqslant x\right\}\approx\Phi\left(\frac{x-n\mu}{\sqrt{n}\sigma}\right)\qquad(5.3.2)$$

$$P\left\{a<\sum_{i=1}^{n}X_i\leqslant b\right\}\approx\Phi\left(\frac{b-n\mu}{\sqrt{n}\sigma}\right)-\Phi\left(\frac{a-n\mu}{\sqrt{n}\sigma}\right)\qquad(5.3.3)$$

例 5-4　测量一个物理量 a 共 n 次，每次测量的误差记为 $X_i(i=1,2,\cdots,n)$。假设在适当选取单位的条件下，$X_i(i=1,2,\cdots,n)$在区间 $(-0.5,0.5)$ 上服从均匀分布，取 n

次测量结果的算术平均值作为 a 的估计值。试求：

(1) 它与真值 a 之差的绝对值小于预先指定的正数 ε 的概率；

(2) 若要估计值与真值 a 之差的绝对值小于 0.1 的概率不小于 0.95，至少需要进行多少次测量？

解 (1) 设 X 表示 n 次测量结果的算术平均值，由于各次测量的结果为 $a + X_i$ $(i = 1, 2, \cdots, n)$，因此

$$X = a + \frac{1}{n} \sum_{i=1}^{n} X_i$$

又由于 X_i $(i = 1, 2, \cdots, n)$ 在区间 $(-0.5, 0.5)$ 上服从均匀分布，故

$$EX_i = 0, \, DX_i = \frac{1}{12}, \quad i = 1, 2, \cdots, n$$

由中心极限定理知，$\sum_{i=1}^{n} X_i$ 近似地服从正态分布 $N\left(0, \frac{1}{12}n\right)$，故对于预先指定的正数 ε，有

$$P(|X - a| < \varepsilon) = P\left(\left|\frac{1}{n}\sum_{i=1}^{n} X_i\right| < \varepsilon\right) = P\left(\left|\sum_{i=1}^{n} X_i\right| < n\varepsilon\right)$$

$$\approx \Phi\left(\frac{n\varepsilon}{\sqrt{\frac{n}{12}}}\right) - \Phi\left(-\frac{n\varepsilon}{\sqrt{\frac{n}{12}}}\right) = 2\Phi(\sqrt{12n}\,\varepsilon) - 1$$

(2) 取 $\varepsilon = 0.1$，由 (1) 得

$$2\Phi(0.1\sqrt{12n}) - 1 \geqslant 0.95$$

即

$$\Phi(0.1\sqrt{12n}) \geqslant \frac{0.95 + 1}{2} = 0.975$$

查表得

$$0.1\sqrt{12n} \geqslant 1.96$$

从而

$$n \geqslant \frac{1.96^2}{12 \times 0.1^2} \approx 32.01$$

故至少需要测量 32 次才能使估计值与真值 a 之差的绝对值小于 0.1 的概率不小于 0.95。

例 5 - 5 现有一批电池共 90 节，它们的寿命（单位：小时）服从参数为 $\lambda = \frac{1}{30}$ 的指数分布，每次使用一节，用完后立即换上新的电池，求这批电池可使用 2500 小时以上的概率 $\left(\Phi\left(\frac{20}{9\sqrt{10}}\right) = 0.7580\right)$。

解 设 X_i $(i = 1, 2, \cdots, 90)$ 表示第 i 节电池的使用寿命，则 $X_1, X_2, \cdots, X_{90}$ 相互独立

同分布，且

$$EX_i = 30, DX_i = 900, \quad i = 1, 2, \cdots, 90$$

由中心极限定理知，$\sum\limits_{i=1}^{90} X_i$ 近似地服从正态分布 $N(90 \times 30, 90 \times 900)$，故所求的概率为

$$P\left\{\sum_{i=1}^{90} X_i > 2500\right\} = 1 - P\left\{\sum_{i=1}^{90} X_i \leqslant 2500\right\} \approx 1 - \Phi\left(\frac{2500 - 90 \times 30}{\sqrt{90 \times 900}}\right)$$

$$= \Phi\left(\frac{20}{9\sqrt{10}}\right) = 0.7580$$

例 5 - 6　对敌人的防御地段进行射击，在每次射击中炮弹命中目标的颗数的期望为 4，均方差为 1.5，求当射击 100 次时，有 380 颗到 420 颗炮弹命中目标的概率（$\Phi\left(\dfrac{4}{3}\right) = 0.9082$）。

解　设 $X_i (i = 1, 2, \cdots, 100)$ 表示在第 i 次射击中命中目标的炮弹颗数，则 $X_1, X_2, \cdots, X_{100}$ 相互独立同分布，且

$$EX_i = 4, DX_i = 1.5^2, \quad i = 1, 2, \cdots, 100$$

由中心极限定理知，$\sum\limits_{i=1}^{100} X_i$ 近似地服从正态分布 $N(100 \times 4, 100 \times 1.5^2)$，故所求的概率为

$$P\left\{380 \leqslant \sum_{i=1}^{100} X_i \leqslant 420\right\} \approx \Phi\left(\frac{420 - 400}{15}\right) - \Phi\left(\frac{380 - 400}{15}\right)$$

$$= \Phi\left(\frac{4}{3}\right) - \Phi\left(-\frac{4}{3}\right) = 2\Phi\left(\frac{4}{3}\right) - 1$$

$$= 0.8164$$

例 5 - 7　根据以往的经验，某种电子元件的寿命服从均值为 100 小时的指数分布，现随机地取 16 只，设它们的寿命是相互独立的，求这 16 只元件的寿命总和大于 1920 小时的概率（$\Phi(0.8) = 0.7881$）。

解　设 $X_i (i = 1, 2, \cdots, 16)$ 为取出的第 i 只元件的寿命，则这 16 只元件的寿命总和为 $\sum\limits_{i=1}^{16} X_i$，且

$$EX_i = 100, DX_i = 100^2, \quad i = 1, 2, \cdots, 16$$

由中心极限定理知，$\sum\limits_{i=1}^{16} X_i$ 近似地服从正态分布 $N(16 \times 100, 16 \times 100^2)$，故所求的概率为

$$P\left\{\sum_{i=1}^{16} X_i > 1920\right\} = 1 - P\left\{\sum_{i=1}^{16} X_i \leqslant 1920\right\} \approx 1 - \Phi\left(\frac{1920 - 1600}{400}\right)$$

$$= 1 - \Phi(0.8) = 0.2119$$

例 5 - 8　一部件包括 10 个部分，每部分的长度是一个随机变量，它们相互独立，且服从同一分布。其数学期望为 2 mm，均方差为 0.05 mm，规定总长度为 20±0.1 mm 时产品合格，求产品合格的概率（$\Phi\left(\dfrac{2}{\sqrt{10}}\right)=0.7357$）。

解　设 $X_i(i=1,2,\cdots,10)$ 表示第 i 部分的长度，则部件总长度为 $\sum\limits_{i=1}^{10} X_i$，且

$$EX_i=2,\ DX_i=0.05^2,\quad i=1,2,\cdots,10$$

由中心极限定理知，$\sum\limits_{i=1}^{10} X_i$ 近似地服从正态分布 $N(10\times 2,10\times 0.05^2)$，故产品合格的概率为

$$P\left(19.9<\sum_{i=1}^{10} X_i<20.1\right)\approx\Phi\left(\frac{20.1-20}{0.05\sqrt{10}}\right)-\Phi\left(\frac{19.9-20}{0.05\sqrt{10}}\right)$$

$$=2\Phi\left(\frac{2}{\sqrt{10}}\right)-1$$

$$=0.4714$$

例 5 - 9　检查员逐个地检查某种产品，每次需花 10 秒钟检查一个产品，但也可能有的产品需要重复检查一次再用去 10 秒钟。假定每个产品需要重复检查的概率为 1/2，求在 8 小时内检查员检查的产品不少于 1900 个的概率（$\Phi\left(\dfrac{6}{\sqrt{19}}\right)=0.9162$）。

解　设 $X_i(i=1,2,\cdots,1900)$ 表示检查第 i 个产品所需要花费的时间，则 X_1，X_2，$\cdots$，X_{1900} 相互独立同分布，$\sum\limits_{i=1}^{1900} X_i$ 为检查 1900 个产品所需要花费的总时间。由题设知

$$X_i=\begin{cases}10,& \text{第 } i \text{ 个产品没有重复检查}\\ 20,& \text{第 } i \text{ 个产品重复检查}\end{cases}$$

$$P(X_i=10)=P(X_i=20)=\frac{1}{2},\quad i=1,2,\cdots,1900$$

从而

$$EX_i=10\times\frac{1}{2}+20\times\frac{1}{2}=15,\quad i=1,2,\cdots,1900$$

$$EX_i^2=10^2\times\frac{1}{2}+20^2\times\frac{1}{2}=250$$

$$DX_i=EX_i^2-(EX_i)^2=250-15^2=25,\quad i=1,2,\cdots,1900$$

由中心极限定理知，$\sum\limits_{i=1}^{1900} X_i$ 近似地服从正态分布 $N(1900\times 15,1900\times 25)$，故所求的

概率为

$$P\left[\sum_{i=1}^{1900} X_i \leqslant 8 \times 3600\right] \approx \Phi\left(\frac{28\ 800 - 28\ 500}{\sqrt{47\ 500}}\right) = \Phi\left(\frac{6}{\sqrt{19}}\right) = 0.9162$$

定理 1 是在假设 X_1，X_2，$\cdots X_n \cdots$是相互独立同分布的随机变量序列的条件下给出的，这是一个很强的条件，在实际问题中，所遇到的大量随机变量并不一定都服从同一分布，如在任一指定时刻，某地区的用电量是该地区大量的用电户所用电量之和。这里我们假设各用户的用电量相互独立是合理的，但很难说它们是同分布的。为了解决在相互独立非同分布情况下类似于定理 1 解决的问题，我们有以下的 Lyapunov（李雅普诺夫）中心极限定理。

定理 2（Lyapunov 中心极限定理）　设 X_1，X_2，$\cdots$，X_n，$\cdots$是相互独立的随机变量序列，且具有如下的数学期望和方差：

$$EX_i = \mu_i, DX_i = \sigma_i^2, i = 1, 2, \cdots$$

记

$$B_n^2 = \sum_{i=1}^{n} \sigma_i^2$$

若存在 $\delta > 0$，使得当 $n \to \infty$时

$$\frac{1}{B_n^{2+\delta}} \sum_{i=1}^{n} E\left[\mid X_i - \mu_i \mid^{2+\delta}\right] \to 0$$

则 $\forall x \in \mathbf{R}$，随机变量 $Y_n = \dfrac{\sum\limits_{i=1}^{n} X_i - E\left[\sum\limits_{i=1}^{n} X_i\right]}{\sqrt{D\left[\sum\limits_{i=1}^{n} X_i\right]}} = \dfrac{\sum\limits_{i=1}^{n} X_i - \sum\limits_{i=1}^{n} \mu_i}{B_n}$ 的分布函数 $F_n(x)$ 满足

$$\lim_{n \to \infty} F_n(x) = \lim_{n \to \infty} P\left(\frac{\sum\limits_{i=1}^{n} X_i - \sum\limits_{i=1}^{n} \mu_i}{B_n} \leqslant x\right) = \int_{-\infty}^{x} \frac{1}{\sqrt{2\pi}} e^{-\frac{t^2}{2}} dt = \Phi(x) \quad (5.3.4)$$

定理 2 表明：无论 X_1，X_2，$\cdots$，X_n，$\cdots$服从什么分布，只要满足定理 2 的条件，那么当 n 充分大时，$\sum\limits_{i=1}^{n} X_i$ 近似地服从以它的均值为均值、它的方差为方差的正态分布，即 $\sum\limits_{i=1}^{n} X_i$ 近似地服从正态分布 $N\left[\sum\limits_{i=1}^{n} \mu_i, \sum\limits_{i=1}^{n} \sigma_i^2\right]$。因此对于任意的实数 x 及 $a < b$，有

$$P\left[\sum_{i=1}^{n} X_i \leqslant x\right] \approx \Phi\left(\frac{x - \sum\limits_{i=1}^{n} \mu_i}{\sqrt{\sum\limits_{i=1}^{n} \sigma_i^2}}\right) \quad (5.3.5)$$

$$P\left(a < \sum_{i=1}^{n} X_i \leqslant b\right) \approx \Phi\left(\frac{b - \sum_{i=1}^{n} \mu_i}{\sqrt{\sum_{i=1}^{n} \sigma_i^2}}\right) - \Phi\left(\frac{a - \sum_{i=1}^{n} \mu_i}{\sqrt{\sum_{i=1}^{n} \sigma_i^2}}\right) \tag{5.3.6}$$

由定理 1 容易推出历史上著名的 De Moivre - Laplace(棣莫弗-拉普拉斯)中心极限定理，它在二项分布随机变量形成事件概率的近似计算中有着重要的作用。

定理 3(De Moivre - Laplace 中心极限定理) 设 n_A 表示 n 重 Bernoulli 试验中事件 A 发生的次数，p 是事件 A 在一次试验中发生的概率，即 $P(A) = p$，则 $\forall x \in \mathbf{R}$，随机变量 $Y_n = \dfrac{n_A - np}{\sqrt{np(1-p)}}$ 的分布函数 $F_n(x)$ 满足

$$\lim_{n \to \infty} F_n(x) = \lim_{n \to \infty} P\left(\frac{n_A - np}{\sqrt{np(1-p)}} \leqslant x\right) = \int_{-\infty}^{x} \frac{1}{\sqrt{2\pi}} \mathrm{e}^{-\frac{t^2}{2}} \mathrm{d}t = \Phi(x) \tag{5.3.7}$$

该定理表明：若 $X \sim B(n, p)$，当 n 充分大时，则 X 近似地服从以它的均值为均值，它的方差为方差的正态分布，即 X 近似地服从正态分布 $N(np, np(1-p))$。因此，对于任意的实数 x 及 $a < b$，有

$$P(X \leqslant x) \approx \Phi\left(\frac{x - np}{\sqrt{np(1-p)}}\right) \tag{5.3.8}$$

$$P(a < X \leqslant b) \approx \Phi\left(\frac{b - np}{\sqrt{np(1-p)}}\right) - \Phi\left(\frac{a - np}{\sqrt{np(1-p)}}\right) \tag{5.3.9}$$

例 5 - 10 某厂生产的一批灯泡中约有 5% 的次品，从中抽取 1000 只灯泡进行检查，试求：

(1) 次品数不少于 40 的概率；

(2) 次品数在 40 到 60 之间的概率($\Phi(1.451) = 0.9265$)。

解 设 X 表示抽查的 1000 只灯泡中的次品数，则 $X \sim B(1000, 0.05)$，从而

$$EX = 1000 \times 0.05 = 50, \quad DX = 1000 \times 0.05 \times 0.95 = 47.5$$

由中心极限定理知，X 近似地服从正态分布 $N(50, 47.5)$。

(1) $\quad P(X \geqslant 40) = P(40 \leqslant X \leqslant 1000) \approx \Phi\left(\dfrac{1000-50}{\sqrt{47.5}}\right) - \Phi\left(\dfrac{40-50}{\sqrt{47.5}}\right)$

$$= \Phi(137.84) - \Phi(-1.451)$$

$$= 1 - \Phi(-1.451) = \Phi(1.451) = 0.9265$$

(2) $\quad P(40 \leqslant X \leqslant 60) \approx \Phi\left(\dfrac{60-50}{\sqrt{47.5}}\right) - \Phi\left(\dfrac{40-50}{\sqrt{47.5}}\right)$

$$= \Phi(1.451) - \Phi(-1.451)$$

$$= 2\Phi(1.451) - 1 = 0.853$$

例 5-11　设某单位有 200 部电话，每部电话机大约有 5% 的时间要使用外线通话。若每部电话机是否使用外线是相互独立的，问该单位总机至少需要安装多少条外线，才能以 90% 以上的概率保证每部电话机需要外线时不需要等待($\Phi(1.29)=0.90$)。

解　设 X 表示同一时刻 200 部电话机中需要使用外线的部数，则 $X \sim B(200,0.05)$，从而

$$EX=200 \times 0.05=10, \quad DX=200 \times 0.05 \times 0.95=9.5$$

由中心极限定理知，X 近似地服从正态分布 $N(10,9.5)$。

设该单位需要安装 m 条外线，则 m 取决于如下条件：

$$P(0 \leqslant X \leqslant m) \approx \Phi\left(\frac{m-10}{\sqrt{9.5}}\right) - \Phi\left(\frac{0-10}{\sqrt{9.5}}\right) = \Phi\left(\frac{m-10}{\sqrt{9.5}}\right) > 0.90$$

从而 $\dfrac{m-10}{\sqrt{9.5}} > 1.29$，即 $m > 13.976$，故该单位总机至少需要安装 14 条外线，才能以 90% 以上的概率保证每部电话机需要外线时不需要等待。

例 5-12　一个复杂系统由 100 个相互独立的元件组成，在系统运行期间，每个元件损坏的概率为 0.10，又知为使系统正常运行必须有至少 85 个元件工作。

(1) 求系统的可靠性(即系统正常运行的概率)；

(2) 上述系统假如由 n 个相互独立的元件组成，而且又要求有至少 80% 的元件工作才能使整个系统正常运行，问 n 至少为多大时才能保证系统的可靠性为 0.95 ($\Phi\left(\dfrac{5}{3}\right)=0.9525$，$\Phi(1.64)=0.95$)。

解　(1) 设 X 为 100 个元件中工作的元件个数，则 $X \sim B(100,0.9)$，从而
$$EX=100 \times 0.9=90, \quad DX=100 \times 0.9 \times 0.1=9$$

由中心极限定理知，X 近似地服从正态分布 $N(90,9)$，于是系统的可靠性为

$$P(X \geqslant 85)=1-P(X<85) \approx 1-\Phi\left(\frac{85-90}{3}\right)=\Phi\left(\frac{5}{3}\right)=0.9525$$

(2) 设 X 为 n 个元件中工作的元件个数，则 $X \sim B(n,0.9)$，从而
$$EX=n \times 0.9=0.9n, \quad DX=n \times 0.9 \times 0.1=0.09n$$

由中心极限定理知，X 近似地服从正态分布 $N(0.9n,0.09n)$，从而 n 取决于如下条件：

$$0.95=P(X \geqslant 0.8n)=1-P(X<0.8n) \approx 1-\Phi\left(\frac{0.8n-0.9n}{\sqrt{0.09n}}\right)=\Phi\left(\frac{\sqrt{n}}{3}\right)$$

从而 $\dfrac{\sqrt{n}}{3}=1.64$，故 $n=25$。

例 5-13　某保险公司多年的统计资料表明，在索赔户中被盗索赔户占 20%，以 X 表

示在随机抽查的 100 个索赔户中因被盗向保险公司索赔的户数,试求:

（1）X 的概率分布;

（2）被盗索赔户不少于 14 户不多于 30 户的概率（$\Phi(1.5)=0.9332$,$\Phi(2.5)=0.9938$）。

解 （1）依题设知,X 服从参数为 100、0.2 的二项分布,其分布律为

$$P(X=k)=C_{100}^k 0.2^k 0.8^{100-k}, \quad k=0,1,2,\cdots,100$$

（2）$EX=100\times0.2=20$,$DX=100\times0.2\times0.8=16$。由中心极限定理知,$X$ 近似地服从正态分布 $N(20,16)$,故所求的概率为

$$P(14\leqslant X\leqslant30)\approx\Phi\left(\frac{30-20}{4}\right)-\Phi\left(\frac{14-20}{4}\right)=\Phi(2.5)-\Phi(-1.5)$$
$$=\Phi(2.5)+\Phi(1.5)-1=0.927$$

例 5-14 某车间有 200 台车床,由于各种原因每台车床只有 60% 的时间在开动,每台车床开动期间耗电量为 1 单位,问至少供给此车间多少电量才能以不少于 99.9% 的概率保证此车间不因供电不足而影响生产。

解 设不影响生产需要开动的车床数为 n,X 表示 200 台车床中开动的车床数,则 $X\sim B(200,0.6)$,从而

$$EX=200\times0.6=120, \quad DX=200\times0.6\times0.4=48$$

由中心极限定理知,X 近似地服从正态分布 $N(120,48)$,所以 n 取决于如下条件:

$$P(X\leqslant n)\approx\Phi\left(\frac{n-120}{\sqrt{48}}\right)\geqslant0.999$$

查表得 $\dfrac{n-120}{\sqrt{48}}\geqslant3.01$,即 $n\geqslant141$,故至少需供给此车间 141 单位的电量才能以不少于 99.9% 的概率保证此车间不因供电不足而影响生产。

例 5-15 对于一个学生而言,来参加家长会的家长人数是一个随机变量,设一个学生无家长、有 1 名家长与有 2 名家长来参加会议的概率分别为 0.05,0.80 与 0.15,若学校共有 400 名学生,设各学生参加会议的家长人数相互独立,且服从同一分布。

（1）求参加会议的家长人数 X 超过 450 的概率;

（2）求有 1 名家长来参加会议的学生人数不多于 340 的概率（$\Phi(1.147)=0.8749$,$\Phi(2.5)=0.9938$）。

解 （1）设 $X_i(i=1,2,\cdots,400)$ 表示第 i 个学生来参加会议的家长人数,则 X_i 的分布律为

X_i	0	1	2
P	0.05	0.80	0.15

从而

$$EX_i = 1.1,\ DX_i = 0.19,\quad i = 1,2,\cdots,400$$

由中心极限定理知，$X = \sum\limits_{i=1}^{400} X_i$ 近似地服从正态分布 $N(400 \times 1.1,\ 400 \times 0.19)$，故所求的概率为

$$P(X > 450) = 1 - P(X \leqslant 450) \approx 1 - \Phi\left(\frac{450-440}{20\sqrt{0.19}}\right)$$

$$= 1 - \Phi(1.147) = 0.1251$$

(2) 设 Y 表示有 1 名家长参加会议的学生人数，则 $Y \sim B(400,\ 0.80)$，从而

$$EY = 400 \times 0.80 = 320,\ DY = 400 \times 0.80 \times 0.20 = 64$$

由中心极限定理知，Y 近似地服从正态分布 $N(320,\ 64)$，故所求的概率为

$$P(Y \leqslant 340) \approx \Phi\left(\frac{340-320}{\sqrt{64}}\right) = \Phi(2.5) = 0.9938$$

例 5-16　一台总机共有 300 台分机，总机拥有 20 条外线，假设每台分机向总机要外线的概率为 5%，试求：

(1) 每台分机向总机要外线时，能及时得到满足的概率；

(2) 同时向总机要外线的最可能台数的概率 ($\Phi(1.32) = 0.9066$，$\Phi(0.13) = 0.5517$)。

解　设 X 表示同时向总机要外线的分机台数，则 $X \sim B(300,\ 0.05)$，从而

$$EX = 300 \times 0.05 = 15,\ DX = 300 \times 0.05 \times 0.95 = 14.25$$

由中心极限定理知，X 近似地服从正态分布 $N(15,\ 14.25)$。

(1) 所求的概率为

$$P(0 \leqslant X \leqslant 20) \approx \Phi\left(\frac{20-15}{\sqrt{14.25}}\right) - \Phi\left(\frac{0-15}{\sqrt{14.25}}\right) = \Phi(1.32) - \Phi(-3.97)$$

$$= \Phi(1.32) + \Phi(3.97) - 1$$

$$= 0.9066$$

(2) 因为题设的问题可视为 n 重 Bernoulli 试验，而在 n 重 Bernoulli 试验中的可能台数为

$$k = \begin{cases} [(n+1)p], & \text{当}(n+1)p\text{ 不为整数时} \\ (n+1)p \text{ 或} (n+1)p-1, & \text{当}(n+1)p\text{ 为整数时} \end{cases}$$

所以最可能台数为 $[(300+1) \times 0.05] = [15.05] = 15$，其概率为

$$P(X = 15) = P\left(15 - \frac{1}{2} < X < 15 + \frac{1}{2}\right)$$

$$\approx \Phi\left(\frac{15.5-15}{\sqrt{14.25}}\right) - \Phi\left(\frac{14.5-15}{\sqrt{14.25}}\right)$$

$$= 2\Phi(0.13) - 1 = 2 \times 0.5517 - 1 = 0.1034$$

习　题　5

一、选择题

1. 设随机变量 X 的期望 $EX=5$，方差 $DX=2$，则下列不等式中正确的是(　　)。

    A. $P(1<X<9)\geqslant\dfrac{8}{9}$ B. $P(1<X<9)\geqslant\dfrac{7}{8}$

    C. $P(1<X<9)\leqslant\dfrac{8}{9}$ D. $P(1<X<9)\leqslant\dfrac{7}{8}$

2. 设随机变量 X 的方差 $DX=2$，则由 Chebyshev 不等式有(　　)。

    A. $P(|X-EX|\geqslant8)\geqslant\dfrac{31}{32}$ B. $P(|X-EX|\geqslant8)\leqslant\dfrac{1}{32}$

    C. $P(|X-EX|\geqslant8)\geqslant\dfrac{1}{32}$ D. $P(|X-EX|\geqslant8)\leqslant\dfrac{31}{32}$

3. 设 X 是随机变量，且 $EX=\mu$，$DX=\sigma^2$，则事件"X 落在 μ 的 2σ 邻域内"的概率至少为(　　)。

    A. $\dfrac{1}{2}$ B. $\dfrac{1}{3}$ C. $\dfrac{1}{4}$ D. $\dfrac{3}{4}$

4. 设随机变量 X_1，X_2，$\cdots$，X_n，$\cdots$ 相互独立同分布，其分布函数为 $F(x)=a+\dfrac{1}{\pi}\arctan\dfrac{x}{b}$，则 Khintchine 大数定律对此序列(　　)。

    A. 适用   B. 当常数 a，b 取适当数值时适用

    C. 不适用   D. 无法判别

5. 设 X_1，X_2，$\cdots$，X_n，$\cdots$ 为相互独立的随机变量序列，且均服从参数为 λ 的指数分布，则(　　)。

    A. $\lim\limits_{n\to\infty}P\left\{\dfrac{\sum\limits_{i=1}^{n}X_i-n\lambda}{\lambda\sqrt{n}}\leqslant x\right\}=\Phi(x)$ B. $\lim\limits_{n\to\infty}P\left\{\dfrac{\sum\limits_{i=1}^{n}X_i-n\lambda}{\sqrt{n\lambda}}\leqslant x\right\}=\Phi(x)$

    C. $\lim\limits_{n\to\infty}P\left\{\dfrac{\lambda\sum\limits_{i=1}^{n}X_i-n}{\sqrt{n}}\leqslant x\right\}=\Phi(x)$ D. $\lim\limits_{n\to\infty}P\left\{\dfrac{\lambda^2\sum\limits_{i=1}^{n}X_i-n\lambda}{\sqrt{n}}\leqslant x\right\}=\Phi(x)$

6. 设 X_1，X_2，$\cdots$，X_n，$\cdots$ 为相互独立的随机变量序列，且均服从参数为 λ 的 Poisson 分布，则(　　)。

    A. 当 n 充分大时，$\dfrac{\sum\limits_{i=1}^{n}X_i-n\lambda}{\sqrt{n\lambda}}$ 近似地服从正态分布 $N(0,1)$

B. 当 n 充分大时，$\displaystyle\sum_{i=1}^{n} X_i$ 近似地服从正态分布 $N(0,1)$

C. 当 n 充分大时，$\displaystyle\sum_{i=1}^{n} X_i$ 近似地服从正态分布 $N(n\lambda, n\lambda^2)$

D. 当 n 充分大时，$\displaystyle\sum_{i=1}^{n} X_i$ 近似地服从正态分布 $N(\lambda, \lambda)$

7. 设 $X_1, X_2, \cdots X_n, \cdots$ 为相互独立的随机变量序列，且均在区间 (a, b) 上服从均匀分布，则（　　）。

A. 当 n 充分大时，$\dfrac{2\displaystyle\sum_{i=1}^{n} X_i - n(a+b)}{(b-a)\sqrt{n}}$ 近似地服从正态分布 $N(0,1)$

B. 当 n 充分大时，$\displaystyle\sum_{i=1}^{n} X_i$ 近似地服从正态分布 $N(n(a+b), n(b-a)^2)$

C. 当 n 充分大时，$\dfrac{1}{n}\displaystyle\sum_{i=1}^{n} X_i$ 近似地服从正态分布 $N(a+b, (b-a)^2)$

D. 当 n 充分大时，$\dfrac{1}{n}\displaystyle\sum_{i=1}^{n} X_i$ 近似地服从正态分布 $N\left(\dfrac{a+b}{2}, \dfrac{(b-a)^2}{12n}\right)$

8. 设随机变量 $X \sim B(n, p)(0 < p < 1)$，则（　　）。

A. $\dfrac{X}{n}$ 收敛于 p

B. 当 n 充分大时，X 近似地服从正态分布 $N(np, np(1-p))$

C. 当 n 充分大时，$\dfrac{X}{n}$ 近似地服从正态分布 $N(p, p(1-p))$

D. 当 n 充分大时，$\dfrac{X-np}{\sqrt{p(1-p)}}$ 近似地服从正态分布 $N(0,1)$

9. 设 $X_1, X_2, \cdots X_n, \cdots$ 为相互独立同分布的随机变量序列，且 $EX_i = \mu$，$DX_i = \sigma^2$ $(i=1, 2, \cdots)$，则下列选项不正确的是（　　）。

A. 当 n 充分大时，$\dfrac{1}{n}\displaystyle\sum_{i=1}^{n} X_i$ 近似地服从正态分布 $N\left(\dfrac{\mu}{n}, \dfrac{\sigma^2}{n}\right)$

B. 当 n 充分大时，$\dfrac{1}{n}\displaystyle\sum_{i=1}^{n} X_i$ 近似地服从正态分布 $N\left(\mu, \dfrac{\sigma^2}{n}\right)$

C. 当 n 充分大时，$\displaystyle\sum_{i=1}^{n} X_i$ 近似地服从正态分布 $N(n\mu, n\sigma^2)$

D. $\displaystyle\lim_{n\to\infty} P\left(\left|\dfrac{1}{n}\sum_{i=1}^{n} X_i - \mu\right| < \varepsilon\right) = 1$

10. 计算机在执行加法运算时，对每个加数取整（取最接近于它的整数），设所有的取整误差相互独立，且都在区间$(-0.5, 0.5)$上服从均匀分布。已知 $\Phi\left(\dfrac{3}{\sqrt{5}}\right)=0.9099$，若将 1500 个数相加，则误差总和的绝对值超过 15 的概率为（　　）。

    A. 0.8192
               B. 0.9099

    C. 0.1802
               D. 0.0901

11. 一份试卷共有 100 道选择题，每道题给出的四个选项中，只有一项符合题目要求，选对一题得 1 分，选错或不选不得分。某人没有学过该门课程而随便选择，则此人至少能得 60 分的概率为（　　）。

    A. 0
        B. 0.1
        C. 0.05
        D. 0.01

12. 设随机变量 $X_1, X_2, \cdots, X_n, \cdots$ 相互独立，$S_n = X_1 + X_2 + \cdots + X_n$，则根据 Lindeberg-Levy 中心极限定理，当 n 充分大时，S_n 近似地服从正态分布，只要 $X_1, X_2, \cdots, X_n, \cdots$（　　）。

    A. 有相同的数学期望
               B. 有相同的方差

    C. 服从同一指数分布
               D. 服从同一离散型分布

二、填空题

1. 设随机变量 X 的数学期望 $EX = \mu$，方差 $DX = \sigma^2$，则由 Chebyshev 不等式，有 $P(|X-\mu| \geqslant 3\sigma) \leqslant$ _____。

2. 设 X 是随机变量，$DX = 2$，则由 Chebyshev 不等式，有 $P(|X-EX|<2) \geqslant$ _____。

3. 设连续型随机变量 X 的概率密度为

$$f(x)=\begin{cases} 3\mathrm{e}^{-ax}, & x>0 \\ 0, & x\leqslant 0 \end{cases}$$

则由 Chebyshev 不等式，有 $P\left(\left|X-\dfrac{1}{3}\right| \geqslant 3\right) \leqslant$ _____。

4. 设 X, Y 是随机变量，$EX = -2$，$EY = 2$，$DX = 1$，$DY = 4$，$\rho_{XY} = -0.5$，则由 Chebyshev 不等式，有 $P(|X+Y| \geqslant 6) \leqslant$ _____。

5. 设 $X_1, X_2, \cdots, X_n$ 为相互独立同分布的随机变量，且 $EX_i = \mu$，$DX_i = 8(i = 1, 2, \cdots, n)$，设 $X = \dfrac{1}{n}\sum_{i=1}^{n} X_i$，则它所满足的 Chebyshev 不等式为 _____，$P(|X-\mu| < 4) \geqslant$ _____。

6. 设 X 是随机变量，且 $EX = 10$，DX 存在，$P(-20 < X < 40) \leqslant 0.9$，则 $DX \geqslant$ _____。

7. 设 $X_1, X_2, \cdots, X_n, \cdots$ 是相互独立的随机变量序列，且 $EX_i = \mu$，$DX_i = \sigma^2 (i = 1, 2, \cdots)$，则 $\forall \varepsilon > 0$，有 $\lim\limits_{n \to \infty} P\left(\left|\sum_{i=1}^{n} X_i - n\mu\right| \geqslant n\varepsilon\right) =$ _____。

8. 设 X_1，X_2，$\cdots X_n$，$\cdots$为相互独立且都服从参数为 λ 的 Poisson 分布的随机变量序列，则极限 $\lim\limits_{n\to\infty} P\left\{\dfrac{\sum\limits_{i=1}^{n} X_i - n\lambda}{\sqrt{n\lambda}} \leqslant x\right\}=$ _____。

9. 设 n_A 表示 n 重 Bernoulli 试验中事件 A 发生的次数，p 是事件 A 在一次试验中发生的概率，即 $P(A)=p$，则 $P(a<n_A\leqslant b)\approx$ _____。

10. 在天平上重复称量一重为 a 的物品，假设各次称量的结果相互独立，且同服从正态分布 $N(a, 0.2^2)$。若以 $\overline{X}_n$ 表示 n 次称量结果的算术平均数，为使 $P(|\overline{X}_n-a|<0.1)\geqslant 0.95$，则应有 $n\geqslant$ _____。

11. 从大量废品率为 0.03 的产品中任意抽取 1000 个产品，则其中废品数 $X\sim$ _____，X 近似地服从_____，分布的参数为_____。

12. 将一枚硬币连掷 100 次，则出现正面次数大于 60 的概率近似的为 _____（$\Phi(2)=0.9772$）。

三、解答题

1. 在每次试验中，事件 A 发生的概率为 0.5，试利用 Chebyshev 不等式估计在 1000 次独立试验中，事件 A 发生的次数在 451 次至 549 次之间的概率。

2. 随机地掷 6 颗骰子，利用 Chebyshev 不等式估计"6 颗骰子出现点数之和在 15 点到 27 点之间"的概率。

3. 一加法器同时收到 20 个噪声电压 $V_i(i=1, 2, \cdots, 20)$，设它们是相互独立的随机变量，且都在区间 $(0, 10)$ 上服从均匀分布。记 $V=\sum\limits_{i=1}^{20} V_i$，求 $P(V>105)$ 的近似值（$\Phi(0.387)=0.6517$）。

4. 一工人修理一台机器需要两个阶段，第一阶段所需时间（单位：小时）服从均值为 0.2 的指数分布，第二阶段所需时间（单位：小时）服从均值为 0.3 的指数分布，且两阶段所需时间相互独立。现有 20 台机器需要修理，求该工人在 8 小时内完成的概率（$\Phi(1.24)=0.8925$）。

5. 设各零件的重量都是随机变量，它们相互独立同分布，其数学期望为 0.5 kg，均方差为 0.1 kg，求 5000 个零件的总重量超过 2510 kg 的概率（$\Phi(\sqrt{2})=0.9213$）。

6. 一生产线生产的产品成箱包装，每箱的重量是随机的，假设每箱平均重为 50 kg，标准差为 5 kg。若用最大载重量为 5 t 的汽车去承运，试利用中心极限定理说明每辆汽车最多可以装多少箱，才能保证不超载的概率大于 0.977（$\Phi(2)=0.977$）。

7. 某市的某十字路口一周的事故发生数的数学期望为 2.2，标准差为 1.4。

（Ⅰ）设 $\overline{X}$ 表示一年（以 52 周计）中此十字路口事故发生数的算术平均，试用中心极限

定理求 $\overline{X}$ 的近似分布，并求 $P(\overline{X}<2)$；

（Ⅱ）求一年中事故发生数小于 100 的概率（$\Phi(1.030)=0.8485$，$\Phi(1.426)=0.9230$）。

8. 随机地选取两组学生，每组 80 人，分别在两个实验室测量某种化合物的 PH 值。各人测量的结果是随机变量，它们相互独立，服从同一分布，数学期望为 5，方差为 0.3，以 $\overline{X}$、$\overline{Y}$ 分别表示第一组和第二组所得结果的算术平均。

（Ⅰ）求 $P(4.9<\overline{X}<5.1)$；

（Ⅱ）求 $P(-0.1<\overline{X}-\overline{Y}<0.1)$（$\Phi(1.63)=0.9484$，$\Phi(1.15)=0.8749$）。

9. 一船舶在某海区航行，已知每遭受一次波浪的冲击，纵摇角大于 3° 的概率为 1/3。若船舶遭受了 90 000 次波浪冲击，求其中有 29 500 次到 30 500 次纵摇角大于 3° 的概率（$\Phi\left(\dfrac{5\sqrt{2}}{2}\right)=0.9998$）。

10. 在一家保险公司里有 10 000 人参加保险，每人每年付 12 元的保险费，在一年内这些人死亡的概率为 0.006，死后家属可向保险公司领取 1000 元的赔偿，试求：

（Ⅰ）保险公司年利润不少于 60 000 元的概率；

（Ⅱ）保险公司亏本的概率。

11. 某商店有三种同类型的商品出售，由于售出哪一种商品是随机的，因而售出一件商品的价格是一个随机变量，它取 1 元、1.2 元、1.5 元的概率分别为 0.3、0.2、0.5。若售出 300 件商品，求：

（Ⅰ）收入至少为 400 元的概率；

（Ⅱ）售出价格为 1.2 元的商品多于 60 件的概率（$\Phi(3.39)=0.9997$）。

12. 有 2000 名顾客到甲、乙两家餐馆去用餐，设每位顾客随机地选择其中一家，并且各位顾客选择餐馆是彼此独立的，求每家餐馆至少应设置多少座位，才能保证顾客不因找不到座位而离去的概率小于 1‰（$\Phi(2.33)=0.99$）。

13. 设 X_1，X_2，$\cdots$，X_n，$\cdots$ 是相互独立的随机变量序列，且均在区间 $[0,\theta]$ 上服从均匀分布，若 $Y_n=\max\{X_1,X_2,\cdots,X_n\}(n=1,2,\cdots)$，证明

$$Y_n \xrightarrow{P} \theta, \quad n\to\infty$$

14. 试利用中心极限定理证明

$$\lim_{n\to\infty}\left(\sum_{i=1}^{n}\frac{n^i}{i!}\mathrm{e}^{-n}\right)=\frac{1}{2}$$

第6章 数理统计的基本概念

数理统计是具有广泛应用的一个数学分支，它以概率论为基础，根据试验或观察得到的数据来研究随机现象，对研究对象的客观规律性作出种种合理的估计和判断。数理统计的内容包括：如何收集、整理数据资料；如何对所得的数据资料进行分析、研究，从而对所研究的对象的性质、特点作出推断。数理统计的重要分支有统计推断、试验设计、多元分析等，其具体方法甚多，应用相当广泛，已成为各学科从事科学研究及生产、经济等部门进行有效工作的必不可少的数学工具。

本章从数理统计的基本概念开始，讨论抽样分布及其重要定理，这些抽样分布及其重要定理在概率论中尚未提到，而在数理统计中会经常遇到。

6.1 基 本 概 念

1. 总体与个体

定义1 称研究对象的全体为总体，它是一个随机变量 X；称组成总体的元素为个体。

例如：把某学校某年级的学生视为一个总体，则每个学生为个体；把某批灯泡视为一个总体，则每个灯泡为个体；把某地区在某季节的日平均气温视为一个总体，则其中某天的日平均气温为个体。在数理统计中，我们总是对总体的一个或几个数量表征进行研究，如学生的身高(单位：米)、灯泡的寿命(单位：小时)、日平均气温(单位：摄氏度)等，其取值都是一个随机变量 X，因而经常将总体说成总体 X。对总体 X 的研究就归结为讨论随机变量 X 的分布(分布函数或分布律或概率密度)及其主要的数字特征(数学期望 EX 和方差 DX)的研究。

2. 简单随机样本

实际中，总体的分布一般是未知的，或者只知道它具有某种形式而其中包含着未知参数，因而在对总体进行研究时，只可能从总体中抽取部分个体来做研究，这样的部分个体称为样本。通过从样本的观察或试验结果的特性对总体的特征作出估计和推断，一方面自然要研究应该怎样从总体中抽取样本，使得样本在尽可能大的程度上反映总体的特征，另一方面必须建立一整套的方法，使得观察者能根据所选取的样本的性质，对总体的特性进行估计与推断。因此，所抽取的样本必须是随机的，即每一个个体都有同等概率被抽到，而且彼此独立，与总体具有相同的分布，从而有以下定义。

定义2 称相互独立且与总体 X 同分布的随机变量 X_1，X_2，$\cdots$，X_n 为来自总体 X 的

一个容量为 n 的简单随机样本，简称样本。称样本 X_1，X_2，$\cdots$，X_n 的一组取值 x_1，x_2，$\cdots$，x_n 为该样本的一组样本值。

设总体 X 的分布函数为 $F(x)$，X_1，X_2，$\cdots$，X_n 为来自总体 X 的一个样本，则 X_1，X_2，$\cdots$，X_n 的分布函数都是 $F(x)$，从而 n 维随机变量 $(X_1, X_2, \cdots, X_n)$ 的联合分布函数为

$$F^*(x_1, x_2, \cdots, x_n) = \prod_{i=1}^{n} F(x_i) \tag{6.1.1}$$

设总体 X 的分布律为 $P(X=x)=p(x)$，X_1，X_2，$\cdots$，X_n 为来自总体 X 的一个样本，则 X_1，X_2，$\cdots$，X_n 的分布律都是 $P(X_i=x)=p(x)$，从而 n 维随机变量 $(X_1, X_2, \cdots, X_n)$ 的联合分布律为

$$P(X_1=x_1, X_2=x_2, \cdots, X_n=x_n) = \prod_{i=1}^{n} p(x_i) \tag{6.1.2}$$

设总体 X 的概率密度为 $f(x)$，X_1，X_2，$\cdots$，X_n 为来自总体 X 的一个样本，则 X_1，X_2，$\cdots$，X_n 的概率密度都是 $f(x)$，从而 n 维随机变量 $(X_1, X_2, \cdots, X_n)$ 的联合概率密度为

$$f^*(x_1, x_2, \cdots, x_n) = \prod_{i=1}^{n} f(x_i) \tag{6.1.3}$$

例 6-1　设总体 $X \sim B(1, p)$，X_1，X_2，$\cdots$，X_n 为来自总体 X 的一个样本，求：

(1) $(X_1, X_2, \cdots, X_n)$ 的联合分布律；

(2) $\sum\limits_{i=1}^{n} X_i$ 的分布律。

解　(1) $(X_1, X_2, \cdots, X_n)$ 的联合分布律为

$$P(X_1=x_1, X_2=x_2, \cdots, X_n=x_n) = p^{\sum_{i=1}^{n} x_i}(1-p)^{n-\sum_{i=1}^{n} x_i}, \quad x_i=0, 1, i=1, 2, \cdots, n$$

(2) 由于 X_1，X_2，$\cdots$，X_n 相互独立同服从 0-1 分布 $B(1, p)$，因此 $\sum\limits_{i=1}^{n} X_i \sim B(n, p)$，从而其分布律为

$$P\left(\sum_{i=1}^{n} X_i = k\right) = \mathrm{C}_n^k p^k (1-p)^{n-k}, \quad k=0, 1, 2, \cdots, n$$

例 6-2　设总体 $X \sim N(\mu, \sigma^2)$，X_1，X_2，$\cdots$，X_{10} 为来自总体 X 的一个样本，试求：

(1) $(X_1, X_2, \cdots, X_{10})$ 的联合概率密度；

(2) $\sum\limits_{i=1}^{10} X_i$ 的概率密度。

解　(1) $(X_1, X_2, \cdots, X_{10})$ 的联合概率密度为

$$f(x_1, x_2, \cdots, x_n) = \prod_{i=1}^{10} \frac{1}{\sqrt{2\pi}\sigma} \mathrm{e}^{-\frac{(x_i-\mu)^2}{2\sigma^2}} = \left(\frac{1}{\sqrt{2\pi}\sigma}\right)^{10} \mathrm{e}^{-\frac{1}{2\sigma^2}\sum_{i=1}^{10}(x_i-\mu)^2}$$

$$-\infty < x_i < +\infty, i=1, 2, \cdots, 10$$

（2）由于 X_1, X_2, …, X_{10} 为来自总体 $X \sim N(\mu, \sigma^2)$ 的一个样本，因此 X_1, X_2, …, X_{10} 相互独立且都服从正态分布 $N(\mu, \sigma^2)$，从而 $\sum\limits_{i=1}^{10} X_i$ 服从正态分布，又由于

$$E\left(\sum_{i=1}^{10} X_i\right) = \sum_{i=1}^{10} EX_i = 10\mu, \ D\left(\sum_{i=1}^{10} X_i\right) = \sum_{i=1}^{10} DX_i = 10\sigma^2$$

故 $\sum\limits_{i=1}^{10} X_i$ 的概率密度为

$$f_{\sum\limits_{i=1}^{10} X_i}(x) = \frac{1}{\sqrt{20\pi}\sigma} e^{-\frac{(x-10\mu)^2}{20\sigma^2}}, \quad -\infty < x < +\infty$$

例 6 - 3　设 X_1, X_2, …, X_n, X_{n+1} 为来自正态总体 $X \sim N(\mu, \sigma^2)$ 的一个样本，令 $U = X_{n+1} - \dfrac{1}{n+1} \sum\limits_{i=1}^{n+1} X_i$，求随机变量 U 的分布。

解　$U = X_{n+1} - \dfrac{1}{n+1} \sum\limits_{i=1}^{n+1} X_i = \left(1 - \dfrac{1}{n+1}\right) X_{n+1} - \dfrac{1}{n+1} \sum\limits_{i=1}^{n} X_i$，由于 X_1, X_2, …, X_n, X_{n+1} 相互独立且与总体 X 同分布，因此随机变量 U 服从正态分布，又由于

$$EU = E\left[\left(1 - \frac{1}{n+1}\right) X_{n+1} - \frac{1}{n+1} \sum_{i=1}^{n} X_i\right] = \left(1 - \frac{1}{n+1}\right) EX_{n+1} - \frac{1}{n+1} \sum_{i=1}^{n} EX_i$$

$$= \left(1 - \frac{1}{n+1}\right)\mu - \frac{n\mu}{n+1} = 0$$

$$DU = D\left[\left(1 - \frac{1}{n+1}\right) X_{n+1} - \frac{1}{n+1} \sum_{i=1}^{n} X_i\right] = \left(1 - \frac{1}{n+1}\right)^2 DX_{n+1} + \frac{1}{(n+1)^2} \sum_{i=1}^{n} DX_i$$

$$= \left(1 - \frac{1}{n+1}\right)^2 \sigma^2 + \frac{n\sigma^2}{(n+1)^2} = \frac{n}{n+1}\sigma^2$$

故

$$U \sim N\left(0, \frac{n}{n+1}\sigma^2\right)$$

例 6 - 4　设 X_1, X_2, …, X_n 为来自正态总体 $X \sim N(\mu, \sigma^2)$ 的一个样本，已知 $EX^k = \alpha_k$（$k = 1, 2, 3, 4$），证明当 n 充分大时，随机变量 $Z_n = \dfrac{1}{n} \sum\limits_{i=1}^{n} X_i^2$ 近似服从正态分布，并指出其分布参数。

证明　由于 X_1, X_2, …, X_n 相互独立同分布，因此 X_1^2, X_2^2, …, X_n^2 也相互独立同分布，且

$$EX_i^2 = \alpha_2, \ DX_i^2 = EX_i^4 - (EX_i^2)^2 = \alpha_4 - \alpha_2^2, \quad i = 1, 2, \cdots, n$$

由中心极限定理知，$\sum\limits_{i=1}^{n} X_i^2$ 近似地服从正态分布 $N(n\alpha_2, n(\alpha_4 - \alpha_2^2))$，再由正态分布随

机变量的性质知，$Z_n = \dfrac{1}{n}\sum\limits_{i=1}^{n}X_i^2$ 近似地服从正态分布 $N\left(\alpha_2,\ \dfrac{\alpha_4-\alpha_2^2}{n}\right)$，其分布参数为

$\mu = \alpha_2$，$\sigma^2 = \dfrac{\alpha_4-\alpha_2^2}{n}$。

例 6 - 5　设 X_1，X_2，$\cdots$，X_n 为来自总体 $X \sim U(a,\ b)$ 的一个样本，$X_{\min} = \min\{X_1,\ X_2,\ \cdots,\ X_n\}$，$X_{\max} = \max\{X_1,\ X_2,\ \cdots,\ X_n\}$，求：

（1）$X_{\max}$ 的概率密度；（2）$EX_{\min}$ 和 $DX_{\min}$。

解　由于总体 X 的概率密度和分布函数分别为

$$f_X(x) = \begin{cases} \dfrac{1}{b-a}, & a<x<b \\[2mm] 0, & \text{其他} \end{cases}$$

$$F_X(x) = \begin{cases} 0, & x<a \\[2mm] \dfrac{x-a}{b-a}, & a\leqslant x<b \\[2mm] 1, & x\geqslant b \end{cases}$$

因此 $X_{\max}$、$X_{\min}$ 的分布函数分别为

$$F_{\max}(x) = P(X_{\max} \leqslant x) = P(X_1 \leqslant x,\ X_2 \leqslant x,\ \cdots,\ X_n \leqslant x) = [F_X(x)]^n$$

$$F_{\min}(x) = P(X_{\min} \leqslant x) = 1 - P(X_1 > x,\ X_2 > x,\ \cdots,\ X_n > x) = 1 - [1-F_X(x)]^n$$

（1）$X_{\max}$ 的概率密度为

$$f_{\max}(x) = F'_{\max}(x) = n[F_X(x)]^{n-1}f_X(x) = \begin{cases} \dfrac{n(x-a)^{n-1}}{(b-a)^n}, & a<x<b \\[2mm] 0, & \text{其他} \end{cases}$$

（2）$X_{\min}$ 的概率密度为

$$f_{\min}(x) = F'_{\min}(x) = n[1-F_X(x)]^{n-1}f_X(x) = \begin{cases} \dfrac{n(b-x)^{n-1}}{(b-a)^n}, & a<x<b \\[2mm] 0, & \text{其他} \end{cases}$$

$$EX_{\min} = \int_{-\infty}^{+\infty} x f_{\min}(x)\,\mathrm{d}x = \int_a^b x\,\frac{n(b-x)^{n-1}}{(b-a)^n}\,\mathrm{d}x$$

$$= \int_a^b [b-(b-x)]\,\frac{n(b-x)^{n-1}}{(b-a)^n}\,\mathrm{d}x = \frac{na+b}{n+1}$$

$$EX_{\min}^2 = \int_{-\infty}^{+\infty} x^2 f_{\min}(x)\,\mathrm{d}x = \int_a^b x^2\,\frac{n(b-x)^{n-1}}{(b-a)^n}\,\mathrm{d}x$$

$$= \int_a^b [b-(b-x)]^2\,\frac{n(b-x)^{n-1}}{(b-a)^n}\,\mathrm{d}x$$

$$= b^2 - \frac{2bn(b-a)}{n+1} + \frac{n(b-a)^2}{n+2}$$

$$DX_{\min} = EX_{\min}^2 - (EX_{\min})^2$$

$$= b^2 - \frac{2bn(b-a)}{n+1} + \frac{n(b-a)^2}{n+2} - \frac{(na+b)^2}{(n+1)^2} = \frac{n(b-a)^2}{(n+1)^2(n+2)}$$

3. 经验分布函数

由于总体的分布通常是未知的，因此人们总希望通过样本对总体的分布有比较清晰的掌握，经验分布函数就是基于这种思想的分布函数。

定义 3　设 X_1，X_2，$\cdots$，X_n 是来自总体 X 的一个样本，x_1，x_2，$\cdots$，x_n 是样本 X_1，X_2，$\cdots$，X_n 的一组样本值，将其从小到大排列，并重新编号为 $x_{(1)} \leqslant x_{(2)} \leqslant \cdots \leqslant x_{(n)}$，则称函数

$$F_n(x) = \frac{x_1, x_2, \cdots, x_n \text{ 中小于等于 } x \text{ 的样本值的个数}}{n}$$

$$= \begin{cases} 0, & x < x_{(1)} \\ \dfrac{k}{n}, & x_{(k)} \leqslant x < x_{(k+1)} \\ 1, & x \geqslant x_{(n)} \end{cases} \tag{6.1.4}$$

为总体 X 的经验分布函数。

需要指出的是，若在 $F_n(x)$ 的定义中将样本值换成对应的样本，则当 n 固定时，它是一个随机变量，此时仍称之为总体 X 的经验分布函数。所以用样本值定义的 $F_n(x)$ 其实是经验分布函数的观察值，在不致混淆的情况下统称为总体 X 的经验分布函数。

例 6 - 6　设总体 X 的一组样本值为 1、2、3，试求总体 X 的经验分布函数 $F_3(x)$。

解　由(6.1.4)式，得

$$F_3(x) = \begin{cases} 0, & x < 1 \\ \dfrac{1}{3}, & 1 \leqslant x < 2 \\ \dfrac{2}{3}, & 2 \leqslant x < 3 \\ 1, & x \geqslant 3 \end{cases}$$

例 6 - 7　设总体 X 的一组样本值为 1、1、2，试求总体 X 的经验分布函数 $F_3(x)$。

解　由(6.1.4)式，得

$$F_3(x) = \begin{cases} 0, & x < 1 \\ \dfrac{2}{3}, & 1 \leqslant x < 2 \\ 1, & x \geqslant 2 \end{cases}$$

对于经验分布函数 $F_n(x)$，Glivenko(格里汶科)于 1933 年证明了以下结论。

定理 1　对于任意实数 x，当 $n \to \infty$ 时，$F_n(x)$ 以概率 1 一致收敛于总体 X 的分布函数 $F(x)$，即

$$P(\lim_{n \to \infty} \sup_{-\infty < x < +\infty} |F_n(x) - F(x)| = 0) = 1$$

由定理 1 知,对于任意实数 x,当 n 充分大时,经验分布函数的任一观察值 $F_n(x)$ 与总体 X 的分布函数 $F(x)$ 只有微小的差别,从而在实际中可将其当做 $F(x)$ 使用。

4. 统计量

我们知道,通过观察样本或试验结果的特性可以对总体的特征作出估计和推断,但是样本带来的信息是零散的,不系统的,要真正通过样本带来的信息研究总体的特征,就必须对这些信息进行加工、整理,使之系统化,这个过程便引出了统计量的概念。

定义 4 设 X_1,X_2,$\cdots$,X_n 为来自总体 X 的一个样本,$g(x_1,x_2,\cdots,x_n)$ 为已知连续函数,且 $g(x_1,x_2,\cdots,x_n)$ 中不含总体 X 的任何未知参数,则称 $g(X_1,X_2,\cdots,X_n)$ 为总体 X 的一个统计量。设 x_1,x_2,$\cdots$,x_n 是样本 X_1,X_2,$\cdots$,X_n 的一组样本值,则称 $g(x_1,x_2,\cdots,x_n)$ 为统计量 $g(X_1,X_2,\cdots,X_n)$ 的样本值。

由于样本 X_1,X_2,$\cdots$,X_n 是随机变量,因此 $g(X_1,X_2,\cdots,X_n)$ 是随机变量的函数,从而统计量是一个随机变量。

定义 5 设 X_1,X_2,$\cdots$,X_n 为来自总体 X 的一个样本,x_1,x_2,$\cdots$,x_n 是样本 X_1,X_2,$\cdots$,X_n 的一组样本值,则有如下定义。

(1) 样本均值:

$$\overline{X} = \frac{1}{n} \sum_{i=1}^{n} X_i$$

样本均值的样本值:

$$\overline{x} = \frac{1}{n} \sum_{i=1}^{n} x_i$$

(2) 样本方差:

$$S^2 = \frac{1}{n-1} \sum_{i=1}^{n} (X_i - \overline{X})^2 = \frac{1}{n-1} \left(\sum_{i=1}^{n} X_i^2 - n \overline{X}^2 \right)$$

样本方差的样本值:

$$s^2 = \frac{1}{n-1} \sum_{i=1}^{n} (x_i - \overline{x})^2 = \frac{1}{n-1} \left(\sum_{i=1}^{n} x_i^2 - n\overline{x}^2 \right)$$

(3) 样本标准差:

$$S = \sqrt{S^2} = \sqrt{\frac{1}{n-1} \sum_{i=1}^{n} (X_i - \overline{X})^2}$$

样本标准差的样本值:

$$s = \sqrt{\frac{1}{n-1} \sum_{i=1}^{n} (x_i - \overline{x})^2}$$

（4）样本 k 阶（原点）矩：

$$A_k = \frac{1}{n} \sum_{i=1}^{n} X_i^k, \quad k = 1, 2, \cdots$$

样本 k 阶（原点）矩的样本值：

$$a_k = \frac{1}{n} \sum_{i=1}^{n} x_i^k, \quad k = 1, 2, \cdots$$

（5）样本 k 阶中心矩：

$$B_k = \frac{1}{n} \sum_{i=1}^{n} (X_i - \overline{X})^k, \quad k = 1, 2, \cdots$$

样本 k 阶中心矩的样本值：

$$b_k = \frac{1}{n} \sum_{i=1}^{n} (x_i - \overline{x})^k, \quad k = 1, 2, \cdots$$

定理 2　设 X 是总体，其均值 $EX = \mu$，方差 $DX = \sigma^2$，$\overline{X}$、S^2 分别是样本均值与样本方差，则

$$E\overline{X} = \mu, \ D\overline{X} = \frac{\sigma^2}{n}, \ ES^2 = \sigma^2$$

证明　因为 $\overline{X} = \frac{1}{n} \sum_{i=1}^{n} X_i$，$S^2 = \frac{1}{n-1} \sum_{i=1}^{n} (X_i - \overline{X})^2$，所以

$$E\overline{X} = E\left(\frac{1}{n} \sum_{i=1}^{n} X_i \right) = \frac{1}{n} \sum_{i=1}^{n} EX_i = \frac{1}{n} \sum_{i=1}^{n} EX = \mu$$

$$D\overline{X} = D\left(\frac{1}{n} \sum_{i=1}^{n} X_i \right) = \frac{1}{n^2} \sum_{i=1}^{n} DX_i = \frac{1}{n^2} \sum_{i=1}^{n} DX = \frac{\sigma^2}{n}$$

$$ES^2 = E\left[\frac{1}{n-1} \sum_{i=1}^{n} (X_i - \overline{X})^2 \right] = \frac{1}{n-1} E\left[\sum_{i=1}^{n} (X_i^2 - 2\overline{X}X_i + \overline{X}^2) \right]$$

$$= \frac{1}{n-1} E\left(\sum_{i=1}^{n} X_i^2 - 2\overline{X} \sum_{i=1}^{n} X_i + n\overline{X}^2 \right) = \frac{1}{n-1} E\left(\sum_{i=1}^{n} X_i^2 - 2n\overline{X} \cdot \frac{1}{n} \sum_{i=1}^{n} X_i + n\overline{X}^2 \right)$$

$$= \frac{1}{n-1} E\left(\sum_{i=1}^{n} X_i^2 - 2n\overline{X}^2 + n\overline{X}^2 \right) = \frac{1}{n-1} E\left(\sum_{i=1}^{n} X_i^2 - n\overline{X}^2 \right)$$

$$= \frac{1}{n-1} \left(\sum_{i=1}^{n} EX_i^2 - nE\overline{X}^2 \right) = \frac{1}{n-1} \left\{ \sum_{i=1}^{n} [DX_i + (EX_i)^2] - n[D\overline{X} + (E\overline{X})^2] \right\}$$

$$= \frac{1}{n-1} \left[\sum_{i=1}^{n} (\sigma^2 + \mu^2) - n\left(\frac{\sigma^2}{n} + \mu^2 \right) \right] = \frac{1}{n-1} \left[n(\sigma^2 + \mu^2) - n\left(\frac{\sigma^2}{n} + \mu^2 \right) \right]$$

$$= \sigma^2$$

例 6 - 8　设总体 $X \sim N(\mu, \sigma^2)$，$X_1, X_2, \cdots, X_{2n} (n \geqslant 2)$ 为来自总体 X 的一个简单

随机样本，其样本均值 $\overline{X} = \dfrac{1}{2n}\sum\limits_{i=1}^{2n} X_i$，求统计量 $Y = \sum\limits_{i=1}^{n}(X_i + X_{n+i} - 2\,\overline{X})^2$ 的数学期望 EY。

解 由于 $X_1 + X_{n+1}$，$X_2 + X_{n+2}$，$\cdots$，$X_n + X_{2n}$ 相互独立且都服从正态分布 $N(2\mu, 2\sigma^2)$，因此可以将其看成来自正态总体 $N(2\mu, 2\sigma^2)$ 的一个样本，其样本均值为

$$\frac{1}{n}\sum_{i=1}^{n}(X_i + X_{n+i}) = \frac{1}{n}\sum_{i=1}^{2n} X_i = 2\,\overline{X}$$

样本方差为

$$\frac{1}{n-1}\sum_{i=1}^{n}(X_i + X_{n+i} - 2\,\overline{X})^2 = \frac{1}{n-1}Y$$

由于 $E\left(\dfrac{1}{n-1}Y\right) = 2\sigma^2$，因此

$$EY = (n-1)\cdot 2\sigma^2 = 2(n-1)\sigma^2$$

例 6-9 设 X_1、X_2 为来自总体 X 的一个样本，$EX = \mu$，$DX = \sigma^2 > 0$，$\overline{X} = \dfrac{1}{2}(X_1 + X_2)$，随机变量 $Y_1 = X_1 - \overline{X}$，$Y_2 = X_2 - \overline{X}$，求：

(1) Y_1 与 Y_2 的协方差 $\mathrm{cov}(Y_1, Y_2)$；

(2) Y_1 与 Y_2 的相关系数 $\rho_{Y_1 Y_2}$。

解 由题设知

$$EY_1 = E(X_1 - \overline{X}) = EX_1 - E\overline{X} = 0$$
$$EY_2 = E(X_2 - \overline{X}) = EX_2 - E\overline{X} = 0$$
$$DY_1 = D(X_1 - \overline{X}) = D\left[\frac{1}{2}(X_1 - X_2)\right] = \frac{1}{4}[DX_1 + DX_2] = \frac{1}{2}\sigma^2$$

同理可得 $DY_2 = \dfrac{1}{2}\sigma^2$。

$$
\begin{aligned}
(1)\qquad \mathrm{cov}(Y_1, Y_2) &= E[Y_1 Y_2] - EY_1 \cdot EY_2 \\
&= E[(X_1 - \overline{X})(X_2 - \overline{X})] \\
&= -\frac{1}{4}E[X_1^2 - 2X_1 X_2 + X_2^2] \\
&= -\frac{1}{4}[EX_1^2 - 2EX_1 \cdot EX_2 + EX_2^2] \\
&= -\frac{1}{4}[DX_1 + (EX_1)^2 - 2\mu^2 + DX_2 + (EX_2)^2] \\
&= -\frac{1}{2}\sigma^2
\end{aligned}
$$

(2)
$$\rho_{Y_1 Y_2} = \frac{\operatorname{cov}(Y_1, Y_2)}{\sqrt{DY_1}\sqrt{DY_2}} = \frac{-\dfrac{1}{2}\sigma^2}{\sqrt{\dfrac{1}{2}\sigma^2}\sqrt{\dfrac{1}{2}\sigma^2}} = -1$$

例 6 - 10　设 X_1, X_2, $\cdots$, $X_n(n>2)$ 为来自总体 $X \sim N(0, 1)$ 的一个样本，记 $Y_i = X_i - \overline{X}(i=1, 2, \cdots, n)$，求：

(1) Y_i 的方差 $DY_i(i=1, 2, \cdots, n)$；

(2) Y_1 与 Y_n 的协方差 $\operatorname{cov}(Y_1, Y_n)$；

(3) $P(Y_1 + Y_n \leqslant 0)$。

解　(1) $DY_i = D(X_i - \overline{X}) = D\left(X_i - \dfrac{1}{n}\sum_{k=1}^{n} X_k\right)$

$$= D\left[\left(1 - \frac{1}{n}\right)X_i - \frac{1}{n}\sum_{\substack{k=1 \\ k \neq i}}^{n} X_k\right] = \left(1 - \frac{1}{n}\right)^2 DX_i + \frac{1}{n^2}\sum_{\substack{k=1 \\ k \neq i}}^{n} DX_k$$

$$= \left(1 - \frac{1}{n}\right)^2 + \frac{n-1}{n^2} = \frac{n-1}{n}, \quad i = 1, 2, \cdots, n$$

(2) 由于 $EY_i = EX_i - E\overline{X} = 0(i=1, 2, \cdots, n)$，因此

$$\operatorname{cov}(Y_1, Y_n) = E[Y_1 Y_n] - EY_1 \cdot EY_n = E[Y_1 Y_n] = E[(X_1 - \overline{X})(X_n - \overline{X})]$$

$$= E[X_1 X_n] - E[X_1 \overline{X}] - E[\overline{X} X_n] + E\overline{X}^2$$

$$= EX_1 \cdot EX_n - E\left(X_1 \cdot \frac{1}{n}\sum_{k=1}^{n} X_k\right) - E\left(\frac{1}{n}\sum_{k=1}^{n} X_k \cdot X_n\right) + D\overline{X} + (E\overline{X})^2$$

$$= 0 - E\left(\frac{1}{n}X_1^2 + \frac{1}{n}\sum_{k=2}^{n} X_1 X_k\right) - E\left(\frac{1}{n}\sum_{k=1}^{n-1} X_n X_k + \frac{1}{n}X_n^2\right) + \frac{1}{n} + 0$$

$$= -\frac{1}{n} - \frac{1}{n} + \frac{1}{n} = -\frac{1}{n}$$

(3) 由于

$$Y_1 + Y_n = X_1 - \overline{X} + X_n - \overline{X} = \frac{n-2}{n}X_1 - \frac{2}{n}\sum_{k=2}^{n-1} X_k + \frac{n-2}{n}X_n$$

又由于 X_1, X_2, $\cdots$, X_n 相互独立且都服从正态分布 $N(0, 1)$，因此 $Y_1 + Y_n$ 服从正态分布，且 $E(Y_1 + Y_n) = 0$，故

$$P(Y_1 + Y_n \leqslant 0) = \frac{1}{2}$$

例 6 - 11　设 X_1、X_2 为来自数学期望为 $1/\lambda$ 的指数分布总体 X 的容量为 2 的一个样

本，$Y=\sqrt{X_1 X_2}$，试证明 $E\left(\dfrac{4Y}{\pi}\right)=\dfrac{1}{\lambda}$。

证明 依题设知，X 的概率密度为

$$f(x)=\begin{cases}\lambda e^{-\lambda x}, & x>0 \\ 0, & x\leqslant 0\end{cases}$$

从而有

$$E(\sqrt{X})=\int_{-\infty}^{+\infty}\sqrt{x}f(x)\mathrm{d}x=\int_{0}^{+\infty}\sqrt{x}\cdot\lambda e^{-\lambda x}\mathrm{d}x=2\int_{0}^{+\infty}t^2\lambda e^{-\lambda t^2}\mathrm{d}t$$

$$=-\int_{0}^{+\infty}t\mathrm{d}(e^{-\lambda t^2})=[-te^{-\lambda t^2}]_{0}^{+\infty}+\int_{0}^{+\infty}e^{-\lambda t^2}\mathrm{d}t=\frac{\sqrt{\pi}}{2\sqrt{\lambda}}$$

由于 X_1、X_2 为来自总体 X 的一个样本，因此 $\sqrt{X_1}$、$\sqrt{X_2}$ 相互独立，且 $E(\sqrt{X_1})=E(\sqrt{X_2})=E(\sqrt{X})$，故

$$E\left(\frac{4Y}{\pi}\right)=\frac{4}{\pi}EY=\frac{4}{\pi}E(\sqrt{X_1}\sqrt{X_2})$$

$$=\frac{4}{\pi}E(\sqrt{X_1})E(\sqrt{X_2})=\frac{4}{\pi}\cdot\frac{\sqrt{\pi}}{2\sqrt{\lambda}}\cdot\frac{\sqrt{\pi}}{2\sqrt{\lambda}}=\frac{1}{\lambda}$$

6.2 抽样分布

在使用统计量进行统计推断时常常需要知道它的分布，当总体的分布已知时，它的分布是确定的，然而要求出它的精确分布，一般来说是困难的。

定义 1 称统计量的分布为抽样分布。

为了研究抽样分布，下面先介绍四大基础分布。

1. 四大分布

1）标准正态分布：$X\sim N(0,1)$

在概率论中，标准正态分布作为重要分布已经作了重点讨论，在此需要补充数理统计中重要的上 α 分位点的概念。

定义 2 对于给定的正数 $\alpha(0<\alpha<1)$，如果点 z_α 满足条件

$$P(X>z_\alpha)=\alpha$$

则称点 z_α 为 $X\sim N(0,1)$ 的上 α 分位点。

由于 $0<\alpha<1$，因此 $0<1-\alpha<1$，从而有上 $1-\alpha$ 分位点 $z_{1-\alpha}$，由标准正态分布的概率密度图的对称性可知 $z_{1-\alpha}=-z_\alpha$，如图 6-1 所示。

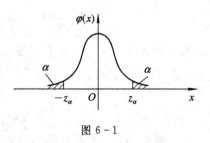

图 6-1

对于不同的 α，上 α 分位点的值可通过 $\Phi(z_\alpha)=1-\alpha$ 倒过来由附表 1 直接查得。例如，对于 $\alpha=0.025$，查得 $\Phi(1.96)=0.975$，故 $z_{0.025}=1.96$。

2) χ^2 分布：$\chi^2 \sim \chi^2(n)$

定义 3　设随机变量 X_1，X_2，$\cdots$，X_n 相互独立且同服从标准正态分布 $N(0,1)$，则称

$$\chi^2 = X_1^2 + X_2^2 + \cdots + X_n^2 \tag{6.2.1}$$

的分布为服从自由度为 n 的 χ^2 分布（卡方分布），记为 $\chi^2 \sim \chi^2(n)$。

定理 1　设 $\chi^2 \sim \chi^2(n)$，则 χ^2 的概率密度为

$$f(x) = \begin{cases} \dfrac{1}{2^{\frac{n}{2}} \Gamma\left(\dfrac{n}{2}\right)} x^{\frac{n}{2}-1} \mathrm{e}^{-\frac{x}{2}}, & x > 0 \\ 0, & x \leqslant 0 \end{cases} \tag{6.2.2}$$

证明　用数学归纳法证明。

当 $n=1$ 时，由 2.5 节例 2-46 知，$\chi^2 = X_1^2$ 的概率密度为

$$f(x) = \begin{cases} \dfrac{1}{\sqrt{2\pi}} x^{-\frac{1}{2}} \mathrm{e}^{-\frac{x}{2}}, & x > 0 \\ 0, & x \leqslant 0 \end{cases} = \begin{cases} \dfrac{1}{2^{\frac{1}{2}} \Gamma\left(\dfrac{1}{2}\right)} x^{\frac{1}{2}-1} \mathrm{e}^{-\frac{x}{2}}, & x > 0 \\ 0, & x \leqslant 0 \end{cases}$$

即当 $n=1$ 时，(6.2.2)式成立。

假设当 $n=k$ 时，(6.2.2)式成立，即 $\chi^2 = X_1^2 + X_2^2 + \cdots + X_k^2$ 的概率密度为

$$f(x) = \begin{cases} \dfrac{1}{2^{\frac{k}{2}} \Gamma\left(\dfrac{k}{2}\right)} x^{\frac{k}{2}-1} \mathrm{e}^{-\frac{x}{2}}, & x > 0 \\ 0, & x \leqslant 0 \end{cases}$$

则当 $n=k+1$ 时，$\chi^2 = (X_1^2 + X_2^2 + \cdots + X_k^2) + X_{k+1}^2$ 可以看成 $\chi^2 = X + Y$，其中 $X = X_1^2 + X_2^2 + \cdots + X_k^2$，$Y = X_{k+1}^2$，且 X、Y 相互独立。由于 χ^2 为非负随机变量，因此当 $x \leqslant 0$ 时，$f(x)=0$，当 $x > 0$ 时，由和的分布概率密度求法公式，得

$$f(x) = \int_{-\infty}^{+\infty} f_X(t) f_Y(x-t) \mathrm{d}t$$

$$= \int_0^x \left[\dfrac{1}{2^{\frac{k}{2}} \Gamma\left(\dfrac{k}{2}\right)} t^{\frac{k}{2}-1} \mathrm{e}^{-\frac{t}{2}} \right] \left[\dfrac{1}{2^{\frac{1}{2}} \Gamma\left(\dfrac{1}{2}\right)} (x-t)^{\frac{1}{2}-1} \mathrm{e}^{-\frac{x-t}{2}} \right] \mathrm{d}t$$

$$= \dfrac{\mathrm{e}^{-\frac{x}{2}}}{2^{\frac{k+1}{2}} \Gamma\left(\dfrac{k}{2}\right) \Gamma\left(\dfrac{1}{2}\right)} \int_0^x t^{\frac{k}{2}-1} (x-t)^{\frac{1}{2}-1} \mathrm{d}t$$

令 $u = \dfrac{t}{x}$，则

$$f(x) = \frac{e^{-\frac{x}{2}}}{2^{\frac{k+1}{2}} \Gamma\left(\frac{k}{2}\right) \Gamma\left(\frac{1}{2}\right)} x^{\frac{k+1}{2}-1} \int_0^1 u^{\frac{k}{2}-1} (1-u)^{\frac{1}{2}-1} du$$

$$= \frac{e^{-\frac{x}{2}}}{2^{\frac{k+1}{2}} \Gamma\left(\frac{k}{2}\right) \Gamma\left(\frac{1}{2}\right)} x^{\frac{k+1}{2}-1} B\left(\frac{k}{2}, \frac{1}{2}\right)$$

$$= \frac{e^{-\frac{x}{2}}}{2^{\frac{k+1}{2}} \Gamma\left(\frac{k}{2}\right) \Gamma\left(\frac{1}{2}\right)} x^{\frac{k+1}{2}-1} \cdot \frac{\Gamma\left(\frac{k}{2}\right) \Gamma\left(\frac{1}{2}\right)}{\Gamma\left(\frac{k}{2}+\frac{1}{2}\right)}$$

$$= \frac{1}{2^{\frac{k+1}{2}} \Gamma\left(\frac{k+1}{2}\right)} x^{\frac{k+1}{2}-1} e^{-\frac{x}{2}}$$

即当 $n=k+1$ 时，(6.2.2)式成立。故由数学归纳法知，$\chi^2 = X_1^2 + X_2^2 + \cdots + X_n^2$ 的概率密度为(6.2.2)式。$f(x)$ 的图形如图 6-2 所示。

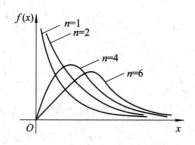

图 6-2

定义 4 对于给定的正数 $\alpha(0<\alpha<1)$，如果点 $\chi_\alpha^2(n)$ 满足条件

$$P(\chi^2 > \chi_\alpha^2(n)) = \alpha$$

则称点 $\chi_\alpha^2(n)$ 为 $\chi^2 \sim \chi^2(n)$ 的上 α 分位点。

由于 $0<\alpha<1$，因此 $0<1-\alpha<1$，从而有上 $1-\alpha$ 分位点 $\chi_{1-\alpha}^2(n)$，由 χ^2 分布的概率密度图不是对称的可知 $\chi_{1-\alpha}^2(n)$ 与 $\chi_\alpha^2(n)$ 没有关系，如图 6-3 所示。对于不同的 α 和 n，上 α 分位点的值已制成表格(见附表 3)，可以直接查表。例如，对于 $\alpha=0.1$，$n=25$，查得 $\chi_{0.1}^2(25)=34.828$。但该表只列到 $n=40$ 为止，R. A. Fisher(费歇)曾经证明，当 n 充分大时，近似地有

$$\chi_\alpha^2(n) \approx \frac{1}{2}(z_\alpha + \sqrt{2n-1})^2 \tag{6.2.3}$$

其中 z_α 是标准正态分布的上 α 分位点。利用(6.2.3)式可以求得当 n 充分大时 $\chi^2 \sim \chi^2(n)$ 的

上 α 分位点的近似值。例如，由（6.2.3）式可得 $\chi_{0.05}^2(50) \approx \dfrac{1}{2}(z_{0.05} + \sqrt{2 \times 50 - 1})^2 =$

$\dfrac{1}{2}(1.645 + \sqrt{99})^2 = 67.221$。

χ^2 分布具有以下性质。

性质 1　设 $\chi_1^2 \sim \chi^2(n_1)$，$\chi_2^2 \sim \chi^2(n_2)$，且 χ_1^2、χ_2^2 相互独立，则

$$\chi_1^2 + \chi_2^2 \sim \chi^2(n_1 + n_2) \tag{6.2.4}$$

该性质可推广到任意有限个相互独立 χ^2 分布随机变量的情况。

性质 2　设 $\chi^2 \sim \chi^2(n)$，则

$$E\chi^2 = n,\ D\chi^2 = 2n \tag{6.2.5}$$

证明　设 $\chi^2 \sim \chi^2(n)$，则 $\chi^2 = X_1^2 + X_2^2 + \cdots + X_n^2$，其中 X_1，X_2，$\cdots$，X_n 相互独立且同服从标准正态分布 $N(0,1)$，从而

$$E\chi^2 = EX_1^2 + EX_2^2 + \cdots + EX_n^2 = nEX_1^2$$
$$= n[DX_1 + (EX_1)^2] = n$$
$$D\chi^2 = DX_1^2 + DX_2^2 + \cdots + DX_n^2 = nDX_1^2$$
$$= n[EX_1^4 - (EX_1^2)^2] = n(EX_1^4 - 1)$$
$$EX_1^4 = \int_{-\infty}^{+\infty} x^4 \frac{1}{\sqrt{2\pi}} e^{-\frac{x^2}{2}} \mathrm{d}x = -\frac{1}{\sqrt{2\pi}} \int_{-\infty}^{+\infty} x^3 \mathrm{d}(e^{-\frac{x^2}{2}})$$
$$= \left[-\frac{1}{\sqrt{2\pi}} x^3 e^{-\frac{x^2}{2}} \right]_{-\infty}^{+\infty} + 3 \int_{-\infty}^{+\infty} x^2 \frac{1}{\sqrt{2\pi}} e^{-\frac{x^2}{2}} \mathrm{d}x$$
$$= 3EX_1^2 = 3[DX_1 + (EX_1)^2] = 3$$

故

$$D\chi^2 = 2n$$

例 6-12　设总体 $X \sim \chi^2(n)$，X_1，X_2，$\cdots$，X_{10} 为来自总体 X 的一个样本，$\overline{X}$ 为样本均值，S^2 为样本方差，求 $E\overline{X}$、$D\overline{X}$ 和 ES^2。

解　由于 $X \sim \chi^2(n)$，因此 $EX = n$，$DX = 2n$，从而

$$E\overline{X} = EX = n,\ D\overline{X} = \frac{DX}{10} = \frac{2n}{10} = \frac{n}{5},\ ES^2 = DX = 2n$$

3）t 分布：$T \sim t(n)$

定义 5　设随机变量 $X \sim N(0,1)$，$Y \sim \chi^2(n)$，且 X、Y 相互独立，则称

$$T = \frac{X}{\sqrt{Y/n}} \tag{6.2.6}$$

的分布为服从参数为 n 的 t 分布，记为 $T \sim t(n)$。

定理 2 设 $T \sim t(n)$，则 T 的概率密度为

$$f(t) = \frac{\Gamma\left(\dfrac{n+1}{2}\right)}{\sqrt{n\pi}\,\Gamma\left(\dfrac{n}{2}\right)} \left(1 + \frac{t^2}{n}\right)^{-\frac{n+1}{2}}, \quad -\infty < t < +\infty \tag{6.2.7}$$

证明 令 $Z = \sqrt{\dfrac{Y}{n}}$，先求 Z 的分布函数 $F_Z(z)$，即

$$F_Z(z) = P(Z \leqslant z) = P\left(\sqrt{\frac{Y}{n}} \leqslant z\right)$$

当 $z < 0$ 时，

$$F_Z(z) = 0$$

当 $z \geqslant 0$ 时，

$$F_Z(z) = P\left(\sqrt{\frac{Y}{n}} \leqslant z\right) = P(Y \leqslant nz^2) = F_Y(nz^2)$$

再求 Z 的概率密度 $f_Z(z)$，即

$$f_Z(z) = F_Z'(z) = \begin{cases} F_Y'(nz^2) \cdot 2nz = 2nz f_Y(nz^2), & z > 0 \\ 0, & z \leqslant 0 \end{cases}$$

$$= \begin{cases} 2nz \cdot \dfrac{1}{2^{\frac{n}{2}}\Gamma\left(\dfrac{n}{2}\right)} (nz^2)^{\frac{n}{2}-1} \mathrm{e}^{-\frac{nz^2}{2}}, & z > 0 \\ 0, & z \leqslant 0 \end{cases}$$

$$= \begin{cases} \dfrac{1}{2^{\frac{n}{2}-1}\Gamma\left(\dfrac{n}{2}\right)} n^{\frac{n}{2}} z^{n-1} \mathrm{e}^{-\frac{nz^2}{2}}, & z > 0 \\ 0, & z \leqslant 0 \end{cases}$$

又 $T = \dfrac{X}{Z}$，且 X、Z 相互独立，由商的分布概率密度求法公式，得

$$f(t) = \int_{-\infty}^{+\infty} |z| f_X(tz) f_Z(z) \mathrm{d}z$$

$$= \int_0^{+\infty} z \cdot \frac{1}{\sqrt{2\pi}} \mathrm{e}^{-\frac{(tz)^2}{2}} \cdot \frac{1}{2^{\frac{n}{2}-1}\Gamma\left(\dfrac{n}{2}\right)} n^{\frac{n}{2}} z^{n-1} \mathrm{e}^{-\frac{nz^2}{2}} \mathrm{d}z$$

$$= \frac{1}{\sqrt{\pi}\, 2^{\frac{n-1}{2}}\Gamma\left(\dfrac{n}{2}\right)} n^{\frac{n}{2}} \int_0^{+\infty} z^n \mathrm{e}^{-\frac{t^2+n}{2}z^2} \mathrm{d}z$$

令 $u=\dfrac{t^2+n}{2}z^2$，则

$$f(t)=\dfrac{1}{\sqrt{\pi}2^{\frac{n-1}{2}}\Gamma\left(\dfrac{n}{2}\right)}n^{\frac{n}{2}}\int_0^{+\infty}\left(\dfrac{2u}{n+t^2}\right)^{\frac{n}{2}}\mathrm{e}^{-u}\dfrac{\dfrac{2}{n+t^2}}{2\sqrt{\dfrac{2u}{n+t^2}}}\mathrm{d}u$$

$$=\dfrac{1}{\sqrt{\pi}2^{\frac{n-1}{2}}\Gamma\left(\dfrac{n}{2}\right)}n^{\frac{n}{2}}\left(\dfrac{2}{n+t^2}\right)^{\frac{n+1}{2}}\dfrac{1}{2}\int_0^{+\infty}u^{\frac{n-1}{2}}\mathrm{e}^{-u}\mathrm{d}u$$

$$=\dfrac{1}{\sqrt{n\pi}\Gamma\left(\dfrac{n}{2}\right)}\left(\dfrac{n}{n+t^2}\right)^{\frac{n+1}{2}}\int_0^{+\infty}u^{\frac{n-1}{2}}\mathrm{e}^{-u}\mathrm{d}u$$

$$=\dfrac{1}{\sqrt{n\pi}\Gamma\left(\dfrac{n}{2}\right)}\left(1+\dfrac{t^2}{n}\right)^{-\frac{n+1}{2}}\int_0^{+\infty}u^{\frac{n+1}{2}-1}\mathrm{e}^{-u}\mathrm{d}u$$

$$=\dfrac{\Gamma\left(\dfrac{n+1}{2}\right)}{\sqrt{n\pi}\Gamma\left(\dfrac{n}{2}\right)}\left(1+\dfrac{t^2}{n}\right)^{-\frac{n+1}{2}}$$

故 T 的概率密度为

$$f(t)=\dfrac{\Gamma\left(\dfrac{n+1}{2}\right)}{\sqrt{n\pi}\Gamma\left(\dfrac{n}{2}\right)}\left(1+\dfrac{t^2}{n}\right)^{-\frac{n+1}{2}},\quad -\infty<t<+\infty$$

$f(t)$ 的图形如图 6-4 所示。显然，$f(t)$ 随 n 发生变化，且 $f(t)$ 是偶函数，其图形关于 $t=0$ 对称。当 $n\to\infty$ 时，$f(t)$ 趋于标准正态分布的概率密度 $\varphi(t)$，即

$$\lim_{n\to\infty}f(t)=\varphi(t)=\dfrac{1}{\sqrt{2\pi}}\mathrm{e}^{-\frac{t^2}{2}}$$

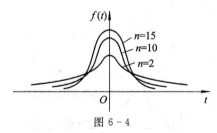

图 6-4

但当 n 较小时，t 分布与标准正态分布差异很大。

定义 5 对于给定的正数 $\alpha(0<\alpha<1)$，如果点 $t_\alpha(n)$ 满足条件

$$P(T>t_\alpha(n))=\alpha$$

则称点 $t_\alpha(n)$ 为 $T \sim t(n)$ 的上 α 分位点。

由于 $0 < \alpha < 1$，因此 $0 < 1 - \alpha < 1$，从而有上 $1-\alpha$ 分位点 $t_{1-\alpha}(n)$，由 t 分布的概率密度图的对称性可知 $t_{1-\alpha}(n) = -t_\alpha(n)$，如图 6-5 所示。

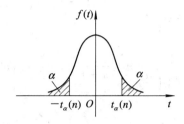

图 6-5

对于不同的 α 和 n，上 α 分位点的值已制成表格（见附表4），可直接查得。例如，对于 $\alpha = 0.025$，$n = 35$，查得 $t_{0.025}(35) = 2.0301$。当 n 充分大，如 $n > 45$ 时，就用 t 分布近似于标准正态分布，从而得到 $t_\alpha(n) \approx z_\alpha$。

4）F 分布：$F \sim F(n_1, n_2)$

定义 6　设随机变量 $X \sim \chi^2(n_1)$，$Y \sim \chi^2(n_2)$，且 X、Y 相互独立，则称

$$F = \frac{X/n_1}{Y/n_2} \tag{6.2.8}$$

的分布为服从参数为 (n_1, n_2) 的 F 分布，记为 $F \sim F(n_1, n_2)$。

定理 3　设 $F \sim F(n_1, n_2)$，则 F 的概率密度为

$$f(y) = \begin{cases} \dfrac{\Gamma\left(\dfrac{n_1 + n_2}{2}\right)\left(\dfrac{n_1}{n_2}\right)^{\frac{n_1}{2}} y^{\frac{n_1}{2}-1}}{\Gamma\left(\dfrac{n_1}{2}\right)\Gamma\left(\dfrac{n_2}{2}\right)\left(1 + \dfrac{n_1 y}{n_2}\right)^{\frac{n_1+n_2}{2}}}, & y > 0 \\ 0, & y \leqslant 0 \end{cases} \tag{6.2.9}$$

$f(y)$ 的图形如图 6-6 所示。

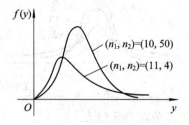

图 6-6

定义 7　对于给定的正数 $\alpha(0 < \alpha < 1)$，如果点 $F_\alpha(n_1, n_2)$ 满足条件

$$P(F > F_\alpha(n_1, n_2)) = \alpha$$

则称点 $F_\alpha(n_1, n_2)$ 为 $F \sim F(n_1, n_2)$ 的上 α 分位点。

由于 $0 < \alpha < 1$，因此 $0 < 1 - \alpha < 1$，从而有上 $1 - \alpha$ 分位点 $F_{1-\alpha}(n_1, n_2)$，如图 $6-7$ 所示。

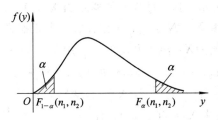

图 $6-7$

对于不同的 α、n_1 及 n_2，上 α 分位点的值已制成表格（见附表 5），可以直接查表。例如，对于 $\alpha = 0.05$，$n_1 = 9$，$n_2 = 12$，查得 $F_{0.05}(9, 12) = 2.80$。

F 分布具有以下性质。

性质 1　设 $F \sim F(n_1, n_2)$，则

$$\frac{1}{F} \sim F(n_2, n_1) \tag{6.2.10}$$

证明　由 F 分布的定义可直接推得。

性质 2　设 $F \sim F(n_1, n_2)$，则

$$F_{1-\alpha}(n_1, n_2) = \frac{1}{F_\alpha(n_2, n_1)} \tag{6.2.11}$$

证明　设 $F \sim F(n_1, n_2)$，则

$$1 - \alpha = P(F > F_{1-\alpha}(n_1, n_2)) = P\left(\frac{1}{F} < \frac{1}{F_{1-\alpha}(n_1, n_2)}\right)$$

$$= P\left(\frac{1}{F} \leqslant \frac{1}{F_{1-\alpha}(n_1, n_2)}\right) = 1 - P\left(\frac{1}{F} > \frac{1}{F_{1-\alpha}(n_1, n_2)}\right)$$

从而

$$P\left(\frac{1}{F} > \frac{1}{F_{1-\alpha}(n_1, n_2)}\right) = \alpha$$

又 $\dfrac{1}{F} \sim F(n_2, n_1)$，由 $\dfrac{1}{F} \sim F(n_2, n_1)$ 的上 α 分位点的定义知

$$F_\alpha(n_2, n_1) = \frac{1}{F_{1-\alpha}(n_1, n_2)}$$

故

$$F_{1-\alpha}(n_1, n_2) = \frac{1}{F_\alpha(n_2, n_1)}$$

在实际应用中，我们常常会遇到正态总体，四大分布在正态总体中会演变出如下的八大分布。

2. 八大分布

在介绍八大分布之前，先指出正态总体的类型、参数、统计量的记号意义和性质。单正态总体用 $X \sim N(\mu, \sigma^2)$ 表示，其容量为 n 的样本为 $X_1, X_2, \cdots, X_n$，样本均值为 $\overline{X}$，样本方差为 S^2。双正态总体用 $X \sim N(\mu_1, \sigma_1^2)$ 表示第一个正态总体，其容量为 n_1 的样本为 $X_1, X_2, \cdots, X_{n_1}$，样本均值为 $\overline{X}$，样本方差为 S_1^2；用 $Y \sim N(\mu_2, \sigma_2^2)$ 表示第二个正态总体，其容量为 n_2 的样本为 $Y_1, Y_2, \cdots, Y_{n_2}$，样本均值为 $\overline{Y}$，样本方差为 S_2^2，并且要求双正态总体的两个样本构成的合样本 $X_1, X_2, \cdots, X_{n_1}, Y_1, Y_2, \cdots, Y_{n_2}$ 相互独立。

定理 4 对于单正态总体 $X \sim N(\mu, \sigma^2)$，有

(1)
$$\frac{\overline{X} - \mu}{\sigma/\sqrt{n}} \sim N(0, 1) \qquad \left(\overline{X} \sim N\left(\mu, \frac{\sigma^2}{n}\right)\right) \tag{6.2.12}$$

(2)
$$\frac{\sum\limits_{i=1}^{n}(X_i - \mu)^2}{\sigma^2} \sim \chi^2(n) \tag{6.2.13}$$

(3)
$$\frac{(n-1)S^2}{\sigma^2} \sim \chi^2(n-1) \left[\frac{\sum\limits_{i=1}^{n}(X_i - \overline{X})^2}{\sigma^2} \sim \chi^2(n-1)\right] \tag{6.2.14}$$

且 $\overline{X}$ 与 S^2 相互独立。

(4)
$$\frac{\overline{X} - \mu}{S/\sqrt{n}} \sim t(n-1) \tag{6.2.15}$$

对于双正态总体 $X \sim N(\mu_1, \sigma_1^2)$，$Y \sim N(\mu_2, \sigma_2^2)$，有

(5)
$$\frac{\overline{X} - \overline{Y} - (\mu_1 - \mu_2)}{\sqrt{\dfrac{\sigma_1^2}{n_1} + \dfrac{\sigma_2^2}{n_2}}} \sim N(0, 1) \tag{6.2.16}$$

(6)当 $\sigma_1^2 = \sigma_2^2$ 未知时，

$$\frac{\overline{X} - \overline{Y} - (\mu_1 - \mu_2)}{S_\omega \sqrt{\dfrac{1}{n_1} + \dfrac{1}{n_2}}} \sim t(n_1 + n_2 - 2) \tag{6.2.17}$$

其中 $S_\omega = \sqrt{\dfrac{(n_1-1)S_1^2 + (n_2-1)S_2^2}{n_1 + n_2 - 2}}$。

(7)
$$\frac{n_2 \sigma_2^2 \sum\limits_{i=1}^{n_1}(X_i - \mu_1)^2}{n_1 \sigma_1^2 \sum\limits_{i=1}^{n_2}(Y_i - \mu_2)^2} \sim F(n_1, n_2) \tag{6.2.18}$$

(8)
$$\frac{\sigma_2^2 S_1^2}{\sigma_1^2 S_2^2} \sim F(n_1 - 1,\ n_2 - 1)$$
(6.2.19)

证明　（1）由于 $\overline{X}$ 是正态总体 $X \sim N(\mu,\ \sigma^2)$ 样本 X_1，X_2，$\cdots$，X_n 的线性组合，因此 $\overline{X}$ 服从正态分布，又由于

$$E\overline{X} = \mu,\ D\overline{X} = \frac{\sigma^2}{n}$$

故

$$\overline{X} \sim N\left(\mu,\ \frac{\sigma^2}{n}\right)$$

即

$$\frac{\overline{X} - \mu}{\sigma / \sqrt{n}} \sim N(0,\ 1)$$

（2）由于 $X_i \sim N(\mu,\ \sigma^2)(i = 1,\ 2,\ \cdots,\ n)$，且相互独立，因此 $\dfrac{X_i - \mu}{\sigma} \sim N(0,\ 1)(i = 1,$ $2,\ \cdots,\ n)$，且相互独立，从而

$$\left(\frac{X_1 - \mu}{\sigma}\right)^2 + \left(\frac{X_2 - \mu}{\sigma}\right)^2 + \cdots + \left(\frac{X_n - \mu}{\sigma}\right)^2 \sim \chi^2(n)$$

即

$$\frac{\sum\limits_{i=1}^{n}(X_i - \mu)^2}{\sigma^2} \sim \chi^2(n)$$

（3）略。

（4）由于 $\dfrac{\overline{X} - \mu}{\sigma / \sqrt{n}} \sim N(0,\ 1)$，$\dfrac{(n-1)S^2}{\sigma^2} \sim \chi^2(n-1)$，又由于 $\overline{X}$ 与 S^2 相互独立，因此 $\dfrac{\overline{X} - \mu}{\sigma / \sqrt{n}}$ 与 $\dfrac{(n-1)S^2}{\sigma^2}$ 相互独立，从而

$$\frac{\dfrac{\overline{X} - \mu}{\sigma / \sqrt{n}}}{\sqrt{\dfrac{(n-1)S^2}{\sigma^2} / (n-1)}} \sim t(n-1)$$

即

$$\frac{\overline{X} - \mu}{S / \sqrt{n}} \sim t(n-1)$$

（5）由于 $\overline{X} \sim N\left(\mu_1,\ \dfrac{\sigma_1^2}{n_1}\right)$，$\overline{Y} \sim N\left(\mu_2,\ \dfrac{\sigma_2^2}{n_2}\right)$，且 $\overline{X}$ 与 $\overline{Y}$ 相互独立，因此 $\overline{X} - \overline{Y}$ 服从正态分布，又由于

$$E(\overline{X}-\overline{Y})=E\overline{X}-E\overline{Y}=\mu_1-\mu_2, \quad D(\overline{X}-\overline{Y})=D\overline{X}+D\overline{Y}=\frac{\sigma_1^2}{n_1}+\frac{\sigma_2^2}{n_2}$$

故

$$\overline{X}-\overline{Y}\sim N\left(\mu_1-\mu_2,\ \frac{\sigma_1^2}{n_1}+\frac{\sigma_2^2}{n_2}\right)$$

即

$$\frac{\overline{X}-\overline{Y}-(\mu_1-\mu_2)}{\sqrt{\dfrac{\sigma_1^2}{n_1}+\dfrac{\sigma_2^2}{n_2}}}\sim N(0,\ 1)$$

（6）不妨设 $\sigma_1^2=\sigma_2^2=\sigma^2$，由于

$$\frac{\overline{X}-\overline{Y}-(\mu_1-\mu_2)}{\sigma\sqrt{\dfrac{1}{n_1}+\dfrac{1}{n_2}}}\sim N(0,\ 1)$$

又由于 $\dfrac{(n_1-1)S_1^2}{\sigma^2}\sim\chi^2(n_1-1)$，$\dfrac{(n_2-1)S_2^2}{\sigma^2}\sim\chi^2(n_2-1)$，且 $\dfrac{(n_1-1)S_1^2}{\sigma^2}$ 与 $\dfrac{(n_2-1)S_2^2}{\sigma^2}$ 相互独

立，故由 χ^2 分布的可加性，得

$$\frac{(n_1-1)S_1^2}{\sigma^2}+\frac{(n_2-1)S_2^2}{\sigma^2}\sim\chi^2(n_1+n_2-2)$$

即

$$\frac{(n_1-1)S_1^2+(n_2-1)S_2^2}{\sigma^2}\sim\chi^2(n_1+n_2-2)$$

且 $\dfrac{\overline{X}-\overline{Y}-(\mu_1-\mu_2)}{\sigma\sqrt{\dfrac{1}{n_1}+\dfrac{1}{n_2}}}$ 与 $\dfrac{(n_1-1)S_1^2+(n_2-1)S_2^2}{\sigma^2}$ 相互独立，因此

$$\frac{\dfrac{\overline{X}-\overline{Y}-(\mu_1-\mu_2)}{\sigma\sqrt{\dfrac{1}{n_1}+\dfrac{1}{n_2}}}}{\sqrt{\dfrac{(n_1-1)S_1^2+(n_2-1)S_2^2}{\sigma^2}\Big/(n_1+n_2-2)}}\sim t(n_1+n_2-2)$$

即

$$\frac{\overline{X}-\overline{Y}-(\mu_1-\mu_2)}{S_\omega\sqrt{\dfrac{1}{n_1}+\dfrac{1}{n_2}}}\sim t(n_1+n_2-2)$$

（7）由于 $\dfrac{\displaystyle\sum_{i=1}^{n_1}(X_i-\mu_1)^2}{\sigma_1^2}\sim\chi^2(n_1)$，$\dfrac{\displaystyle\sum_{i=1}^{n_2}(Y_i-\mu_2)^2}{\sigma_2^2}\sim\chi^2(n_2)$，且 $\dfrac{\displaystyle\sum_{i=1}^{n_1}(X_i-\mu_1)^2}{\sigma_1^2}$ 与

$\dfrac{\sum\limits_{i=1}^{n_2}(Y_i-\mu_2)^2}{\sigma_2^2}$ 相互独立，因此

$$\frac{\dfrac{\sum\limits_{i=1}^{n_1}(X_i-\mu_1)^2}{\sigma_1^2}\Big/n_1}{\dfrac{\sum\limits_{i=1}^{n_2}(Y_i-\mu_2)^2}{\sigma_2^2}\Big/n_2}\sim F(n_1,n_2)$$

即

$$\frac{n_2\sigma_2^2\sum\limits_{i=1}^{n_1}(X_i-\mu_1)^2}{n_1\sigma_1^2\sum\limits_{i=1}^{n_2}(Y_i-\mu_2)^2}\sim F(n_1,n_2)$$

（8）由于 $\dfrac{(n_1-1)S_1^2}{\sigma_1^2}\sim\chi^2(n_1-1)$，$\dfrac{(n_2-1)S_2^2}{\sigma_2^2}\sim\chi^2(n_2-1)$，且 $\dfrac{(n_1-1)S_1^2}{\sigma_1^2}$ 与 $\dfrac{(n_2-1)S_2^2}{\sigma_2^2}$ 相互独立，因此

$$\frac{\dfrac{(n_1-1)S_1^2}{\sigma_1^2}\Big/(n_1-1)}{\dfrac{(n_2-1)S_2^2}{\sigma_2^2}\Big/(n_2-1)}\sim F(n_1-1,n_2-1)$$

即

$$\frac{\sigma_2^2 S_1^2}{\sigma_1^2 S_2^2}\sim F(n_1-1,n_2-1)$$

例 6-13　设总体 $X\sim N(72,100)$，为使样本均值 $\overline{X}$ 大于 70 的概率不小于 90%，问样本容量至少为多少（$\Phi(1.29)=0.90$）？

解　设所需的样本容量为 n，由于 $\overline{X}\sim N\left(\mu,\dfrac{\sigma^2}{n}\right)$，即 $\overline{X}\sim N\left(72,\dfrac{100}{n}\right)$，因此

$$P(\overline{X}>70)=1-P(\overline{X}\leqslant70)=1-\Phi\left(\frac{70-72}{10/\sqrt{n}}\right)=1-\Phi\left(-\frac{\sqrt{n}}{5}\right)=\Phi\left(\frac{\sqrt{n}}{5}\right)\geqslant0.90$$

从而 $\dfrac{\sqrt{n}}{5}\geqslant1.29$，$n\geqslant41.6025$，故 n 至少应取 42。

例 6-14　从总体 $X\sim N(52,6.3^2)$ 中随机地抽取一个容量为 36 的样本，求样本均值 $\overline{X}$ 落在 50.8 到 53.8 之间的概率（$\Phi(1.14)=0.8729$，$\Phi(1.71)=0.9564$）。

解　由于 $\overline{X}\sim N\left(\mu,\dfrac{\sigma^2}{n}\right)$，$n=36$，$\mu=52$，$\sigma^2=6.3^2$，即 $\overline{X}\sim N(52,1.05^2)$，因此

$$P(50.8 < \overline{X} < 53.8) = \Phi\left(\frac{53.8 - 52}{1.05}\right) - \Phi\left(\frac{50.8 - 52}{1.05}\right)$$
$$= \Phi(1.71) - \Phi(-1.14)$$
$$= \Phi(1.71) + \Phi(1.14) - 1 = 0.8293$$

例 6-15 从正态总体 $X \sim N(\mu, 0.5^2)$ 中抽取样本 $X_1, X_2, \cdots, X_{10}$。

(1) 若已知 $\mu = 0$，求概率 $P\left(\sum\limits_{i=1}^{10} X_i^2 \geqslant 4\right)$；

(2) 若 μ 未知，求概率 $P\left(\sum\limits_{i=1}^{10} (X_i - \overline{X})^2 \geqslant 2.85\right)$（$\chi_{0.10}^2(10) = 16$，$\chi_{0.25}^2(9) = 11.4$）。

解 (1) 由于当 $\mu = 0$，$\sigma^2 = 0.5^2$ 时，$\dfrac{\sum\limits_{i=1}^{10} X_i^2}{0.5^2} \sim \chi^2(10)$，因此

$$P\left(\sum\limits_{i=1}^{10} X_i^2 \geqslant 4\right) = P\left(\frac{1}{0.5^2}\sum\limits_{i=1}^{10} X_i^2 \geqslant \frac{4}{0.5^2}\right) = P\left(\frac{1}{0.5^2}\sum\limits_{i=1}^{10} X_i^2 \geqslant 16\right)$$

又由于 $\chi_{0.10}^2(10) = 16$，故

$$P\left(\sum\limits_{i=1}^{10} X_i^2 \geqslant 4\right) = 0.1$$

(2) 由于当 μ 未知，$\sigma^2 = 0.5^2$ 时，$\dfrac{\sum\limits_{i=1}^{10} (X_i - \overline{X})^2}{0.5^2} \sim \chi^2(10-1)$，因此

$$P\left(\sum\limits_{i=1}^{10} (X_i - \overline{X})^2 \geqslant 2.85\right) = P\left(\frac{1}{0.5^2}\sum\limits_{i=1}^{10} (X_i - \overline{X})^2 \geqslant \frac{2.85}{0.5^2}\right)$$
$$= P\left(\frac{1}{0.5^2}\sum\limits_{i=1}^{10} (X_i - \overline{X})^2 \geqslant 11.4\right)$$

又由于 $\chi_{0.25}^2(9) = 11.4$，故

$$P\left(\sum\limits_{i=1}^{10} (X_i - \overline{X})^2 \geqslant 2.85\right) = 0.25$$

例 6-16 设总体 $X \sim N(40, 5^2)$。

(1) 若从总体中抽取容量为 36 的样本，求 $P(38 \leqslant \overline{X} \leqslant 43)$；

(2) 若从总体中抽取容量为 64 的样本，求 $P(|\overline{X} - 40| < 1)$；

(3) 当样本容量 n 为多大时，$P(|\overline{X} - 40| < 1) = 0.95$（$\Phi(1.6) = 0.9452$，$\Phi(2.4) = 0.9918$，$\Phi(3.6) = 0.9998$）？

解 (1) 由于 $\mu = 40$，$\sigma^2 = 5^2$，$n = 36$，因此 $\overline{X} \sim N\left(40, \dfrac{5^2}{36}\right)$，从而

$$P(38 \leqslant \overline{X} \leqslant 43) = \Phi\left(\frac{43-40}{\sqrt{\frac{5^2}{36}}}\right) - \Phi\left(\frac{38-40}{\sqrt{\frac{5^2}{36}}}\right)$$

$$= \Phi(3.6) - \Phi(-2.4)$$

$$= \Phi(3.6) + \Phi(2.4) - 1 = 0.9916$$

(2) 由于 $\mu = 40$，$\sigma^2 = 5^2$，$n = 64$，因此 $\overline{X} \sim N\left(40, \frac{5^2}{64}\right)$，从而

$$P(|\overline{X} - 40| < 1) = \Phi\left(\frac{40+1-40}{\sqrt{\frac{5^2}{64}}}\right) - \Phi\left(\frac{40-1-40}{\sqrt{\frac{5^2}{64}}}\right)$$

$$= \Phi(1.6) - \Phi(-1.6)$$

$$= 2\Phi(1.6) - 1 = 0.8904$$

(3) 由于 $\mu = 40$，$\sigma^2 = 5^2$，因此 $\overline{X} \sim N\left(40, \frac{5^2}{n}\right)$，$n$ 为所要确定的容量，所以

$$P(|\overline{X} - 40| < 1) = \Phi\left(\frac{40+1-40}{\sqrt{\frac{5^2}{n}}}\right) - \Phi\left(\frac{40-1-40}{\sqrt{\frac{5^2}{n}}}\right)$$

$$= \Phi\left(\frac{\sqrt{n}}{5}\right) - \Phi\left(-\frac{\sqrt{n}}{5}\right)$$

$$= 2\Phi\left(\frac{\sqrt{n}}{5}\right) - 1 = 0.95$$

从而可得 $\Phi\left(\frac{\sqrt{n}}{5}\right) = 0.975$，$\frac{\sqrt{n}}{5} = 1.96$，故 $n = 96$。

例 6 - 17　求服从正态分布 $N(20, 3)$ 的总体的容量分别为 10、15 的两个独立样本均值之差的绝对值大于 0.3 的概率（$\Phi(0.3\sqrt{2}) = 0.6628$）。

解　记 $\overline{X} = \frac{1}{10}\sum_{i=1}^{10} X_i$，$\overline{Y} = \frac{1}{15}\sum_{i=1}^{15} Y_i$，则 $\overline{X}$、$\overline{Y}$ 相互独立，且 $\overline{X} \sim N\left(20, \frac{3}{10}\right)$，$\overline{Y} \sim N\left(20, \frac{3}{15}\right)$，从而

$$\overline{X} - \overline{Y} \sim N\left(0, \frac{1}{2}\right)$$

故所求的概率为

$$P(|\overline{X} - \overline{Y}| > 0.3) = P(\overline{X} - \overline{Y} < -0.3) + P(\overline{X} - \overline{Y} > 0.3)$$

$$= P(\overline{X} - \overline{Y} < -0.3) + 1 - P(\overline{X} - \overline{Y} \leqslant 0.3)$$

$$= \Phi\left(-\frac{0.3}{\sqrt{1/2}}\right) + 1 - \Phi\left(\frac{0.3}{\sqrt{1/2}}\right)$$

$$= 2\left[1 - \Phi(0.3\sqrt{2})\right] = 0.6744$$

例 6-18 设 X_1，X_2，$\cdots$，X_{14} 为来自总体 $X \sim N(90, \sigma^2)$ 的一个样本，$\overline{X}$ 为样本均值。

(1) 若已知 $\sigma^2 = 100$，求 $P\left[\sum\limits_{i=1}^{14}(X_i - \overline{X})^2 \leqslant 500\right]$；

(2) 若 σ^2 未知，但已知样本方差 $s^2 = 121$，且 $P(|\overline{X} - 90| \leqslant k) = 0.9$，求常数 k（$\chi^2_{0.975}(13) = 5$，$t_{0.05}(13) = 1.7709$）。

解 (1) 由于 $\dfrac{\sum\limits_{i=1}^{n}(X_i - \overline{X})^2}{\sigma^2} \sim \chi^2(n-1)$，且 $n = 14$，$\sigma^2 = 100$，因此

$$\frac{\sum\limits_{i=1}^{14}(X_i - \overline{X})^2}{100} \sim \chi^2(13)$$

从而所求的概率为

$$P\left[\sum_{i=1}^{14}(X_i - \overline{X})^2 \leqslant 500\right] = P\left[\frac{\sum\limits_{i=1}^{14}(X_i - \overline{X})^2}{100} \leqslant \frac{500}{100}\right]$$

$$= 1 - P\left[\frac{\sum\limits_{i=1}^{14}(X_i - \overline{X})^2}{100} > 5\right]$$

$$= 1 - 0.975 = 0.025$$

(2) 由于 $\dfrac{\overline{X} - \mu}{S/\sqrt{n}} \sim t(n-1)$，且 $n = 14$，$\mu = 90$，$s^2 = 121$，因此

$$\frac{\overline{X} - 90}{11/\sqrt{14}} \sim t(13)$$

从而 k 取决于如下条件：

$$P(|\overline{X} - 90| \leqslant k) = P\left(\left|\frac{\overline{X} - 90}{11/\sqrt{14}}\right| \leqslant \frac{k}{11/\sqrt{14}}\right) = 0.9$$

即

$$P\left(\left|\frac{\overline{X} - 90}{11/\sqrt{14}}\right| > \frac{k}{11/\sqrt{14}}\right) = 0.1$$

由此可见，$\dfrac{k}{11/\sqrt{14}} = 1.7709$，从而 $k = 5.2062$。

例 6-19 设 X_1，X_2，$\cdots$，X_{20} 为来自总体 $X \sim N(\mu, \sigma^2)$ 的一个样本，$\overline{X}$ 为样本均值，试求：

(1) $P\left(0.62\sigma^2 \leqslant \dfrac{1}{20}\sum\limits_{i=1}^{20}(X_i-\mu)^2 \leqslant 2\sigma^2\right)$;

(2) $P\left(0.4\sigma^2 \leqslant \dfrac{1}{20}\sum\limits_{i=1}^{20}(X_i-\overline{X})^2 \leqslant 2\sigma^2\right)$ $(\chi^2_{0.90}(20)=12.4, \chi^2_{0.005}(20)=40, \chi^2_{0.99}(19)=8, \chi^2_{0.005}(19)=40)$。

解　(1) 由于 $\dfrac{\sum\limits_{i=1}^{n}(X_i-\mu)^2}{\sigma^2} \sim \chi^2(n)$，且 $n=20$，因此

$$\frac{\sum\limits_{i=1}^{20}(X_i-\mu)^2}{\sigma^2} \sim \chi^2(20)$$

从而所求的概率为

$$P\left(0.62\sigma^2 \leqslant \frac{1}{20}\sum_{i=1}^{20}(X_i-\mu)^2 \leqslant 2\sigma^2\right)=P\left(20\times 0.62 \leqslant \frac{1}{\sigma^2}\sum_{i=1}^{20}(X_i-\mu)^2 \leqslant 20\times 2\right)$$

$$=P\left(\frac{1}{\sigma^2}\sum_{i=1}^{20}(X_i-\mu)^2 > 12.4\right)-P\left(\frac{1}{\sigma^2}\sum_{i=1}^{20}(X_i-\mu)^2 > 40\right)$$

$$=0.9-0.005=0.895$$

(2) 由于 $\dfrac{\sum\limits_{i=1}^{n}(X_i-\overline{X})^2}{\sigma^2} \sim \chi^2(n-1)$，且 $n=20$，因此

$$\frac{\sum\limits_{i=1}^{20}(X_i-\overline{X})^2}{\sigma^2} \sim \chi^2(19)$$

从而所求的概率为

$$P\left(0.4\sigma^2 \leqslant \frac{1}{20}\sum_{i=1}^{20}(X_i-\overline{X})^2 \leqslant 2\sigma^2\right)=P\left(20\times 0.4 \leqslant \frac{1}{\sigma^2}\sum_{i=1}^{20}(X_i-\overline{X})^2 \leqslant 20\times 2\right)$$

$$=P\left(\frac{1}{\sigma^2}\sum_{i=1}^{20}(X_i-\overline{X})^2 > 8\right)-P\left(\frac{1}{\sigma^2}\sum_{i=1}^{20}(X_i-\overline{X})^2 > 40\right)$$

$$=0.99-0.005=0.985$$

例 6 - 20　设总体 $X \sim N(\mu, \sigma^2)$，$X_1, X_2, \cdots, X_n$ 为来自总体 X 的一个样本，试求 $\sum\limits_{i=1}^{n}(X_i-\mu)^2$ 的均值与方差。

解　由于 $\dfrac{\sum\limits_{i=1}^{n}(X_i-\mu)^2}{\sigma^2} \sim \chi^2(n)$，因此 $E\left[\dfrac{\sum\limits_{i=1}^{n}(X_i-\mu)^2}{\sigma^2}\right]=n$，$D\left[\dfrac{\sum\limits_{i=1}^{n}(X_i-\mu)^2}{\sigma^2}\right]=$

$2n$，从而

$$E\Big[\sum_{i=1}^{n}(X_i-\mu)^2\Big]=n\sigma^2, \quad D\Big[\sum_{i=1}^{n}(X_i-\mu)^2\Big]=2n\sigma^4$$

例 6-21 设总体 $X\sim N(\mu, \sigma^2)$，$X_1, X_2, \cdots, X_n$ 为来自总体 X 的一个样本，S^2 为样本方差，试求 S^2 的均值与方差。

解 由于 $\dfrac{(n-1)S^2}{\sigma^2}\sim\chi^2(n-1)$，因此 $E\Big[\dfrac{(n-1)S^2}{\sigma^2}\Big]=n-1$，$D\Big[\dfrac{(n-1)S^2}{\sigma^2}\Big]=2(n-1)$，从而

$$ES^2=\sigma^2, \quad DS^2=\frac{2\sigma^4}{n-1}$$

例 6-22 设总体 $X\sim N(\mu, \sigma^2)$，$X_1, X_2, \cdots, X_n$ 为来自总体 X 的一个样本，$\overline{X}$ 为样本均值，试求 $\sum\limits_{i=1}^{n}(X_i-\overline{X})^2$ 的均值与方差。

解 由于 $\dfrac{\sum\limits_{i=1}^{n}(X_i-\overline{X})^2}{\sigma^2}\sim\chi^2(n-1)$，因此 $E\Big[\dfrac{\sum\limits_{i=1}^{n}(X_i-\overline{X})^2}{\sigma^2}\Big]=n-1$，$D\Big[\dfrac{\sum\limits_{i=1}^{n}(X_i-\overline{X})^2}{\sigma^2}\Big]=2(n-1)$，从而

$$E\Big[\sum_{i=1}^{n}(X_i-\overline{X})^2\Big]=(n-1)\sigma^2, \quad D\Big[\sum_{i=1}^{n}(X_i-\overline{X})^2\Big]=2(n-1)\sigma^4$$

例 6-23 设总体 $X\sim N(\mu, \sigma^2)$，$X_1, X_2, \cdots, X_n$ 为来自总体 X 的一个样本，$\overline{X}$、S^2 分别为样本均值和样本方差，试证 $E[(\overline{X}S^2)^2]=\Big(\dfrac{\sigma^2}{n}+\mu^2\Big)\Big(\dfrac{2\sigma^4}{n-1}+\sigma^4\Big)$。

证明 由于 $X\sim N(\mu, \sigma^2)$，因此 $\overline{X}\sim N\Big(\mu, \dfrac{\sigma^2}{n}\Big)$，$\dfrac{(n-1)S^2}{\sigma^2}\sim\chi^2(n-1)$，且 $\overline{X}$ 与 S^2 相互独立，从而

$$E\overline{X}=\mu, \quad D\overline{X}=\frac{\sigma^2}{n}, \quad ES^2=\sigma^2, \quad DS^2=\frac{2\sigma^4}{n-1}$$

所以

$$E[(\overline{X}S^2)^2]=E\overline{X}^2\cdot ES^4=[D\overline{X}+(E\overline{X})^2][DS^2+(ES^2)^2]=\Big(\frac{\sigma^2}{n}+\mu^2\Big)\Big(\frac{2\sigma^4}{n-1}+\sigma^4\Big)$$

习 题 6

一、选择题

1. 设 $X_1, X_2, \cdots, X_n$ 为来自总体 $X\sim N(\mu, \sigma^2)$ 的一个样本，其中 μ 未知，$\sigma^2>0$ 已知，

则下列不是统计量的是(　　　)。

A. $\dfrac{1}{n}(X_1^2+X_2^2+\cdots+X_n^2)$　　　　　　B. $\dfrac{1}{\sigma^2}(X_1^2+X_2^2+\cdots+X_n^2)$

C. $(X_1-\mu)^2+(X_2-\mu)^2+\cdots+(X_n-\mu)^2$　　　　D. $\max\{X_1,X_2,\cdots,X_n\}$

2. 设总体 X 服从参数为 $\lambda(\lambda>0)$ 的 Poisson 分布，$X_1,X_2,\cdots,X_n(n\geqslant2)$ 为来自总体 X 的一个简单随机样本，若 $T_1=\dfrac{1}{n}\sum\limits_{i=1}^{n}X_i$，$T_2=\dfrac{1}{n-1}\sum\limits_{i=1}^{n-1}X_i+\dfrac{1}{n}X_n$，则(　　　)。

A. $ET_1>ET_2$，$DT_1>DT_2$　　　　　　B. $ET_1>ET_2$，$DT_1<DT_2$

C. $ET_1<ET_2$，$DT_1>DT_2$　　　　　　D. $ET_1<ET_2$，$DT_1<DT_2$

3. 设随机变量 $X\sim N(0,1)$，$Y\sim N(0,1)$，则(　　　)。

A. $X+Y$ 服从正态分布　　　　　　B. X^2+Y^2 服从 χ^2 分布

C. X^2、Y^2 都服从 χ^2 分布　　　　　　D. $\dfrac{X^2}{Y^2}$ 服从 F 分布

4. 设总体 $X\sim N(1,3^2)$，$X_1,X_2,\cdots,X_9$ 为来自总体 X 的一个样本，则(　　　)。

A. $\dfrac{\overline{X}-1}{3}\sim N(0,1)$　　　　　　B. $\dfrac{\overline{X}-1}{1}\sim N(0,1)$

C. $\dfrac{\overline{X}-1}{9}\sim N(0,1)$　　　　　　D. $\dfrac{\overline{X}-1}{\sqrt{3}}\sim N(0,1)$

5. 设总体 $X\sim N(1,4)$，$X_1,X_2,\cdots,X_n$ 为来自总体 X 的一个样本，则(　　　)。

A. $\dfrac{\overline{X}-1}{2}\sim N(0,1)$　　　　　　B. $\dfrac{\overline{X}-1}{4}\sim N(0,1)$

C. $\dfrac{\overline{X}-1}{2/\sqrt{n}}\sim N(0,1)$　　　　　　D. $\dfrac{\overline{X}-1}{\sqrt{2}}\sim N(0,1)$

6. 设 $X_1,X_2,\cdots,X_n$ 为来自总体 $X\sim N(0,1)$ 的一个样本，则(　　　)。

A. $n\overline{X}\sim N(0,1)$　　　　　　B. $nS^2\sim\chi^2(n)$

C. $\dfrac{(n-1)\overline{X}}{S}\sim t(n-1)$　　　　　　D. $\dfrac{(n-1)X_1^2}{\sum\limits_{i=2}^{n}X_i^2}\sim F(1,n)$

7. 设总体 $X\sim N(1,2^2)$，$X_1,X_2,\cdots,X_{100}$ 为来自总体 X 的一个样本，$\overline{X}$ 是样本均值，若 $Y=a\overline{X}+b\sim N(0,1)$，则(　　　)。

A. $a=-5$，$b=5$　　　　　　B. $a=5$，$b=5$

C. $a=\dfrac{1}{5}$，$b=-\dfrac{1}{5}$　　　　　　D. $a=-\dfrac{1}{5}$，$b=\dfrac{1}{5}$

8. 设总体 $X\sim N(0,1)$，$X_1,X_2,\cdots,X_n$ 为来自总体 X 的一个样本，$\overline{X}=\dfrac{1}{n}\sum\limits_{i=1}^{n}X_i$，

$S^2 = \dfrac{1}{n-1}\sum\limits_{i=1}^{n}(X_i-\overline{X})^2$，则服从自由度为 $n-1$ 的 χ^2 分布的随机变量是（　　）。

A. $\sum\limits_{i=1}^{n}X_i^2$　　　　　　　　　　　　B. S^2

C. $(n-1)\overline{X}^2$　　　　　　　　　　　　D. $(n-1)S^2$

9. 设随机变量 $X\sim t(n)(n>1)$，$Y=\dfrac{1}{X^2}$，则（　　）。

A. $Y\sim\chi^2(n)$　　　　　　　　　　　　B. $Y\sim\chi^2(n-1)$

C. $Y\sim F(n,1)$　　　　　　　　　　　　D. $Y\sim F(1,n)$

10. 设 X_1，X_2，$\cdots$，X_n 为来自正态总体 $N(\mu,\sigma^2)$ 的一个简单随机样本，$\overline{X}$ 是样本均值，记

$$S_1^2 = \frac{1}{n-1}\sum_{i=1}^{n}(X_i-\overline{X})^2, \quad S_2^2 = \frac{1}{n}\sum_{i=1}^{n}(X_i-\overline{X})^2,$$

$$S_3^2 = \frac{1}{n-1}\sum_{i=1}^{n}(X_i-\mu)^2, \quad S_4^2 = \frac{1}{n}\sum_{i=1}^{n}(X_i-\mu)^2$$

则服从参数为 $n-1$ 的 t 分布的随机变量是（　　）。

A. $T=\dfrac{\overline{X}-\mu}{S_1/\sqrt{n-1}}$　　　　　　　　　　B. $T=\dfrac{\overline{X}-\mu}{S_2/\sqrt{n-1}}$

C. $T=\dfrac{\overline{X}-\mu}{S_3/\sqrt{n}}$　　　　　　　　　　D. $T=\dfrac{\overline{X}-\mu}{S_4/\sqrt{n}}$

11. 设 X_1，X_2，$\cdots$，X_n 为来自总体 $X\sim N(0,1)$ 的一个样本，$\overline{X}$、S 分别为样本均值和样本标准差，则（　　）。

A. $n\overline{X}\sim N(0,1)$　　　　　　　　　　B. $\overline{X}\sim N(0,1)$

C. $\sum\limits_{i=1}^{n}X_i^2\sim\chi^2(n)$　　　　　　　　　D. $\dfrac{\overline{X}}{S}\sim t(n-1)$

12. 设 X_1，X_2，$\cdots$，X_m，$\cdots$，X_n 为来自总体 $X\sim N(0,\sigma^2)$ 的一个样本，令 $Y=a\left(\sum\limits_{i=1}^{m}X_i\right)^2+b\left(\sum\limits_{i=m+1}^{n}X_i\right)^2$，要使随机变量 Y 服从自由度为 2 的 χ^2 分布，则 a、b 的值为（　　）。

A. $a=\dfrac{1}{m\sigma^2}$，$b=\dfrac{1}{(n-m)\sigma^2}$　　　　　B. $a=\dfrac{1}{m}$，$b=\dfrac{1}{n-m}$

C. $a=m\sigma^2$，$b=(n-m)\sigma^2$　　　　　D. $a=m$，$b=n-m$

13. 设 X_1，X_2，$\cdots$，X_n，X_{n+1} 为来自总体 $X\sim N(\mu,\sigma^2)$ 的一个样本，$\overline{X}=\dfrac{1}{n}\sum\limits_{i=1}^{n}X_i$，

$S^2 = \dfrac{1}{n-1}\sum\limits_{i=1}^{n}(X_i - \overline{X})^2$，则统计量 $Y = \dfrac{X_{n+1} - \overline{X}}{S}\sqrt{\dfrac{n}{n+1}} \sim$（　　）。

　　A. $N(0, 1)$　　　　　　　　　　　　　B. $t(n)$

　　C. $t(n-1)$　　　　　　　　　　　　　D. $t(n+1)$

14. 设 $X_1, X_2, \cdots, X_8$ 与 $Y_1, Y_2, \cdots, Y_{10}$ 分别为来自正态总体 $N(-1, 4)$ 与 $N(2, 5)$ 的两个样本，且相互独立，S_1^2、S_2^2 分别为两个样本的样本方差，则服从参数为 $(7, 9)$ 的 F 分布的统计量是（　　）。

　　A. $\dfrac{2S_1^2}{5S_2^2}$　　　　　　B. $\dfrac{5S_1^2}{4S_2^2}$　　　　　　C. $\dfrac{4S_2^2}{5S_1^2}$　　　　　　D. $\dfrac{5S_1^2}{2S_2^2}$

15. 设 X_1, X_2, X_3, X_4 为来自总体 $X \sim N(1, \sigma^2)$ 的一个样本，则统计量 $\dfrac{X_1 - X_2}{|X_3 + X_4 - 2|} \sim$（　　）。

　　A. $N(0, 1)$　　　　B. $t(1)$　　　　C. $\chi^2(1)$　　　　D. $F(1, 1)$

16. 设随机变量 $X \sim t(n)$，$Y \sim F(1, n)$，给定 $\alpha(0 < \alpha < 0.5)$，常数 c 满足 $P(X > c) = \alpha$，则 $P(Y > c^2) =$（　　）。

　　A. α　　　　　　B. $1 - \alpha$　　　　　　C. 2α　　　　　　D. $1 - 2\alpha$

17. 设 X_1, X_2, X_3 为来自总体 $X \sim N(0, \sigma^2)$ 的一个样本，则统计量 $\dfrac{X_1 - X_2}{\sqrt{2}\,|X_3|} \sim$（　　）。

　　A. $F(1, 1)$　　　　B. $F(2, 1)$　　　　C. $t(1)$　　　　D. $t(2)$

18. 设 $X_1, X_2, \cdots, X_n$ 为来自总体 $X \sim N(\mu, \sigma^2)$ 的一个样本，$\overline{X}$ 为样本均值，令

$$A_1 = \dfrac{\sum\limits_{i=1}^{n}(X_i - \mu)^2}{n-1}, \quad A_2 = \dfrac{\sum\limits_{i=1}^{n}(X_i - \overline{X})^2}{n-1}$$

$$A_3 = \dfrac{\sum\limits_{i=1}^{n}(X_i - \mu)^2}{n}, \quad A_4 = \dfrac{\sum\limits_{i=1}^{n}(X_i - \overline{X})^2}{n}$$

则服从自由度为 $n-1$ 的 χ^2 分布的随机变量是（　　）。

　　A. $\dfrac{(n-1)A_1}{\sigma^2}$　　　B. $\dfrac{nA_2}{\sigma^2}$　　　C. $\dfrac{(n-1)A_3}{\sigma^2}$　　　D. $\dfrac{nA_4}{\sigma^2}$

19. 设 $X_1, X_2, \cdots, X_n, X_{n+1}, \cdots, X_{n+m}$ 为来自总体 $X \sim N(0, \sigma^2)$ 的一个样本，则统计量 $V = \dfrac{m\sum\limits_{i=1}^{n}X_i^2}{n\sum\limits_{i=n+1}^{n+m}X_i^2}$ 服从的分布是（　　）。

　　A. $F(m, n)$　　　　　　　　　　　　B. $F(n-1, m-1)$

C. $F(n, m)$ D. $F(m-1, n-1)$

20. 设总体 $X \sim N(0, \sigma^2)$，$X_1, X_2, \cdots, X_n$ 为来自总体 X 的一个样本，$\overline{X}$ 与 S^2 分别为样本均值和样本方差，则统计量 $\dfrac{\overline{X}}{S}\sqrt{n}$ 服从的分布为（　　）。

    A. $N(0, 1)$ B. $\chi^2(n-1)$ C. $t(n-1)$ D. $F(n, n-1)$

二、填空题

1. 设总体 X 服从参数为 $p(0<p<1)$ 的 $0-1$ 分布，$X_1, X_2, \cdots, X_n$ 为来自总体 X 的一个样本，则 $E\overline{X} = \underline{\hspace{1.5cm}}$，$D\overline{X} = \underline{\hspace{1.5cm}}$，$ES^2 = \underline{\hspace{1.5cm}}$。

2. 设总体 X 的概率密度为 $f(x) = \dfrac{1}{2}e^{-|x|}$ $(-\infty<x<+\infty)$，$X_1, X_2, \cdots, X_n$ 为来自总体 X 的一个样本，其样本方差为 S^2，则 $ES^2 = \underline{\hspace{1.5cm}}$。

3. 设 $X_1, X_2, \cdots, X_n$ 为来自总体 $X \sim B(1, p)$ 的一个样本，则 $P\left(\overline{X} = \dfrac{k}{n}\right) = \underline{\hspace{1.5cm}}$。

4. 设 $X_1, X_2, \cdots, X_m$ 为来自二项分布总体 $X \sim B(n, p)$ 的一个样本，$\overline{X}$ 与 S^2 分别为样本均值和样本方差，若统计量 $T = \overline{X} - S^2$，则 $ET = \underline{\hspace{1.5cm}}$。

5. 设 $X_1, X_2, \cdots, X_n$ 为来自总体 $X \sim N(\mu, \sigma^2)(\sigma>0)$ 的一个样本，若统计量 $T = \dfrac{1}{n}\sum_{i=1}^{n}X_i^2$，则 $ET = \underline{\hspace{1.5cm}}$。

6. 设 X_1、X_2、X_3、X_4 为来自总体 $X \sim N(0, 2^2)$ 的一个样本，令 $Y = a(X_1 - 2X_2)^2 + b(3X_3 - 4X_4)^2$，则当 $a = \underline{\hspace{1.5cm}}$，$b = \underline{\hspace{1.5cm}}$ 时，统计量 Y 服从 χ^2 分布，其自由度为 $\underline{\hspace{1.5cm}}$。

7. 令 $X_1, X_2, \cdots, X_6$ 为来自总体 $X \sim N(0, 1)$ 的一个样本，设 $Y = (X_1 + X_2 + X_3)^2 + (X_4 + X_5 + X_6)^2$，若随机变量 cY 服从 χ^2 分布，则常数 $c = \underline{\hspace{1.5cm}}$。

8. 设总体 $X \sim N(\mu_1, \sigma^2)$，$Y \sim N(\mu_2, \sigma^2)$，$X_1, X_2, \cdots, X_{n_1}$ 与 $Y_1, Y_2, \cdots, Y_{n_2}$ 分别为来自总体 X 与 Y 的两个样本，则 $E\left[\dfrac{\sum_{i=1}^{n_1}(X_i - \overline{X})^2 + \sum_{j=1}^{n_2}(Y_j - \overline{Y})^2}{n_1 + n_2 - 2}\right] = \underline{\hspace{1.5cm}}$。

9. 设随机变量 X 与 Y 相互独立且都服从正态分布 $N(0, 3^2)$，$X_1, X_2, \cdots, X_9$ 与 $Y_1, Y_2, \cdots, Y_9$ 分别为来自总体 X 与 Y 的两个样本，则统计量 $U = \dfrac{X_1 + X_2 + \cdots + X_9}{\sqrt{Y_1^2 + Y_2^2 + \cdots + Y_9^2}}$ 服从 $\underline{\hspace{1.5cm}}$，参数为 $\underline{\hspace{1.5cm}}$。

10. 设 $X_1, X_2, \cdots, X_{15}$ 为来自总体 $X \sim N(0, 2^2)$ 的一个样本，则 $Y = \dfrac{X_1^2 + X_2^2 + \cdots + X_{10}^2}{2(X_{11}^2 + X_{12}^2 + \cdots + X_{15}^2)}$ 服从 $\underline{\hspace{1.5cm}}$，参数为 $\underline{\hspace{1.5cm}}$。

11. 设 $\overline{X}_1$、$\overline{X}_2$ 分别为来自正态总体 $X \sim N(\mu, \sigma^2)$ 的容量为 n 的两个独立样本 X_{11}, $X_{12}, \cdots, X_{1n}$ 与 $X_{21}, X_{22}, \cdots, X_{2n}$ 的样本均值，如果 $P(|\overline{X}_1 - \overline{X}_2| > \sigma) = 0.01$，则 $n=$ ＿＿＿＿＿$(\Phi(2.57) = 0.995)$。

12. 设 $X_1, X_2, \cdots, X_{10}$ 与 $Y_1, Y_2, \cdots, Y_{20}$ 分别为来自正态总体 $N(6, \sigma^2)$ 与 $N(4, \sigma^2)$ 的两个独立样本，S_1^2 与 S_2^2 分别为两个样本的样本方差，则 $\dfrac{S_1^2}{S_2^2} \sim$ ＿＿＿＿＿。

13. 设 $X_1, X_2, \cdots, X_{25}$ 为来自总体 $X \sim N(5, 3^2)$ 的一个样本，$\overline{X}_1 = \dfrac{1}{9}\sum\limits_{i=1}^{9} X_i$，$\overline{X}_2 = \dfrac{1}{16}\sum\limits_{i=10}^{25} X_i$，$A_1 = \sum\limits_{i=1}^{9}(X_i - \overline{X}_1)^2$，$A_2 = \sum\limits_{i=10}^{25}(X_i - \overline{X}_2)^2$。

（Ⅰ）要使统计量 $\dfrac{a(\overline{X}_1 - 5)}{\sqrt{A_1}} \sim t(n)$，则 $a=$ ＿＿＿＿＿，$n=$ ＿＿＿＿＿；

（Ⅱ）要使统计量 $\dfrac{bA_1}{A_2} \sim F(n_1, n_2)$，则 $b=$ ＿＿＿＿＿，$(n_1, n_2) =$ ＿＿＿＿＿。

14. 设 $X_1, X_2, \cdots, X_{10}$ 与 $Y_1, Y_2, \cdots, Y_{15}$ 分别为来自正态总体 $N(20, 6)$ 的两个独立样本，$\overline{X}, \overline{Y}$ 分别为两个样本的样本均值，则 $\overline{X} - \overline{Y} \sim$ ＿＿＿＿＿。

15. 设总体 $X \sim N(0, \sigma^2)$，$X_1, X_2, \cdots, X_n$ 为来自总体 X 的一个样本，$\overline{X}$ 与 S^2 分别为样本均值和样本方差，则统计量 $\dfrac{n\overline{X}^2}{S^2} \sim$ ＿＿＿＿＿。

三、解答题

1. 设总体 X 的一组样本值为 1、4、6，其频数分别为 10、20、30，试求总体 X 的经验分布函数。

2. 设 $X_1, X_2, \cdots, X_n$ 为来自均匀分布总体 $X \sim U(0, \theta)(\theta > 0)$ 的一个样本，$X_{(1)} = \min\{X_1, X_2, \cdots, X_n\}$，$X_{(n)} = \max\{X_1, X_2, \cdots, X_n\}$，求 $R = X_{(n)} - X_{(1)}$ 的数学期望。

3. 设 $X_1, X_2, \cdots, X_{16}$ 为来自总体 $X \sim N(\mu, \sigma^2)$ 的一个样本，试求统计量 $U = \dfrac{1}{16}\sum\limits_{i=1}^{16} |X_i - \mu|$ 的期望与方差。

4. 从正态总体 $X \sim N(3.4, 6^2)$ 中抽取容量为 n 的样本，如果要求其样本均值位于区间 $(1.4, 5.4)$ 内的概率不小于 0.95，问样本容量 n 至少应为多大 $(\Phi(1.96) = 0.975)$？

5. 从正态总体 $X \sim N(\mu, \sigma^2)$ 中抽取容量为 16 的样本。

（Ⅰ）若已知 $\sigma^2 = 25$，求样本均值 $\overline{X}$ 与总体均值 μ 之差的绝对值小于 2 的概率；

（Ⅱ）若 σ^2 未知，但已知样本方差 $s^2 = 20.8$，求样本均值 $\overline{X}$ 与总体均值 μ 之差的绝对值小于 2 的概率；

（Ⅲ）若 μ 和 σ^2 均未知，分别求 $P\left(\dfrac{S^2}{\sigma^2} \leqslant 2.041\right)$ 和 DS^2 $(\Phi(1.6) = 0.9452$，$t_{0.05}(15) =$

1.753，$\chi^2_{0.01}(15)=30.577$）。

6. 设总体 X 服从参数为 $\lambda(\lambda > 0)$ 的 Poisson 分布，X_1，X_2，$\cdots$，X_n 为来自总体 X 的一个简单随机样本，求：

（Ⅰ）$(X_1$，X_2，$\cdots$，$X_n)$ 的联合分布律；

（Ⅱ）$\overline{X} = \dfrac{1}{n}\sum\limits_{i=1}^{n}X_i$ 的分布律。

7. 设总体 $X \sim N(12,4)$，X_1，X_2，X_3，X_4，X_5 为来自总体 X 的一个样本，试求：

（Ⅰ）样本均值与总体均值之差的绝对值大于 1 的概率；

（Ⅱ）$P(\max\{X_1，X_2，X_3，X_4，X_5\} > 15)$ 和 $P(\min\{X_1，X_2，X_3，X_4，X_5\} < 10)$

（$\Phi(1)=0.8413$，$\Phi\left(\dfrac{\sqrt{5}}{2}\right)=0.8686$，$\Phi(1.5)=0.9332$）。

8. 设总体 $X \sim N(0,1)$，X_1，X_2，X_3，X_4，X_5 为来自总体 X 的一个样本，$Y = \dfrac{C(X_1+X_2)}{(X_3^2+X_4^2+X_5^2)^{\frac{1}{2}}}$，试确定常数 C 使 Y 服从 t 分布。

9. 设 X_1，X_2，$\cdots$，X_9 为来自总体 $X \sim N(\mu,\sigma^2)$ 的一个样本，$\overline{X}_1 = \dfrac{1}{6}\sum\limits_{i=1}^{6}X_i$，$\overline{X}_2 = \dfrac{1}{3}\sum\limits_{i=7}^{9}X_i$，$S^2 = \dfrac{1}{2}\sum\limits_{i=7}^{9}(X_i-\overline{X}_2)^2$，$Y = \dfrac{\sqrt{2}(\overline{X}_1-\overline{X}_2)}{S}$，证明统计量 Y 服从参数为 2 的 t 分布。

10. 设 X_1，X_2，$\cdots$，X_{n_1} 与 Y_1，Y_2，$\cdots$，Y_{n_2} 分别为来自正态总体 $N(\mu_1,\sigma^2)$ 与 $N(\mu_2,\sigma^2)$ 的两个独立样本，$\overline{X} = \dfrac{1}{n_1}\sum\limits_{i=1}^{n_1}X_i$，$\overline{Y} = \dfrac{1}{n_2}\sum\limits_{i=1}^{n_2}Y_i$，$S_1^2 = \dfrac{1}{n_1}\sum\limits_{i=1}^{n_1}(X_i-\overline{X})^2$，$S_2^2 = \dfrac{1}{n_2}\sum\limits_{i=1}^{n_2}(Y_i-\overline{Y})^2$，$\alpha$ 和 β 是两个实常数，试求随机变量

$$Z = \frac{\alpha(\overline{X}-\mu_1)+\beta(\overline{Y}-\mu_2)}{\sqrt{\dfrac{n_1 S_1^2+n_2 S_2^2}{n_1+n_2-2}}\sqrt{\dfrac{\alpha^2}{n_1}+\dfrac{\beta^2}{n_2}}}$$

的概率分布。

第7章 参数估计

参数估计问题是数理统计中重要的统计推断问题之一。我们知道：服从参数为 λ 的 Poisson 分布的随机变量，其概率分布由一个参数 λ 确定；服从参数为 μ、σ^2 的正态分布的随机变量，其概率分布由一对参数 μ、σ^2 确定。这就是说，对所要研究的随机变量 X，当它的概率分布类型为已知时，还需要确定分布中的参数值，这样随机变量的分布才能完全确定，这就是参数估计问题。

7.1 点 估 计

1. 点估计的定义

设总体 X 的分布形式已知，但它含有一个或多个未知参数，通过来自总体 X 的一个样本来估计总体分布中未知参数值的问题就为参数的点估计问题。

例 7-1 设某信息台在上午八点至九点接到的呼叫次数服从参数为 λ 的 Poisson 分布，其中参数 $\lambda>0$ 为未知参数，现收集了如下的 42 个数据：

接到的呼叫次数 k	0	1	2	3	4	5
出现的频数 n_k	7	10	12	8	3	2

试估计参数 λ。

解 设接到的呼叫次数为 X，则 $X \sim P(\lambda)$，从而 $\lambda = EX$，自然想到用样本均值来估计总体的均值 EX。现由已知数据计算得

$$\bar{x} = \frac{\sum\limits_{k=0}^{5} k n_k}{\sum\limits_{k=0}^{5} n_k} = \frac{1}{42}(0 \times 7 + 1 \times 10 + 2 \times 12 + 3 \times 8 + 4 \times 3 + 5 \times 2) = 1.9$$

即参数 λ 的估计值为 1.9。

一般地，我们有以下定义。

定义 1 设总体 X 的分布函数 $F(x; \theta_1, \theta_2, \cdots, \theta_k)$ 的形式已知，其中 $\theta_1, \theta_2, \cdots, \theta_k$ 为未知参数。$X_1, X_2, \cdots, X_n$ 为来自总体 X 的一个样本，$x_1, x_2, \cdots, x_n$ 是样本 $X_1, X_2, \cdots, X_n$ 的一组样本值。若统计量 $\hat{\theta}_i(X_1, X_2, \cdots, X_n)(i=1, 2, \cdots, k)$ 能对参数 $\theta_i(i=1, 2, \cdots, k)$ 作估计，则称之为 θ_i 的点估计，称 $\hat{\theta}_i(X_1, X_2, \cdots, X_n)$ 为 θ_i 的点估计量，称 $\hat{\theta}_i(x_1, x_2, \cdots, x_n)$

为 θ_i 的点估计值。在不致混淆的情况下，点估计量与点估计值统称为点估计。

显然，点估计量 $\hat{\theta}_i(X_1, X_2, \cdots, X_n)$ 是随机变量，点估计值 $\hat{\theta}_i(x_1, x_2, \cdots, x_n)$ 是随机变量的取值。例如，在例 7-1 中，我们用样本均值来估计总体均值，即有点估计量为 $\hat{\lambda} = \frac{1}{n}\sum_{k=1}^{n} X_k$；点估计值 $\hat{\lambda} = \frac{1}{n}\sum_{k=1}^{n} x_k = 1.9$。

2. 点估计的求法

1）矩估计法

从 Khintchine 大数定律可知，若总体 X 的数学期望 EX 有限，则样本均值 $\overline{X}$ 依概率收敛于 EX。这就启发我们，在利用样本所提供的信息来对总体 X 的分布函数中未知参数作估计时，可以用样本矩作为总体矩的估计量，而以样本矩的连续函数作为相应的总体矩的连续函数的估计量，这种方法称为矩估计法。

定义 2 设总体 X 的分布函数为 $F(x; \theta_1, \theta_2, \cdots, \theta_k)$，其中 $\theta_1, \theta_2, \cdots, \theta_k$ 为未知参数，假设总体 X 的 k 阶原点矩 $\mu_k = EX^k$ 存在，由下列方程组

$$\begin{cases} \mu_1(\theta_1, \theta_2, \cdots, \theta_k) = \dfrac{1}{n}\sum_{i=1}^{n} X_i \\ \mu_2(\theta_1, \theta_2, \cdots, \theta_k) = \dfrac{1}{n}\sum_{i=1}^{n} X_i^2 \\ \vdots \\ \mu_k(\theta_1, \theta_2, \cdots, \theta_k) = \dfrac{1}{n}\sum_{i=1}^{n} X_i^k \end{cases} \tag{7.1.1}$$

解得 $\hat{\theta}_i = \hat{\theta}_i(X_1, X_2, \cdots, X_n)(i = 1, 2, \cdots, k)$，并以 $\hat{\theta}_i$ 作为参数 θ_i 的估计量，则称 $\hat{\theta}_i(X_1, X_2, \cdots, X_n)$ 为参数 θ_i 的矩估计量，称 $\hat{\theta}_i(x_1, x_2, \cdots, x_n)$ 为参数 θ_i 的矩估计值。

事实上，矩估计法就是以样本的各阶原点矩作为总体的各阶原点矩的估计而求得未知参数的估计量的方法，所得到参数的估计量称为矩估计量。其基本思想为：令 $\mu_k = A_k(k = 1, 2, \cdots)$，其中 k 的取值随参数个数而定，有几个参数 k 就取几个值，再由得到的几个方程构成的方程组求得参数的矩估计量。

例 7-2 求事件 A 发生的概率 p 的矩估计量。

解 设 X 表示事件 A 在一次试验中是否发生这样的一个随机变量，即

$$X = \begin{cases} 1, & A \text{ 发生} \\ 0, & A \text{ 不发生} \end{cases}$$

则 $P(X=1) = P(A) = p$，$P(X=0) = 1-p$，由于 $EX = p$，因此 p 的矩估计量为

$$\hat{p} = \frac{1}{n}\sum_{i=1}^{n} X_i = \frac{n_A}{n}$$

其中 n_A 为事件 A 在 n 次独立试验中发生的次数。也就是说,在 n 次独立试验中,用事件 A 发生的频率 n_A/n 作为事件 A 发生的概率 p 的矩估计量。

例 7 - 3 设总体 $X \sim U(a, b)$,其中 a、b 为未知参数,X_1,X_2,$\cdots$,X_n 为来自总体 X 的一个样本,试求 a、b 的矩估计量。

解 由于 $X \sim U(a, b)$,因此 $EX = \dfrac{a+b}{2}$,$EX^2 = DX + (EX)^2 = \dfrac{(b-a)^2}{12} + \left(\dfrac{a+b}{2}\right)^2$,由矩估计法得

$$\begin{cases} \dfrac{a+b}{2} = \overline{X} \\ \dfrac{(b-a)^2}{12} + \left(\dfrac{a+b}{2}\right)^2 = \dfrac{1}{n}\sum_{i=1}^{n} X_i^2 \end{cases}$$

即

$$\begin{cases} a + b = 2\overline{X} \\ b - a = 2\sqrt{\dfrac{3}{n}\sum_{i=1}^{n}(X_i - \overline{X})^2} \end{cases}$$

解之,得 a、b 的矩估计量分别为

$$\hat{a} = \overline{X} - \sqrt{\dfrac{3}{n}\sum_{i=1}^{n}(X_i - \overline{X})^2}, \quad \hat{b} = \overline{X} + \sqrt{\dfrac{3}{n}\sum_{i=1}^{n}(X_i - \overline{X})^2}$$

例 7 - 4 设总体 X 的均值 μ 及方差 $\sigma^2 (\sigma > 0)$ 都存在,但 μ、σ^2 为未知参数,X_1,X_2,$\cdots$,X_n 为来自总体 X 的一个样本,求 μ、σ^2 的矩估计量。

解 由于 $EX^2 = DX + (EX)^2 = \sigma^2 + \mu^2$,由矩估计法得

$$\begin{cases} \mu = \overline{X} \\ \sigma^2 + \mu^2 = \dfrac{1}{n}\sum_{i=1}^{n} X_i^2 \end{cases}$$

解之,得 μ、σ^2 的矩估计量分别为

$$\hat{\mu} = \overline{X}, \quad \hat{\sigma}^2 = \dfrac{1}{n}\sum_{i=1}^{n} X_i^2 - \overline{X}^2 = \dfrac{1}{n}\sum_{i=1}^{n}(X_i - \overline{X})^2$$

2)最大似然估计法

若总体 X 是离散型随机变量,其分布律为 $P(X = x) = p(x; \theta)$,$\theta \in \Theta$ 且形式为已知,其中 θ 为未知参数,Θ 是 θ 可能的取值范围。设 X_1,X_2,$\cdots$,X_n 为来自总体 X 的一个样本,则 $(X_1, X_2, \cdots, X_n)$ 的联合分布律为

$$P(X_1 = x_1, X_2 = x_2, \cdots, X_n = x_n) = \prod_{i=1}^{n} p(x_i; \theta)$$

设 $x_1, x_2, \cdots, x_n$ 是样本 $X_1, X_2, \cdots, X_n$ 的一组样本值,则样本 $X_1, X_2, \cdots, X_n$ 取到观察值 $x_1, x_2, \cdots, x_n$ 的概率,即事件 $\{X_1 = x_1, X_2 = x_2, \cdots, X_n = x_n\}$ 发生的概率为

$$L(\theta) = L(x_1, x_2, \cdots, x_n; \theta) = \prod_{i=1}^{n} p(x_i; \theta), \quad \theta \in \Theta \qquad (7.1.2)$$

这一概率随 θ 的取值而变化,它是 θ 的函数。

若总体 X 是连续型随机变量,其概率密度为 $p(x; \theta)$,$\theta \in \Theta$ 且形式为已知,其中 θ 为未知参数,Θ 是 θ 可能的取值范围。设 $X_1, X_2, \cdots, X_n$ 为来自总体 X 的一个样本,则 $(X_1, X_2, \cdots, X_n)$ 的联合概率密度为

$$f(x_1, x_2, \cdots, x_n) = \prod_{i=1}^{n} p(x_i; \theta)$$

设 $x_1, x_2, \cdots, x_n$ 是样本 $X_1, X_2, \cdots, X_n$ 的一组样本值,则随机点 $(X_1, X_2, \cdots, X_n)$ 落在点 $(x_1, x_2, \cdots, x_n)$ 的邻域(边长分别为 $\mathrm{d}x_1, \mathrm{d}x_2, \cdots, \mathrm{d}x_n$ 的 n 维立方体 G)内的概率近似地为

$$P((X_1, X_2, \cdots, X_n) \in G) \approx \prod_{i=1}^{n} p(x_i; \theta)\mathrm{d}x_i$$

由于 $\prod\limits_{i=1}^{n} \mathrm{d}x_i$ 与 θ 无关,因此

$$L(\theta) = L(x_1, x_2, \cdots, x_n; \theta) = \prod_{i=1}^{n} p(x_i; \theta), \quad \theta \in \Theta \qquad (7.1.3)$$

随 θ 的取值而变化,它是 θ 的函数。

定义 3 设总体 X 的分布形式 $p(x; \theta)$(或是分布律或是概率密度)为已知,其中 $\theta \in \Theta$ 为未知参数,Θ 是 θ 可能的取值范围。$X_1, X_2, \cdots, X_n$ 为来自总体 X 的一个样本,$x_1, x_2, \cdots, x_n$ 是样本 $X_1, X_2, \cdots, X_n$ 的一组样本值,称 $L(\theta) = \prod\limits_{i=1}^{n} p(x_i; \theta)$ 为参数 θ 的似然函数。

关于最大似然估计,Fisher 的思想是固定样本观察值 $x_1, x_2, \cdots, x_n$,在 θ 可能的取值范围 Θ 内挑选使似然函数 $L(x_1, x_2, \cdots, x_n; \theta)$ 达到最大的参数值 $\hat\theta$ 作为 θ 的估计值,即取 $\hat\theta$ 使

$$L(x_1, x_2, \cdots, x_n; \hat\theta) = \max_{\theta \in \Theta} L(x_1, x_2, \cdots, x_n; \theta) \qquad (7.1.4)$$

这样得到的 $\hat\theta$ 与样本值 $x_1, x_2, \cdots, x_n$ 有关,记为 $\hat\theta(x_1, x_2, \cdots, x_n)$,将其作为 θ 的估计值,这样的估计就是下面要讨论的最大似然估计。

定义 4 称能使似然函数 $L(\theta)$ 取得最大值的 $\hat\theta(x_1, x_2, \cdots, x_n)$ 为 θ 的最大似然估计。称 $\hat\theta(x_1, x_2, \cdots, x_n)$ 为 θ 的最大似然估计值,称 $\hat\theta(X_1, X_2, \cdots, X_n)$ 为 θ 的最大似然估计量。

设 $X_1, X_2, \cdots, X_n$ 为来自总体 X 的一个样本,$x_1, x_2, \cdots, x_n$ 是样本 $X_1, X_2, \cdots, X_n$ 的一组样本值,则随机点 $(X_1, X_2, \cdots, X_n)$ 落在点 $(x_1, x_2, \cdots, x_n)$ 上(总体是离散型随机

变量)或者落在点$(x_1, x_2, \cdots, x_n)$的邻域内(总体是连续型随机变量)的概率是参数θ的函数,因而最大似然估计的实际意义是:最大似然估计$\hat{\theta}$是使该概率取得最大值的θ。

这样,确定最大似然估计的问题就归结为微分学中求最大值点的问题。在一般情况下,总体X的分布律或概率密度$p(x; \theta)$关于θ可微,这时$\hat{\theta}(x_1, x_2, \cdots, x_n)$可以从方程

$$\frac{\mathrm{d}}{\mathrm{d}\theta}L(\theta) = 0 \tag{7.1.5}$$

解得,但由于$L(\theta)$是乘积形式的表达式,致使求导比较麻烦。又由于$L(\theta)$与$\ln L(\theta)$在同一θ处取得最大值,因此,θ的最大似然估计$\hat{\theta}(x_1, x_2, \cdots, x_n)$可以从对数似然方程

$$\frac{\mathrm{d}}{\mathrm{d}\theta}\ln L(\theta) = 0 \tag{7.1.6}$$

解得。综上所述,求参数θ的最大似然估计步骤如下:

(Ⅰ)写出似然函数:$L(\theta) = \prod\limits_{i=1}^{n} p(x_i; \theta)$;

(Ⅱ)取自然对数:$\ln L(\theta) = \sum\limits_{i=1}^{n} \ln p(x_i; \theta)$;

(Ⅲ)令$\dfrac{\partial \ln L(\theta)}{\partial \theta_i} = 0 (i=1, 2, \cdots, m)$,解之得$\hat{\theta}_i = \hat{\theta}_i(x_1, x_2, \cdots, x_n)(i=1, 2, \cdots, m)$。

例 7-5 设总体$X \sim B(1, p)$,其中$p(0<p<1)$为未知参数,$X_1, X_2, \cdots, X_n$为来自总体X的一个样本,试求参数p的最大似然估计量。

解 由于$X \sim B(1, p)$,因此其分布律为

$$P(X = x) = (1-p)^{1-x} p^x, \quad x = 0, 1$$

对样本$X_1, X_2, \cdots, X_n$的一组样本值$x_1, x_2, \cdots, x_n$,有

(Ⅰ)似然函数:$L(p) = \prod\limits_{i=1}^{n}(1-p)^{1-x_i} p^{x_i} = (1-p)^{n-\sum\limits_{i=1}^{n}x_i} p^{\sum\limits_{i=1}^{n}x_i} (x_i = 0, 1; i = 1, 2,$ $\cdots, n)$;

(Ⅱ)取自然对数:$\ln L(p) = \left[n - \sum\limits_{i=1}^{n} x_i\right] \ln(1-p) + \left[\sum\limits_{i=1}^{n} x_i\right] \ln p$;

(Ⅲ)令$\dfrac{\mathrm{d}\ln L(p)}{\mathrm{d}p} = -\dfrac{n - \sum\limits_{i=1}^{n} x_i}{1-p} + \dfrac{\sum\limits_{i=1}^{n} x_i}{p} = 0$,解之得$p$的最大似然估计值为

$$\hat{p} = \frac{1}{n}\sum_{i=1}^{n} x_i = \bar{x}$$

从而p的最大似然估计量为

$$\hat{p} = \frac{1}{n}\sum_{i=1}^{n} X_i = \overline{X}$$

例 7-6 设总体 $X \sim P(\lambda)$，其中 $\lambda(\lambda > 0)$ 为未知参数，X_1，X_2，$\cdots$，X_n 为来自总体 X 的一个样本，试求参数 λ 的最大似然估计量。

解 由于 $X \sim P(\lambda)$，因此其分布律为

$$P(X = x) = \frac{\lambda^x}{x!} \mathrm{e}^{-\lambda}, \quad x = 0, 1, 2, \cdots$$

对于样本 X_1，X_2，$\cdots$，X_n 的一组样本值 x_1，x_2，$\cdots$，x_n，有

（Ⅰ）似然函数：$L(\lambda) = \prod\limits_{i=1}^{n} \frac{\lambda^{x_i}}{x_i!} \mathrm{e}^{-\lambda} = \lambda^{\sum\limits_{i=1}^{n} x_i} \mathrm{e}^{-n\lambda} \dfrac{1}{\prod\limits_{i=1}^{n} x_i!} (x_i = 0, 1, 2, \cdots; i = 1, 2, \cdots, n)$；

（Ⅱ）取自然对数：$\ln L(\lambda) = \left[\sum\limits_{i=1}^{n} x_i\right] \ln\lambda - n\lambda - \sum\limits_{i=1}^{n} \ln x_i!$；

（Ⅲ）令 $\dfrac{\mathrm{d}\ln L(\lambda)}{\mathrm{d}\lambda} = \dfrac{\sum\limits_{i=1}^{n} x_i}{\lambda} - n = 0$，解之得 λ 的最大似然估计值为

$$\hat{\lambda} = \frac{1}{n} \sum_{i=1}^{n} x_i = \overline{x}$$

从而 λ 的最大似然估计量为

$$\hat{\lambda} = \frac{1}{n} \sum_{i=1}^{n} X_i = \overline{X}$$

例 7-7 设总体 X 服从参数为 p 的几何分布，其中 $p(0 < p < 1)$ 为未知参数，X_1，X_2，$\cdots$，X_n 为来自总体 X 的一个样本，试求参数 p 的最大似然估计量。

解 由于总体 X 服从参数为 p 的几何分布，因此其分布律为

$$P(X = x) = (1-p)^{x-1} p, \quad x = 1, 2, \cdots$$

对于样本 X_1，X_2，$\cdots$，X_n 的一组样本值 x_1，x_2，$\cdots$，x_n，有

（Ⅰ）似然函数：$L(p) = \prod\limits_{i=1}^{n} (1-p)^{x_i-1} p = (1-p)^{\sum\limits_{i=1}^{n} x_i - n} p^n (x_i = 1, 2, \cdots; i = 1, 2, \cdots, n)$；

（Ⅱ）取自然对数：$\ln L(p) = \left[\sum\limits_{i=1}^{n} x_i - n\right] \ln(1-p) + n\ln p$；

（Ⅲ）令 $\dfrac{\mathrm{d}\ln L(p)}{\mathrm{d}p} = -\dfrac{\sum\limits_{i=1}^{n} x_i - n}{1-p} + \dfrac{n}{p} = 0$，解之得 p 的最大似然估计值为

$$\hat{p} = \frac{1}{\dfrac{1}{n} \sum\limits_{i=1}^{n} x_i} = \frac{1}{\overline{x}}$$

从而 p 的最大似然估计量为

$$\hat{p} = \cfrac{1}{\cfrac{1}{n}\sum\limits_{i=1}^{n} X_i} = \frac{1}{\overline{X}}$$

例 7-8　设总体 $X \sim N(\mu, \sigma^2)$，其中 μ、σ^2 为未知参数，$X_1, X_2, \cdots, X_n$ 为来自总体 X 的一个样本，求参数 μ、σ^2 的最大似然估计量。

解　由于 $X \sim N(\mu, \sigma^2)$，因此其概率密度为

$$f(x) = \frac{1}{\sqrt{2\pi}\sigma} e^{-\frac{(x-\mu)^2}{2\sigma^2}}, \quad -\infty < x < +\infty$$

对于样本 $X_1, X_2, \cdots, X_n$ 的一组样本值 $x_1, x_2, \cdots, x_n$，有

（Ⅰ）似然函数：$L(\mu, \sigma^2) = \prod\limits_{i=1}^{n} f(x_i) = \prod\limits_{i=1}^{n} \frac{1}{\sqrt{2\pi}\sigma} e^{-\frac{(x_i-\mu)^2}{2\sigma^2}} = \left(\frac{1}{\sqrt{2\pi}}\right)^n (\sigma^2)^{-\frac{n}{2}} e^{-\frac{\sum\limits_{i=1}^{n}(x_i-\mu)^2}{2\sigma^2}}$；

（Ⅱ）取自然对数：$\ln L(\mu, \sigma^2) = n\ln\frac{1}{\sqrt{2\pi}} - \frac{n}{2}\ln\sigma^2 - \cfrac{\sum\limits_{i=1}^{n}(x_i-\mu)^2}{2\sigma^2}$；

（Ⅲ）令 $\begin{cases} \dfrac{\partial \ln L(\mu, \sigma^2)}{\partial \mu} = \dfrac{\sum\limits_{i=1}^{n}(x_i-\mu)}{\sigma^2} = 0 \\[4mm] \dfrac{\partial \ln L(\mu, \sigma^2)}{\partial \sigma^2} = -\dfrac{n}{2\sigma^2} + \dfrac{\sum\limits_{i=1}^{n}(x_i-\mu)^2}{2\sigma^4} = 0 \end{cases}$，解之得 μ、σ^2 的最大似然估计值分

别为

$$\hat{\mu} = \frac{1}{n}\sum_{i=1}^{n} x_i = \overline{x}, \quad \hat{\sigma^2} = \frac{1}{n}\sum_{i=1}^{n}(x_i - \overline{x})^2$$

从而 μ、σ^2 的最大似然估计量分别为

$$\hat{\mu} = \frac{1}{n}\sum_{i=1}^{n} X_i = \overline{X}, \quad \hat{\sigma^2} = \frac{1}{n}\sum_{i=1}^{n}(X_i - \overline{X})^2$$

例 7-9　设总体 X 的概率密度为

$$f(x) = \begin{cases} (\theta+1)x^\theta, & 0 < x < 1 \\ 0, & \text{其他} \end{cases}$$

其中 $\theta(\theta > -1)$ 为未知参数，$X_1, X_2, \cdots, X_n$ 为来自总体 X 的一个样本，试求参数 θ 的矩估计和最大似然估计。

解　（1）求 θ 的矩估计。

由于 $EX = \displaystyle\int_{-\infty}^{+\infty} xf(x)\mathrm{d}x = \int_0^1 x \cdot (\theta+1)x^\theta \mathrm{d}x = \frac{\theta+1}{\theta+2}$，因此由矩估计法，得

$$\frac{\theta+1}{\theta+2} = \overline{X}$$

解之，得 θ 矩估计量为

$$\hat{\theta} = \frac{2\overline{X}-1}{1-\overline{X}}$$

（2）求 θ 的最大似然估计。

对于样本 $X_1, X_2, \cdots, X_n$ 的一组样本值 $x_1, x_2, \cdots, x_n$，有

（Ⅰ）似然函数：$L(\theta) = \prod_{i=1}^{n} f(x_i) = \prod_{i=1}^{n} (\theta+1)x_i^{\theta} = (\theta+1)^n \left[\prod_{i=1}^{n} x_i\right]^{\theta}$ $(0 < x_i < 1;$

$i=1, 2, \cdots, n)$；

（Ⅱ）取自然对数：$\ln L(\theta) = n\ln(\theta+1) + \theta \sum_{i=1}^{n} \ln x_i$；

（Ⅲ）令 $\dfrac{\mathrm{d}\ln L(\theta)}{\mathrm{d}\theta} = \dfrac{n}{\theta+1} + \sum_{i=1}^{n} \ln x_i = 0$，解之得 θ 的最大似然估计值为

$$\hat{\theta} = -\frac{1}{\dfrac{1}{n}\sum_{i=1}^{n} \ln x_i} - 1$$

例 7 - 10　设总体 $X \sim E(\lambda)$，其中 $\lambda(\lambda > 0)$ 为未知参数，$X_1, X_2, \cdots, X_n$ 为来自总体 X 的一个样本，求参数 λ 的最大似然估计量。

解　　由于 $X \sim E(\lambda)$，因此其概率密度为

$$f(x) = \begin{cases} \lambda e^{-\lambda x}, & x > 0 \\ 0, & x \leqslant 0 \end{cases}$$

对于样本 $X_1, X_2, \cdots, X_n$ 的一组样本值 $x_1, x_2, \cdots, x_n$，有

（Ⅰ）似然函数：$L(\lambda) = \prod_{i=1}^{n} f(x_i) = \prod_{i=1}^{n} \lambda e^{-\lambda x_i} = \lambda^n e^{-\lambda \sum_{i=1}^{n} x_i}$ $(x_i > 0; i=1, 2, \cdots, n)$；

（Ⅱ）取自然对数：$\ln L(\lambda) = n\ln\lambda - \lambda \sum_{i=1}^{n} x_i$；

（Ⅲ）令 $\dfrac{\mathrm{d}\ln L(\lambda)}{\mathrm{d}\lambda} = \dfrac{n}{\lambda} - \sum_{i=1}^{n} x_i = 0$，解之得 λ 的最大似然估计值为

$$\hat{\lambda} = \frac{1}{\dfrac{1}{n}\sum_{i=1}^{n} x_i} = \frac{1}{\overline{x}}$$

从而 λ 的最大似然估计量为

$$\hat{\lambda} = \frac{1}{\dfrac{1}{n}\sum_{i=1}^{n} X_i} = \frac{1}{\overline{X}}$$

例 7 - 11　设总体 X 的分布律为

X	0	1	2	3
P	θ^2	$2\theta(1-\theta)$	θ^2	$1-2\theta$

其中 $\theta\left(0<\theta<\dfrac{1}{2}\right)$ 为未知参数，利用总体的如下样本值 $3,1,3,0,3,1,2,3$，求 θ 的矩估计值和最大似然估计值

解　（1）求 θ 的矩估计值。
$$EX=0\times\theta^2+1\times2\theta(1-\theta)+2\times\theta^2+3\times(1-2\theta)=3-4\theta$$

$$\bar{x}=\frac{1}{8}(3+1+3+0+3+1+2+3)=2$$

由矩估计法，得
$$3-4\theta=2$$

解之，得 θ 的矩估计值为
$$\hat{\theta}=\frac{1}{4}$$

（2）求 θ 的最大似然估计值。

（Ⅰ）似然函数：$L(\theta)=\theta^2\left[2\theta(1-\theta)\right]^2\theta^2(1-2\theta)^4=4\theta^6(1-\theta)^2(1-2\theta)^4$；

（Ⅱ）取自然对数：$\ln L(\theta)=\ln4+6\ln\theta+2\ln(1-\theta)+4\ln(1-2\theta)$；

（Ⅲ）令 $\dfrac{\mathrm{d}\ln L(\theta)}{\mathrm{d}\theta}=\dfrac{6}{\theta}-\dfrac{2}{1-\theta}-\dfrac{8}{1-2\theta}=\dfrac{6-28\theta+24\theta^2}{\theta(1-\theta)(1-2\theta)}=0$，解之，得 $\theta_{1,2}=\dfrac{7\pm\sqrt{13}}{12}$，因为 $\dfrac{7+\sqrt{13}}{12}>\dfrac{1}{2}$ 不合题意，所以 θ 的最大似然估计值为

$$\hat{\theta}=\frac{7-\sqrt{13}}{12}$$

例 7 - 12　设 X_1，X_2，$\cdots$，X_n 为来自总体 X 的一个样本，且 $\ln X$ 服从正态分布 $N(\mu,1)$，其中 μ 为未知参数，求 μ 的矩估计和最大似然估计。

解　先求 X 分布函数 $F(x)$。当 $x\leqslant0$ 时，
$$F(x)=0$$
当 $x>0$ 时，
$$F(x)=P(X\leqslant x)=P(\ln X\leqslant\ln x)=\int_{-\infty}^{\ln x}\frac{1}{\sqrt{2\pi}}\mathrm{e}^{-\frac{(y-\mu)^2}{2}}\mathrm{d}y$$

再求 X 概率密度函数 $f(x)$。
$$f(x)=F'(x)=\begin{cases}\dfrac{1}{\sqrt{2\pi}}\dfrac{1}{x}\mathrm{e}^{-\frac{(\ln x-\mu)^2}{2}}, & x>0 \\[2mm] 0, & x\leqslant0\end{cases}$$

(1) 求 μ 的矩估计。

$$EX = \int_{-\infty}^{+\infty} xf(x)\mathrm{d}x = \int_{0}^{+\infty} x \cdot \frac{1}{\sqrt{2\pi}} \frac{1}{x} e^{-\frac{(\ln x - \mu)^2}{2}} \mathrm{d}x$$

$$\xlongequal{\ln x = t} \int_{-\infty}^{+\infty} \frac{e^t}{\sqrt{2\pi}} e^{-\frac{(t-\mu)^2}{2}} \mathrm{d}t = \int_{-\infty}^{+\infty} \frac{1}{\sqrt{2\pi}} e^{-\frac{[t-(\mu+1)]^2}{2}} e^{\frac{2\mu+1}{2}} \mathrm{d}t$$

$$= e^{\frac{2\mu+1}{2}} \int_{-\infty}^{+\infty} \frac{1}{\sqrt{2\pi}} e^{-\frac{[t-(\mu+1)]^2}{2}} \mathrm{d}t = e^{\mu+\frac{1}{2}}$$

由矩估计法，得

$$e^{\mu+\frac{1}{2}} = \overline{X}$$

解之，得 μ 的矩估计量为

$$\hat{\mu} = \ln \overline{X} - \frac{1}{2}$$

(2) 求 μ 的最大似然估计。

对于样本 $X_1, X_2, \cdots, X_n$ 的一组样本值 $x_1, x_2, \cdots, x_n$，有

（Ⅰ）似然函数：$L(\mu) = \prod_{i=1}^{n} f(x_i) = \frac{1}{(\sqrt{2\pi})^n} \frac{1}{\prod\limits_{i=1}^{n} x_i} e^{-\frac{\sum\limits_{i=1}^{n}(\ln x_i - \mu)^2}{2}}$ $(x_i > 0; i = 1, 2, \cdots, n)$；

（Ⅱ）取自然对数：$\ln L(\mu) = n \ln \frac{1}{\sqrt{2\pi}} - \sum_{i=1}^{n} \ln x_i - \frac{1}{2} \sum_{i=1}^{n} (\ln x_i - \mu)^2$；

（Ⅲ）令 $\dfrac{\mathrm{d}\ln L(\mu)}{\mathrm{d}\mu} = \sum\limits_{i=1}^{n} (\ln x_i - \mu) = \sum\limits_{i=1}^{n} \ln x_i - n\mu = 0$，解之得 μ 的最大似然估计值为

$$\hat{\mu} = \frac{1}{n} \sum_{i=1}^{n} \ln x_i$$

例 7-13 设总体 $X \sim U[a, b]$，其中 a、b 为未知参数，$X_1, X_2, \cdots, X_n$ 为来自总体 X 的一个样本，求参数 a、b 的最大似然估计量。

解 由于 $X \sim U[a, b]$，因此其概率密度为

$$f(x) = \begin{cases} \dfrac{1}{b-a}, & a \leqslant x \leqslant b \\ 0, & \text{其他} \end{cases}$$

对于样本 $X_1, X_2, \cdots, X_n$ 的一组样本值 $x_1, x_2, \cdots, x_n$，有

（Ⅰ）似然函数：$L(a, b) = \prod\limits_{i=1}^{n} f(x_i) = \dfrac{1}{(b-a)^n}$ $(a \leqslant x_i \leqslant b; i = 1, 2, \cdots, n)$；

（Ⅱ）取自然对数：$\ln L(a, b) = -n\ln(b-a)$；

（Ⅲ）由于 $\dfrac{\partial \ln L(a,\ b)}{\partial a} = \dfrac{n}{b-a} > 0,\ \dfrac{\partial \ln L(a,\ b)}{\partial b} = -\dfrac{n}{b-a} < 0$，因此 $L(a,\ b)$ 关于 a 单调递增，关于 b 单调递减。又 $a \leqslant x_i \leqslant b (i = 1,\ 2,\ \cdots,\ n)$，故由最大似然估计的定义知，参数 a、b 的最大似然估计值分别为

$$\hat{a} = \min\{x_1,\ x_2,\ \cdots,\ x_n\},\ \hat{b} = \max\{x_1,\ x_2,\ \cdots,\ x_n\}$$

从而参数 a、b 的最大似然估计量分别为

$$\hat{a} = \min\{X_1,\ X_2,\ \cdots,\ X_n\},\ \hat{b} = \max\{X_1,\ X_2,\ \cdots,\ X_n\}$$

最大似然估计具有下述性质：设 θ 的函数 $u = u(\theta)(\theta \in \Theta)$ 具有单值反函数 $\theta = \theta(u)(u \in U)$，$\hat{\theta}$ 是总体 X 的概率分布中参数 θ 的最大似然估计，则 $\hat{u} = u(\hat{\theta})$ 是 $u(\theta)$ 的最大似然估计。这一性质称为最大似然估计的不变性。

事实上，由于 $\hat{\theta}$ 是 θ 的最大似然估计，因此

$$L(x_1,\ x_2,\ \cdots,\ x_n;\ \hat{\theta}) = \max_{\theta \in \Theta} L(x_1,\ x_2,\ \cdots,\ x_n;\ \theta)$$

其中 $x_1,\ x_2,\ \cdots,\ x_n$ 是总体 X 的一组样本值，又由于 $\hat{u} = u(\hat{\theta})$，且 $\hat{\theta} = \theta(\hat{u})$，因此上式可写成

$$L(x_1,\ x_2,\ \cdots,\ x_n;\ \theta(\hat{u})) = \max_{u \in U} L(x_1,\ x_2,\ \cdots,\ x_n;\ \theta(u))$$

故 $\hat{u} = u(\hat{\theta})$ 是 $u(\theta)$ 的最大似然估计。

当总体分布中含有多个未知参数时，也具有上述性质。例如，在例 7 - 8 中得到 σ^2 的最大似然估计为

$$\hat{\sigma^2} = \frac{1}{n} \sum_{i=1}^{n} (X_i - \overline{X})^2$$

函数 $u = u(\sigma^2) = \sqrt{\sigma^2}$ 有单值反函数 $\sigma^2 = u^2 (u \geqslant 0)$，根据上述性质，得到标准差 σ 的最大似然估计为

$$\hat{\sigma} = \sqrt{\hat{\sigma^2}} = \sqrt{\frac{1}{n} \sum_{i=1}^{n} (X_i - \overline{X})^2}$$

7.2 区 间 估 计

1. 置信区间的定义

我们已经知道，参数的点估计是通过样本来估计的。但是对一个未知参数 θ，除了得到它的估计值 $\hat{\theta}$ 外，还需估计误差，即要知道估计值的精确程度还需估计出一个范围，并希望知道这个范围内包含参数 θ 真值的可信程度。这样的范围通常以区间的形式给出，同时还给出此区间包含参数 θ 真值的可信程度，这种形式的估计就是区间估计。

例 7 - 14 某轮胎制造厂制造了一批轮胎，据以往的经验知，轮胎的行驶寿命 X（单位：公里）服从正态分布 $N(\mu, 4000^2)$，现从中随机抽取 100 只轮胎进行测试，求得其平均寿命 $\bar{x}=32\,000$ 公里，试求该批轮胎的平均寿命范围。

解 若总体 $X \sim N(\mu, \sigma^2)$，则 $U = \dfrac{\overline{X} - \mu}{\sigma/\sqrt{n}} \sim N(0, 1)$，

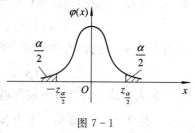

图 7 - 1

从而对于 $0 < \alpha < 1$，有

$$P\left(-z_{\frac{\alpha}{2}} < \frac{\overline{X} - \mu}{\sigma/\sqrt{n}} < z_{\frac{\alpha}{2}}\right) = 1 - \alpha$$

其中 $z_{\frac{\alpha}{2}}$ 可以查表得到，上式的直观含义如图 7 - 1 所示。

取 $\alpha = 0.05$，上式可写成

$$P\left(-1.96 < \frac{\overline{X} - \mu}{\sigma/\sqrt{n}} < 1.96\right) = 0.95$$

即随机变量 $\dfrac{\overline{X} - \mu}{\sigma/\sqrt{n}}$ 落在 $(-1.96, 1.96)$ 内的概率是 0.95，或者说不等式

$$-1.96 < \frac{\overline{X} - \mu}{\sigma/\sqrt{n}} < 1.96$$

成立的概率是 0.95，上述不等式等价于

$$\overline{X} - 1.96\,\frac{\sigma}{\sqrt{n}} < \mu < \overline{X} + 1.96\,\frac{\sigma}{\sqrt{n}}$$

将 $n = 100$，$\bar{x} = 32\,000$，$\sigma = 4000$ 代入上式可得不等式

$$31\,216 < \mu < 32\,784$$

故该批轮胎平均寿命范围为 $(31\,216, 32\,784)$，其可靠度为 0.95。

定义 设总体 X 的分布函数 $F(x; \theta)$ 的形式为已知，θ 为未知参数，$X_1, X_2, \cdots, X_n$ 为来自总体 X 的一个样本，如果 $\forall 0 < \alpha < 1$，若能由样本确定两个统计量 $\underline{\theta} = \underline{\theta}(X_1, X_2, \cdots, X_n)$ 与 $\overline{\theta} = \overline{\theta}(X_1, X_2, \cdots, X_n)$，使得

$$P(\underline{\theta}(X_1, X_2, \cdots, X_n) < \theta < \overline{\theta}(X_1, X_2, \cdots, X_n)) = 1 - \alpha \qquad (7.2.1)$$

则称随机区间 $(\underline{\theta}, \overline{\theta})$ 为参数 θ 的置信水平（置信度）为 $1 - \alpha$ 的（双侧）置信区间，$\underline{\theta}$ 与 $\overline{\theta}$ 分别称为参数 θ 的置信水平为 $1 - \alpha$ 的（双侧）置信区间的置信下限和置信上限，$1 - \alpha$ 称为置信水平。

当总体 X 是连续型随机变量时，对于给定的 α，可以按 $P(\underline{\theta} < \theta < \overline{\theta}) = 1 - \alpha$ 求出置信区间；当总体 X 是离散型随机变量时，对于给定的 α，常常找不到区间 $(\underline{\theta}, \overline{\theta})$ 使 $P(\underline{\theta} < \theta < \overline{\theta})$ 恰为 $1 - \alpha$，此时可找区间 $(\underline{\theta}, \overline{\theta})$ 使得 $P(\underline{\theta} < \theta < \overline{\theta})$ 至少为 $1 - \alpha$，且尽可能地接近 $1 - \alpha$。

(7.2.1) 式的含义是：若反复抽样多次（各次得到的样本容量相等），每组样本值确定一个区间 $(\underline{\theta}, \overline{\theta})$，每个这样的区间要么包含 θ 的真值，要么不包含 θ 的真值。由 Bernoulli 大数定律知，在这么多的区间中，包含 θ 真值的约占 $100(1-\alpha)\%$，不包含 θ 真值的约占 $100\alpha\%$。

例 7 - 14 就得到了 μ 的一个置信水平为 $1-\alpha$ 的置信区间

$$\left(\overline{X}-\frac{\sigma}{\sqrt{n}}z_{\frac{\alpha}{2}},\ \overline{X}+\frac{\sigma}{\sqrt{n}}z_{\frac{\alpha}{2}}\right) \tag{7.2.2}$$

这样的置信区间常写成

$$\left(\overline{X}\pm\frac{\sigma}{\sqrt{n}}z_{\frac{\alpha}{2}}\right)$$

再将 $\alpha=0.05$，$n=100$，$\bar{x}=32\,000$，$\sigma=4000$ 代入，则得到 μ 的一个置信水平为 0.95 的区间为

$$(31\,216，32\,784)$$

这个区间已经不是随机区间了，但我们仍称它为置信区间。其含义是：若反复抽样多次，每组样本容量为 100 的样本值就可以确定一个区间，在这么多的区间中，包含 μ 的约占 95%，不包含 μ 的约占 5%。现在抽样所得到的区间为 $(31\,216，32\,784)$，该区间属于包含 μ 的区间的可信程度为 95%，或"该区间包含 μ"这一陈述的可信程度为 95%。

置信水平为 $1-\alpha$ 的置信区间并不是唯一的。以例 7 - 14 来说，若给定 $\alpha=0.05$，则

$$P\left(-z_{0.03}<\frac{\overline{X}-\mu}{\sigma/\sqrt{n}}<z_{0.02}\right)=0.95$$

即

$$P\left(\overline{X}-\frac{\sigma}{\sqrt{n}}z_{0.02}<\mu<\overline{X}+\frac{\sigma}{\sqrt{n}}z_{0.03}\right)=0.95$$

故

$$\left(\overline{X}-\frac{\sigma}{\sqrt{n}}z_{0.02}，\ \overline{X}+\frac{\sigma}{\sqrt{n}}z_{0.03}\right) \tag{7.2.3}$$

也是 μ 的置信水平为 0.95 的置信区间，我们将它与 (7.2.2) 式中令 $\alpha=0.05$ 所得到的置信水平为 0.95 的置信区间相比较可知，由 (7.2.2) 式所确定的区间长度为 $2\times\frac{\sigma}{\sqrt{n}}z_{0.025}=3.92$ $\times\frac{\sigma}{\sqrt{n}}$，这一长度要比由 (7.2.3) 式所确定的区间的长度 $\frac{\sigma}{\sqrt{n}}(z_{0.02}+z_{0.03})=3.94\times\frac{\sigma}{\sqrt{n}}$ 短。置信区间短表示估计的精度高，故由 (7.2.2) 式给出的区间较 (7.2.3) 式给出的区间为优。

综上所述，求参数 θ 的置信水平为 $1-\alpha$ 的置信区间有以下的步骤：

（Ⅰ）选取一个样本 X_1，X_2，$\cdots$，X_n 的函数
$$Z=Z(X_1，X_2，\cdots，X_n；\theta)$$
它包含待估参数 θ，而不依赖于其他未知参数，并且 Z 分布已知而不依赖于任何未知参数；

（Ⅱ）对于给定的置信水平 $1-\alpha$，选定两个常数 a、b，使得
$$P(a<Z(X_1，X_2，\cdots，X_n；\theta)<b)=1-\alpha$$

（Ⅲ）由 $a<Z(X_1，X_2，\cdots，X_n；\theta)<b$ 得到等价的不等式 $\underline{\theta}<\theta<\overline{\theta}$，其中 $\underline{\theta}=\underline{\theta}(X_1，X_2，\cdots，X_n)$ 与 $\overline{\theta}=\overline{\theta}(X_1，X_2，\cdots，X_n)$ 都是统计量，从而得到 θ 的置信水平为 $1-\alpha$ 的置信区间为 $(\underline{\theta}，\overline{\theta})$。

2. 正态总体参数的置信区间

1) 单正态总体均值 μ 的置信水平为 $1-\alpha$ 的置信区间

定理 1　设总体 $X \sim N(\mu, \sigma^2)$，其中 σ^2 已知，$X_1, X_2, \cdots, X_n$ 为来自总体 X 的一个样本，样本均值为 $\overline{X}$，则均值 μ 的置信水平为 $1-\alpha$ 的置信区间为

$$\left(\overline{X} - \frac{\sigma}{\sqrt{n}} z_{\frac{\alpha}{2}}, \ \overline{X} + \frac{\sigma}{\sqrt{n}} z_{\frac{\alpha}{2}} \right)$$

或

$$\left(\overline{X} \pm \frac{\sigma}{\sqrt{n}} z_{\frac{\alpha}{2}} \right)$$

证明　由于 $U = \dfrac{\overline{X} - \mu}{\sigma / \sqrt{n}} \sim N(0, 1)$，对于给定的置信水平 $1-\alpha$，确定常数 a、b，使得

$$P\left(a < \frac{\overline{X} - \mu}{\sigma / \sqrt{n}} < b \right) = 1 - \alpha$$

取 $a = -z_{\frac{\alpha}{2}}$，$b = z_{\frac{\alpha}{2}}$，得

$$P\left(-z_{\frac{\alpha}{2}} < \frac{\overline{X} - \mu}{\sigma / \sqrt{n}} < z_{\frac{\alpha}{2}} \right) = 1 - \alpha$$

如图 7-1 所示。从而有

$$P\left(\overline{X} - \frac{\sigma}{\sqrt{n}} z_{\frac{\alpha}{2}} < \mu < \overline{X} + \frac{\sigma}{\sqrt{n}} z_{\frac{\alpha}{2}} \right) = 1 - \alpha$$

故均值 μ 的置信水平为 $1-\alpha$ 的置信区间为

$$\left(\overline{X} - \frac{\sigma}{\sqrt{n}} z_{\frac{\alpha}{2}}, \ \overline{X} + \frac{\sigma}{\sqrt{n}} z_{\frac{\alpha}{2}} \right)$$

或

$$\left(\overline{X} \pm \frac{\sigma}{\sqrt{n}} z_{\frac{\alpha}{2}} \right)$$

例 7-15　设总体 $X \sim N(\mu, 1)$，由来自总体 X 的容量为 16 的样本计算得样本均值 $\overline{x} = 5.20$，求参数 μ 的置信水平为 0.95 的置信区间。

解　由于 $\sigma^2 = 1$ 已知，因此参数 μ 的置信水平为 $1-\alpha$ 的置信区间为

$$\left(\overline{X} - \frac{\sigma}{\sqrt{n}} z_{\frac{\alpha}{2}}, \ \overline{X} + \frac{\sigma}{\sqrt{n}} z_{\frac{\alpha}{2}} \right)$$

又 $n = 16$，$\overline{x} = 5.20$，$\sigma = 1$，$1-\alpha = 0.95$，$\alpha = 0.05$，$z_{\frac{\alpha}{2}} = z_{0.025} = 1.96$，故

$$\overline{x} - \frac{\sigma}{\sqrt{n}} z_{\frac{\alpha}{2}} = 5.20 - \frac{1}{\sqrt{16}} \times 1.96 = 4.71$$

$$\overline{x} + \frac{\sigma}{\sqrt{n}} z_{\frac{\alpha}{2}} = 5.20 + \frac{1}{\sqrt{16}} \times 1.96 = 5.69$$

从而参数 μ 的置信水平为 0.95 的置信区间为

$$(4.71, 5.69)$$

定理 2 设总体 $X \sim N(\mu, \sigma^2)$，其中 σ^2 未知，$X_1, X_2, \cdots, X_n$ 为来自总体 X 的一个样本，样本均值为 $\overline{X}$，样本方差为 S^2，则均值 μ 的置信水平为 $1-\alpha$ 的置信区间为

$$\left(\overline{X} - \frac{S}{\sqrt{n}} t_{\frac{\alpha}{2}}(n-1), \ \overline{X} + \frac{S}{\sqrt{n}} t_{\frac{\alpha}{2}}(n-1)\right) \tag{7.2.4}$$

或

$$\left(\overline{X} \pm \frac{S}{\sqrt{n}} t_{\frac{\alpha}{2}}(n-1)\right)$$

证明 由于 $T = \dfrac{\overline{X} - \mu}{S/\sqrt{n}} \sim t(n-1)$，对于给定的置信水平 $1-\alpha$，确定常数 a、b，使得

$$P\left(a < \frac{\overline{X} - \mu}{S/\sqrt{n}} < b\right) = 1-\alpha$$

取 $a = -t_{\frac{\alpha}{2}}(n-1)$，$b = t_{\frac{\alpha}{2}}(n-1)$，得

$$P\left(-t_{\frac{\alpha}{2}}(n-1) < \frac{\overline{X} - \mu}{S/\sqrt{n}} < t_{\frac{\alpha}{2}}(n-1)\right) = 1-\alpha$$

如图 7-2 所示。从而有

$$P\left(\overline{X} - \frac{S}{\sqrt{n}} t_{\frac{\alpha}{2}}(n-1) < \mu < \overline{X} + \frac{S}{\sqrt{n}} t_{\frac{\alpha}{2}}(n-1)\right) = 1-\alpha$$

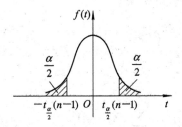

图 7-2

故均值 μ 的置信水平为 $1-\alpha$ 的置信区间为

$$\left(\overline{X} - \frac{S}{\sqrt{n}} t_{\frac{\alpha}{2}}(n-1), \ \overline{X} + \frac{S}{\sqrt{n}} t_{\frac{\alpha}{2}}(n-1)\right)$$

或

$$\left(\overline{X} \pm \frac{S}{\sqrt{n}} t_{\frac{\alpha}{2}}(n-1)\right)$$

例 7-16 设总体 $X \sim N(\mu, \sigma^2)$，其中 σ^2 未知，由来自总体 X 的容量为 16 的样本计算得样本均值 $\overline{x} = 503.75$，样本标准差 $s = 6.2022$，求参数 μ 的置信水平为 0.95 的置信区间（$t_{0.025}(15) = 2.1315$）。

解 由于 σ^2 未知，因此参数 μ 的置信水平为 $1-\alpha$ 的置信区间为

概率论与数理统计

$$\left(\overline{X} - \frac{S}{\sqrt{n}}t_{\frac{\alpha}{2}}(n-1), \ \overline{X} + \frac{S}{\sqrt{n}}t_{\frac{\alpha}{2}}(n-1)\right)$$

又 $n = 16$，$\bar{x} = 503.75$，$s = 6.2022$，$1 - \alpha = 0.95$，$\alpha = 0.05$，$t_{\frac{\alpha}{2}}(n-1) = t_{0.025}(15) = 2.1315$，故

$$\bar{x} - \frac{s}{\sqrt{n}}t_{\frac{\alpha}{2}}(n-1) = 503.75 - \frac{6.2022}{\sqrt{16}} \times 2.1315 = 500.4$$

$$\bar{x} + \frac{s}{\sqrt{n}}t_{\frac{\alpha}{2}}(n-1) = 503.75 + \frac{6.2022}{\sqrt{16}} \times 2.1315 = 507.1$$

从而参数 μ 的置信水平为 0.95 的置信区间为

$$(500.4, 507.1)$$

2) 单正态总体方差 σ^2 的置信水平为 $1-\alpha$ 的置信区间

定理 3 设总体 $X \sim N(\mu, \sigma^2)$，其中 μ 已知，$X_1, X_2, \cdots, X_n$ 为来自总体 X 的一个样本，则方差 σ^2 的置信水平为 $1-\alpha$ 的置信区间为

$$\left(\frac{\sum\limits_{i=1}^{n}(X_i - \mu)^2}{\chi_{\frac{\alpha}{2}}^2(n)}, \ \frac{\sum\limits_{i=1}^{n}(X_i - \mu)^2}{\chi_{1-\frac{\alpha}{2}}^2(n)}\right) \qquad (7.2.5)$$

证明 由于 $\chi^2 = \dfrac{\sum\limits_{i=1}^{n}(X_i - \mu)^2}{\sigma^2} \sim \chi^2(n)$，对于给定的置信水平 $1-\alpha$，确定常数 a、b，使得

$$P\left\{a < \frac{\sum\limits_{i=1}^{n}(X_i - \mu)^2}{\sigma^2} < b\right\} = 1 - \alpha$$

取 $a = \chi_{1-\frac{\alpha}{2}}^2(n)$，$b = \chi_{\frac{\alpha}{2}}^2(n)$，得

$$P\left\{\chi_{1-\frac{\alpha}{2}}^2(n) < \frac{\sum\limits_{i=1}^{n}(X_i - \mu)^2}{\sigma^2} < \chi_{\frac{\alpha}{2}}^2(n)\right\} = 1 - \alpha$$

如图 7-3 所示。从而有

$$P\left\{\frac{\sum\limits_{i=1}^{n}(X_i - \mu)^2}{\chi_{\frac{\alpha}{2}}^2(n)} < \sigma^2 < \frac{\sum\limits_{i=1}^{n}(X_i - \mu)^2}{\chi_{1-\frac{\alpha}{2}}^2(n)}\right\} = 1 - \alpha$$

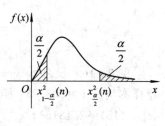

图 7-3

· 250 ·

故方差 σ^2 的置信水平为 $1-\alpha$ 的置信区间为

$$\left(\frac{\sum\limits_{i=1}^{n} (X_i - \mu)^2}{\chi_{\frac{\alpha}{2}}^2 (n)}, \ \frac{\sum\limits_{i=1}^{n} (X_i - \mu)^2}{\chi_{1-\frac{\alpha}{2}}^2 (n)} \right)$$

例 7-17　设总体 $X \sim N(2, \sigma^2)$，从总体中抽取如下样本值：

$$1.8, \ 2.1, \ 2.0, \ 1.9, \ 2.2, \ 1.8$$

求参数 σ^2 的置信水平为 0.95 的置信区间（$\chi_{0.025}^2 (6) = 14.449$，$\chi_{0.975}^2 (6) = 1.237$）。

解　由于 $\mu = 2$ 已知，因此参数 σ^2 的置信水平为 $1-\alpha$ 的置信区间为

$$\left(\frac{\sum\limits_{i=1}^{n} (X_i - \mu)^2}{\chi_{\frac{\alpha}{2}}^2 (n)}, \ \frac{\sum\limits_{i=1}^{n} (X_i - \mu)^2}{\chi_{1-\frac{\alpha}{2}}^2 (n)} \right)$$

又 $n = 6$，$\mu = 2$，$\sum\limits_{i=1}^{6} (x_i - \mu)^2 = 0.2^2 + 0.1^2 + 0^2 + 0.1^2 + 0.2^2 + 0.2^2 = 0.14$，$1-\alpha =$

0.95，$\alpha = 0.05$，$\chi_{1-\frac{\alpha}{2}}^2 (n) = \chi_{0.975}^2 (6) = 1.237$，$\chi_{\frac{\alpha}{2}}^2 (n) = \chi_{0.025}^2 (6) = 14.449$，故

$$\frac{\sum\limits_{i=1}^{n} (x_i - \mu)^2}{\chi_{\frac{\alpha}{2}}^2 (n)} = \frac{0.14}{14.449} = 0.009 \, 69,$$

$$\frac{\sum\limits_{i=1}^{n} (x_i - \mu)^2}{\chi_{1-\frac{\alpha}{2}}^2 (n)} = \frac{0.14}{1.237} = 0.113$$

从而参数 σ^2 的置信水平为 0.95 的置信区间为

$$(0.009 \, 69, \ 0.113)$$

定理 4　设总体 $X \sim N(\mu, \sigma^2)$，其中 μ 未知，$X_1, X_2, \cdots, X_n$ 为来自总体 X 的一个样本，样本方差为 S^2，则方差 σ^2 的置信水平为 $1-\alpha$ 的置信区间为

$$\left(\frac{(n-1)S^2}{\chi_{\frac{\alpha}{2}}^2 (n-1)}, \ \frac{(n-1)S^2}{\chi_{1-\frac{\alpha}{2}}^2 (n-1)} \right) \tag{7.2.6}$$

证明　由于 $\chi^2 = \dfrac{(n-1)S^2}{\sigma^2} \sim \chi^2 (n-1)$，对于给定的置信水平 $1-\alpha$，确定常数 a、b，使得

$$P\left(a < \frac{(n-1)S^2}{\sigma^2} < b \right) = 1-\alpha$$

取 $a = \chi_{1-\frac{\alpha}{2}}^2 (n-1)$，$b = \chi_{\frac{\alpha}{2}}^2 (n-1)$，得

$$P\left(\chi_{1-\frac{\alpha}{2}}^2 (n-1) < \frac{(n-1)S^2}{\sigma^2} < \chi_{\frac{\alpha}{2}}^2 (n-1) \right) = 1-\alpha$$

如图 7-4 所示。从而有

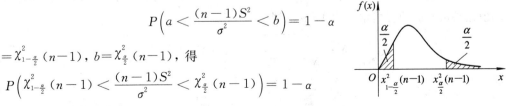

图 7-4

$$P\left(\frac{(n-1)S^2}{\chi^2_{\frac{\alpha}{2}}(n-1)} < \sigma^2 < \frac{(n-1)S^2}{\chi^2_{1-\frac{\alpha}{2}}(n-1)}\right) = 1-\alpha$$

故方差 σ^2 的置信水平为 $1-\alpha$ 的置信区间为

$$\left(\frac{(n-1)S^2}{\chi^2_{\frac{\alpha}{2}}(n-1)}, \frac{(n-1)S^2}{\chi^2_{1-\frac{\alpha}{2}}(n-1)}\right)$$

同理可得标准差 σ 的置信水平为 $1-\alpha$ 的置信区间为

$$\left(\frac{\sqrt{(n-1)S^2}}{\sqrt{\chi^2_{\frac{\alpha}{2}}(n-1)}}, \frac{\sqrt{(n-1)S^2}}{\sqrt{\chi^2_{1-\frac{\alpha}{2}}(n-1)}}\right) \tag{7.2.7}$$

例 7 - 18 设总体 $X \sim N(\mu, \sigma^2)$，其中 μ 未知，由来自总体 X 的容量为 16 的样本计算得样本标准差 $s = 6.022$，求参数 σ 的置信水平为 0.95 的置信区间（$\chi^2_{0.975}(15) = 6.262$，$\chi^2_{0.025}(15) = 27.488$）。

解 由于 μ 未知，因此参数 σ 的置信水平为 $1-\alpha$ 的置信区间为

$$\left(\frac{\sqrt{(n-1)S^2}}{\sqrt{\chi^2_{\frac{\alpha}{2}}(n-1)}}, \frac{\sqrt{(n-1)S^2}}{\sqrt{\chi^2_{1-\frac{\alpha}{2}}(n-1)}}\right)$$

又 $n=16$，$s=6.022$，$1-\alpha=0.95$，$\alpha=0.05$，$\chi^2_{1-\frac{\alpha}{2}}(n-1) = \chi^2_{0.975}(15) = 6.262$，$\chi^2_{\frac{\alpha}{2}}(n-1) = \chi^2_{0.025}(15) = 27.488$，故

$$\frac{\sqrt{(n-1)s^2}}{\sqrt{\chi^2_{\frac{\alpha}{2}}(n-1)}} = \frac{\sqrt{(16-1)\times 6.022^2}}{\sqrt{27.488}} = 4.58$$

$$\frac{\sqrt{(n-1)s^2}}{\sqrt{\chi^2_{1-\frac{\alpha}{2}}(n-1)}} = \frac{\sqrt{(16-1)\times 6.022^2}}{\sqrt{6.262}} = 9.60$$

从而参数 σ 的置信水平为 0.95 的置信区间为

$$(4.58, 9.60)$$

3）双正态总体均值之差 $\mu_1 - \mu_2$ 的置信水平为 $1-\alpha$ 的置信区间

定理 5 设 $X_1, X_2, \cdots, X_{n_1}$ 为来自第一个总体 $X \sim N(\mu_1, \sigma_1^2)$ 的一个样本，样本均值为 $\overline{X}$；$Y_1, Y_2, \cdots, Y_{n_2}$ 为来自第二个总体 $Y \sim N(\mu_2, \sigma_2^2)$ 的一个样本，样本均值为 $\overline{Y}$。两个样本构成的合样本 $X_1, X_2, \cdots, X_{n_1}, Y_1, Y_2, \cdots, Y_{n_2}$ 相互独立，则当 σ_1^2、σ_2^2 已知时两总体均值之差 $\mu_1 - \mu_2$ 的置信水平为 $1-\alpha$ 的置信区间为

$$\left(\overline{X}-\overline{Y}-\sqrt{\frac{\sigma_1^2}{n_1}+\frac{\sigma_2^2}{n_2}}\,z_{\frac{\alpha}{2}}, \overline{X}-\overline{Y}+\sqrt{\frac{\sigma_1^2}{n_1}+\frac{\sigma_2^2}{n_2}}\,z_{\frac{\alpha}{2}}\right) \tag{7.2.8}$$

或

$$\left(\overline{X}-\overline{Y}\pm\sqrt{\frac{\sigma_1^2}{n_1}+\frac{\sigma_2^2}{n_2}}\,z_{\frac{\alpha}{2}}\right)$$

证明 由于 $U = \dfrac{\overline{X} - \overline{Y} - (\mu_1 - \mu_2)}{\sqrt{\dfrac{\sigma_1^2}{n_1} + \dfrac{\sigma_2^2}{n_2}}} \sim N(0, 1)$，对于给定的置信水平 $1 - \alpha$，确定常数 a、b，使得

$$P\left\{ a < \frac{\overline{X} - \overline{Y} - (\mu_1 - \mu_2)}{\sqrt{\dfrac{\sigma_1^2}{n_1} + \dfrac{\sigma_2^2}{n_2}}} < b \right\} = 1 - \alpha$$

取 $a = -z_{\frac{\alpha}{2}}$，$b = z_{\frac{\alpha}{2}}$，得

$$P\left\{ -z_{\frac{\alpha}{2}} < \frac{\overline{X} - \overline{Y} - (\mu_1 - \mu_2)}{\sqrt{\dfrac{\sigma_1^2}{n_1} + \dfrac{\sigma_2^2}{n_2}}} < z_{\frac{\alpha}{2}} \right\} = 1 - \alpha$$

如图 7-1 所示。从而有

$$P\left(\overline{X} - \overline{Y} - \sqrt{\frac{\sigma_1^2}{n_1} + \frac{\sigma_2^2}{n_2}}\, z_{\frac{\alpha}{2}} < \mu_1 - \mu_2 < \overline{X} - \overline{Y} + \sqrt{\frac{\sigma_1^2}{n_1} + \frac{\sigma_2^2}{n_2}}\, z_{\frac{\alpha}{2}} \right) = 1 - \alpha$$

故两总体均值之差 $\mu_1 - \mu_2$ 的置信水平为 $1 - \alpha$ 的置信区间为

$$\left(\overline{X} - \overline{Y} - \sqrt{\frac{\sigma_1^2}{n_1} + \frac{\sigma_2^2}{n_2}}\, z_{\frac{\alpha}{2}},\ \overline{X} - \overline{Y} + \sqrt{\frac{\sigma_1^2}{n_1} + \frac{\sigma_2^2}{n_2}}\, z_{\frac{\alpha}{2}} \right)$$

或

$$\left(\overline{X} - \overline{Y} \pm \sqrt{\frac{\sigma_1^2}{n_1} + \frac{\sigma_2^2}{n_2}}\, z_{\frac{\alpha}{2}} \right)$$

例 7-19 设某两种固体燃料火箭推进器的燃烧率都服从标准差为 0.05 cm/s 的正态分布，分别抽取容量为 $n_1 = n_2 = 20$ 的两个样本计算得燃烧率的样本均值分别为 $\overline{x} = 18$ cm/s，$\overline{y} = 24$ cm/s，两个样本构成的合样本相互独立，求两燃烧率总体均值之差 $\mu_1 - \mu_2$ 的置信水平为 0.99 的置信区间（$z_{0.005} = 2.57$）。

解 由于 σ_1^2、σ_2^2 已知，因此两总体均值之差 $\mu_1 - \mu_2$ 的置信水平为 $1 - \alpha$ 的置信区间为

$$\left(\overline{X} - \overline{Y} - \sqrt{\frac{\sigma_1^2}{n_1} + \frac{\sigma_2^2}{n_2}}\, z_{\frac{\alpha}{2}},\ \overline{X} - \overline{Y} + \sqrt{\frac{\sigma_1^2}{n_1} + \frac{\sigma_2^2}{n_2}}\, z_{\frac{\alpha}{2}} \right)$$

又 $n_1 = n_2 = 20$，$\overline{x} = 18$，$\overline{y} = 24$，$\sigma_1 = \sigma_2 = 0.05$，$1 - \alpha = 0.99$，$\alpha = 0.01$，$z_{\frac{\alpha}{2}} = z_{0.005} = 2.57$，故

$$\overline{x} - \overline{y} - \sqrt{\frac{\sigma_1^2}{n_1} + \frac{\sigma_2^2}{n_2}}\, z_{\frac{\alpha}{2}} = 18 - 24 - \sqrt{\frac{(0.05)^2}{20} + \frac{(0.05)^2}{20}} \times 2.57 = -6.04$$

$$\overline{x} - \overline{y} + \sqrt{\frac{\sigma_1^2}{n_1} + \frac{\sigma_2^2}{n_2}}\, z_{\frac{\alpha}{2}} = 18 - 24 + \sqrt{\frac{(0.05)^2}{20} + \frac{(0.05)^2}{20}} \times 2.57 = -5.96$$

从而两总体均值之差 $\mu_1 - \mu_2$ 的置信水平为 0.99 的置信区间为

$$(-6.04,\ -5.96)$$

定理 6 设 X_1，X_2，$\cdots$，X_{n_1} 为来自第一个总体 $X \sim N(\mu_1, \sigma_1^2)$ 的一个样本，样本均值为 $\overline{X}$，样本方差为 S_1^2；Y_1，Y_2，$\cdots$，Y_{n_2} 为来自第二个总体 $Y \sim N(\mu_2, \sigma_2^2)$ 的一个样本，样本均值为 $\overline{Y}$，样本方差为 S_2^2。两个样本构成的合样本 X_1，X_2，$\cdots$，X_{n_1}，Y_1，Y_2，$\cdots$，Y_{n_2} 相互独立，则当 $\sigma_1^2 = \sigma_2^2$ 未知时两总体均值之差 $\mu_1 - \mu_2$ 的置信水平为 $1-\alpha$ 的置信区间为

$$\left(\overline{X} - \overline{Y} - S_\omega \sqrt{\frac{1}{n_1} + \frac{1}{n_2}} \, t_{\frac{\alpha}{2}}(n_1 + n_2 - 2), \ \overline{X} - \overline{Y} + S_\omega \sqrt{\frac{1}{n_1} + \frac{1}{n_2}} \, t_{\frac{\alpha}{2}}(n_1 + n_2 - 2) \right)$$

$$(7.2.9)$$

或

$$\left(\overline{X} - \overline{Y} \pm S_\omega \sqrt{\frac{1}{n_1} + \frac{1}{n_2}} \, t_{\frac{\alpha}{2}}(n_1 + n_2 - 2) \right)$$

其中 $S_\omega = \sqrt{\dfrac{(n_1 - 1)S_1^2 + (n_2 - 1)S_2^2}{n_1 + n_2 - 2}}$。

证明 由于 $T = \dfrac{\overline{X} - \overline{Y} - (\mu_1 - \mu_2)}{S_\omega \sqrt{\dfrac{1}{n_1} + \dfrac{1}{n_2}}} \sim t(n_1 + n_2 - 2)$，对于给定的置信水平 $1-\alpha$，确定常

数 a、b，使得

$$P\left\{ a < \frac{\overline{X} - \overline{Y} - (\mu_1 - \mu_2)}{S_\omega \sqrt{\dfrac{1}{n_1} + \dfrac{1}{n_2}}} < b \right\} = 1 - \alpha$$

取 $a = -t_{\frac{\alpha}{2}}(n_1 + n_2 - 2)$，$b = t_{\frac{\alpha}{2}}(n_1 + n_2 - 2)$，得

$$P\left\{ -t_{\frac{\alpha}{2}}(n_1 + n_2 - 2) < \frac{\overline{X} - \overline{Y} - (\mu_1 - \mu_2)}{S_\omega \sqrt{\dfrac{1}{n_1} + \dfrac{1}{n_2}}} < t_{\frac{\alpha}{2}}(n_1 + n_2 - 2) \right\} = 1 - \alpha$$

如图 7-5 所示。从而有

$$P\left(\overline{X} - \overline{Y} - S_\omega \sqrt{\frac{1}{n_1} + \frac{1}{n_2}} \, t_{\frac{\alpha}{2}}(n_1 + n_2 - 2) < \mu_1 - \mu_2 < \overline{X} - \overline{Y} + S_\omega \sqrt{\frac{1}{n_1} + \frac{1}{n_2}} \, t_{\frac{\alpha}{2}}(n_1 + n_2 - 2) \right)$$

$$= 1 - \alpha$$

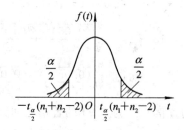

图 7-5

故两总体均值之差 $\mu_1 - \mu_2$ 的置信水平为 $1-\alpha$ 的置信区间为

$$\left(\overline{X}-\overline{Y}-S_\omega\sqrt{\frac{1}{n_1}+\frac{1}{n_2}}\,t_{\frac{\alpha}{2}}(n_1+n_2-2)\,,\ \overline{X}-\overline{Y}+S_\omega\sqrt{\frac{1}{n_1}+\frac{1}{n_2}}\,t_{\frac{\alpha}{2}}(n_1+n_2-2)\right)$$

或

$$\left(\overline{X}-\overline{Y}\pm S_\omega\sqrt{\frac{1}{n_1}+\frac{1}{n_2}}\,t_{\frac{\alpha}{2}}(n_1+n_2-2)\right)$$

例 7-20 为比较 I、II 两种型号步枪子弹的枪口速度，随机地取 I 型子弹 10 发，测得其枪口速度的平均值 $\bar{x}=500$ m/s，标准差 $s_1=1.10$ m/s；随机地取 II 型子弹 20 发，测得其枪口速度的平均值 $\bar{y}=496$ m/s，标准差 $s_2=1.20$ m/s。假设所测得的两数据总体服从正态分布，且方差相等，两个样本构成的合样本相互独立。求两总体均值之差 $\mu_1 - \mu_2$ 的置信水平为 0.95 的置信区间($t_{0.025}(28)=2.0484$)。

解 由于 $\sigma_1^2=\sigma_2^2$ 未知，因此两总体均值之差 $\mu_1 - \mu_2$ 的置信水平为 $1-\alpha$ 的置信区间为

$$\left(\overline{X}-\overline{Y}-S_\omega\sqrt{\frac{1}{n_1}+\frac{1}{n_2}}\,t_{\frac{\alpha}{2}}(n_1+n_2-2)\,,\ \overline{X}-\overline{Y}+S_\omega\sqrt{\frac{1}{n_1}+\frac{1}{n_2}}\,t_{\frac{\alpha}{2}}(n_1+n_2-2)\right)$$

又 $n_1=10$，$n_2=20$，$\bar{x}=500$，$\bar{y}=496$，$s_1=1.10$，$s_2=1.20$，$1-\alpha=0.95$，$\alpha=0.05$，$t_{\frac{\alpha}{2}}(n_1+n_2-2)=t_{0.025}(28)=2.0484$，$s_\omega=\sqrt{\dfrac{(n_1-1)s_1^2+(n_2-1)s_2^2}{n_1+n_2-2}}=\sqrt{\dfrac{9\times1.10^2+19\times1.20^2}{28}}=1.1688$，故

$$\bar{x}-\bar{y}-s_\omega\sqrt{\frac{1}{n_1}+\frac{1}{n_2}}\,t_{\frac{\alpha}{2}}(n_1+n_2-2)=500-496-1.1688\times\sqrt{\frac{1}{10}+\frac{1}{20}}\times2.0484=3.07$$

$$\bar{x}-\bar{y}+s_\omega\sqrt{\frac{1}{n_1}+\frac{1}{n_2}}\,t_{\frac{\alpha}{2}}(n_1+n_2-2)=500-496+1.1688\times\sqrt{\frac{1}{10}+\frac{1}{20}}\times2.0484=4.93$$

从而两总体均值之差 $\mu_1 - \mu_2$ 的置信水平为 0.95 的置信区间为

$$(3.07, 4.93)$$

例 7-21 为提高某一化学生产过程的得率，试图采用一种新的催化剂，为慎重起见，在实验工厂先进行试验。设采用原来的催化剂进行了 $n_1=8$ 次试验，得到得率的平均值 $\bar{x}=91.73$，样本方差 $s_1^2=3.89$；采用新的催化剂进行了 $n_2=8$ 次试验，得到得率的平均值 $\bar{y}=93.75$，样本方差 $s_2^2=4.02$。假设所测得的两数据总体服从正态分布，且方差相等，两个样本构成的合样本相互独立。求两总体均值之差 $\mu_1 - \mu_2$ 的置信水平为 0.95 的置信区间 ($t_{0.025}(14)=2.1448$)。

解 由于 $\sigma_1^2=\sigma_2^2$ 未知，因此两总体均值之差 $\mu_1 - \mu_2$ 的置信水平为 $1-\alpha$ 的置信区间为

$$\left(\overline{X}-\overline{Y}-S_\omega\sqrt{\frac{1}{n_1}+\frac{1}{n_2}}\,t_{\frac{\alpha}{2}}(n_1+n_2-2)\,,\ \overline{X}-\overline{Y}+S_\omega\sqrt{\frac{1}{n_1}+\frac{1}{n_2}}\,t_{\frac{\alpha}{2}}(n_1+n_2-2)\right)$$

又 $n_1=8$，$n_2=8$，$\bar{x}=91.73$，$\bar{y}=93.75$，$s_1^2=3.89$，$s_2^2=4.02$，$1-\alpha=0.95$，$\alpha=0.05$，

$$t_{\frac{\alpha}{2}}(n_1+n_2-2)=t_{0.025}(14)=2.1448, \quad s_\omega=\sqrt{\frac{(n_1-1)s_1^2+(n_2-1)s_2^2}{n_1+n_2-2}}=\sqrt{\frac{7\times3.89+7\times4.02}{14}}=$$

1.9887，故

$$\overline{x}-\overline{y}-s_\omega\sqrt{\frac{1}{n_1}+\frac{1}{n_2}}t_{\frac{\alpha}{2}}(n_1+n_2-2)=91.73-93.75-1.9887\times\sqrt{\frac{1}{8}+\frac{1}{8}}\times2.1448$$

$$=-4.1527$$

$$\overline{x}-\overline{y}+s_\omega\sqrt{\frac{1}{n_1}+\frac{1}{n_2}}t_{\frac{\alpha}{2}}(n_1+n_2-2)=91.73-93.75+1.9887\times\sqrt{\frac{1}{8}+\frac{1}{8}}\times2.1448$$

$$=0.1127$$

从而两总体均值之差 $\mu_1-\mu_2$ 的置信水平为 0.95 的置信区间为

$$(-4.1527,0.1127)$$

4）双正态总体方差之比 $\dfrac{\sigma_1^2}{\sigma_2^2}$ 的置信水平为 $1-\alpha$ 的置信区间

定理 7 设 X_1，X_2，$\cdots$，X_{n_1} 为来自第一个总体 $X\sim N(\mu_1,\sigma_1^2)$ 的一个样本，Y_1，Y_2，$\cdots$，Y_{n_2} 为来自第二个总体 $Y\sim N(\mu_2,\sigma_2^2)$ 的一个样本。两个样本构成的合样本 X_1，X_2，$\cdots$，X_{n_1}，Y_1，Y_2，$\cdots$，Y_{n_2} 相互独立，则当 μ_1、μ_2 已知时两总体方差之比 $\dfrac{\sigma_1^2}{\sigma_2^2}$ 的置信水平为 $1-\alpha$ 的置信区间为

$$\left(\frac{n_2\sum\limits_{i=1}^{n_1}(X_i-\mu_1)^2}{n_1\sum\limits_{i=1}^{n_2}(Y_i-\mu_2)^2}\frac{1}{F_{\frac{\alpha}{2}}(n_1,n_2)},\frac{n_2\sum\limits_{i=1}^{n_1}(X_i-\mu_1)^2}{n_1\sum\limits_{i=1}^{n_2}(Y_i-\mu_2)^2}F_{\frac{\alpha}{2}}(n_2,n_1)\right) \quad (7.2.10)$$

证明 由于 $F=\dfrac{n_2\sigma_2^2\sum\limits_{i=1}^{n_1}(X_i-\mu_1)^2}{n_1\sigma_1^2\sum\limits_{i=1}^{n_2}(Y_i-\mu_2)^2}\sim F(n_1,n_2)$，对于给定的置信水平 $1-\alpha$，确定

常数 a、b，使得

$$P\left\{a<\frac{n_2\sigma_2^2\sum\limits_{i=1}^{n_1}(X_i-\mu_1)^2}{n_1\sigma_1^2\sum\limits_{i=1}^{n_2}(Y_i-\mu_2)^2}<b\right\}=1-\alpha$$

取 $a=\dfrac{1}{F_{\frac{\alpha}{2}}(n_2,n_1)}$，$b=F_{\frac{\alpha}{2}}(n_1,n_2)$，得

$$P\left(\frac{1}{F_{\frac{\alpha}{2}}(n_2,\,n_1)}<\frac{n_2\sigma_2^2\displaystyle\sum_{i=1}^{n_1}(X_i-\mu_1)^2}{n_1\sigma_1^2\displaystyle\sum_{i=1}^{n_2}(Y_i-\mu_2)^2}<F_{\frac{\alpha}{2}}(n_1,\,n_2)\right)=1-\alpha$$

如图 7-6 所示。从而有

$$P\left(\frac{n_2\displaystyle\sum_{i=1}^{n_1}(X_i-\mu_1)^2}{n_1\displaystyle\sum_{i=1}^{n_2}(Y_i-\mu_2)^2}\frac{1}{F_{\frac{\alpha}{2}}(n_1,\,n_2)}<\frac{\sigma_1^2}{\sigma_2^2}<\frac{n_2\displaystyle\sum_{i=1}^{n_1}(X_i-\mu_1)^2}{n_1\displaystyle\sum_{i=1}^{n_2}(Y_i-\mu_2)^2}F_{\frac{\alpha}{2}}(n_2,\,n_1)\right)=1-\alpha$$

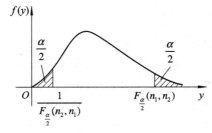

图 7-6

故两总体方差之比 $\dfrac{\sigma_1^2}{\sigma_2^2}$ 的置信水平为 $1-\alpha$ 的置信区间为

$$\left(\frac{n_2\displaystyle\sum_{i=1}^{n_1}(X_i-\mu_1)^2}{n_1\displaystyle\sum_{i=1}^{n_2}(Y_i-\mu_2)^2}\frac{1}{F_{\frac{\alpha}{2}}(n_1,\,n_2)},\ \frac{n_2\displaystyle\sum_{i=1}^{n_1}(X_i-\mu_1)^2}{n_1\displaystyle\sum_{i=1}^{n_2}(Y_i-\mu_2)^2}F_{\frac{\alpha}{2}}(n_2,\,n_1)\right)$$

例 7-22　随机地从 A 批导线中抽取 4 根，从 B 批导线中抽取 5 根，测得电流（单位：安培）为

A 批导线：14.3, 14.2, 14.3, 13.7

B 批导线：13.5, 14.0, 13.2, 13.2, 13.8

假设所测得的两数据总体分别服从正态分布 $N(14,\,\sigma_1^2)$ 与 $N(13.5,\,\sigma_2^2)$，且两个样本构成的合样本相互独立。求两总体方差之比 $\dfrac{\sigma_1^2}{\sigma_2^2}$ 的置信水平为 0.95 的置信区间（$F_{0.025}(4,\,5)=$ 9.36，$F_{0.025}(5,\,4)=7.39$）。

解　由于 μ_1、μ_2 已知，因此两总体方差之比 $\dfrac{\sigma_1^2}{\sigma_2^2}$ 的置信水平为 $1-\alpha$ 的置信区间为

$$\left(\dfrac{n_2 \sum\limits_{i=1}^{n_1}(X_i-\mu_1)^2}{n_1 \sum\limits_{i=1}^{n_2}(Y_i-\mu_2)^2} \dfrac{1}{F_{\frac{\alpha}{2}}(n_1,\ n_2)},\ \dfrac{n_2 \sum\limits_{i=1}^{n_1}(X_i-\mu_1)^2}{n_1 \sum\limits_{i=1}^{n_2}(Y_i-\mu_2)^2} F_{\frac{\alpha}{2}}(n_2,\ n_1)\right)$$

又 $n_1=4$，$n_2=5$，$\sum\limits_{i=1}^{n_1}(x_i-\mu_1)^2=\sum\limits_{i=1}^{4}(x_i-\mu_1)^2=0.3^2+0.2^2+0.3^2+(-0.3)^2=0.31$，

$\sum\limits_{i=1}^{n_2}(y_i-\mu_2)^2=\sum\limits_{i=1}^{5}(y_i-\mu_2)^2=0^2+0.5^2+(-0.3)^2+(-0.3)^2+0.3^2=0.52$，$1-\alpha=$
0.95，$\alpha=0.05$，$F_{\frac{\alpha}{2}}(n_1,\ n_2)=F_{0.025}(4,\ 5)=9.36$，$F_{\frac{\alpha}{2}}(n_2,\ n_1)=F_{0.025}(5,\ 4)=7.39$，
故

$$\dfrac{n_2 \sum\limits_{i=1}^{n_1}(x_i-\mu_1)^2}{n_1 \sum\limits_{i=1}^{n_2}(y_i-\mu_2)^2} \dfrac{1}{F_{\frac{\alpha}{2}}(n_1,\ n_2)}=\dfrac{5\times0.31}{4\times0.52\times9.36}=0.0796$$

$$\dfrac{n_2 \sum\limits_{i=1}^{n_1}(x_i-\mu_1)^2}{n_1 \sum\limits_{i=1}^{n_2}(y_i-\mu_2)^2} F_{\frac{\alpha}{2}}(n_2,\ n_1)=\dfrac{5\times0.31\times7.39}{4\times0.52}=5.5070$$

从而两总体方差之比 $\dfrac{\sigma_1^2}{\sigma_2^2}$ 的置信水平为 0.95 的置信区间为

$$(0.0796,\ 5.5070)$$

定理 8 设 X_1，X_2，$\cdots$，X_{n_1} 为来自第一个总体 $X\sim N(\mu_1,\ \sigma_1^2)$ 的一个样本，样本方差为 S_1^2；Y_1，Y_2，$\cdots$，Y_{n_2} 为来自第二个总体 $Y\sim N(\mu_2,\ \sigma_2^2)$ 的一个样本，样本方差为 S_2^2。两个样本构成的合样本 X_1，X_2，$\cdots$，X_{n_1}，Y_1，Y_2，$\cdots$，Y_{n_2} 相互独立，则当 μ_1、μ_2 未知时两总体方差之比 $\dfrac{\sigma_1^2}{\sigma_2^2}$ 的置信水平为 $1-\alpha$ 的置信区间为

$$\left(\dfrac{S_1^2}{S_2^2} \dfrac{1}{F_{\frac{\alpha}{2}}(n_1-1,\ n_2-1)},\ \dfrac{S_1^2}{S_2^2} F_{\frac{\alpha}{2}}(n_2-1,\ n_1-1)\right) \tag{7.2.11}$$

证明 由于 $F=\dfrac{\sigma_2^2 S_1^2}{\sigma_1^2 S_2^2}\sim F(n_1-1,\ n_2-1)$，对于给定的置信水平 $1-\alpha$，确定常数 a、b，使得

$$P\left(a<\dfrac{\sigma_2^2 S_1^2}{\sigma_1^2 S_2^2}<b\right)=1-\alpha$$

取 $a=\dfrac{1}{F_{\frac{\alpha}{2}}(n_2-1,\ n_1-1)}$，$b=F_{\frac{\alpha}{2}}(n_1-1,\ n_2-1)$，得

$$P\left(\frac{1}{F_{\frac{\alpha}{2}}(n_2-1,\ n_1-1)}<\frac{\sigma_2^2S_1^2}{\sigma_1^2S_2^2}<F_{\frac{\alpha}{2}}(n_1-1,\ n_2-1)\right)=1-\alpha$$

如图 7-7 所示。从而有

$$P\left(\frac{S_1^2}{S_2^2}\frac{1}{F_{\frac{\alpha}{2}}(n_1-1,\ n_2-1)}<\frac{\sigma_1^2}{\sigma_2^2}<\frac{S_1^2}{S_2^2}F_{\frac{\alpha}{2}}(n_2-1,\ n_1-1)\right)=1-\alpha$$

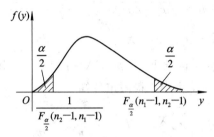

图 7-7

故两总体方差之比 $\dfrac{\sigma_1^2}{\sigma_2^2}$ 的置信水平为 $1-\alpha$ 的置信区间为

$$\left(\frac{S_1^2}{S_2^2}\frac{1}{F_{\frac{\alpha}{2}}(n_1-1,\ n_2-1)},\ \frac{S_1^2}{S_2^2}F_{\frac{\alpha}{2}}(n_2-1,\ n_1-1)\right)$$

例 7-23 有甲、乙两位化验员，他们独立地对某种聚合物的含氯量用相同的方法各做了 10 次测定，其测定值的样本方差分别为 $s_1^2=0.5419$，$s_2^2=0.6065$。设所测得的两数据总体服从正态分布，且两个样本构成的合样本相互独立。求两总体方差之比 $\dfrac{\sigma_1^2}{\sigma_2^2}$ 的置信水平为 0.95 的置信区间（$F_{0.025}(9,9)=4.03$）。

解 由于 μ_1、μ_2 未知，因此两总体方差之比 $\dfrac{\sigma_1^2}{\sigma_2^2}$ 的置信水平为 $1-\alpha$ 的置信区间为

$$\left(\frac{S_1^2}{S_2^2}\frac{1}{F_{\frac{\alpha}{2}}(n_1-1,\ n_2-1)},\ \frac{S_1^2}{S_2^2}F_{\frac{\alpha}{2}}(n_2-1,\ n_1-1)\right)$$

又 $n_1=10$，$n_2=10$，$s_1^2=0.5419$，$s_2^2=0.6065$，$1-\alpha=0.95$，$\alpha=0.05$，$F_{\frac{\alpha}{2}}(n_1-1,\ n_2-1)=F_{0.025}(9,9)=4.03$，$F_{\frac{\alpha}{2}}(n_2-1,\ n_1-1)=F_{0.025}(9,9)=4.03$，故

$$\frac{s_1^2}{s_2^2}\frac{1}{F_{\frac{\alpha}{2}}(n_1-1,\ n_2-1)}=\frac{0.5419}{0.6065\times4.03}=0.222$$

$$\frac{s_1^2}{s_2^2}F_{\frac{\alpha}{2}}(n_2-1,\ n_1-1)=\frac{0.5419\times4.03}{0.6065}=3.601$$

从而两总体方差之比 $\dfrac{\sigma_1^2}{\sigma_2^2}$ 的置信水平为 0.95 的置信区间为

$$(0.222,\ 3.601)$$

3. 0－1 分布总体参数的置信区间

定理 9 设总体 $X \sim B(1, p)$，即总体 X 服从参数为 p 的 0－1 分布，X_1，X_2，$\cdots$，X_n （$n > 50$，此时也称该样本为大样本）为来自总体 X 的一个样本，则参数 p 的置信水平为 $1 - \alpha$ 的置信区间为

$$\left(\frac{1}{2a}(-b - \sqrt{b^2 - 4ac}), \frac{1}{2a}(-b + \sqrt{b^2 - 4ac}) \right) \tag{7.2.12}$$

其中 $a = n + z_{\frac{\alpha}{2}}^2$，$b = -(2n\overline{X} + z_{\frac{\alpha}{2}}^2)$，$c = n\overline{X}^2$。

证明 由于 $X \sim B(1, p)$，因此 $EX = p$，$DX = p(1-p)$，又由于 X_1，X_2，$\cdots$，X_n 是一个大样本，即样本容量 n 较大，由中心极限定理知

$$\frac{\sum_{i=1}^{n} X_i - np}{\sqrt{np(1-p)}} = \frac{n\overline{X} - np}{\sqrt{np(1-p)}}$$

近似地服从标准正态分布 $N(0, 1)$，对于给定的置信水平 $1 - \alpha$，确定常数 a'、b'，使得

$$P\left(a' < \frac{n\overline{X} - np}{\sqrt{np(1-p)}} < b' \right) = 1 - \alpha$$

取 $a' = -z_{\frac{\alpha}{2}}$，$b' = z_{\frac{\alpha}{2}}$，得

$$P\left(-z_{\frac{\alpha}{2}} < \frac{n\overline{X} - np}{\sqrt{np(1-p)}} < z_{\frac{\alpha}{2}} \right) = 1 - \alpha$$

如图 7-1 所示。从而有

$$P\left((n + z_{\frac{\alpha}{2}}^2)p^2 - (2n\overline{X} + z_{\frac{\alpha}{2}}^2)p + n\overline{X}^2 < 0 \right) = 1 - \alpha$$

即

$$P\left(\frac{1}{2a}(-b - \sqrt{b^2 - 4ac}) < p < \frac{1}{2a}(-b + \sqrt{b^2 - 4ac}) \right) = 1 - \alpha$$

故参数 p 的置信水平为 $1 - \alpha$ 的置信区间为

$$\left(\frac{1}{2a}(-b - \sqrt{b^2 - 4ac}), \frac{1}{2a}(-b + \sqrt{b^2 - 4ac}) \right)$$

其中 $a = n + z_{\frac{\alpha}{2}}^2$，$b = -(2n\overline{X} + z_{\frac{\alpha}{2}}^2)$，$c = n\overline{X}^2$。

例 7-24 从一大批产品中抽取容量为 100 的一个样本，得到一级品为 60 件，求这批产品的一级品率 p 的置信水平为 0.95 的置信区间。

解 由于一级品率 p 是 0－1 分布总体 X 的参数，因此参数 p 的置信水平为 $1 - \alpha$ 的置信区间为

$$\left(\frac{1}{2a}(-b - \sqrt{b^2 - 4ac}), \frac{1}{2a}(-b + \sqrt{b^2 - 4ac}) \right)$$

又 $n=100, \bar{x}=\dfrac{60}{100}=0.6, 1-\alpha=0.95, \alpha=0.05, z_{\frac{\alpha}{2}}=1.96, a=n+z_{\frac{\alpha}{2}}^2=103.84,$

$b=-(2n\bar{x}+z_{\frac{\alpha}{2}}^2)=-123.84, c=n\bar{x}^2=36$，故

$$\frac{1}{2a}(-b-\sqrt{b^2-4ac})=\frac{1}{2\times103.84}\Big[-(-123.84)-\sqrt{(-123.84)^2-4\times103.84\times36}\Big]=0.50$$

$$\frac{1}{2a}(-b+\sqrt{b^2-4ac})=\frac{1}{2\times103.84}\Big[-(-123.84)+\sqrt{(-123.84)^2-4\times103.84\times36}\Big]=0.69$$

从而参数 p 的置信水平为 0.95 的置信区间为

$$(0.50, 0.69)$$

7.3 单侧置信区间

1. 单侧置信区间的定义

对于未知参数 θ，可以通过样本给出两个统计量 $\underline{\theta}$、$\bar{\theta}$，得到参数 θ 的双侧置信区间 $(\underline{\theta}, \bar{\theta})$。但在某些实际问题中，例如：对于设备、元件的寿命来说，平均寿命不是我们所希望的，我们关心的是平均寿命 θ 的下限；与之相反，在考虑化学药品中杂质的含量时，杂质的平均含量不是我们所希望的，我们常常关心的是平均含量 μ 的上限。这就引入了单侧置信区间的概念。

定义 1 设总体 X 的分布函数 $F(x;\theta)$ 的形式为已知，θ 为未知参数，$X_1, X_2, \cdots, X_n$ 为来自总体 X 的一个样本，如果 $\forall 0<\alpha<1$，若能由样本确定统计量 $\underline{\theta}=\underline{\theta}(X_1, X_2, \cdots, X_n)$，使得

$$P(\theta > \underline{\theta}(X_1, X_2, \cdots, X_n))=1-\alpha \tag{7.3.1}$$

则称随机区间 $(\underline{\theta}, +\infty)$ 为参数 θ 的置信水平（置信度）为 $1-\alpha$ 的单侧置信区间，$\underline{\theta}$ 称为参数 θ 的置信水平为 $1-\alpha$ 的单侧置信下限。

定义 2 设总体 X 的分布函数 $F(x;\theta)$ 的形式为已知，θ 为未知参数，$X_1, X_2, \cdots, X_n$ 为来自总体 X 的一个样本，如果 $\forall 0<\alpha<1$，若能由样本确定统计量 $\bar{\theta}=\bar{\theta}(X_1, X_2, \cdots, X_n)$，使得

$$P(\theta < \bar{\theta}(X_1, X_2, \cdots, X_n))=1-\alpha \tag{7.3.2}$$

则称随机区间 $(-\infty, \bar{\theta})$ 为参数 θ 的置信水平（置信度）为 $1-\alpha$ 的单侧置信区间，$\bar{\theta}$ 称为参数 θ 的置信水平为 $1-\alpha$ 的单侧置信上限。

参数 θ 的置信水平为 $1-\alpha$ 的单侧置信区间的求法步骤和双侧置信区间类似。

2. 正态总体参数的单侧置信区间

1）单正态总体均值 μ 的置信水平为 $1-\alpha$ 的单侧置信区间

定理 1 设总体 $X \sim N(\mu, \sigma^2)$，其中 σ^2 已知，$X_1, X_2, \cdots, X_n$ 为来自总体 X 的一个样

本,样本均值为 $\overline{X}$,则均值 μ 的置信水平为 $1-\alpha$ 的单侧置信下限为 $\underline{\mu}=\overline{X}-\dfrac{\sigma}{\sqrt{n}}z_\alpha$,从而均值 μ 的置信水平为 $1-\alpha$ 的单侧置信区间为

$$\left(\overline{X}-\frac{\sigma}{\sqrt{n}}z_\alpha,\ +\infty\right) \tag{7.3.3}$$

类似地,均值 μ 的置信水平为 $1-\alpha$ 的单侧置信上限为 $\overline{\mu}=\overline{X}+\dfrac{\sigma}{\sqrt{n}}z_\alpha$,从而均值 μ 的置信水平为 $1-\alpha$ 的单侧置信区间为

$$\left(-\infty,\ \overline{X}+\frac{\sigma}{\sqrt{n}}z_\alpha\right) \tag{7.3.4}$$

证明 由于 $U=\dfrac{\overline{X}-\mu}{\sigma/\sqrt{n}}\sim N(0,1)$,对于给定的置信水平 $1-\alpha$,确定常数 b,使得

$$P\left(\frac{\overline{X}-\mu}{\sigma/\sqrt{n}}<b\right)=1-\alpha$$

取 $b=z_\alpha$,得

$$P\left(\frac{\overline{X}-\mu}{\sigma/\sqrt{n}}<z_\alpha\right)=1-\alpha$$

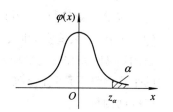

如图 7-8 所示。从而有

$$P\left(\mu>\overline{X}-\frac{\sigma}{\sqrt{n}}z_\alpha\right)=1-\alpha$$

图 7-8

故均值 μ 的置信水平为 $1-\alpha$ 的单侧置信下限为 $\underline{\mu}=\overline{X}-\dfrac{\sigma}{\sqrt{n}}z_\alpha$,从而均值 μ 的置信水平为 $1-\alpha$ 的单侧置信区间为

$$\left(\overline{X}-\frac{\sigma}{\sqrt{n}}z_\alpha,\ +\infty\right)$$

类似地,确定常数 a,使得

$$P\left(\frac{\overline{X}-\mu}{\sigma/\sqrt{n}}>a\right)=1-\alpha$$

取 $a=-z_\alpha$,得

$$P\left(\frac{\overline{X}-\mu}{\sigma/\sqrt{n}}>-z_\alpha\right)=1-\alpha$$

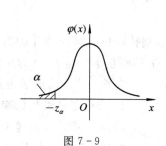

如图 7-9 所示。从而有

$$P\left(\mu<\overline{X}+\frac{\sigma}{\sqrt{n}}z_\alpha\right)=1-\alpha$$

图 7-9

故均值 μ 的置信水平为 $1-\alpha$ 的单侧置信上限为 $\bar{\mu}=\overline{X}+\dfrac{\sigma}{\sqrt{n}}z_\alpha$，从而均值 μ 的置信水平为 $1-\alpha$ 的单侧置信区间为

$$\left(-\infty,\ \overline{X}+\frac{\sigma}{\sqrt{n}}z_\alpha\right)$$

定理 2　设总体 $X\sim N(\mu,\sigma^2)$，其中 σ^2 未知，$X_1,X_2,\cdots,X_n$ 为来自总体 X 的一个样本，样本均值为 $\overline{X}$，样本方差为 S^2，则均值 μ 的置信水平为 $1-\alpha$ 的单侧置信下限为 $\underline{\mu}=\overline{X}-\dfrac{S}{\sqrt{n}}t_\alpha(n-1)$，从而均值 μ 的置信水平为 $1-\alpha$ 的单侧置信区间为

$$\left(\overline{X}-\frac{S}{\sqrt{n}}t_\alpha(n-1),\ +\infty\right) \tag{7.3.5}$$

类似地，均值 μ 的置信水平为 $1-\alpha$ 的单侧置信上限为 $\bar{\mu}=\overline{X}+\dfrac{S}{\sqrt{n}}t_\alpha(n-1)$，从而均值 μ 的置信水平为 $1-\alpha$ 的单侧置信区间为

$$\left(-\infty,\ \overline{X}+\frac{S}{\sqrt{n}}t_\alpha(n-1)\right) \tag{7.3.6}$$

证明　由于 $T=\dfrac{\overline{X}-\mu}{S/\sqrt{n}}\sim t(n-1)$，对于给定的置信水平 $1-\alpha$，确定常数 b，使得

$$P\left(\frac{\overline{X}-\mu}{S/\sqrt{n}}<b\right)=1-\alpha$$

取 $b=t_\alpha(n-1)$，得

$$P\left(\frac{\overline{X}-\mu}{S/\sqrt{n}}<t_\alpha(n-1)\right)=1-\alpha$$

如图 7-10 所示。从而有

$$P\left(\mu>\overline{X}-\frac{S}{\sqrt{n}}t_\alpha(n-1)\right)=1-\alpha$$

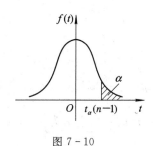

图 7-10

故均值 μ 的置信水平为 $1-\alpha$ 的单侧置信下限为 $\underline{\mu}=\overline{X}-\dfrac{S}{\sqrt{n}}t_\alpha(n-1)$，从而均值 μ 的置信水平为 $1-\alpha$ 的单侧置信区间为

$$\left(\overline{X}-\frac{S}{\sqrt{n}}t_\alpha(n-1),\ +\infty\right)$$

类似地，确定常数 a，使得

$$P\left(\frac{\overline{X}-\mu}{S/\sqrt{n}}>a\right)=1-\alpha$$

取 $a = -t_\alpha(n-1)$，得

$$P\left(\frac{\overline{X}-\mu}{S/\sqrt{n}} > -t_\alpha(n-1)\right) = 1-\alpha$$

如图 7-11 所示。从而有

$$P\left(\mu < \overline{X} + \frac{S}{\sqrt{n}}t_\alpha(n-1)\right) = 1-\alpha$$

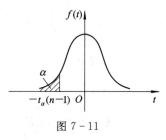

图 7-11

故均值 μ 的置信水平为 $1-\alpha$ 的单侧置信上限为 $\overline{\mu} = \overline{X} + \dfrac{S}{\sqrt{n}}t_\alpha(n-1)$，从而均值 μ 的置信水平为 $1-\alpha$ 的单侧置信区间为

$$\left(-\infty, \overline{X} + \frac{S}{\sqrt{n}}t_\alpha(n-1)\right)$$

2) 单正态总体方差 σ^2 的置信水平为 $1-\alpha$ 的单侧置信区间

定理 3 设总体 $X \sim N(\mu, \sigma^2)$，其中 μ 已知，$X_1, X_2, \cdots, X_n$ 为来自总体 X 的一个样本，则方差 σ^2 的置信水平为 $1-\alpha$ 的单侧置信下限为 $\underline{\sigma^2} = \dfrac{\displaystyle\sum_{i=1}^{n}(X_i-\mu)^2}{\chi_\alpha^2(n)}$，从而方差 σ^2 的置信水平为 $1-\alpha$ 的单侧置信区间为

$$\left(\frac{\displaystyle\sum_{i=1}^{n}(X_i-\mu)^2}{\chi_\alpha^2(n)}, +\infty\right) \tag{7.3.7}$$

类似地，方差 σ^2 的置信水平为 $1-\alpha$ 的单侧置信上限为 $\overline{\sigma^2} = \dfrac{\displaystyle\sum_{i=1}^{n}(X_i-\mu)^2}{\chi_{1-\alpha}^2(n)}$，从而方差 σ^2 的置信水平为 $1-\alpha$ 的单侧置信区间为

$$\left(0, \frac{\displaystyle\sum_{i=1}^{n}(X_i-\mu)^2}{\chi_{1-\alpha}^2(n)}\right) \tag{7.3.8}$$

证明 由于 $\chi^2 = \dfrac{\displaystyle\sum_{i=1}^{n}(X_i-\mu)^2}{\sigma^2} \sim \chi^2(n)$，对于给定的置信水平 $1-\alpha$，确定常数 b，使得

$$P\left(\frac{\displaystyle\sum_{i=1}^{n}(X_i-\mu)^2}{\sigma^2} < b\right) = 1-\alpha$$

取 $b = \chi_a^2(n)$，得

$$P\left(\frac{\sum_{i=1}^{n}(X_i - \mu)^2}{\sigma^2} < \chi_a^2(n)\right) = 1 - \alpha$$

如图 7-12 所示。从而有

$$P\left(\sigma^2 > \frac{\sum_{i=1}^{n}(X_i - \mu)^2}{\chi_a^2(n)}\right) = 1 - \alpha$$

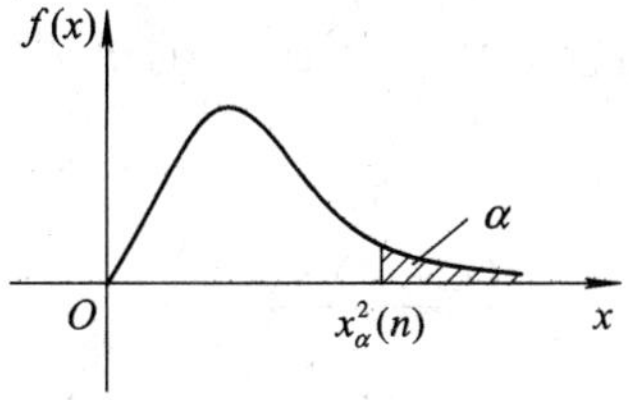

图 7-12

故方差 σ^2 的置信水平为 $1-\alpha$ 的单侧置信下限为 $\underline{\sigma}^2 = \dfrac{\sum_{i=1}^{n}(X_i - \mu)^2}{\chi_a^2(n)}$，从而方差 σ^2 的置信水

平为 $1-\alpha$ 的单侧置信区间为

$$\left(\frac{\sum_{i=1}^{n}(X_i - \mu)^2}{\chi_a^2(n)}, +\infty\right)$$

类似地，确定常数 a，使得

$$P\left(\frac{\sum_{i=1}^{n}(X_i - \mu)^2}{\sigma^2} > a\right) = 1 - \alpha$$

取 $a = \chi_{1-\alpha}^2(n)$，得

$$P\left(\frac{\sum_{i=1}^{n}(X_i - \mu)^2}{\sigma^2} > \chi_{1-\alpha}^2(n)\right) = 1 - \alpha$$

如图 7-13 所示。从而有

$$P\left(\sigma^2 < \frac{\sum_{i=1}^{n}(X_i - \mu)^2}{\chi_{1-\alpha}^2(n)}\right) = 1 - \alpha$$

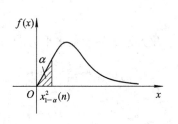

图 7-13

故方差 σ^2 的置信水平为 $1-\alpha$ 的单侧置信上限为 $\overline{\sigma^2} = \dfrac{\sum\limits_{i=1}^{n}(X_i - \mu)^2}{\chi^2_{1-\alpha}(n)}$，从而方差 σ^2 的置信水平为 $1-\alpha$ 的单侧置信区间为

$$\left(0, \frac{\sum\limits_{i=1}^{n}(X_i - \mu)^2}{\chi^2_{1-\alpha}(n)}\right)$$

定理 4 设总体 $X \sim N(\mu, \sigma^2)$，其中 μ 未知，$X_1, X_2, \cdots, X_n$ 为来自总体 X 的一个样本，样本方差为 S^2，则方差 σ^2 的置信水平为 $1-\alpha$ 的单侧置信下限为 $\underline{\sigma^2} = \dfrac{(n-1)S^2}{\chi^2_{\alpha}(n-1)}$，从而方差 σ^2 的置信水平为 $1-\alpha$ 的单侧置信区间为

$$\left(\frac{(n-1)S^2}{\chi^2_{\alpha}(n-1)}, +\infty\right) \tag{7.3.9}$$

类似地，方差 σ^2 的置信水平为 $1-\alpha$ 的单侧置信上限为 $\overline{\sigma^2} = \dfrac{(n-1)S^2}{\chi^2_{1-\alpha}(n-1)}$，从而方差 σ^2 的置信水平为 $1-\alpha$ 的单侧置信区间为

$$\left(0, \frac{(n-1)S^2}{\chi^2_{1-\alpha}(n-1)}\right) \tag{7.3.10}$$

证明 由于 $\chi^2 = \dfrac{(n-1)S^2}{\sigma^2} \sim \chi^2(n-1)$，对于给定的置信水平 $1-\alpha$，确定常数 b，使得

$$P\left(\frac{(n-1)S^2}{\sigma^2} < b\right) = 1-\alpha$$

取 $b = \chi^2_{\alpha}(n-1)$，得

$$P\left(\frac{(n-1)S^2}{\sigma^2} < \chi^2_{\alpha}(n-1)\right) = 1-\alpha$$

如图 7-14 所示。从而有

$$P\left(\sigma^2 > \frac{(n-1)S^2}{\chi^2_{\alpha}(n-1)}\right) = 1-\alpha$$

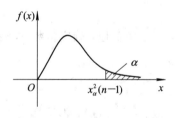

图 7-14

故方差 σ^2 的置信水平为 $1-\alpha$ 的单侧置信下限为 $\underline{\sigma^2} = \dfrac{(n-1)S^2}{\chi^2_{\alpha}(n-1)}$，从而方差 σ^2 的置信水平为 $1-\alpha$ 的单侧置信区间为

$$\left(\frac{(n-1)S^2}{\chi^2_{\alpha}(n-1)}, +\infty\right)$$

类似地，确定常数 a，使得

$$P\left(\frac{(n-1)S^2}{\sigma^2}>a\right)=1-\alpha$$

取 $a=\chi^2_{1-\alpha}(n-1)$，得

$$P\left(\frac{(n-1)S^2}{\sigma^2}>\chi^2_{1-\alpha}(n-1)\right)=1-\alpha$$

如图 7-15 所示。从而有

$$P\left(\sigma^2<\frac{(n-1)S^2}{\chi^2_{1-\alpha}(n-1)}\right)=1-\alpha$$

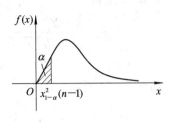

图 7-15

故方差 σ^2 的置信水平为 $1-\alpha$ 的单侧置信上限为 $\overline{\sigma^2}=\dfrac{(n-1)S^2}{\chi^2_{1-\alpha}(n-1)}$，从而方差 σ^2 的置信水平为 $1-\alpha$ 的单侧置信区间为

$$\left(0,\frac{(n-1)S^2}{\chi^2_{1-\alpha}(n-1)}\right)$$

3）双正态总体均值之差 $\mu_1-\mu_2$ 的置信水平为 $1-\alpha$ 的单侧置信区间

定理 5 设 X_1，X_2，$\cdots$，X_{n_1} 为来自第一个总体 $X\sim N(\mu_1,\sigma_1^2)$ 的一个样本，样本均值为 $\overline{X}$；Y_1，Y_2，$\cdots$，Y_{n_2} 为来自第二个总体 $Y\sim N(\mu_2,\sigma_2^2)$ 的一个样本，样本均值为 $\overline{Y}$。两个样本构成的合成样本 X_1，X_2，$\cdots$，X_{n_1}，Y_1，Y_2，$\cdots$，Y_{n_2} 相互独立，则当 σ_1^2、σ_2^2 已知时两总体均值之差 $\mu_1-\mu_2$ 的置信水平为 $1-\alpha$ 的单侧置信下限为 $\overline{X}-\overline{Y}-\sqrt{\dfrac{\sigma_1^2}{n_1}+\dfrac{\sigma_2^2}{n_2}}z_\alpha$，从而两总体均值之差 $\mu_1-\mu_2$ 的置信水平为 $1-\alpha$ 的单侧置信区间为

$$\left(\overline{X}-\overline{Y}-\sqrt{\frac{\sigma_1^2}{n_1}+\frac{\sigma_2^2}{n_2}}z_\alpha,\ +\infty\right) \tag{7.3.11}$$

类似地，两总体均值之差 $\mu_1-\mu_2$ 的置信水平为 $1-\alpha$ 的单侧置信上限为 $\overline{X}-\overline{Y}+\sqrt{\dfrac{\sigma_1^2}{n_1}+\dfrac{\sigma_2^2}{n_2}}z_\alpha$，从而两总体均值之差 $\mu_1-\mu_2$ 的置信水平为 $1-\alpha$ 的单侧置信区间为

$$\left(-\infty,\ \overline{X}-\overline{Y}+\sqrt{\frac{\sigma_1^2}{n_1}+\frac{\sigma_2^2}{n_2}}z_\alpha\right) \tag{7.3.12}$$

证明 由于 $U=\dfrac{\overline{X}-\overline{Y}-(\mu_1-\mu_2)}{\sqrt{\dfrac{\sigma_1^2}{n_1}+\dfrac{\sigma_2^2}{n_2}}}\sim N(0,1)$，对于给定的置信水平 $1-\alpha$，确定常数 b，使得

$$P\left(\frac{\overline{X}-\overline{Y}-(\mu_1-\mu_2)}{\sqrt{\dfrac{\sigma_1^2}{n_1}+\dfrac{\sigma_2^2}{n_2}}}<b\right)=1-\alpha$$

取 $b = z_\alpha$，得

$$P\left[\frac{\overline{X} - \overline{Y} - (\mu_1 - \mu_2)}{\sqrt{\dfrac{\sigma_1^2}{n_1} + \dfrac{\sigma_2^2}{n_2}}} < z_\alpha\right] = 1 - \alpha$$

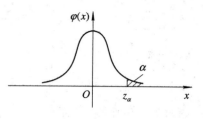

如图 7 - 16 所示。从而有

$$P\left(\mu_1 - \mu_2 > \overline{X} - \overline{Y} - \sqrt{\frac{\sigma_1^2}{n_1} + \frac{\sigma_2^2}{n_2}}\, z_\alpha\right) = 1 - \alpha$$

图 7 - 16

故两总体均值之差 $\mu_1 - \mu_2$ 的置信水平为 $1 - \alpha$ 的单侧置信下限为 $\overline{X} - \overline{Y} - \sqrt{\dfrac{\sigma_1^2}{n_1} + \dfrac{\sigma_2^2}{n_2}}\, z_\alpha$，从而两总体均值之差 $\mu_1 - \mu_2$ 的置信水平为 $1 - \alpha$ 的单侧置信区间为

$$\left(\overline{X} - \overline{Y} - \sqrt{\frac{\sigma_1^2}{n_1} + \frac{\sigma_2^2}{n_2}}\, z_\alpha, \ +\infty\right)$$

类似地，确定常数 a，使得

$$P\left[\frac{\overline{X} - \overline{Y} - (\mu_1 - \mu_2)}{\sqrt{\dfrac{\sigma_1^2}{n_1} + \dfrac{\sigma_2^2}{n_2}}} > a\right] = 1 - \alpha$$

取 $a = -z_\alpha$，得

$$P\left[\frac{\overline{X} - \overline{Y} - (\mu_1 - \mu_2)}{\sqrt{\dfrac{\sigma_1^2}{n_1} + \dfrac{\sigma_2^2}{n_2}}} > -z_\alpha\right] = 1 - \alpha$$

如图 7 - 17 所示。从而有

$$P\left(\mu_1 - \mu_2 < \overline{X} - \overline{Y} + \sqrt{\frac{\sigma_1^2}{n_1} + \frac{\sigma_2^2}{n_2}}\, z_\alpha\right) = 1 - \alpha$$

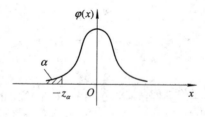

图 7 - 17

故两总体均值之差 $\mu_1 - \mu_2$ 的置信水平为 $1 - \alpha$ 的单侧置信上限为 $\overline{X} - \overline{Y} + \sqrt{\dfrac{\sigma_1^2}{n_1} + \dfrac{\sigma_2^2}{n_2}}\, z_\alpha$，从而两总体均值之差 $\mu_1 - \mu_2$ 的置信水平为 $1 - \alpha$ 的单侧置信区间为

$$\left(-\infty, \overline{X}-\overline{Y}+\sqrt{\frac{\sigma_1^2}{n_1}+\frac{\sigma_2^2}{n_2}}z_\alpha\right)$$

定理 6 设 X_1，X_2，$\cdots$，X_{n_1} 为来自第一个总体 $X\sim N(\mu_1, \sigma_1^2)$ 的一个样本，样本均值为 $\overline{X}$，样本方差为 S_1^2；Y_1，Y_2，$\cdots$，Y_{n_2} 为来自第二个总体 $Y\sim N(\mu_2, \sigma_2^2)$ 的一个样本，样本均值为 $\overline{Y}$，样本方差为 S_2^2。两个样本构成的合样本 X_1，X_2，$\cdots$，X_{n_1}，Y_1，Y_2，$\cdots$，Y_{n_2} 相互独立，则当 $\sigma_1^2=\sigma_2^2$ 未知时两总体均值之差 $\mu_1-\mu_2$ 的置信水平为 $1-\alpha$ 的单侧置信下限为

$$\overline{X}-\overline{Y}-S_\omega\sqrt{\frac{1}{n_1}+\frac{1}{n_2}}t_\alpha(n_1+n_2-2)$$

从而两总体均值之差 $\mu_1-\mu_2$ 的置信水平为 $1-\alpha$ 的单侧置信区间为

$$\left(\overline{X}-\overline{Y}-S_\omega\sqrt{\frac{1}{n_1}+\frac{1}{n_2}}t_\alpha(n_1+n_2-2), +\infty\right) \tag{7.3.13}$$

其中 $S_\omega=\sqrt{\dfrac{(n_1-1)S_1^2+(n_2-1)S_2^2}{n_1+n_2-2}}$。

类似地，两总体均值之差 $\mu_1-\mu_2$ 的置信水平为 $1-\alpha$ 的单侧置信上限为

$$\overline{X}-\overline{Y}+S_\omega\sqrt{\frac{1}{n_1}+\frac{1}{n_2}}t_\alpha(n_1+n_2-2)$$

从而两总体均值之差 $\mu_1-\mu_2$ 的置信水平为 $1-\alpha$ 的单侧置信区间为

$$\left(-\infty, \overline{X}-\overline{Y}+S_\omega\sqrt{\frac{1}{n_1}+\frac{1}{n_2}}t_\alpha(n_1+n_2-2)\right) \tag{7.3.14}$$

证明 由于 $T=\dfrac{\overline{X}-\overline{Y}-(\mu_1-\mu_2)}{S_\omega\sqrt{\dfrac{1}{n_1}+\dfrac{1}{n_2}}}\sim t(n_1+n_2-2)$，对于给定的置信水平 $1-\alpha$，确定常数 b，使得

$$P\left[\frac{\overline{X}-\overline{Y}-(\mu_1-\mu_2)}{S_\omega\sqrt{\dfrac{1}{n_1}+\dfrac{1}{n_2}}}<b\right]=1-\alpha$$

取 $b=t_\alpha(n_1+n_2-2)$，得

$$P\left[\frac{\overline{X}-\overline{Y}-(\mu_1-\mu_2)}{S_\omega\sqrt{\dfrac{1}{n_1}+\dfrac{1}{n_2}}}<t_\alpha(n_1+n_2-2)\right]=1-\alpha$$

如图 7-18 所示。从而有

$$P\left(\mu_1-\mu_2>\overline{X}-\overline{Y}-S_\omega\sqrt{\frac{1}{n_1}+\frac{1}{n_2}}t_\alpha(n_1+n_2-2)\right)=1-\alpha$$

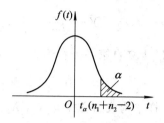

图 7 - 18

故两总体均值之差 $\mu_1-\mu_2$ 的置信水平为 $1-\alpha$ 的单侧置信下限为

$$\overline{X}-\overline{Y}-S_\omega\sqrt{\frac{1}{n_1}+\frac{1}{n_2}}\,t_\alpha(n_1+n_2-2)$$

从而两总体均值之差 $\mu_1-\mu_2$ 的置信水平为 $1-\alpha$ 的单侧置信区间为

$$\left(\overline{X}-\overline{Y}-S_\omega\sqrt{\frac{1}{n_1}+\frac{1}{n_2}}\,t_\alpha(n_1+n_2-2),\ +\infty\right)$$

类似地，确定常数 a，使得

$$P\left[\frac{\overline{X}-\overline{Y}-(\mu_1-\mu_2)}{S_\omega\sqrt{\frac{1}{n_1}+\frac{1}{n_2}}}>a\right]=1-\alpha$$

取 $a=-t_\alpha(n_1+n_2-2)$，得

$$P\left[\frac{\overline{X}-\overline{Y}-(\mu_1-\mu_2)}{S_\omega\sqrt{\frac{1}{n_1}+\frac{1}{n_2}}}>-t_\alpha(n_1+n_2-2)\right]=1-\alpha$$

如图 7 - 19 所示。从而有

$$P\left(\mu_1-\mu_2<\overline{X}-\overline{Y}+S_\omega\sqrt{\frac{1}{n_1}+\frac{1}{n_2}}\,t_\alpha(n_1+n_2-2)\right)=1-\alpha$$

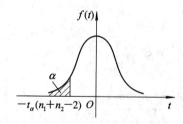

图 7 - 19

故两总体均值之差 $\mu_1-\mu_2$ 的置信水平为 $1-\alpha$ 的单侧置信上限为

$$\overline{X}-\overline{Y}+S_\omega\sqrt{\frac{1}{n_1}+\frac{1}{n_2}}\,t_\alpha(n_1+n_2-2)$$

从而两总体均值之差 $\mu_1 - \mu_2$ 的置信水平为 $1-\alpha$ 的单侧置信区间为

$$\left(-\infty , \ \overline{X} - \overline{Y} + S_\omega \sqrt{\frac{1}{n_1} + \frac{1}{n_2}} \, t_\alpha (n_1 + n_2 - 2) \right)$$

4）双正态总体方差之比 $\dfrac{\sigma_1^2}{\sigma_2^2}$ 的置信水平为 $1-\alpha$ 的单侧置信区间

定理 7　设 $X_1 , X_2 , \cdots , X_{n_1}$ 为来自第一个总体 $X \sim N(\mu_1 , \sigma_1^2)$ 的一个样本，$Y_1 ,$ $Y_2 , \cdots , Y_{n_2}$ 为来自第二个总体 $Y \sim N(\mu_2 , \sigma_2^2)$ 的一个样本。两个样本构成的合样本 $X_1 ,$ $X_2 , \cdots , X_{n_1} , Y_1 , Y_2 , \cdots , Y_{n_2}$ 相互独立，则当 $\mu_1 、\mu_2$ 已知时两总体方差之比 $\dfrac{\sigma_1^2}{\sigma_2^2}$ 的置信水平

为 $1-\alpha$ 的单侧置信下限为 $\dfrac{n_2 \sum\limits_{i=1}^{n_1} (X_i - \mu_1)^2}{n_1 \sum\limits_{i=1}^{n_2} (Y_i - \mu_2)^2} \dfrac{1}{F_\alpha (n_1 , n_2)}$，从而两总体方差之比 $\dfrac{\sigma_1^2}{\sigma_2^2}$ 的置信水

平为 $1-\alpha$ 的单侧置信区间为

$$\left[\frac{n_2 \sum\limits_{i=1}^{n_1} (X_i - \mu_1)^2}{n_1 \sum\limits_{i=1}^{n_2} (Y_i - \mu_2)^2} \frac{1}{F_\alpha (n_1 , n_2)} , \ +\infty \right] \tag{7.3.15}$$

类似地，两总体方差之比 $\dfrac{\sigma_1^2}{\sigma_2^2}$ 的置信水平为 $1-\alpha$ 的单侧置信上限为 $\dfrac{n_2 \sum\limits_{i=1}^{n_1} (X_i - \mu_1)^2}{n_1 \sum\limits_{i=1}^{n_2} (Y_i - \mu_2)^2} F_\alpha (n_2 , n_1)$，

从而两总体方差之比 $\dfrac{\sigma_1^2}{\sigma_2^2}$ 的置信水平为 $1-\alpha$ 的单侧置信区间为

$$\left[0 , \ \frac{n_2 \sum\limits_{i=1}^{n_1} (X_i - \mu_1)^2}{n_1 \sum\limits_{i=1}^{n_2} (Y_i - \mu_2)^2} F_\alpha (n_2 , n_1) \right] \tag{7.3.16}$$

证明　由于 $F = \dfrac{n_2 \sigma_2^2 \sum\limits_{i=1}^{n_1} (X_i - \mu_1)^2}{n_1 \sigma_1^2 \sum\limits_{i=1}^{n_2} (Y_i - \mu_2)^2} \sim F(n_1 , n_2)$，对于给定的置信水平 $1-\alpha$，确定

常数 b，使得

$$P\left(\frac{n_2\sigma_2^2\sum\limits_{i=1}^{n_1}(X_i-\mu_1)^2}{n_1\sigma_1^2\sum\limits_{i=1}^{n_2}(Y_i-\mu_2)^2}<b\right)=1-\alpha$$

取 $b=F_\alpha(n_1,n_2)$，得

$$P\left(\frac{n_2\sigma_2^2\sum\limits_{i=1}^{n_1}(X_i-\mu_1)^2}{n_1\sigma_1^2\sum\limits_{i=1}^{n_2}(Y_i-\mu_2)^2}<F_\alpha(n_1,n_2)\right)=1-\alpha$$

如图 7-20 所示。从而有

$$P\left(\frac{\sigma_1^2}{\sigma_2^2}>\frac{n_2\sum\limits_{i=1}^{n_1}(X_i-\mu_1)^2}{n_1\sum\limits_{i=1}^{n_2}(Y_i-\mu_2)^2}\frac{1}{F_\alpha(n_1,n_2)}\right)=1-\alpha$$

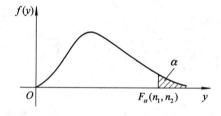

图 7-20

故两总体方差之比 $\dfrac{\sigma_1^2}{\sigma_2^2}$ 的置信水平为 $1-\alpha$ 的单侧置信下限为 $\dfrac{n_2\sum\limits_{i=1}^{n_1}(X_i-\mu_1)^2}{n_1\sum\limits_{i=1}^{n_2}(Y_i-\mu_2)^2}\dfrac{1}{F_\alpha(n_1,n_2)}$，

从而两总体方差之比 $\dfrac{\sigma_1^2}{\sigma_2^2}$ 的置信水平为 $1-\alpha$ 的单侧置信区间为

$$\left(\frac{n_2\sum\limits_{i=1}^{n_1}(X_i-\mu_1)^2}{n_1\sum\limits_{i=1}^{n_2}(Y_i-\mu_2)^2}\frac{1}{F_\alpha(n_1,n_2)},+\infty\right)$$

类似地，确定常数 a，使得

$$P\left[\frac{n_2\sigma_2^2\sum\limits_{i=1}^{n_1}(X_i-\mu_1)^2}{n_1\sigma_1^2\sum\limits_{i=1}^{n_2}(Y_i-\mu_2)^2}>a\right]=1-\alpha$$

取 $a=\dfrac{1}{F_\alpha(n_2,n_1)}$，得

$$P\left[\frac{n_2\sigma_2^2\sum\limits_{i=1}^{n_1}(X_i-\mu_1)^2}{n_1\sigma_1^2\sum\limits_{i=1}^{n_2}(Y_i-\mu_2)^2}>\frac{1}{F_\alpha(n_2,n_1)}\right]=1-\alpha$$

如图 7-21 所示。从而有

$$P\left[\frac{\sigma_1^2}{\sigma_2^2}<\frac{n_2\sum\limits_{i=1}^{n_1}(X_i-\mu_1)^2}{n_1\sum\limits_{i=1}^{n_2}(Y_i-\mu_2)^2}F_\alpha(n_2,n_1)\right]=1-\alpha$$

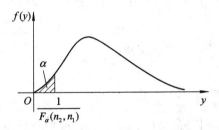

图 7-21

故两总体方差之比 $\dfrac{\sigma_1^2}{\sigma_2^2}$ 的置信水平为 $1-\alpha$ 的单侧置信上限为 $\dfrac{n_2\sum\limits_{i=1}^{n_1}(X_i-\mu_1)^2}{n_1\sum\limits_{i=1}^{n_2}(Y_i-\mu_2)^2}F_\alpha(n_2,n_1)$，从

而两总体方差之比 $\dfrac{\sigma_1^2}{\sigma_2^2}$ 的置信水平为 $1-\alpha$ 的单侧置信区间为

$$\left(0,\frac{n_2\sum\limits_{i=1}^{n_1}(X_i-\mu_1)^2}{n_1\sum\limits_{i=1}^{n_2}(Y_i-\mu_2)^2}F_\alpha(n_2,n_1)\right)$$

定理 8 设 $X_1,X_2,\cdots,X_{n_1}$ 为来自第一个总体 $X\sim N(\mu_1,\sigma_1^2)$ 的一个样本，样本方差

为 S_1^2；Y_1，Y_2，$\cdots$，Y_{n_2} 为来自第二个总体 $Y \sim N(\mu_2, \sigma_2^2)$ 的一个样本，样本方差为 S_2^2。两个样本构成的合样本 X_1，X_2，$\cdots$，X_{n_1}，Y_1，Y_2，$\cdots$，Y_{n_2} 相互独立，则当 μ_1、μ_2 未知时两总体方差之比 $\dfrac{\sigma_1^2}{\sigma_2^2}$ 的置信水平为 $1-\alpha$ 的单侧置信下限为 $\dfrac{S_1^2}{S_2^2} \dfrac{1}{F_\alpha(n_1-1, n_2-1)}$，从而两总体方差之比 $\dfrac{\sigma_1^2}{\sigma_2^2}$ 的置信水平为 $1-\alpha$ 的单侧置信区间为

$$\left(\frac{S_1^2}{S_2^2} \frac{1}{F_\alpha(n_1-1, n_2-1)}, +\infty \right) \tag{7.3.17}$$

类似地，两总体方差之比 $\dfrac{\sigma_1^2}{\sigma_2^2}$ 的置信水平为 $1-\alpha$ 的单侧置信上限为 $\dfrac{S_1^2}{S_2^2} F_\alpha(n_2-1, n_1-1)$，从而两总体方差之比 $\dfrac{\sigma_1^2}{\sigma_2^2}$ 的置信水平为 $1-\alpha$ 的单侧置信区间为

$$\left(0, \frac{S_1^2}{S_2^2} F_\alpha(n_2-1, n_1-1) \right) \tag{7.3.18}$$

证明　由于 $F = \dfrac{\sigma_2^2 S_1^2}{\sigma_1^2 S_2^2} \sim F(n_1-1, n_2-1)$，对于给定的置信水平 $1-\alpha$，确定常数 b，使得

$$P\left(\frac{\sigma_2^2 S_1^2}{\sigma_1^2 S_2^2} < b \right) = 1-\alpha$$

取 $b = F_\alpha(n_1-1, n_2-1)$，得

$$P\left(\frac{\sigma_2^2 S_1^2}{\sigma_1^2 S_2^2} < F_\alpha(n_1-1, n_2-1) \right) = 1-\alpha$$

如图 7-22 所示。从而有

$$P\left(\frac{\sigma_1^2}{\sigma_2^2} > \frac{S_1^2}{S_2^2} \frac{1}{F_\alpha(n_1-1, n_2-1)} \right) = 1-\alpha$$

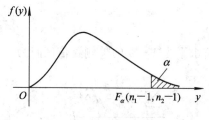

图 7-22

故两总体方差之比 $\dfrac{\sigma_1^2}{\sigma_2^2}$ 的置信水平为 $1-\alpha$ 的单侧置信下限为 $\dfrac{S_1^2}{S_2^2} \dfrac{1}{F_\alpha(n_1-1, n_2-1)}$，从而两

总体方差之比 $\dfrac{\sigma_1^2}{\sigma_2^2}$ 的置信水平为 $1-\alpha$ 的单侧置信区间为

$$\left(\frac{S_1^2}{S_2^2}\frac{1}{F_\alpha(n_1-1,\ n_2-1)},\ +\infty\right)$$

类似地,确定常数 a,使得

$$P\left(\frac{\sigma_2^2 S_1^2}{\sigma_1^2 S_2^2}>a\right)=1-\alpha$$

取 $b=\dfrac{1}{F_\alpha(n_2-1,\ n_1-1)}$,得

$$P\left(\frac{\sigma_2^2 S_1^2}{\sigma_1^2 S_2^2}>\frac{1}{F_\alpha(n_2-1,\ n_1-1)}\right)=1-\alpha$$

如图 7 - 23 所示。从而有

$$P\left(\frac{\sigma_1^2}{\sigma_2^2}<\frac{S_1^2}{S_2^2}F_\alpha(n_2-1,\ n_1-1)\right)=1-\alpha$$

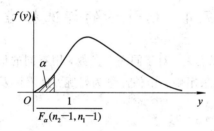

图 7 - 23

故两总体方差之比 $\dfrac{\sigma_1^2}{\sigma_2^2}$ 的置信水平为 $1-\alpha$ 的单侧置信上限为 $\dfrac{S_1^2}{S_2^2}F_\alpha(n_2-1,\ n_1-1)$,从而两总体方差之比 $\dfrac{\sigma_1^2}{\sigma_2^2}$ 的置信水平为 $1-\alpha$ 的单侧置信区间为

$$\left(0,\ \frac{S_1^2}{S_2^2}F_\alpha(n_2-1,\ n_1-1)\right)$$

例 7 - 25　设某批轮胎的寿命(单位:公里)服从正态分布 $N(\mu,\ 4000^2)$,现从中随机抽取 $n=100$ 只,测得平均寿命为 32 000 公里,试求参数 μ 的置信水平为 0.95 的单侧置信下限与对应的单侧置信区间($z_{0.05}=1.645$)。

解　由于 $\sigma^2=4000^2$ 已知,因此参数 μ 的置信水平为 $1-\alpha$ 的单侧置信下限为 $\underline{\mu}=\overline{X}-\dfrac{\sigma}{\sqrt{n}}z_\alpha$,又 $n=100$,$\overline{x}=32\,000$,$\sigma=4000$,$1-\alpha=0.95$,$\alpha=0.05$,$z_\alpha=z_{0.05}=1.645$,故

$$\overline{x}-\frac{\sigma}{\sqrt{n}}z_\alpha=32\,000-\frac{4000}{\sqrt{100}}\times1.645=31\,342$$

从而参数 μ 的置信水平为 0.95 的单侧置信下限为 $\underline{\mu}=31\,342$，其对应的单侧置信区间为 $(31\,342, +\infty)$。

例 7-26 从一批灯泡中随机抽取 5 只做寿命测试，计算得平均寿命为 1160 小时，标准差为 99.75 小时。设灯泡寿命服从正态分布，求灯泡寿命平均值 μ 的置信水平为 0.95 的单侧置信下限与对应的单侧置信区间（$t_{0.05}(4)=2.1318$）。

解 由于 σ^2 未知，因此参数 μ 的置信水平为 $1-\alpha$ 的单侧置信下限为 $\underline{\mu}=\overline{X}-\dfrac{S}{\sqrt{n}}t_\alpha(n-1)$，又 $n=5$，$\overline{x}=1160$，$s=99.75$，$1-\alpha=0.95$，$\alpha=0.05$，$t_\alpha(n-1)=t_{0.05}(4)=2.1318$，故

$$\overline{x}-\frac{s}{\sqrt{n}}t_\alpha(n-1)=1160-\frac{99.75}{\sqrt{5}}\times 2.1318=1065$$

从而参数 μ 的置信水平为 0.95 的单侧置信下限为 $\underline{\mu}=1065$，其对应的单侧置信区间为 $(1065, +\infty)$。

7.4　估计量的评选标准

从参数的点估计中可以看到：对于同一个参数，用不同的估计方法求出的估计量可能不同。这样我们自然会问，采用哪一个估计量为好呢？这就涉及用什么样的标准来评价估计量的问题。

1. 无偏性

设 $X_1, X_2, \cdots, X_n$ 为来自总体 X 的一个样本，$\theta \in \Theta$ 是包含在总体 X 的分布中的未知参数，其中 Θ 是 θ 可能的取值范围。

定义 1 设 $\hat{\theta}=\hat{\theta}(X_1, X_2, \cdots, X_n)$ 是 θ 的估计量，且 $\hat{\theta}$ 的数学期望存在，如果 $\forall \theta \in \Theta$，有

$$E\hat{\theta}=\theta$$

则称 $\hat{\theta}$ 是 θ 的无偏估计量。

一般称 $E(\hat{\theta}-\theta)$ 为以 $\hat{\theta}$ 作为 θ 的估计的系统误差，所以无偏估计的实际意义就是指无系统误差。

例如，设总体 X 的均值为 μ，方差为 $\sigma^2(\sigma>0)$，则 $E\overline{X}=\mu$，$ES^2=\sigma^2$，从而不论总体 X 服从什么分布，样本均值 $\overline{X}$ 是总体均值 μ 的无偏估计，样本方差 S^2 是总体方差 σ^2 的无偏估计。

例 7-27 设总体 X 的 k 阶原点矩 $\mu_k=EX^k(k \geqslant 1)$ 存在，$X_1, X_2, \cdots, X_n$ 为来自总体 X 的一个样本，证明不论总体 X 服从什么分布，样本 k 阶原点矩 $A_k=\dfrac{1}{n}\sum\limits_{i=1}^{n}X_i^k$ 是总体 k 阶原点矩 μ_k 的无偏估计量。

证明　由于样本 X_1，X_2，$\cdots$，X_n 与总体 X 同分布，因此

$$EX_i^k = EX^k = \mu_k, \quad i = 1, 2, \cdots, n$$

从而

$$EA_k = \frac{1}{n} \sum_{i=1}^{n} EX_i^k = \mu_k$$

故样本 k 阶原点矩 A_k 是总体 k 阶原点矩 μ_k 的无偏估计量。

例 7-28　设总体 X 的概率密度为

$$f(x) = \begin{cases} 2e^{-2(x-\theta)}, & x > \theta \\ 0, & x \leqslant \theta \end{cases}$$

其中 $\theta(\theta > 0)$ 为未知参数，从总体 X 中抽取一个简单随机样本 X_1，X_2，$\cdots$，X_n，记 $\hat{\theta} = \min\{X_1, X_2, \cdots, X_n\}$。

(1) 求总体 X 的分布函数 $F(x)$；

(2) 求统计量 $\hat{\theta}$ 的分布函数 $F_{\hat{\theta}}(x)$；

(3) 如果用 $\hat{\theta}$ 作为 θ 的估计量，讨论它是否具有无偏性。

解　(1)　$$F(x) = \int_{-\infty}^{x} f(t)dt = \begin{cases} 1 - e^{-2(x-\theta)}, & x \geqslant \theta \\ 0, & x < \theta \end{cases}$$

(2)　$$\begin{aligned} F_{\hat{\theta}}(x) &= P(\hat{\theta} \leqslant x) = P(\min\{X_1, X_2, \cdots, X_n\} \leqslant x) \\ &= 1 - P(X_1 > x, X_2 > x, \cdots, X_n > x) \\ &= 1 - P(X_1 > x)P(X_2 > x) \cdots P(X_n > x) \\ &= 1 - [1 - F(x)]^n = \begin{cases} 1 - e^{-2n(x-\theta)}, & x > \theta \\ 0, & x \leqslant \theta \end{cases} \end{aligned}$$

(3) $\hat{\theta}$ 的概率密度为

$$f_{\hat{\theta}}(x) = F'_{\hat{\theta}}(x) = \begin{cases} 2ne^{-2n(x-\theta)}, & x > \theta \\ 0, & x \leqslant \theta \end{cases}$$

因为

$$E\hat{\theta} = \int_{-\infty}^{+\infty} xf_{\hat{\theta}}(x)dx = \int_{\theta}^{+\infty} 2nxe^{-2n(x-\theta)}dx = \theta + \frac{1}{2n} \neq \theta$$

所以 $\hat{\theta}$ 作为 θ 的估计量不具有无偏性。

例 7-29　设 X_1，X_2，$\cdots$，X_n 为来自总体 $X \sim N(\mu, \sigma^2)$ 的一个样本，$\overline{X} = \frac{1}{n} \sum_{i=1}^{n} X_i$，

$S^2 = \frac{1}{n-1} \sum_{i=1}^{n} (X_i - \overline{X})^2$，$T = \overline{X}^2 - \frac{1}{n} S^2$。

(1) 证明 T 是 μ^2 的无偏估计量；

(2) 当 $\mu=0$，$\sigma=1$ 时，求 DT。

解 (1) 证明：由于 $E\overline{X}=\mu$，$D\overline{X}=\dfrac{\sigma^2}{n}$，$ES^2=\sigma^2$，因此

$$ET = E\overline{X}^2 - \frac{1}{n}ES^2 = D\overline{X} + (E\overline{X})^2 - \frac{1}{n}ES^2 = \frac{\sigma^2}{n} + \mu^2 - \frac{\sigma^2}{n} = \mu^2$$

故 T 是 μ^2 的无偏估计量。

(2) 当 $\mu=0$，$\sigma=1$ 时，有 $\overline{X}\sim N\left(0,\dfrac{1}{n}\right)$，$(n-1)S^2\sim\chi^2(n-1)$，从而

$$\left(\frac{\overline{X}}{1/\sqrt{n}}\right)^2 \sim \chi^2(1)$$

于是 $D\overline{X}^2=\dfrac{2}{n^2}$，$DS^2=\dfrac{2}{n-1}$，又由于 $\overline{X}$ 与 S^2 相互独立，故

$$DT = D\overline{X}^2 + \frac{1}{n^2}DS^2 = \frac{2}{n^2} + \frac{1}{n^2}\cdot\frac{2}{n-1} = \frac{2}{n(n-1)}$$

例 7-30 设随机变量 X 与 Y 相互独立且分别服从正态分布 $N(\mu,\sigma^2)$ 与 $N(\mu,2\sigma^2)$，其中 σ 为未知参数且 $\sigma>0$，记 $Z=X-Y$。

(1) 求 Z 的概率密度 $f(z;\sigma^2)$；

(2) 设 $Z_1,Z_2,\cdots,Z_n$ 为来自总体 Z 的一个简单随机样本，求 σ^2 的最大似然估计量 $\hat{\sigma^2}$；

(3) 证明 $\hat{\sigma^2}$ 为 σ^2 的无偏估计量。

解 (1) 因为 X 与 Y 相互独立且分别服从正态分布 $N(\mu,\sigma^2)$ 与 $N(\mu,2\sigma^2)$，所以 $Z=X-Y$ 服从正态分布，且

$$EZ=E(X-Y)=EX-EY=\mu-\mu=0$$
$$DZ=D(X-Y)=DX+DY=\sigma^2+2\sigma^2=3\sigma^2$$

因此 Z 的概率密度为

$$f(z;\sigma^2)=\frac{1}{\sqrt{6\pi}\sigma}e^{-\frac{z^2}{6\sigma^2}},\quad -\infty<z<+\infty$$

(2) 对于样本 $Z_1,Z_2,\cdots,Z_n$ 的一组样本值 $z_1,z_2,\cdots,z_n$，有

（Ⅰ）似然函数：$L(\sigma^2)=\displaystyle\prod_{i=1}^{n}f(z_i;\sigma^2)=\prod_{i=1}^{n}\frac{1}{\sqrt{6\pi}\sigma}e^{-\frac{z_i^2}{6\sigma^2}}=\frac{1}{(\sqrt{6\pi})^n}(\sigma^2)^{-\frac{n}{2}}e^{-\frac{1}{6\sigma^2}\sum\limits_{i=1}^{n}z_i^2}$；

（Ⅱ）取自然对数：$\ln L(\sigma^2)=-n\ln\sqrt{6\pi}-\dfrac{n}{2}\ln\sigma^2-\dfrac{1}{6\sigma^2}\displaystyle\sum_{i=1}^{n}z_i^2$；

（Ⅲ）令 $\dfrac{\mathrm{d}\ln L(\sigma^2)}{\mathrm{d}\sigma^2}=-\dfrac{n}{2\sigma^2}+\dfrac{1}{6\sigma^4}\displaystyle\sum_{i=1}^{n}z_i^2=0$，解之得 σ^2 的最大似然估计值为

$$\hat{\sigma}^2 = \frac{1}{3n} \sum_{i=1}^{n} z_i^2$$

从而 σ^2 的最大似然估计量为

$$\hat{\sigma}^2 = \frac{1}{3n} \sum_{i=1}^{n} Z_i^2$$

(3) 证明：因为

$$E\hat{\sigma}^2 = \frac{1}{3n} \sum_{i=1}^{n} EZ_i^2 = \frac{1}{3n} \sum_{i=1}^{n} EZ^2 = \frac{1}{3} EZ^2 = \frac{1}{3}(DZ + (EZ)^2) = \frac{1}{3} DZ = \sigma^2$$

所以 $\hat{\sigma}^2$ 为 σ^2 的无偏估计量。

例 7-31 设 X_1，X_2，$\cdots$，X_n 为来自正态总体 $N(\mu_0, \sigma^2)$ 的一个简单随机样本，其中 μ_0 已知，$\sigma^2 > 0$ 为未知参数。

(1) 求参数 σ^2 的最大似然估计量 $\hat{\sigma}^2$；

(2) 计算 $E\hat{\sigma}^2$ 和 $D\hat{\sigma}^2$，问 $\hat{\sigma}^2$ 是否为 σ^2 的无偏估计量。

解 (1) 对于样本 X_1，X_2，$\cdots$，X_n 的一组样本值 x_1，x_2，$\cdots$，x_n，有

（Ⅰ）似然函数：$L(\sigma^2) = \prod_{i=1}^{n} f(x_i) = \prod_{i=1}^{n} \frac{1}{\sqrt{2\pi}\sigma} e^{-\frac{(x_i-\mu_0)^2}{2\sigma^2}} = \frac{1}{(\sqrt{2\pi})^n}(\sigma^2)^{-\frac{n}{2}} e^{-\frac{1}{2\sigma^2}\sum_{i=1}^{n}(x_i-\mu_0)^2}$；

（Ⅱ）取自然对数：$\ln L(\sigma^2) = -n\ln\sqrt{2\pi} - \frac{n}{2}\ln\sigma^2 - \frac{1}{2\sigma^2}\sum_{i=1}^{n}(x_i-\mu_0)^2$；

（Ⅲ）令 $\dfrac{d\ln L(\sigma^2)}{d\sigma^2} = -\dfrac{n}{2\sigma^2} + \dfrac{1}{2\sigma^4}\sum_{i=1}^{n}(x_i-\mu_0)^2 = 0$，解之得 σ^2 的最大似然估计值为

$$\hat{\sigma}^2 = \frac{1}{n}\sum_{i=1}^{n}(x_i-\mu_0)^2$$

从而 σ^2 的最大似然估计量为

$$\hat{\sigma}^2 = \frac{1}{n}\sum_{i=1}^{n}(X_i-\mu_0)^2$$

(2) 由于 $\dfrac{n\hat{\sigma}^2}{\sigma^2} = \dfrac{\sum_{i=1}^{n}(X_i-\mu_0)^2}{\sigma^2} \sim \chi^2(n)$，因此

$$E\hat{\sigma}^2 = E\left(\frac{\sigma^2}{n} \cdot \frac{n\hat{\sigma}^2}{\sigma^2}\right) = \frac{\sigma^2}{n} E\left(\frac{n\hat{\sigma}^2}{\sigma^2}\right) = \frac{\sigma^2}{n} \cdot n = \sigma^2$$

$$D\hat{\sigma}^2 = D\left(\frac{\sigma^2}{n} \cdot \frac{n\hat{\sigma}^2}{\sigma^2}\right) = \frac{\sigma^4}{n^2} D\left(\frac{n\hat{\sigma}^2}{\sigma^2}\right) = \frac{\sigma^4}{n^2} \cdot 2n = \frac{2\sigma^4}{n}$$

因为 $E\hat{\sigma}^2 = \sigma^2$，所以 $\hat{\sigma}^2$ 是 σ^2 的无偏估计量。

2. 有效性

设总体 X 的均值为 μ，方差为 $\sigma^2 (\sigma>0)$，X_1，X_2，$\cdots$，X_n 为来自总体 X 的一个样本。$\overline{X}$ 为样本均值，则 $E\overline{X}=\mu$，$EX_i=\mu(i=1, 2, \cdots, n)$，从而 $X_i(i=1, 2, \cdots, n)$ 和 $\overline{X}$ 都可作为参数 μ 的无偏估计量，因此，对一个参数来说，可能有多个无偏估计量，那么采用哪一个好呢？

定义 2 设 $\hat{\theta}_1=\hat{\theta}_1(X_1, X_2, \cdots, X_n)$ 与 $\hat{\theta}_2=\hat{\theta}_2(X_1, X_2, \cdots, X_n)$ 都是 θ 的无偏估计量，如果 $\forall \theta \in \Theta$，有

$$D\hat{\theta}_1 < D\hat{\theta}_2$$

则称 $\hat{\theta}_1$ 较 $\hat{\theta}_2$ 有效。

因而对均值为 μ，方差为 $\sigma^2 (\sigma>0)$ 的总体 X 来说，虽然 $X_i(i=1, 2, \cdots, n)$ 和 $\overline{X}$ 都可作为参数 μ 的无偏估计量，但由于 $D\overline{X}=\dfrac{\sigma^2}{n}$，$DX_i=\sigma^2$，因此 $\overline{X}$ 较 X_i 有效。

例 7-32 设 X_1，X_2，$\cdots$，X_n 为来自总体 X 的一个样本，比较总体均值 μ 的两个无偏估计量 $\overline{X}=\dfrac{1}{n}\sum\limits_{i=1}^{n}X_i$ 与 $\overline{X}'=\dfrac{\sum\limits_{i=1}^{n}\alpha_i X_i}{\sum\limits_{i=1}^{n}\alpha_i}\left(\sum\limits_{i=1}^{n}\alpha_i \neq 0\right)$ 的有效性。

解 由于

$$E\overline{X}=\mu, \quad E\overline{X}'=\frac{\sum\limits_{i=1}^{n}\alpha_i EX_i}{\sum\limits_{i=1}^{n}\alpha_i}=\mu$$

因此 $\overline{X}$、$\overline{X}'$ 都是 μ 的无偏估计量。设 σ^2 是总体 X 的方差，则

$$D\overline{X}=\frac{\sigma^2}{n}, \quad D\overline{X}'=\frac{\sum\limits_{i=1}^{n}\alpha_i^2 DX_i}{\left[\sum\limits_{i=1}^{n}\alpha_i\right]^2}=\frac{\sigma^2\sum\limits_{i=1}^{n}\alpha_i^2}{\left[\sum\limits_{i=1}^{n}\alpha_i\right]^2}$$

又由于 $\left[\sum\limits_{i=1}^{n}\alpha_i\right]^2=\sum\limits_{i=1}^{n}\alpha_i^2+2\sum\limits_{1\leqslant i<j\leqslant n}\alpha_i\alpha_j \leqslant \sum\limits_{i=1}^{n}\alpha_i^2+\sum\limits_{1\leqslant i<j\leqslant n}(\alpha_i^2+\alpha_j^2)=n\sum\limits_{i=1}^{n}\alpha_i^2$，故

$$D\overline{X}' \geqslant \frac{\sigma^2\sum\limits_{i=1}^{n}\alpha_i^2}{n\sum\limits_{i=1}^{n}\alpha_i^2}=\frac{\sigma^2}{n}=D\overline{X}$$

所以 $\overline{X}$ 较 $\overline{X}'$ 有效。

例 7-33　设 X_1，X_2，$\cdots$，X_n 为来自总体 X 的一个样本，$\alpha_i > 0 (i = 1, 2, \cdots, n)$，$\sum\limits_{i=1}^{n} \alpha_i = 1$。

(1) 试证 $\sum\limits_{i=1}^{n} \alpha_i X_i$ 是总体 X 的均值 μ 的无偏估计量；

(2) 试证在 μ 的一切形如 $\sum\limits_{i=1}^{n} \alpha_i X_i (\alpha_i > 0, \sum\limits_{i=1}^{n} \alpha_i = 1)$ 的估计量中，$\overline{X}$ 为最有效的估计量。

证明　(1) 由于

$$E\left[\sum_{i=1}^{n} \alpha_i X_i\right] = \sum_{i=1}^{n} \alpha_i E X_i = \mu \sum_{i=1}^{n} \alpha_i = \mu$$

因此 $\sum\limits_{i=1}^{n} \alpha_i X_i$ 是总体 X 的均值 μ 的无偏估计。特别地，取 $\alpha_i = \dfrac{1}{n} (i = 1, 2, \cdots, n)$，则 $\overline{X}$ 也是 μ 的无偏估计。

(2) 由于 $D\left[\sum\limits_{i=1}^{n} \alpha_i X_i\right] = \sum\limits_{i=1}^{n} \alpha_i^2 D X_i = \sigma^2 \sum\limits_{i=1}^{n} \alpha_i^2$，其中 σ^2 为总体 X 的方差，因此问题转化为求函数 $f(\alpha_1, \alpha_2, \cdots, \alpha_n) = \sum\limits_{i=1}^{n} \alpha_i^2$ 在如下条件

$$\alpha_i > 0 (i = 1, 2, \cdots, n), \quad \sum_{i=1}^{n} \alpha_i = 1$$

下的最小值。为此，取

$$F(\alpha_1, \alpha_2, \cdots, \alpha_n, \lambda) = \sum_{i=1}^{n} \alpha_i^2 + \lambda\left[\sum_{i=1}^{n} \alpha_i - 1\right]$$

令

$$\frac{\partial F}{\partial \alpha_i} = 2\alpha_i + \lambda = 0, \quad \frac{\partial F}{\partial \lambda} = \sum_{i=1}^{n} \alpha_i - 1 = 0, \quad i = 1, 2, \cdots, n$$

解之得 $\alpha_i = \dfrac{1}{n} (i = 1, 2, \cdots, n)$，从而当 $\alpha_i = \dfrac{1}{n}$ 时，$D\left[\sum\limits_{i=1}^{n} \alpha_i X_i\right]$ 最小，此时 $\sum\limits_{i=1}^{n} \alpha_i X_i = \overline{X}$，即 $\overline{X}$ 为最有效。

3. 一致性(相合性)

无偏性与有效性都是在样本容量 n 固定的前提下提出的，我们还希望随着样本容量的增大，一个估计量的值稳定于待估参数的真值，从而就有以下一致性(相合性)的要求。

定义 3　设 $\hat{\theta}_n = \hat{\theta}_n(X_1, X_2, \cdots, X_n)$ 为参数 θ 的估计量，如果 $\forall \theta \in \Theta$，$\hat{\theta}_n$ 依概率收敛于

θ，则称 $\hat{\theta}_n$ 是 θ 的一致（相合）估计量。

一致性（相合性）是对一个估计量的基本要求，若估计量不具有一致性（相合性），那么不论将样本容量 n 取得多么大，都不能将参数 θ 估计得足够准确，这样的估计量是不可取的。

例 7-34 设总体 $X \sim U(\mu-\rho, \mu+\rho)$，$X_1, X_2, \cdots, X_n$ 为来自总体 X 的一个样本。

(1) 试求 μ、ρ 的矩估计量 $\hat{\mu}$、$\hat{\rho}$；

(2) 试问 $\hat{\mu}$、$\hat{\rho}$ 是否为 μ、ρ 的一致估计量，为什么？

解 (1) 由于 $X \sim U(\mu-\rho, \mu+\rho)$，因此

$$EX = \frac{\mu-\rho+\mu+\rho}{2} = \mu$$

$$DX = \frac{1}{12}[(\mu+\rho)-(\mu-\rho)]^2 = \frac{\rho^2}{3}$$

$$EX^2 = DX + (EX)^2 = \frac{\rho^2}{3} + \mu^2$$

由矩估计法，得

$$\mu = \overline{X}, \quad \frac{\rho^2}{3} + \mu^2 = \frac{1}{n}\sum_{i=1}^{n} X_i^2$$

解之得 μ、ρ 的矩估计量分别为

$$\hat{\mu} = \overline{X}, \quad \hat{\rho} = \sqrt{3}\sqrt{\frac{1}{n}\sum_{i=1}^{n} X_i^2 - \overline{X}^2}$$

(2) 由于

$$\overline{X} = \frac{1}{n}\sum_{i=1}^{n} X_i \xrightarrow{P} \mu, \quad \frac{1}{n}\sum_{i=1}^{n} X_i^2 \xrightarrow{P} EX^2 = \frac{\rho^2}{3} + \mu^2$$

因此

$$\hat{\rho} \xrightarrow{P} \sqrt{3}\sqrt{\frac{\rho^2}{3} + \mu^2 - \mu^2} = \rho$$

故 $\hat{\mu}$，$\hat{\rho}$ 分别是 μ、ρ 的一致估计量。

例 7-35 设总体 X 的概率密度为

$$f(x; \theta) = \frac{1}{2\theta}e^{-\frac{|x|}{\theta}}, \quad -\infty < x < +\infty$$

其中 $\theta(\theta>0)$ 为未知参数，$X_1, X_2, \cdots, X_n$ 为来自总体 X 的一个样本。

(1) 试求 θ 的最大似然估计量 $\hat{\theta}$；

(2) 试问 $\hat{\theta}$ 是否为 θ 的无偏估计量，为什么？

(3) 试问 $\hat{\theta}$ 是否为 θ 的相合估计量，为什么？

解　(1)对于样本 X_1，X_2，$\cdots$，X_n 的一组样本值 x_1，x_2，$\cdots$，x_n，有

（Ⅰ）似然函数：$L(\theta) = \prod\limits_{i=1}^{n} f(x_i; \theta) = \prod\limits_{i=1}^{n} \dfrac{1}{2\theta} e^{-\frac{|x_i|}{\theta}} = \dfrac{1}{2^n \theta^n} e^{-\frac{1}{\theta} \sum\limits_{i=1}^{n} |x_i|}$；

（Ⅱ）取自然对数：$\ln L(\theta) = -n\ln 2 - n\ln\theta - \dfrac{1}{\theta} \sum\limits_{i=1}^{n} |x_i|$；

（Ⅲ）令 $\dfrac{\mathrm{d}\ln L(\theta)}{\mathrm{d}\theta} = -\dfrac{n}{\theta} + \dfrac{1}{\theta^2} \sum\limits_{i=1}^{n} |x_i| = 0$，解之得 θ 的最大似然估计值为

$$\hat{\theta} = \dfrac{1}{n} \sum\limits_{i=1}^{n} |x_i|$$

从而 θ 的最大似然估计量为

$$\hat{\theta} = \dfrac{1}{n} \sum\limits_{i=1}^{n} |X_i|$$

(2) 由于

$$E|X| = \int_{-\infty}^{+\infty} |x| f(x; \theta) \mathrm{d}x = \int_{-\infty}^{+\infty} \dfrac{1}{2\theta} |x| e^{-\frac{|x|}{\theta}} \mathrm{d}x = \dfrac{1}{\theta} \int_{0}^{+\infty} x e^{-\frac{x}{\theta}} \mathrm{d}x = \theta$$

因此

$$E\hat{\theta} = \dfrac{1}{n} \sum\limits_{i=1}^{n} E|X_i| = E|X| = \theta$$

所以 $\hat{\theta}$ 是 θ 的无偏估计量。

(3) $E|X|^2 = \int_{-\infty}^{+\infty} |x|^2 f(x; \theta) \mathrm{d}x = \int_{-\infty}^{+\infty} \dfrac{1}{2\theta} x^2 e^{-\frac{|x|}{\theta}} \mathrm{d}x = \dfrac{1}{\theta} \int_{0}^{+\infty} x^2 e^{-\frac{x}{\theta}} \mathrm{d}x = 2\theta^2$

$$D|X| = E|X|^2 - (E|X|)^2 = 2\theta^2 - \theta^2 = \theta^2$$

$$D\hat{\theta} = \dfrac{1}{n^2} \sum\limits_{i=1}^{n} D|X_i| = \dfrac{D|X|}{n} = \dfrac{\theta^2}{n}$$

由 Chebyshev 不等式，得

$$\forall \varepsilon > 0, \ 0 \leqslant P(|\hat{\theta} - \theta| \geqslant \varepsilon) = P(|\hat{\theta} - E\hat{\theta}| \geqslant \varepsilon) \leqslant \dfrac{D\hat{\theta}}{\varepsilon^2} = \dfrac{\theta^2}{n\varepsilon^2} \to 0, \qquad n \to \infty$$

即

$$P(|\hat{\theta} - \theta| \geqslant \varepsilon) \to 0, \qquad n \to \infty$$

所以 $\hat{\theta}$ 是 θ 的相合估计量。

例 7 - 36　设总体 X 的分布函数为

$$F(x) = \begin{cases} 1 - e^{-\frac{x^2}{\theta}}, & x \geqslant 0 \\ 0, & x < 0 \end{cases}$$

其中 $\theta(\theta > 0)$ 为未知参数，X_1，X_2，$\cdots$，X_n 为来自总体 X 的一个简单随机样本。

（1）求 EX、DX；

（2）求 θ 的最大似然估计量 $\hat{\theta}_n$；

（3）问是否存在实数 a，使得 $\forall \varepsilon > 0$，均有

$$\lim_{n \to \infty} P(|\hat{\theta}_n - a| \geqslant \varepsilon) = 0$$

解　由于 X 的分布函数为

$$F(x) = \begin{cases} 1 - \mathrm{e}^{-\frac{x^2}{\theta}}, & x \geqslant 0 \\ 0, & x < 0 \end{cases}$$

因此 X 的概率密度为

$$f(x) = F'(x) = \begin{cases} \dfrac{2x}{\theta} \mathrm{e}^{-\frac{x^2}{\theta}}, & x > 0 \\ 0, & x \leqslant 0 \end{cases}$$

（1）
$$EX = \int_{-\infty}^{+\infty} x f(x)\,\mathrm{d}x = \int_0^{+\infty} x \cdot \frac{2x}{\theta} \mathrm{e}^{-\frac{x^2}{\theta}}\,\mathrm{d}x = \frac{2}{\theta} \int_0^{+\infty} x^2 \mathrm{e}^{-\frac{x^2}{\theta}}\,\mathrm{d}x$$

$$= -\int_0^{+\infty} x\,\mathrm{d}(\mathrm{e}^{-\frac{x^2}{\theta}}) = \left[-x\mathrm{e}^{-\frac{x^2}{\theta}} \right]_0^{+\infty} + \int_0^{+\infty} \mathrm{e}^{-\frac{x^2}{\theta}}\,\mathrm{d}x$$

$$= \frac{1}{2}\sqrt{2\pi}\sqrt{\frac{\theta}{2}} \int_{-\infty}^{+\infty} \frac{1}{\sqrt{2\pi}\sqrt{\dfrac{\theta}{2}}} \mathrm{e}^{-\frac{x^2}{\theta}}\,\mathrm{d}x = \frac{\sqrt{\pi\theta}}{2}$$

$$EX^2 = \int_{-\infty}^{+\infty} x^2 f(x)\,\mathrm{d}x = \int_0^{+\infty} x^2 \cdot \frac{2x}{\theta} \mathrm{e}^{-\frac{x^2}{\theta}}\,\mathrm{d}x = \frac{2}{\theta} \int_0^{+\infty} x^3 \mathrm{e}^{-\frac{x^2}{\theta}}\,\mathrm{d}x$$

$$= -\int_0^{+\infty} x^2\,\mathrm{d}(\mathrm{e}^{-\frac{x^2}{\theta}}) = \left[-x^2 \mathrm{e}^{-\frac{x^2}{\theta}} \right]_0^{+\infty} + 2\int_0^{+\infty} x\mathrm{e}^{-\frac{x^2}{\theta}}\,\mathrm{d}x$$

$$= -\theta \int_0^{+\infty} \mathrm{e}^{-\frac{x^2}{\theta}}\,\mathrm{d}\left(-\frac{x^2}{\theta}\right) = \left[-\theta\mathrm{e}^{-\frac{x^2}{\theta}} \right]_0^{+\infty} = \theta$$

$$DX = EX^2 - (EX)^2 = \theta - \left(\frac{\sqrt{\pi\theta}}{2}\right)^2 = \left(1 - \frac{\pi}{4}\right)\theta$$

（2）对于样本 $X_1, X_2, \cdots, X_n$ 的一组样本值 $x_1, x_2, \cdots, x_n$，有

（Ⅰ）似然函数：$L(\theta) = \prod_{i=1}^n f(x_i) = \prod_{i=1}^n \frac{2x_i}{\theta} \mathrm{e}^{-\frac{x_i^2}{\theta}} = 2^n \theta^{-n} \mathrm{e}^{-\frac{\sum\limits_{i=1}^n x_i^2}{\theta}} \prod_{i=1}^n x_i\,(x_i > 0;\ i = 1, 2, \cdots, n)$；

（Ⅱ）取自然对数：$\ln L(\theta) = n\ln 2 - n\ln\theta - \dfrac{\sum\limits_{i=1}^n x_i^2}{\theta} + \sum_{i=1}^n \ln x_i$；

（Ⅲ）令 $\dfrac{\mathrm{dln}L(\theta)}{\mathrm{d}\theta}=-\dfrac{n}{\theta}+\dfrac{\sum\limits_{i=1}^{n}x_i^2}{\theta^2}=0$，解之得 θ 的最大似然估计值为

$$\hat{\theta}_n=\frac{1}{n}\sum_{i=1}^{n}x_i^2$$

从而 θ 的最大似然估计量为

$$\hat{\theta}_n=\frac{1}{n}\sum_{i=1}^{n}X_i^2$$

（3）由于

$$E\hat{\theta}_n=E\left(\frac{1}{n}\sum_{i=1}^{n}X_i^2\right)=\frac{1}{n}\sum_{i=1}^{n}EX_i^2=\frac{1}{n}\sum_{i=1}^{n}EX^2=EX^2=\theta$$

$$EX^4=\int_{-\infty}^{+\infty}x^4f(x)\mathrm{d}x=\int_{0}^{+\infty}x^4\cdot\frac{2x}{\theta}\mathrm{e}^{-\frac{x^2}{\theta}}\mathrm{d}x=\frac{2}{\theta}\int_{0}^{+\infty}x^5\mathrm{e}^{-\frac{x^2}{\theta}}\mathrm{d}x$$

$$=-\int_{0}^{+\infty}x^4\mathrm{d}(\mathrm{e}^{-\frac{x^2}{\theta}})=\left[-x^4\mathrm{e}^{-\frac{x^2}{\theta}}\right]_{0}^{+\infty}+4\int_{0}^{+\infty}x^3\mathrm{e}^{-\frac{x^2}{\theta}}\mathrm{d}x$$

$$=-2\theta\int_{0}^{+\infty}x^2\mathrm{d}(\mathrm{e}^{-\frac{x^2}{\theta}})=\left[-2\theta x^2\mathrm{e}^{-\frac{x^2}{\theta}}\right]_{0}^{+\infty}+4\theta\int_{0}^{+\infty}x\mathrm{e}^{-\frac{x^2}{\theta}}\mathrm{d}x$$

$$=-2\theta^2\int_{0}^{+\infty}\mathrm{e}^{-\frac{x^2}{\theta}}\mathrm{d}\left(-\frac{x^2}{\theta}\right)=\left[-2\theta^2\mathrm{e}^{-\frac{x^2}{\theta}}\right]_{0}^{+\infty}=2\theta^2$$

因此

$$D\hat{\theta}_n=D\left(\frac{1}{n}\sum_{i=1}^{n}X_i^2\right)=\frac{1}{n^2}\sum_{i=1}^{n}DX_i^2=\frac{1}{n^2}\sum_{i=1}^{n}DX^2=\frac{1}{n}DX^2$$

$$=\frac{1}{n}\left[EX^4-(EX^2)^2\right]=\frac{1}{n}(2\theta^2-\theta^2)=\frac{\theta^2}{n}$$

由 Chebyshev 不等式，得

$$\forall\varepsilon>0,\ 0\leqslant P(|\hat{\theta}_n-\theta|\geqslant\varepsilon)=P(|\hat{\theta}_n-E\hat{\theta}_n|\geqslant\varepsilon)\leqslant\frac{D\hat{\theta}_n}{\varepsilon^2}=\frac{\theta^2}{n\varepsilon^2}\to0,\qquad n\to\infty$$

所以取 $a=\theta$，可使 $\forall\varepsilon>0$，均有

$$\lim_{n\to\infty}P(|\hat{\theta}_n-a|\geqslant\varepsilon)=0$$

例 7 - 37 设总体 $X\sim N(\mu,\sigma^2)$，$X_1,X_2,\cdots,X_n$ 为来自总体 X 的一个简单随机样本，S^2 为样本方差，试证明 S^2 是总体方差 σ^2 的一致无偏估计量。

证明 由于 $\dfrac{(n-1)S^2}{\sigma^2}\sim\chi^2(n-1)$，因此

$$E\left[\frac{(n-1)S^2}{\sigma^2}\right]=n-1,\ D\left[\frac{(n-1)S^2}{\sigma^2}\right]=2(n-1)$$

从而

$$ES^2 = \sigma^2 , \quad DS^2 = \frac{2\sigma^4}{n-1}$$

所以 S^2 是总体方差 σ^2 的无偏估计量。

由 Chebyshev 不等式，得

$$\forall \varepsilon > 0, \ 0 \leqslant P(\mid S^2 - \sigma^2 \mid \geqslant \varepsilon) = P(\mid S^2 - ES^2 \mid \geqslant \varepsilon) \leqslant \frac{DS^2}{\varepsilon^2} = \frac{2\sigma^4}{(n-1)\varepsilon^2} \to 0, \quad n \to \infty$$

故 S^2 是总体方差 σ^2 的一致无偏估计量。

习 题 7

一、选择题

1. 设 $0, 1, 0, 1, 1$ 是来自两点分布总体 $X \sim B(1, p)$ 的样本观察值，则 p 的矩估计值为（　　）。

    A. $\dfrac{1}{5}$ B. $\dfrac{2}{5}$ C. $\dfrac{3}{5}$ D. $\dfrac{4}{5}$

2. 设总体 $X \sim N(\mu, \sigma^2)$，其中 μ、σ^2 为未知参数，$\hat{\sigma}_1^2$ 为 σ^2 的矩估计量，$\hat{\sigma}_2^2$ 为 σ^2 的最大似然估计量，则（　　）。

    A. $\hat{\sigma}_1^2 = \hat{\sigma}_2^2$ B. $\hat{\sigma}_1^2 < \hat{\sigma}_2^2$ C. $\hat{\sigma}_1^2 > \hat{\sigma}_2^2$ D. $\hat{\sigma}_1^2 \neq \hat{\sigma}_2^2$

3. 设总体 $X \sim N(\mu, \sigma^2)$，其中 σ^2 未知，对均值 μ 作区间估计，其置信水平为 95% 的置信区间是（　　）。

    A. $\left(\overline{X} \pm \dfrac{S}{\sqrt{n}} t_{0.025}(n-1)\right)$ B. $\left(\overline{X} \pm \dfrac{\sigma}{\sqrt{n}} t_{0.025}(n-1)\right)$

    C. $\left(\overline{X} \pm \dfrac{S}{\sqrt{n}} z_{0.025}\right)$ D. $\left(\overline{X} \pm \dfrac{\sigma}{\sqrt{n}} z_{0.025}\right)$

4. 设 $X_1, X_2, \cdots, X_n$ 为来自总体 X 的一个样本，且 $EX = \mu$，$DX = \sigma^2$，$\overline{X} = \dfrac{1}{n}\sum\limits_{i=1}^{n} X_i$，则下列估计量是 σ^2 的无偏估计的是（　　）。

    A. $\dfrac{1}{n}\sum\limits_{i=1}^{n-1}(X_i - \overline{X})^2$ B. $\dfrac{1}{n-1}\sum\limits_{i=1}^{n}(X_i - \overline{X})^2$

    C. $\dfrac{1}{n-1}\sum\limits_{i=1}^{n-1}(X_i - \overline{X})^2$ D. $\dfrac{1}{n}\sum\limits_{i=1}^{n}(X_i - \overline{X})^2$

5. 设 X_1, X_2, X_3 为来自总体 X 的一个样本，则总体均值 μ 的有效估计量是（　　）。

    A. $\hat{\mu}_1 = \dfrac{3X_1 + 4X_2 + 3X_3}{10}$ B. $\hat{\mu}_2 = \dfrac{5X_1 + 4X_2 + 3X_3}{10}$

C. $\hat{\mu}_3 = \dfrac{2X_1 + 2X_2 + 6X_3}{10}$ D. $\hat{\mu}_4 = \dfrac{2X_1 + 4X_2 + 3X_3}{10}$

6. 设 X_1，X_2，X_3 为来自正态总体 $X \sim N(\mu, \sigma^2)$ 的一个样本，

$$\hat{\mu}_1 = \frac{1}{3}X_1 + \frac{1}{3}X_2 + \frac{1}{3}X_3,\ \hat{\mu}_2 = \frac{2}{5}X_1 + \frac{3}{5}X_2,\ \hat{\mu}_3 = \frac{1}{2}X_1 + \frac{1}{3}X_2 + \frac{1}{6}X_3$$

则（ ）。

    A. 三个都不是 μ 的无偏估计量

    B. 三个都是 μ 的无偏估计量且 $\hat{\mu}_1$ 有效

    C. 三个都是 μ 的无偏估计量且 $\hat{\mu}_2$ 有效

    D. 三个都是 μ 的无偏估计量且 $\hat{\mu}_3$ 有效

7. 无论 σ^2 是否已知，正态总体均值 μ 的置信水平为 $1-\alpha$ 的置信区间中心都是（ ）。

    A. μ B. σ^2 C. $\overline{X}$ D. S^2

8. 当 σ^2 未知时，正态总体均值 μ 的置信水平为 $1-\alpha$ 的置信区间的长度为（ ）。

    A. $2t_\alpha(n)$ B. $\dfrac{2S}{\sqrt{n}}t_{\frac{\alpha}{2}}(n-1)$

    C. $\dfrac{S}{\sqrt{n}}t_{\frac{\alpha}{2}}(n-1)$ D. $\dfrac{S}{\sqrt{n}}$

9. 设一批零件的长度服从正态分布 $N(\mu, \sigma^2)$，其中 μ、σ^2 均未知。现从中抽取 16 个零件，测得样本均值 $\bar{x} = 20$ cm，样本标准差 $s = 1$ cm，则参数 μ 的置信水平为 0.90 的置信区间是（ ）。

    A. $\left(20 - \dfrac{1}{4}t_{0.05}(16),\ 20 + \dfrac{1}{4}t_{0.05}(16)\right)$ B. $\left(20 - \dfrac{1}{4}t_{0.10}(16),\ 20 + \dfrac{1}{4}t_{0.10}(16)\right)$

    C. $\left(20 - \dfrac{1}{4}t_{0.05}(15),\ 20 + \dfrac{1}{4}t_{0.05}(15)\right)$ D. $\left(20 - \dfrac{1}{4}t_{0.10}(15),\ 20 + \dfrac{1}{4}t_{0.10}(15)\right)$

10. 设正态总体均值 μ 的置信区间的长度 $L = \dfrac{2S}{\sqrt{n}}t_\alpha(n-1)$，则其置信水平为（ ）。

    A. $1-\alpha$ B. α C. $1-\dfrac{\alpha}{2}$ D. $1-2\alpha$

11. 设总体 $X \sim N(\mu, \sigma^2)$，其中 σ^2 已知，若样本容量 n 不变，则当置信水平 $1-\alpha$ 变大时，总体均值 μ 的置信区间长度 L（ ）。

    A. 变长   B. 变短

    C. 不变   D. 以上说法均不对

12. 设总体 $X \sim N(\mu, \sigma^2)$，其中 σ^2 已知，若样本容量 n 和置信水平 $1-\alpha$ 均不变，则对于不同的样本观测值，总体均值 μ 的置信区间长度（ ）。

    A. 变长   B. 变短   C. 不变   D. 不能确定

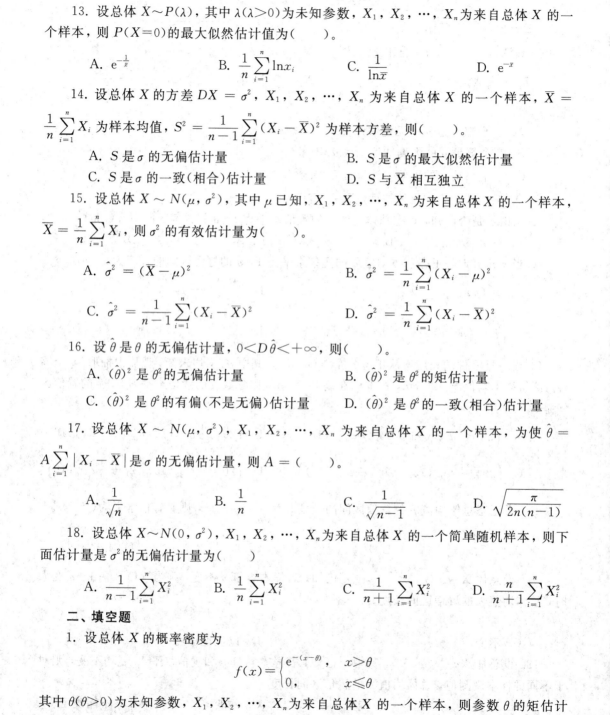

13. 设总体 $X \sim P(\lambda)$，其中 $\lambda(\lambda>0)$ 为未知参数，X_1，X_2，$\cdots$，X_n 为来自总体 X 的一个样本，则 $P(X=0)$ 的最大似然估计值为（　　）。

   A. $e^{-\frac{1}{\bar{x}}}$ B. $\dfrac{1}{n}\sum\limits_{i=1}^{n}\ln x_i$ C. $\dfrac{1}{\ln\bar{x}}$ D. $e^{-\bar{x}}$

14. 设总体 X 的方差 $DX = \sigma^2$，X_1，X_2，$\cdots$，X_n 为来自总体 X 的一个样本，$\bar{X} = \dfrac{1}{n}\sum\limits_{i=1}^{n}X_i$ 为样本均值，$S^2 = \dfrac{1}{n-1}\sum\limits_{i=1}^{n}(X_i - \bar{X})^2$ 为样本方差，则（　　）。

   A. S 是 σ 的无偏估计量   B. S 是 σ 的最大似然估计量

   C. S 是 σ 的一致（相合）估计量   D. S 与 $\bar{X}$ 相互独立

15. 设总体 $X \sim N(\mu, \sigma^2)$，其中 μ 已知，X_1，X_2，$\cdots$，X_n 为来自总体 X 的一个样本，$\bar{X} = \dfrac{1}{n}\sum\limits_{i=1}^{n}X_i$，则 σ^2 的有效估计量为（　　）。

   A. $\hat{\sigma}^2 = (\bar{X} - \mu)^2$ B. $\hat{\sigma}^2 = \dfrac{1}{n}\sum\limits_{i=1}^{n}(X_i - \mu)^2$

   C. $\hat{\sigma}^2 = \dfrac{1}{n-1}\sum\limits_{i=1}^{n}(X_i - \bar{X})^2$ D. $\hat{\sigma}^2 = \dfrac{1}{n}\sum\limits_{i=1}^{n}(X_i - \bar{X})^2$

16. 设 $\hat{\theta}$ 是 θ 的无偏估计量，$0<D\hat{\theta}<+\infty$，则（　　）。

   A. $(\hat{\theta})^2$ 是 θ^2 的无偏估计量   B. $(\hat{\theta})^2$ 是 θ^2 的矩估计量

   C. $(\hat{\theta})^2$ 是 θ^2 的有偏（不是无偏）估计量   D. $(\hat{\theta})^2$ 是 θ^2 的一致（相合）估计量

17. 设总体 $X \sim N(\mu, \sigma^2)$，X_1，X_2，$\cdots$，X_n 为来自总体 X 的一个样本，为使 $\hat{\theta} = A\sum\limits_{i=1}^{n}|X_i - \bar{X}|$ 是 σ 的无偏估计量，则 $A = $（　　）。

   A. $\dfrac{1}{\sqrt{n}}$ B. $\dfrac{1}{n}$ C. $\dfrac{1}{\sqrt{n-1}}$ D. $\sqrt{\dfrac{\pi}{2n(n-1)}}$

18. 设总体 $X \sim N(0, \sigma^2)$，X_1，X_2，$\cdots$，X_n 为来自总体 X 的一个简单随机样本，则下面估计量是 σ^2 的无偏估计量为（　　）

   A. $\dfrac{1}{n-1}\sum\limits_{i=1}^{n}X_i^2$ B. $\dfrac{1}{n}\sum\limits_{i=1}^{n}X_i^2$ C. $\dfrac{1}{n+1}\sum\limits_{i=1}^{n}X_i^2$ D. $\dfrac{n}{n+1}\sum\limits_{i=1}^{n}X_i^2$

二、填空题

1. 设总体 X 的概率密度为

$$f(x) = \begin{cases} e^{-(x-\theta)}, & x>\theta \\ 0, & x\leqslant\theta \end{cases}$$

其中 $\theta(\theta>0)$ 为未知参数，X_1，X_2，$\cdots$，X_n 为来自总体 X 的一个样本，则参数 θ 的矩估计

量为_____。

2. 设总体 $X \sim U(1, \theta)$，其中 $\theta(\theta > 1)$ 为未知参数，X_1，X_2，$\cdots$，X_n 为来自总体 X 的一个样本，则 θ 的矩估计量为_____，θ 的最大似然估计值为_____。

3. 设总体 $X \sim N(\mu, \sigma^2)$，X_1，X_2，$\cdots$，X_n 为来自总体 X 的一个样本，$\overline{X} = \dfrac{1}{n} \sum\limits_{i=1}^{n} X_i$ 为样本均值，则 $2 + \mu$ 的最大似然估计量为_____。

4. 设某类钢珠直径 $X \sim N(\mu, 1)$，其中 μ 为未知参数，现从一堆钢珠中随机抽出 9 只，求得样本均值 $\overline{x} = 31.06$ mm，样本标准差 $s = 0.98$ mm，则 μ 的最大似然估计为_____。

5. 设总体 $X \sim B(n, p)$，其中 n 已知，$p(0 < p < 1)$ 为未知参数，X_1，X_2，$\cdots$，X_m 为来自总体 X 的一个样本，则参数 p 的最大似然估计量为_____，参数 p^2 的最大似然估计量为_____。

6. 设由来自正态总体 $X \sim N(\mu, 0.9^2)$ 的容量为 9 的样本计算得样本均值 $\overline{x} = 5$，则参数 μ 的置信水平为 0.95 的置信区间为_____。

7. 设总体 $X \sim N(\mu, \sigma^2)$，其中 σ^2 已知，如果总体均值 μ 的置信水平为 $1 - \alpha$ 的置信区间为 $\left(\overline{X} - \lambda \dfrac{\sigma}{\sqrt{n}}, \ \overline{X} + \lambda \dfrac{\sigma}{\sqrt{n}} \right)$，则 $\lambda =$_____。

8. 设总体 $X \sim N(\mu, \sigma^2)$，其中 σ^2 已知，X_1，X_2，$\cdots$，X_n 为来自总体 X 的一个样本，为使参数 μ 的置信水平为 $1 - \alpha$ 的置信区间长度不大于 2δ，则样本容量 n 至少为_____。

9. 设总体 $X \sim N(\mu, \sigma^2)$，其中 μ、σ^2 均未知，由来自总体 X 的容量为 10 的样本计算得 $\overline{x} = 36.7$，$\sum\limits_{i=1}^{10} (x_i - \overline{x})^2 = 22.5$，则参数 μ 的置信水平为 0.95 的置信区间为_____，参数 σ^2 的置信水平为 0.95 的置信区间为_____（$t_{0.025}(9) = 2.2622$，$\chi_{0.025}^2(9) = 19.022$，$\chi_{0.975}^2(9) = 2.7$）。

10. 设总体 $X \sim N(\mu, \sigma^2)$，其中 σ^2 未知，由来自总体 X 的容量为 9 的样本计算得样本均值 $\overline{x} = 6$，样本标准差 $s = 0.5$，则参数 μ 的置信水平为 0.95 的置信区间为_____（$t_{0.025}(8) = 2.306$）。

11. 设总体 $X \sim N(\mu, \sigma^2)$，其中 μ、σ^2 均未知，由来自总体 X 的容量为 6 的样本计算得样本标准差 $s = 0.00387$，则参数 σ^2 的置信水平为 0.90 的置信区间为_____（$\chi_{0.95}^2(5) = 1.145$，$\chi_{0.05}^2(5) = 11.070$）。

12. 某厂生产一种零件所需工时服从正态分布，现加工一批零件 16 个，平均用时为 2.5 小时，标准差为 0.12 小时，则总体均值 μ 的置信水平为 95% 的置信区间为_____，总体标准差 σ 的置信水平为 95% 的置信区间为_____（$t_{0.025}(15) = 2.1315$，$\chi_{0.025}^2(15) = 27.488$，$\chi_{0.975}^2(15) = 6.262$）。

13. 设总体 $X \sim N(\mu, \sigma^2)$，其中 μ 已知，则参数 σ^2 的置信水平为 $1-\alpha$ 的置信区间的长度 L 的数学期望为_____。

14. 设总体 $X \sim N(\mu, \sigma^2)$，$X_1, X_2, \cdots, X_n$ 为来自总体 X 的一个样本，如果 $C\sum_{i=1}^{n-1}(X_{i+1}-X_i)^2$ 是 σ^2 的无偏估计，则 $C=$_____。

15. 设 X_1, X_2, X_3 为来自总体 X 的一个样本，若

$$\hat{\mu}_1 = \frac{X_1 + aX_2 + X_3}{4} \ \text{及} \ \hat{\mu}_2 = \frac{bX_1 + X_2 + X_3}{6}$$

是总体均值 μ 的无偏估计，则 $a=$_____，$b=$_____。

16. 设 X_1, X_2, X_3, X_4 为来自总体 $X \sim N(\mu_1, \sigma^2)$ 的一个样本，$\overline{X} = \frac{1}{4}\sum_{i=1}^{4}X_i$；$Y_1, Y_2, Y_3, Y_4, Y_5$ 为来自总体 $Y \sim N(\mu_2, \sigma^2)$ 的一个样本，$\overline{Y} = \frac{1}{5}\sum_{i=1}^{5}Y_i$。若 $a\sum_{i=1}^{4}(X_i - \mu_1)^2$ 是 σ^2 的无偏估计量，则 $a=$_____；若 $b\left[\sum_{i=1}^{4}(X_i - \overline{X})^2 + \sum_{i=1}^{5}(Y_i - \overline{Y})^2\right]$ 也是 σ^2 的无偏估计量，则 $b=$_____。

17. 设 $X_1, X_2, \cdots, X_m$ 为来自二项分布总体 $X \sim B(n, p)$ 的一个样本，$\overline{X}$ 和 S^2 分别为样本均值和样本方差，若统计量 $\overline{X}+kS^2$ 为 np^2 的无偏估计量，则 $k=$_____。

18. 设总体 X 的概率密度为

$$f(x; \theta) = \begin{cases} \dfrac{2x}{3\theta^2}, & \theta < x < 2\theta \\ 0, & \text{其他} \end{cases}$$

其中 $\theta(\theta > 0)$ 为未知参数，$X_1, X_2, \cdots, X_n$ 为来自总体 X 的一个样本，若 $c\sum_{i=1}^{n}X_i^2$ 是 θ^2 的无偏估计量，则 $c=$_____。

三、解答题

1. 设总体 X 的概率密度为

$$f(x) = \begin{cases} \dfrac{1}{\theta}x^{\frac{1-\theta}{\theta}}, & 0 < x < 1 \\ 0, & \text{其他} \end{cases}$$

其中 $\theta(\theta > 0)$ 为未知参数，$X_1, X_2, \cdots, X_n$ 为来自总体 X 的一个样本，试求：

（Ⅰ）θ 的矩估计量；

（Ⅱ）θ 的最大似然估计量。

2. 设总体 X 的概率密度为

$$f(x) = \begin{cases} \lambda^2 x e^{-\lambda x}, & x > 0 \\ 0, & x \leqslant 0 \end{cases}$$

其中 $\lambda(\lambda > 0)$ 为未知参数，X_1，X_2，$\cdots$，X_n 为来自总体 X 的一个简单随机样本。试求：

（Ⅰ）参数 λ 的矩估计量；

（Ⅱ）参数 λ 的最大似然估计量。

3．设总体 X 的概率密度为

$$f(x; \theta) = \begin{cases} \dfrac{\theta^2}{x^3} e^{-\frac{\theta}{x}}, & x > 0 \\ 0, & x \leqslant 0 \end{cases}$$

其中 θ 为未知参数且大于零，X_1，X_2，$\cdots$，X_n 为来自总体 X 的一个简单随机样本。

（Ⅰ）求 θ 的矩估计量；

（Ⅱ）求 θ 的最大似然估计量。

4．设总体 X 的概率密度为

$$f(x) = \begin{cases} \theta, & 0 < x < 1 \\ 1 - \theta, & 1 \leqslant x < 2 \\ 0, & 其他 \end{cases}$$

其中 $\theta(0 < \theta < 1)$ 为未知参数，X_1，X_2，$\cdots$，X_n 为来自总体 X 的一个样本，记 N 为样本值 x_1，x_2，$\cdots$，x_n 中小于 1 的个数，求：

（Ⅰ）θ 的矩估计；

（Ⅱ）θ 的最大似然估计。

5．设总体 X 的分布函数为

$$F(x; \alpha, \beta) = \begin{cases} 1 - \left(\dfrac{\alpha}{x}\right)^{\beta}, & x \geqslant \alpha \\ 0, & x < \alpha \end{cases}$$

其中 $\alpha > 0$，$\beta > 1$ 是参数，X_1，X_2，$\cdots$，X_n 为来自总体 X 的一个样本。

（Ⅰ）当 $\alpha = 1$ 时，求未知参数 β 的矩估计量；

（Ⅱ）当 $\alpha = 1$ 时，求未知参数 β 的最大似然估计量；

（Ⅲ）当 $\beta = 2$ 时，求未知参数 α 的最大似然估计量。

6．设总体 X 的概率密度为

$$f(x) = \begin{cases} \dfrac{1}{\theta^2} x e^{-\frac{x}{\theta}}, & x > 0 \\ 0, & x \leqslant 0 \end{cases}$$

其中 $\theta(\theta > 0)$ 为未知参数，X_1，X_2，$\cdots$，X_n 为来自总体 X 的一个样本，试求：

（Ⅰ）参数 θ 的矩估计量；

（Ⅱ）参数 θ 的最大似然估计量；

（Ⅲ）所得到的估计量的期望和方差。

7. 设某种元件的使用寿命 X 的概率密度为

$$f(x) = \begin{cases} 2e^{-2(x-\theta)}, & x > \theta \\ 0, & x \leqslant \theta \end{cases}$$

其中 $\theta(\theta > 0)$ 为未知参数，$X_1, X_2, \cdots, X_n$ 为来自总体 X 的一个样本，试求：

（Ⅰ）参数 θ 的矩估计量 $\hat{\theta}$ 和 $D\hat{\theta}$；

（Ⅱ）参数 θ 的最大似然估计量 $\hat{\theta}$ 和 $D\hat{\theta}$。

8. 设总体 X 的分布律为

X	1	2	3
P	θ	θ	$1-2\theta$

其中 $\theta(\theta > 0)$ 为未知参数，利用总体的如下样本值：

$$1, 1, 1, 3, 2, 1, 3, 2, 2, 1, 2, 2, 3, 1, 1, 2$$

求 θ 的矩估计值和最大似然估计值。

9. 设总体 X 的概率密度为

$$f(x) = \begin{cases} \theta x^{\theta-1}, & 0 < x < 1 \\ 0, & \text{其他} \end{cases}$$

其中 $\theta(\theta > 0)$ 为未知参数，$X_1, X_2, \cdots, X_n$ 为来自总体 X 的一个样本。求 $u = e^{-\frac{1}{\theta}}$ 的最大似然估计值。

10. 设总体 $X \sim N(\mu, 1)$，其中 μ 为未知参数，$X_1, X_2, \cdots, X_n$ 为来自总体 X 的一个样本。求 $u = P(X > 2)$ 的最大似然估计值。

11. 设总体 $X \sim B(n, p)$，其中 n 已知，$p(0 < p < 1)$ 为未知参数，$X_1, X_2, \cdots, X_m$ 为来自总体 X 的一个样本。若 $p = \frac{1}{3}(1+u)$，试求 u 最大似然估计值。

12. 设飞机的最大飞行速度服从正态分布，现对某种型号飞机的飞行速度进行 15 次试验，测得最大飞行速度的平均值 $\bar{x} = 425.047$，样本标准差 $s = 8.479$。

（Ⅰ）求最大飞行速度期望值的置信水平为 0.95 的置信区间；

（Ⅱ）求最大飞行速度方差的置信水平为 0.95 的置信区间（$t_{0.025}(14) = 2.145$，$\chi^2_{0.025}(14) = 26.10$，$\chi^2_{0.975}(14) = 5.63$）。

13. 假设 0.50，1.25，0.80，2.00 为来自总体 X 的一组样本值，已知 $Y = \ln X$ 服从正态分布 $N(\mu, 1)$。

（Ⅰ）求 X 的数学期望 EX（记 EX 为 b）；

（Ⅱ）求 μ 的置信水平为 0.95 的置信区间；

（Ⅲ）利用上述结果求 b 的置信水平为 0.95 的置信区间。

14. 随机地从 A 批导线中抽取 4 根，从 B 批导线中抽取 5 根，测得电阻（单位：欧姆）为

A 批导线：0.143   0.142   0.143   0.137

B 批导线：0.140   0.142   0.136   0.138   0.140

假设所测得的两数据总体分别服从正态分布 $N(\mu_1, \sigma^2)$ 与 $N(\mu_2, \sigma^2)$，其中 σ^2 未知，且两个样本构成的合样本相互独立。求两总体均值之差 $\mu_1 - \mu_2$ 的置信水平为 0.95 的置信区间 $(t_{0.025}(7) = 2.3646)$。

15. 为研究由机器 A 和机器 B 生产的钢管内径（单位：mm），随机地抽取机器 A 生产的钢管 18 只，机器 B 生产的钢管 13 只，计算得其样本方差分别为 $s_1^2 = 0.34$，$s_2^2 = 0.29$。假设由机器 A 和机器 B 生产的钢管内径分别服从正态分布 $N(\mu_1, \sigma_1^2)$ 与 $N(\mu_2, \sigma_2^2)$，其中 μ_1，μ_2 未知，且两个样本构成的合样本相互独立。求两总体方差之比 $\dfrac{\sigma_1^2}{\sigma_2^2}$ 的置信水平为 0.90 的置信区间 $(F_{0.05}(17, 12) = 2.59$，$F_{0.05}(12, 17) = 2.38)$。

16. 某厂利用两条自动化流水线灌装番茄酱，分别从两条流水线上抽取容量为 $n_1 = 12$ 和 $n_2 = 17$ 两个样本计算得到 $\bar{x} = 10.6$ g，$\bar{y} = 9.5$ g，$s_1^2 = 2.4$，$s_2^2 = 4.7$。假设两条流水线灌装的番茄酱的重量分别服从正态分布 $N(\mu_1, \sigma_1^2)$ 与 $N(\mu_2, \sigma_2^2)$，且两个样本构成的合样本相互独立。

（Ⅰ）当 $\sigma_1^2 = \sigma_2^2$ 未知时，求两总体均值之差 $\mu_1 - \mu_2$ 的置信水平为 0.95 的置信区间；

（Ⅱ）当 μ_1、μ_2 未知时，求两总体方差之比 $\dfrac{\sigma_1^2}{\sigma_2^2}$ 的置信水平为 0.95 的置信区间 $(t_{0.025}(27) = 2.0518$，$F_{0.025}(11, 16) = 2.94$，$F_{0.025}(16, 11) = 3.30)$。

17. 设总体 X 的概率密度为

$$f(x) = \begin{cases} axe^{-\frac{x^2}{\lambda}}, & x > 0 \\ 0, & x \leqslant 0 \end{cases}$$

其中 $\lambda(\lambda > 0)$ 是未知参数，X_1，X_2，$\cdots$，X_n 为来自总体 X 的一个样本。

（Ⅰ）确定常数 a；

（Ⅱ）求 λ 的最大似然估计量，并讨论其是否为 λ 的无偏估计量。

18. 设有 n 台仪器，已知用第 i 台仪器测量时，测定值总体的标准差为 $\sigma_i(i = 1, 2, \cdots, n)$，用这些仪器独立地对某一物理量 θ 各测量一次，分别得到 X_1，X_2，$\cdots$，X_n。设仪器都没有系统误差，即 $EX_i = \theta(i = 1, 2, \cdots, n)$，问 a_1，a_2，$\cdots$，a_n 取何值时，$\hat{\theta} = \sum\limits_{i=1}^{n} a_i X_i$ 是 θ 的无偏估计量，并且 $D\hat{\theta}$ 最小。

19. 从均值为 μ、方差为 $\sigma^2(\sigma > 0)$ 的总体 X 中分别抽取容量为 n_1，n_2 的两个独立样本，$\overline{X}_1$ 与 $\overline{X}_2$ 分别为两个样本的样本均值。试证明对于任意常数 a，$b(a + b = 1)$，$\hat{\mu} = a\overline{X}_1 + b\overline{X}_2$ 都是 μ 的无偏估计量，并确定使得 $D(\hat{\mu})$ 达到最小的常数 a、b。

20. 设总体 X 的概率密度为

$$f(x) = \begin{cases} \dfrac{1}{2\theta}, & 0<x<\theta \\ \dfrac{1}{2(1-\theta)}, & \theta \leqslant x<1 \\ 0, & \text{其他} \end{cases}$$

其中 $\theta(0<\theta<1)$ 为未知参数，$X_1，X_2，\cdots，X_n$ 为来自总体 X 的一个简单随机样本，$\overline{X}$ 为样本均值。

（Ⅰ）求参数 θ 的矩估计量 $\hat{\theta}$；

（Ⅱ）判断 $4\overline{X}^2$ 是否为 θ^2 的无偏估计量，并说明理由。

21. 设总体 X 的概率密度为

$$f(x) = \begin{cases} \dfrac{3x^2}{\theta^3}, & 0<x<\theta \\ 0, & \text{其他} \end{cases}$$

其中 $\theta(\theta>0)$ 为未知参数，X_1、X_2 为来自总体 X 的一个样本。

（Ⅰ）证明 $T_1 = \dfrac{2}{3}(X_1+X_2)$ 与 $T_2 = \dfrac{7}{6}\max\{X_1，X_2\}$ 都是 θ 的无偏估计量；

（Ⅱ）计算 T_1 与 T_2 的方差，并判断其有效性。

第8章 假设检验

8.1 假设检验的基本思想与基本概念

前面我们讨论了如何根据样本得到总体分布所含参数的估计问题。得到的估计值作为参数值的一个总体必须与真的总体作比较，考察它们是否在统计意义上相拟合，显然，这种比较也只能在样本的基础上进行。怎样在样本的基础上得出一个有较大把握的结论就是假设检验问题，它是统计推断的另一个主要方面。实际上，很多问题都可以作为假设检验问题予以解决。

例 8-1 设某厂生产的一种灯管，其寿命 X（单位：小时）服从正态分布 $N(\mu, \sigma^2)$，从过去较长一段时间的生产情况来看，灯管的平均寿命为 $\mu = 1500$ 小时。现在采用新工艺后所生产的灯管中抽取 25 只，测得平均寿命为 1675 小时。问采用新工艺后，灯管寿命是否有显著性提高？

现在的问题就是要判别新产品的寿命是服从 $\mu > 1500$ 的正态分布，还是服从 $\mu \leqslant 1500$ 的正态分布？若是前者，我们就说新产品的寿命有显著性提高；若是后者，就说新产品的寿命没有显著性提高。

定义 1 将对总体提出的某种假设称为原假设，记为 H_0；将与原假设矛盾的假设称为备择假设，记为 H_1。

在例 8-1 中，我们把涉及的两种情况用假设的形式表示出来，第一个假设 $\mu \leqslant 1500$ 表示采用新工艺后产品平均寿命没有显著性提高，第二个假设 $\mu > 1500$ 表示采用新工艺后产品平均寿命有显著性提高。第一个假设为原假设，即"$H_0: \mu \leqslant 1500$"；第二个假设为备择假设，即"$H_1: \mu > 1500$"。至于在两个假设中用哪一个作为原假设，哪一个作为备择假设，要根据具体的目的和要求而定。假如我们的目的是希望从样本观测值取得对某一陈述的强有力支持，我们通常把这一陈述的否定作为原假设，而把陈述本身作为备择假设。很多实际问题都是这样的。例如，例 8-1 中所提出的新工艺是延长灯管寿命的一种革新，我们当然希望新工艺对产品寿命确有提高，但它又不可能像老产品那样有较多的数据。因此，我们取"寿命没有提高（$\mu \leqslant 1500$）"作原假设，并以"寿命有提高（$\mu > 1500$）"作为备择假设。有时，使数学上的处理方便也是选定原假设的一个考虑因素。

就原假设 H_0 与备择假设 H_1 的结合形式的不同，假设检验可以分为双边检验与单边检验（包括左边检验和右边检验）。

定义 2 称形如

$$H_0 : \mu = \mu_0 , \ H_1 : \mu \neq \mu_0 \qquad (8.1.1)$$

的假设检验为双边检验。

称形如

$$H_0 : \mu \geqslant \mu_0 , \ H_1 : \mu < \mu_0 \qquad (8.1.2)$$

的假设检验为左边检验。

称形如

$$H_0 : \mu \leqslant \mu_0 , \ H_1 : \mu > \mu_0 \qquad (8.1.3)$$

的假设检验为右边检验。

左边检验和右边检验统称为单边检验。

在许多问题中，总体的分布类型为已知，仅有一个或几个参数是未知的，只要对这一个或几个未知参数的值作出假设，就可完全确定总体的分布，如例 8-1 就是只对参数 μ 作出假设。但在有些问题中，我们不知道总体分布的类型，例如，某种农作物的农药残留量可能服从对数正态分布，也可能服从其他分布。因此，这种假设只能对某种分布提出假设。

定义 3 称仅涉及总体分布的未知参数的假设为参数假设；称对总体的分布类型或分布的某些特征提出的假设为非参数假设。

假设检验问题就是在原假设 H_0 和备择假设 H_1 中作出拒绝哪一个接受哪一个的判断。要在假设检验中作出某种判断，必须从样本 $X_1, X_2, \cdots, X_n$ 出发，制定一个法则，一旦样本的观测值 $x_1, x_2, \cdots, x_n$ 确定后，利用我们所构造的法则判断 H_0 是真还是不真，即是接受 H_0 还是拒绝 H_0。这种法则就是根据问题的性质构造假设检验统计量，并且根据假设检验统计量的取值作出回答。

定义 4 能对原假设 H_0 是真还是不真作出回答的统计量称为假设检验统计量。

定义 5 能使原假设 H_0 为真的假设检验统计量的取值范围称为假设检验的接受域，其边界点称为假设检验的临界点。

由于样本的随机性，在进行判断时，我们还有可能犯错误，因此就有两类错误的概念。

定义 6 当原假设 H_0 为真时，假设检验统计量的样本值却落在接受域之外，因而拒绝原假设 H_0，这类错误称为第一类错误，其发生的概率称为犯第一类错误的概率或称弃真概率，通常记为 α，即

$$P(\text{拒绝 } H_0 \mid H_0 \text{ 为真}) = \alpha$$

定义 7 当原假设 H_0 为不真时，假设检验统计量的样本值却落在接受域之内，因而接受原假设 H_0，这类错误称为第二类错误，其发生的概率称为犯第二类错误的概率或称存伪概率，通常记为 β，即

$$P(\text{接受 } H_0 \mid H_0 \text{ 不真}) = \beta$$

由于无论是第一类错误还是第二类错误都是作假设检验时的随机事件，因此在假设检

验中它们都有可能发生。我们当然希望尽可能使犯两类错误的概率都很小，但一般来说，当样本的容量固定时，若刻意地减少犯一类错误的概率，则犯另一类错误的概率往往会增大。若要使两类错误的概率都减小，就需增大样本的容量。在给定样本容量的情况下，我们总是对犯第一类错误的概率加以控制，使它不大于 α，而不关心犯第二类错误的概率 β 是增大了还是减小了，这样的假设检验就是显著性检验。

定义 8　给定犯第一类错误的概率不大于 α 所作的假设检验称为显著性检验，称 α 为显著性水平。

例 8 - 2　某车间用一台包装机包装食盐，每袋食盐的净重是一个随机变量，它服从正态分布。当包装机正常时，其均值为 0.5 kg，标准差为 0.015 kg。某日开工后为检查包装机工作是否正常，随机地抽取它所包装的食盐 9 袋，称得样本均值 $\bar{x}=0.511$ kg，问在显著性水平 $\alpha=0.05$ 下，这天包装机工作是否正常。

解　设这一天袋装食盐的净重总体为 X，则 $X \sim N(\mu, 0.015^2)$，其中 μ 未知，从而包装机工作是否正常需作如下检验：

$$H_0 : \mu = \mu_0 = 0.5, \quad H_1 : \mu \neq \mu_0 = 0.5$$

这样，我们需要给出一个合理的法则，根据这一法则，利用已知样本作出决策是接受原假设 H_0（即拒绝备择假设 H_1），还是拒绝原假设 H_0（即接受备择假设 H_1）。如果作出的决策是接受 H_0，则认为 $\mu = \mu_0$，即认为包装机工作是正常的，否则认为包装机工作是不正常的。

由于要检验的假设涉及总体均值 μ，因此首先想到是否可借助样本均值 $\bar{X}$ 这一统计量来进行判断。我们知道，$\bar{X}$ 是 μ 的无偏估计，$\bar{X}$ 的观测值 $\bar{x}$ 的大小在一定程度上反映了 μ 的大小。所以，如果原假设 H_0 为真，那么观测值 $\bar{x}$ 与 μ_0 的偏差 $|\bar{x} - \mu_0|$ 一般不应太大，若 $|\bar{x} - \mu_0|$ 过大，我们就怀疑原假设 H_0 的正确性而拒绝 H_0。考虑到当 H_0 为真时，$\dfrac{\bar{X} - \mu_0}{\sigma/\sqrt{n}} \sim N(0,1)$，从而衡量 $|\bar{x} - \mu_0|$ 的大小可归结为衡量 $\left|\dfrac{\bar{x} - \mu_0}{\sigma/\sqrt{n}}\right|$ 的大小。基于上述的想法，我们可以适当选一正数 k，当观测值 $\bar{x}$ 满足 $\left|\dfrac{\bar{x} - \mu_0}{\sigma/\sqrt{n}}\right| \geqslant k$ 时就拒绝原假设 H_0，反之，当 $\left|\dfrac{\bar{x} - \mu_0}{\sigma/\sqrt{n}}\right| < k$ 时，就接受原假设 H_0。

由于允许犯第一类错误的概率最大为 α，因此，令

$$P\left(\left|\dfrac{\bar{X} - \mu_0}{\sigma/\sqrt{n}}\right| \geqslant k\right) = \alpha$$

又由于当 H_0 为真时，$U = \dfrac{\bar{X} - \mu_0}{\sigma/\sqrt{n}} \sim N(0,1)$，由标准正态分布的上 $\dfrac{\alpha}{2}$ 分位点和上 $1 - \dfrac{\alpha}{2}$ 分

位点的定义(如图 8-1 所示)得

$$k = z_{\frac{\alpha}{2}}$$

所以,若 U 的观测值满足

$$|u| = \left| \frac{\overline{x} - \mu_0}{\sigma/\sqrt{n}} \right| \geq k = z_{\frac{\alpha}{2}}$$

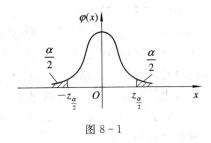

图 8-1

则拒绝 H_0,而若

$$|u| = \left| \frac{\overline{x} - \mu_0}{\sigma/\sqrt{n}} \right| < k = z_{\frac{\alpha}{2}}$$

则接受 H_0。

在本例中,由于 $n = 9$,$\overline{x} = 0.511$,$\mu_0 = 0.5$,$\sigma = 0.015$,$\alpha = 0.05$,$z_{\frac{\alpha}{2}} = z_{0.025} = 1.96$,因此

$$|u| = \left| \frac{\overline{x} - \mu_0}{\sigma/\sqrt{n}} \right| = \left| \frac{0.511 - 0.5}{0.015/\sqrt{9}} \right| = 2.2 > 1.96$$

从而拒绝 H_0,即认为这天包装机工作不正常。

在上述所采用的检验法则是符合实际推断原理的。因为通常 α 总是取得较小,所以若 H_0 为真,即当 $\mu = \mu_0$ 时,$\left\{ \left| \frac{\overline{X} - \mu_0}{\sigma/\sqrt{n}} \right| \geq z_{\frac{\alpha}{2}} \right\}$ 是一个小概率事件。根据实际推断原理,如果 H_0 为真,就可以认为由一次试验得到的观测值 $\overline{x}$ 满足不等式 $\left| \frac{\overline{x} - \mu_0}{\sigma/\sqrt{n}} \right| \geq z_{\frac{\alpha}{2}}$,这一情况几乎是不会发生的。若在一次试验中竟然出现了满足 $\left| \frac{\overline{x} - \mu_0}{\sigma/\sqrt{n}} \right| \geq z_{\frac{\alpha}{2}}$ 的 $\overline{x}$,则我们有理由怀疑原假设 H_0 的正确性,因而拒绝 H_0。若出现的观测值 $\overline{x}$ 满足 $\left| \frac{\overline{x} - \mu_0}{\sigma/\sqrt{n}} \right| < z_{\frac{\alpha}{2}}$,则没有理由拒绝原假设 H_0,因而接受 H_0。

在上述的做法中,当样本容量固定,给定了显著性水平 α 后,数 k 就可以确定,然后按照统计量 $U = \frac{\overline{X} - \mu_0}{\sigma/\sqrt{n}}$ 的观测值的绝对值 $|u|$ 大于等于 k 还是小于 k 来作出决策,$\pm k$ 就是假设检验的临界点,它可以由上 α 分位点确定,即双边检验有两个临界点,如在本例中 $k = z_{\frac{\alpha}{2}}$,所以两个临界点为 $\pm z_{\frac{\alpha}{2}}$。

例 8-3 一种元件,要求其使用寿命不得低于 1000 小时。现从一批这种元件中随机抽取 25 件,测得其平均寿命为 950 小时。已知该元件寿命服从标准差 $\sigma = 100$ 小时的正态分布,试在显著水平 $\alpha = 0.05$ 下,确定该批元件是否合格。

解 该问题需作如下检验:

$$H_0: \mu \geq \mu_0 = 1000, \quad H_1: \mu < \mu_0 = 1000$$

仍然借助样本均值 $\overline{X}$ 这一统计量来进行判断。当 H_0 为真时,观测值 $\overline{x}$ 往往偏大,则观测

值 $\bar{x}$ 与 μ_0 的偏差 $\bar{x}-\mu_0$ 一般不应太小，若 $\bar{x}-\mu_0$ 过小，我们就怀疑原假设 H_0 的正确性而拒绝 H_0。考虑到当 H_0 为真时，$\dfrac{\overline{X}-\mu_0}{\sigma/\sqrt{n}} \sim N(0,1)$，从而衡量 $\bar{x}-\mu_0$ 的大小可归结为衡量 $\dfrac{\bar{x}-\mu_0}{\sigma/\sqrt{n}}$ 的大小。基于上述的想法，我们可以适当选一正数 k，当观测值 $\bar{x}$ 满足 $\dfrac{\bar{x}-\mu_0}{\sigma/\sqrt{n}} \leqslant -k$ 时就拒绝原假设 H_0，反之，当 $\dfrac{\bar{x}-\mu_0}{\sigma/\sqrt{n}} > -k$，就接受原假设 H_0。

由于允许犯第一类错误的概率最大为 α，因此，令

$$P\left(\frac{\overline{X}-\mu_0}{\sigma/\sqrt{n}} \leqslant -k\right)=\alpha$$

又由于当 H_0 为真时，$U=\dfrac{\overline{X}-\mu_0}{\sigma/\sqrt{n}} \sim N(0,1)$，由标准正态分布的上 $1-\alpha$ 分位点的定义（如图 $8-2$ 所示）得

$$-k=-z_\alpha$$

所以，若 U 的观测值满足

$$u=\frac{\bar{x}-\mu_0}{\sigma/\sqrt{n}} \leqslant -k=-z_\alpha$$

则拒绝 H_0，而若

$$u=\frac{\bar{x}-\mu_0}{\sigma/\sqrt{n}} > -k=-z_\alpha$$

则接受 H_0。

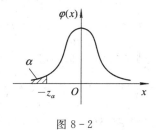

图 $8-2$

在本例中，由于 $n=25$，$\bar{x}=950$，$\mu_0=1000$，$\sigma=100$，$\alpha=0.05$，$z_\alpha=z_{0.05}=1.645$，因此

$$u=\frac{\bar{x}-\mu_0}{\sigma/\sqrt{n}}=\frac{950-1000}{100/\sqrt{25}}=-2.5<-1.645$$

从而拒绝 H_0，即认为这批元件不合格。

由上述的做法知道，左边检验临界点的确定方法和双边检验一样，它只有一个临界点 $-k$，在本例中，$-k=-z_\alpha$，所以一个临界点为 $-z_\alpha$。

例 8-4　某公司从生产商购买牛奶，公司怀疑生产商在牛奶中掺水以谋利，通过测定牛奶的冰点可以检验出牛奶是否掺水。天然牛奶的冰点温度（单位：摄氏度）服从正态分布 $N(-0.545, 0.008^2)$，牛奶掺水可使冰点温度升高。今测得生产商提交的 5 批牛奶的冰点温度，得样本均值 $\bar{x}=-0.535$，试问在显著性水平 $\alpha=0.05$ 下可否认为生产商在牛奶中掺水。

解　该问题需作如下检验：

$$H_0:\mu \leqslant \mu_0=-0.545 \text{（牛奶未掺水）}, \quad H_1:\mu > \mu_0=-0.545 \text{（牛奶已掺水）}$$

还是借助样本均值 $\overline{X}$ 这一统计量进行判断。当 H_0 为真时，观测值 $\bar{x}$ 往往偏小，则观测值 $\bar{x}$ 与 μ_0 的偏差 $\bar{x}-\mu_0$ 一般不应太大，若 $\bar{x}-\mu_0$ 过大，我们就怀疑原假设 H_0 的正确性

而拒绝 H_0。考虑到当 H_0 为真时，$\dfrac{\overline{X}-\mu_0}{\sigma/\sqrt{n}} \sim N(0,1)$，从而衡量 $\overline{x}-\mu_0$ 的大小可归结为衡量

$\dfrac{\overline{x}-\mu_0}{\sigma/\sqrt{n}}$ 的大小。基于上述的想法，可以适当选一正数 k，当观测值 $\overline{x}$ 满足 $\dfrac{\overline{x}-\mu_0}{\sigma/\sqrt{n}} \geqslant k$ 时就拒

绝原假设 H_0，反之，当 $\dfrac{\overline{x}-\mu_0}{\sigma/\sqrt{n}} < k$ 时就接受原假设 H_0。

由于允许犯第一类错误的概率最大为 α，因此，令

$$P\left(\frac{\overline{X}-\mu_0}{\sigma/\sqrt{n}} \geqslant k\right) = \alpha$$

又由于当 H_0 为真时，$U=\dfrac{\overline{X}-\mu_0}{\sigma/\sqrt{n}} \sim N(0,1)$，由标准正态分布的上 α 分位点的定义（如图 8-3），得

$$k = z_\alpha$$

所以，若 U 的观测值满足

$$u = \frac{\overline{x}-\mu_0}{\sigma/\sqrt{n}} \geqslant k = z_\alpha$$

则拒绝 H_0，而若

$$u = \frac{\overline{x}-\mu_0}{\sigma/\sqrt{n}} < k = z_\alpha$$

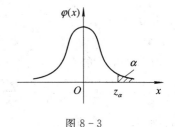

图 8-3

则接受 H_0。

在本例中，由于 $n=5$，$\overline{x}=-0.535$，$\mu_0=-0.545$，$\sigma=0.008$，$\alpha=0.05$，$z_\alpha=z_{0.05}=1.645$，因此

$$u = \frac{\overline{x}-\mu_0}{\sigma/\sqrt{n}} = \frac{-0.535-(-0.545)}{0.008/\sqrt{5}} = 2.7951 > 1.645$$

从而拒绝 H_0，即认为牛奶商在牛奶中掺了水。

由上述的做法知道，右边检验临界点的确定方法也和双边检验一样，它只有一个临界点 k，在本例中 $k=z_\alpha$，所以一个临界点为 z_α。

综上所述，当给出了参数假设检验的原假设和备择假设后，选择适当的检验统计量。双边检验有两个临界点，单边检验有一个临界点，当原假设为真时，它们分别是统计量所服从分布的上 $\dfrac{\alpha}{2}$ 分位点、上 $1-\dfrac{\alpha}{2}$ 分位点（双边检验），上 $1-\alpha$ 分位点（左边检验）和上 α 分位点（右边检验），从而也就得到了假设检验的接受域，具体实施的步骤如下：

（Ⅰ）根据实际问题提出原假设 H_0 和备择假设 H_1；

（Ⅱ）选择适当的检验统计量，并确定在 H_0 为真时的分布；

（Ⅲ）给定显著性水平 α，确定临界点，得到接受域；

（Ⅳ）计算检验统计量的样本值；

（Ⅴ）作出回答，即是接受 H_0 还是拒绝 H_0。

基于假设检验的基本思想和临界点的确定方法，可以得到正态总体参数假设检验的一般过程和方法，从而总结出可以直接使用的步骤和结果。

8.2　单正态总体参数的假设检验

设总体 $X \sim N(\mu, \sigma^2)$，$X_1, X_2, \cdots, X_n$ 为来自总体 X 的一个样本，样本均值为 $\overline{X}$，样本方差为 S^2。对总体 X 参数 μ、σ^2 的假设检验称为单正态总体参数的假设检验。

1. 当总体方差 σ^2 已知时，单正态总体均值的假设检验

1）双边检验

（Ⅰ）需检验

$$H_0 : \mu = \mu_0, \ H_1 : \mu \neq \mu_0$$

（Ⅱ）选择检验统计量

$$U = \frac{\overline{X} - \mu_0}{\sigma/\sqrt{n}} \sim N(0, 1)$$

（Ⅲ）给定显著性水平 α，其临界点为 $\pm z_{\frac{\alpha}{2}}$，从而接受域为 $(-z_{\frac{\alpha}{2}}, z_{\frac{\alpha}{2}})$；

（Ⅳ）计算检验统计量 U 的样本值；

（Ⅴ）作出回答。

2）左边检验

（Ⅰ）需检验

$$H_0 : \mu \geqslant \mu_0, \ H_1 : \mu < \mu_0$$

（Ⅱ）选择检验统计量

$$U = \frac{\overline{X} - \mu_0}{\sigma/\sqrt{n}} \sim N(0, 1)$$

（Ⅲ）给定显著性水平 α，其临界点为 $-z_\alpha$，从而接受域为 $(-z_\alpha, +\infty)$；

（Ⅳ）计算检验统计量 U 的样本值；

（Ⅴ）作出回答。

3）右边检验

（Ⅰ）需检验

$$H_0 : \mu \leqslant \mu_0, \ H_1 : \mu > \mu_0$$

（Ⅱ）选择检验统计量

$$U = \frac{\overline{X} - \mu_0}{\sigma/\sqrt{n}} \sim N(0, 1)$$

（Ⅲ）给定显著性水平 α，其临界点为 z_α，从而接受域为 $(-\infty, z_\alpha)$；

（Ⅳ）计算检验统计量 U 的样本值；

（Ⅴ）作出回答。

例 8-5　某切割机在正常工作时，切割每段金属棒的平均长度为 10.5 cm，设切割机切割每段金属的长度服从正态分布，其标准差为 0.15 cm，某日为了检验切割机工作是否正常，随机地抽取 15 段进行测量，得到平均长度为 $\bar{x}=10.48$ cm，问该机工作是否正常（$\alpha=0.05$）？

解　（Ⅰ）需检验

$$H_0: \mu=10.5, \ H_1: \mu\neq10.5$$

（Ⅱ）选择检验统计量

$$U=\frac{\overline{X}-10.5}{\sigma/\sqrt{n}}\sim N(0,1)$$

（Ⅲ）由于 $\alpha=0.05$，因此临界点为 $\pm z_{\frac{\alpha}{2}}=\pm z_{0.025}=\pm1.96$，从而接受域为 $(-1.96, 1.96)$；

（Ⅳ）由于 $n=15$，$\sigma=0.15$，$\bar{x}=10.48$，因此检验统计量 U 的样本值为

$$u=\frac{10.48-10.5}{0.15/\sqrt{15}}=-0.52$$

（Ⅴ）由于 $u=-0.52\in(-1.96, 1.96)$，因此接受 H_0，即认为该机工作正常。

例 8-6　设某种发动机运转时间 X（单位：分钟/升）服从正态分布 $N(\mu, 4)$，要求每升油的运转时间不低于 30 分钟。现从一批发动机中抽取 9 台，测得其运转时间的平均值为 28.67 分钟/升，问这批发动机是否合格（$\alpha=0.05$，$z_{0.05}=1.645$）？

解　（Ⅰ）需检验

$$H_0: \mu\geqslant30, \ H_1: \mu<30$$

（Ⅱ）选择检验统计量

$$U=\frac{\overline{X}-30}{\sigma/\sqrt{n}}\sim N(0,1)$$

（Ⅲ）由于 $\alpha=0.05$，因此临界点为 $-z_\alpha=-z_{0.05}=-1.645$，从而接受域为 $(-1.645, +\infty)$；

（Ⅳ）由于 $n=9$，$\sigma=2$，$\bar{x}=28.67$，因此检验统计量 U 的样本值为

$$u=\frac{28.67-30}{2/\sqrt{9}}=-1.995$$

（Ⅴ）由于 $u=-1.995\notin(-1.645, +\infty)$，因此拒绝 H_0，即认为这批发动机不合格。

例 8-7　某厂生产的一种灯泡，其寿命 X（单位：小时）服从正态分布 $N(\mu, 200^2)$，从过去较长一段时间的生产情况来看，灯泡的平均寿命为 1500 小时。采用新工艺后，在所生产的灯泡中抽取 25 只，测得平均寿命为 1675 小时，问在显著性水平 $\alpha=0.05$ 下，采用新工艺后灯泡寿命是否显著提高（$z_{0.05}=1.645$）？

解　（Ⅰ）需检验

$$H_0: \mu \leqslant 1500, H_1: \mu > 1500$$

（Ⅱ）选择检验统计量

$$U = \frac{\overline{X} - 1500}{\sigma / \sqrt{n}} \sim N(0, 1)$$

（Ⅲ）由于 $\alpha = 0.05$，因此临界点为 $z_\alpha = z_{0.05} = 1.645$，从而接受域为 $(-\infty, 1.645)$；

（Ⅳ）由于 $n = 25, \sigma = 200, \overline{x} = 1675$，因此检验统计量 U 的样本值为

$$u = \frac{1675 - 1500}{200 / \sqrt{25}} = 4.375$$

（Ⅴ）由于 $u = 4.375 \notin (-\infty, 1.645)$，因此拒绝 H_0，即认为灯泡寿命有显著提高。

2. 当总体方差 σ^2 未知时，单正态总体均值的假设检验

1）双边检验

（Ⅰ）需检验

$$H_0: \mu = \mu_0, H_1: \mu \neq \mu_0$$

（Ⅱ）选择检验统计量

$$T = \frac{\overline{X} - \mu_0}{S / \sqrt{n}} \sim t(n-1)$$

（Ⅲ）给定显著性水平 α，其临界点为 $\pm t_{\frac{\alpha}{2}}(n-1)$，从而接受域为 $(-t_{\frac{\alpha}{2}}(n-1), t_{\frac{\alpha}{2}}(n-1))$；

（Ⅳ）计算检验统计量 T 的样本值；

（Ⅴ）作出回答。

2）左边检验

（Ⅰ）需检验

$$H_0: \mu \geqslant \mu_0, H_1: \mu < \mu_0$$

（Ⅱ）选择检验统计量

$$T = \frac{\overline{X} - \mu_0}{S / \sqrt{n}} \sim t(n-1)$$

（Ⅲ）给定显著性水平 α，其临界点为 $-t_\alpha(n-1)$，从而接受域为 $(-t_\alpha(n-1), +\infty)$；

（Ⅳ）计算检验统计量 T 的样本值；

（Ⅴ）作出回答。

3）右边检验

（Ⅰ）需检验

$$H_0: \mu \leqslant \mu_0, H_1: \mu > \mu_0$$

（Ⅱ）选择检验统计量

$$T = \frac{\overline{X} - \mu_0}{S / \sqrt{n}} \sim t(n-1)$$

（Ⅲ）给定显著性水平 α，其临界点为 $t_\alpha(n-1)$，从而接受域为 $(-\infty, t_\alpha(n-1))$；

（Ⅳ）计算检验统计量 T 的样本值；

（Ⅴ）作出回答。

例 8-8 设某矿砂中镍的含量（单位：%）服从正态分布，现从该批矿砂中抽取 5 个样品，经测定得到其含镍的平均值为 $\bar{x}=3.252\%$，样本标准差为 $s=0.013\%$。问在显著性水平 $\alpha=0.01$ 下，是否可以认为这批矿砂镍的含量为 3.25% $(t_{0.005}(4)=4.6041)$？

解 （Ⅰ）需检验

$$H_0: \mu=3.25, \quad H_1: \mu\neq 3.25$$

（Ⅱ）选择检验统计量

$$T=\frac{\bar{X}-3.25}{S/\sqrt{n}}\sim t(n-1)$$

（Ⅲ）由于 $\alpha=0.01$，$n=5$，因此临界点为 $\pm t_{\frac{\alpha}{2}}(n-1)=\pm t_{0.005}(4)=\pm 4.6041$，从而接受域为 $(-4.6041, 4.6041)$；

（Ⅳ）由于 $n=5$，$\bar{x}=3.252$，$s=0.013$，因此检验统计量 T 的样本值为

$$t=\frac{3.252-3.25}{0.013/\sqrt{5}}=0.344$$

（Ⅴ）由于 $t=0.344\in(-4.6041, 4.6041)$，因此接受 H_0，即可以认为这批矿砂镍的含量为 3.25%。

例 8-9 设某种罐头中维生素 C 的含量（单位：mg/g）服从正态分布，要求其平均含量不得低于 21 mg/g。现从该批罐头中抽取 17 个，测得维生素 C 平均含量为 20 mg/g，标准差为 3.984 mg/g，试问在显著性水平 $\alpha=0.05$ 下，这批罐头是否合格 $(t_{0.05}(16)=1.7459)$？

解 （Ⅰ）需检验

$$H_0: \mu\geqslant 21, \quad H_1: \mu<21$$

（Ⅱ）选择检验统计量

$$T=\frac{\bar{X}-21}{S/\sqrt{n}}\sim t(n-1)$$

（Ⅲ）由于 $\alpha=0.05$，$n=17$，因此临界点为 $-t_\alpha(n-1)=-t_{0.05}(16)=-1.7459$，从而接受域为 $(-1.7459, +\infty)$；

（Ⅳ）由于 $n=17$，$\bar{x}=20$，$s=3.984$，因此检验统计量 T 的样本值为

$$t=\frac{20-21}{3.984/\sqrt{17}}=-1.035$$

（Ⅴ）由于 $t=-1.035\in(-1.7459, +\infty)$，因此接受 H_0，即认为这批罐头合格。

例 8-10 设某部件的装配时间（单位：分钟）服从正态分布，现从这批部件中抽取 20 个部件，测得平均装配时间为 10.2 分钟，标准差为 0.5099 分钟。试问据此能否认为平均

装配时间大于 10 分钟($\alpha = 0.05$，$t_{0.05}(19) = 1.7291$)?

解 （Ⅰ）需检验

$$H_0 : \mu \leqslant 10,\ H_1 : \mu > 10$$

（Ⅱ）选择检验统计量

$$T = \frac{\overline{X} - 10}{S / \sqrt{n}} \sim t(n-1)$$

（Ⅲ）由于 $\alpha = 0.05$，$n = 20$，因此临界点为 $t_\alpha(n-1) = t_{0.05}(19) = 1.7291$，从而接受域为 $(-\infty, 1.7291)$；

（Ⅳ）由于 $n = 20$，$\overline{x} = 10.2$，$s = 0.5099$，因此检验统计量 T 的样本值为

$$t = \frac{10.2 - 10}{0.5099 / \sqrt{20}} = 1.754$$

（Ⅴ）由于 $t = 1.754 \notin (-\infty, 1.7291)$，因此拒绝 H_0，即可以认为平均装配时间大于 10 分钟。

由中心极限定理知，若 $X \sim B(n, p)$，则当 n 充分大时，X 近似地服从正态分布，所以在一些大样本的问题中，虽然总体 X 不服从正态分布，仍可按正态分布来处理。

例 8-11 某厂规定不合格产品不能超过 2%，现从一批产品中随机抽取 100 件，有 3 件不合格，问这批产品是否符合要求($\alpha = 0.05$，$z_{0.05} = 1.645$)?

解 （Ⅰ）需检验

$$H_0 : p \leqslant 0.02,\ H_1 : p > 0.02$$

其中 p 为不合格品率；

（Ⅱ）选择检验统计量 $U = \dfrac{\mu_n - 0.02n}{\sqrt{0.02n(1 - 0.02)}}$，它近似地服从标准正态分布 $N(0, 1)$，

其中 μ_n 表示不合格产品的频数；

（Ⅲ）由于 $\alpha = 0.05$，因此临界点为 $z_\alpha = z_{0.05} = 1.645$，从而接受域为 $(-\infty, 1.645)$；

（Ⅳ）由于 $\mu_n = 3$，$n = 100$，因此检验统计量 U 的样本值为

$$u = \frac{3 - 100 \times 0.02}{\sqrt{100 \times 0.02 \times (1 - 0.02)}} = 0.714$$

（Ⅴ）由于 $u = 0.714 \in (-\infty, 1.645)$，因此接受 H_0，即可以认为这批产品符合要求。

3. 当总体均值 μ 已知时，单正态总体方差的假设检验

1）双边检验

（Ⅰ）需检验

$$H_0 : \sigma^2 = \sigma_0^2,\ H_1 : \sigma^2 \neq \sigma_0^2$$

（Ⅱ）选择检验统计量

$$\chi^2 = \frac{\sum_{i=1}^{n}(X_i - \mu)^2}{\sigma_0^2} \sim \chi^2(n)$$

（Ⅲ）给定显著性水平 α，其临界点为 $\chi_{1-\frac{\alpha}{2}}^2(n)$ 和 $\chi_{\frac{\alpha}{2}}^2(n)$，从而接受域为 $(\chi_{1-\frac{\alpha}{2}}^2(n), \chi_{\frac{\alpha}{2}}^2(n))$；

（Ⅳ）计算检验统计量 χ^2 的样本值；

（Ⅴ）作出回答。

2）左边检验

（Ⅰ）需检验

$$H_0: \sigma^2 \geqslant \sigma_0^2, \ H_1: \sigma^2 < \sigma_0^2$$

（Ⅱ）选择检验统计量

$$\chi^2 = \frac{\sum_{i=1}^{n}(X_i - \mu)^2}{\sigma_0^2} \sim \chi^2(n)$$

（Ⅲ）给定显著性水平 α，其临界点为 $\chi_{1-\alpha}^2(n)$，从而接受域为 $(\chi_{1-\alpha}^2(n), +\infty)$；

（Ⅳ）计算检验统计量 χ^2 的样本值；

（Ⅴ）作出回答。

3）右边检验

（Ⅰ）需检验

$$H_0: \sigma^2 \leqslant \sigma_0^2, \ H_1: \sigma^2 > \sigma_0^2$$

（Ⅱ）选择检验统计量

$$\chi^2 = \frac{\sum_{i=1}^{n}(X_i - \mu)^2}{\sigma_0^2} \sim \chi^2(n)$$

（Ⅲ）给定显著性水平 α，其临界点为 $\chi_{\alpha}^2(n)$，从而接受域为 $(0, \chi_{\alpha}^2(n))$；

（Ⅳ）计算检验统计量 χ^2 的样本值；

（Ⅴ）作出回答。

4. 当总体均值 μ 未知时，单正态总体方差的假设检验

1）双边检验

（Ⅰ）需检验

$$H_0: \sigma^2 = \sigma_0^2, \ H_1: \sigma^2 \neq \sigma_0^2$$

（Ⅱ）选择检验统计量

$$\chi^2 = \frac{(n-1)S^2}{\sigma_0^2} \sim \chi^2(n-1)$$

（Ⅲ）给定显著性水平 α，其临界点为 $\chi_{1-\frac{\alpha}{2}}^{2}(n-1)$ 和 $\chi_{\frac{\alpha}{2}}^{2}(n-1)$，从而接受域为 $(\chi_{1-\frac{\alpha}{2}}^{2}(n-1), \chi_{\frac{\alpha}{2}}^{2}(n-1))$；

（Ⅳ）计算检验统计量 χ^{2} 的样本值；

（Ⅴ）作出回答。

2）左边检验

（Ⅰ）需检验

$$H_0 : \sigma^2 \geqslant \sigma_0^2 , H_1 : \sigma^2 < \sigma_0^2$$

（Ⅱ）选择检验统计量

$$\chi^{2} = \frac{(n-1)S^{2}}{\sigma_0^{2}} \sim \chi^{2}(n-1)$$

（Ⅲ）给定显著性水平 α，其临界点为 $\chi_{1-\alpha}^{2}(n-1)$，从而接受域为 $(\chi_{1-\alpha}^{2}(n-1), +\infty)$；

（Ⅳ）计算检验统计量 χ^{2} 的样本值；

（Ⅴ）作出回答。

3）右边检验

（Ⅰ）需检验

$$H_0 : \sigma^2 \leqslant \sigma_0^2 , H_1 : \sigma^2 > \sigma_0^2$$

（Ⅱ）选择检验统计量

$$\chi^{2} = \frac{(n-1)S^{2}}{\sigma_0^{2}} \sim \chi^{2}(n-1)$$

（Ⅲ）给定显著性水平 α，其临界点为 $\chi_{\alpha}^{2}(n-1)$，从而接受域为 $(0, \chi_{\alpha}^{2}(n-1))$；

（Ⅳ）计算检验统计量 χ^{2} 的样本值；

（Ⅴ）作出回答。

例 8-12 某厂生产的矩形，其宽度与长度的比值服从标准差 $\sigma_0 = 0.11$ 的正态分布。现从一批这种矩形中随机抽取 20 个，测得宽度与长度比值的样本标准差 $s = 0.0925$，问矩形的宽度与长度的比值有无显著性变化（$\alpha = 0.05$，$\chi_{0.975}^{2}(19) = 8.907$，$\chi_{0.025}^{2}(19) = 32.852$）？

解 （Ⅰ）需检验
$$H_0 : \sigma^2 = 0.11^2 , H_1 : \sigma^2 \neq 0.11^2$$

（Ⅱ）选择检验统计量

$$\chi^{2} = \frac{(n-1)S^{2}}{0.11^{2}} \sim \chi^{2}(n-1)$$

（Ⅲ）由于 $\alpha = 0.05$，$n = 20$，因此临界点为 $\chi_{1-\frac{\alpha}{2}}^{2}(n-1) = \chi_{0.975}^{2}(19) = 8.907$，$\chi_{\frac{\alpha}{2}}^{2}(n-1) = \chi_{0.025}^{2}(19) = 32.852$，从而接受域为 $(8.907, 32.852)$；

（Ⅳ）由于 $n=20$，$s=0.0925$，因此检验统计量 χ^2 的样本值为

$$\chi^2 = \frac{(20-1) \times 0.0925^2}{0.11^2} = 13.44$$

（Ⅴ）由于 $\chi^2 = 13.44 \in (8.907, 32.852)$，因此接受 H_0，即认为矩形的宽度与长度的比值无显著性变化。

例 8-13 一种混杂的小麦品种的株高服从标准差为 $\sigma_0 = 14$ cm 的正态分布，经提纯后随机地抽取 10 株，测得株高的样本方差为 $s^2 = 24.233$，问提纯后的群体是否比原群体整齐（$\alpha = 0.01$，$\chi^2_{0.99}(9) = 2.088$）？

解 （Ⅰ）需检验

$$H_0 : \sigma \geqslant 14, \; H_1 : \sigma < 14$$

（Ⅱ）选择检验统计量

$$\chi^2 = \frac{(n-1)S^2}{14^2} \sim \chi^2(n-1)$$

（Ⅲ）由于 $\alpha = 0.01$，$n = 10$，因此临界点为 $\chi^2_{1-\alpha}(n-1) = \chi^2_{0.99}(9) = 2.088$，从而接受域为 $(2.088, +\infty)$；

（Ⅳ）由于 $n = 10$，$s^2 = 24.233$，因此检验统计量 χ^2 的样本值为

$$\chi^2 = \frac{(10-1) \times 24.233}{14^2} = 1.11$$

（Ⅴ）由于 $\chi^2 = 1.11 \notin (2.088, +\infty)$，因此拒绝 H_0，即认为提纯后的群体比原群体整齐。

例 8-14 某厂生产的灯泡寿命 X 服从方差 $\sigma_0^2 = 100^2$ 的正态分布，从某日生产的一批灯泡中随机地抽出 40 只进行寿命测试，计算得到样本方差 $s^2 = 15\,000$，问在显著性水平 $\alpha = 0.05$ 下，能否断定灯泡寿命的波动显著增大（$\chi^2_{0.05}(39) = 54.572$）？

解 （Ⅰ）需检验

$$H_0 : \sigma^2 \leqslant 100^2, \; H_1 : \sigma^2 > 100^2$$

（Ⅱ）选择检验统计量

$$\chi^2 = \frac{(n-1)S^2}{100^2} \sim \chi^2(n-1)$$

（Ⅲ）由于 $\alpha = 0.05$，$n = 40$，因此临界点为 $\chi^2_\alpha(n-1) = \chi^2_{0.05}(39) = 54.572$，从而接受域为 $(0, 54.572)$；

（Ⅳ）由于 $n = 40$，$s^2 = 15\,000$，因此检验统计量 χ^2 的样本值为

$$\chi^2 = \frac{(40-1) \times 15\,000}{100^2} = 58.5$$

（Ⅴ）由于 $\chi^2 = 58.5 \notin (0, 54.572)$，因此拒绝 H_0，即认为灯泡寿命的波动性显著增大。

例 8 - 15　某台机器加工某种零件，规定零件的长度为 100 cm，标准差不得超过 2 cm，每天定时检查机器的运行情况。某日抽取 10 个零件，测得平均长度 $\bar{x} = 101$ cm，样本标准差 $s = 2$ cm，设加工的零件长度服从正态分布，问该日机器工作状态是否正常（$\alpha = 0.05$，$t_{0.025}(9) = 2.2622$，$\chi^2_{0.05}(9) = 16.919$）？

解　设加工的零件长度为 X，则 $X \sim N(\mu, \sigma^2)$，其中 μ、σ^2 均未知。依题设知，要检验该日机器工作状态是否正常需检验两步：

（1）第一步需检验均值 μ。

（Ⅰ）需检验

$$H_{01}: \mu = 100, \quad H_{11}: \mu \neq 100$$

（Ⅱ）选择检验统计量

$$T = \frac{\overline{X} - 100}{S/\sqrt{n}} \sim t(n-1)$$

（Ⅲ）由于 $\alpha = 0.05$，$n = 10$，因此临界点为 $\pm t_{\frac{\alpha}{2}}(n-1) = \pm t_{0.025}(9) = \pm 2.2622$，从而接受域为 $(-2.2622, 2.2622)$；

（Ⅳ）由于 $n = 10$，$\bar{x} = 101$，$s = 2$，因此检验统计量 T 的样本值为

$$t = \frac{101 - 100}{2/\sqrt{10}} = 1.5811$$

（Ⅴ）由于 $t = 1.5811 \in (-2.2622, 2.2622)$，因此接受 H_{01}，即可以认为 $\mu = 100$。

（2）第二步需检验方差 σ^2。

（Ⅰ）需检验

$$H_{02}: \sigma^2 \leqslant 2^2, \quad H_{12}: \sigma^2 > 2^2$$

（Ⅱ）选择检验统计量

$$\chi^2 = \frac{(n-1)S^2}{2^2} \sim \chi^2(n-1)$$

（Ⅲ）由于 $\alpha = 0.05$，$n = 10$，因此临界点为 $\chi^2_\alpha(n-1) = \chi^2_{0.05}(9) = 16.919$，从而接受域为 $(0, 16.919)$；

（Ⅳ）由于 $n = 10$，$s = 2$，因此检验统计量 χ^2 的样本值为

$$\chi^2 = \frac{(10-1) \times 2^2}{2^2} = 9$$

（Ⅴ）由于 $\chi^2 = 9 \in (0, 16.9)$，因此接受 H_{02}，即可以认为 $\sigma^2 \leqslant 2^2$，也就是 $\sigma \leqslant 2$。

结合以上两步检验，可以认为该日机器工作状态正常。

8.3 双正态总体参数的假设检验

设 X_1，X_2，$\cdots$，X_{n_1} 为来自第一个总体 $X \sim N(\mu_1, \sigma_1^2)$ 的一个样本，样本均值为 $\overline{X}$，样本方差为 S_1^2；Y_1，Y_2，$\cdots$，Y_{n_2} 为来自第二个总体 $Y \sim N(\mu_2, \sigma_2^2)$ 的一个样本，样本均值为 $\overline{Y}$，样本方差为 S_2^2，且两个样本构成的合样本 X_1，X_2，$\cdots$，X_{n_1}，Y_1，Y_2，$\cdots$，Y_{n_2} 相互独立。对总体 X 与 Y 参数 μ_1、μ_2 和 σ_1^2、σ_2^2 的假设检验称为双正态总体参数的假设检验。

1. 当总体方差 σ_1^2、σ_2^2 已知时，双正态总体均值的假设检验

1）双边检验

（Ⅰ）需检验

$$H_0: \mu_1 = \mu_2,\ H_1: \mu_1 \neq \mu_2$$

（Ⅱ）选择检验统计量

$$U = \frac{\overline{X} - \overline{Y}}{\sqrt{\dfrac{\sigma_1^2}{n_1} + \dfrac{\sigma_2^2}{n_2}}} \sim N(0, 1)$$

（Ⅲ）给定显著性水平 α，其临界点为 $\pm z_{\frac{\alpha}{2}}$，从而接受域为 $(-z_{\frac{\alpha}{2}}, z_{\frac{\alpha}{2}})$；

（Ⅳ）计算检验统计量 U 的样本值；

（Ⅴ）作出回答。

2）左边检验

（Ⅰ）需检验

$$H_0: \mu_1 \geqslant \mu_2,\ H_1: \mu_1 < \mu_2$$

（Ⅱ）选择检验统计量

$$U = \frac{\overline{X} - \overline{Y}}{\sqrt{\dfrac{\sigma_1^2}{n_1} + \dfrac{\sigma_2^2}{n_2}}} \sim N(0, 1)$$

（Ⅲ）给定显著性水平 α，其临界点为 $-z_\alpha$，从而接受域为 $(-z_\alpha, +\infty)$；

（Ⅳ）计算检验统计量 U 的样本值；

（Ⅴ）作出回答。

3）右边检验

（Ⅰ）需检验

$$H_0: \mu_1 \leqslant \mu_2,\ H_1: \mu_1 > \mu_2$$

（Ⅱ）选择检验统计量

$$U=\frac{\overline{X}-\overline{Y}}{\sqrt{\frac{\sigma_1^2}{n_1}+\frac{\sigma_2^2}{n_2}}}\sim N(0,1)$$

（Ⅲ）给定显著性水平 α，其临界点为 z_α，从而接受域为$(-\infty,z_\alpha)$；

（Ⅳ）计算检验统计量 U 的样本值；

（Ⅴ）作出回答。

例 8－16 某苗圃采用两种育苗方案做杨树的育苗试验，在两组育苗试验中，已知苗高（单位：cm）服从正态分布，且它们的方差分别为 $\sigma_1^2=23^2$，$\sigma_2^2=25^2$。现各取 50 株作为样本，求得苗高的样本均值分别为 $\overline{x}=59.32$ cm，$\overline{y}=54.16$ cm，且两个样本构成的合样本相互独立。问两种育苗方案对平均苗高是否有显著性影响（$\alpha=0.05$）？

解 （Ⅰ）需检验

$$H_0:\mu_1=\mu_2,\ H_1:\mu_1\neq\mu_2$$

（Ⅱ）选择检验统计量

$$U=\frac{\overline{X}-\overline{Y}}{\sqrt{\frac{\sigma_1^2}{n_1}+\frac{\sigma_2^2}{n_2}}}\sim N(0,1)$$

（Ⅲ）由于 $\alpha=0.05$，因此临界点为 $\pm z_{\frac{\alpha}{2}}=\pm z_{0.025}=\pm1.96$，从而接受域为$(-1.96,1.96)$；

（Ⅳ）由于 $n_1=n_2=50$，$\sigma_1^2=23^2$，$\sigma_2^2=25^2$，$\overline{x}=59.32$，$\overline{y}=54.16$，因此检验统计量 U 的样本值为

$$u=\frac{59.32-54.16}{\sqrt{\frac{23^2}{50}+\frac{25^2}{50}}}=1.07$$

（Ⅴ）由于 $u=1.07\in(-1.96,1.96)$，因此接受 H_0，即可以认为两种育苗方案对平均苗高没有显著性影响。

2. 当总体方差 $\sigma_1^2=\sigma_2^2$ 未知时，双正态总体均值的假设检验

1）双边检验

（Ⅰ）需检验

$$H_0:\mu_1=\mu_2,\ H_1:\mu_1\neq\mu_2$$

（Ⅱ）选择检验统计量

$$T=\frac{\overline{X}-\overline{Y}}{S_\omega\sqrt{\frac{1}{n_1}+\frac{1}{n_2}}}\sim t(n_1+n_2-2)$$

其中 $S_\omega=\sqrt{\frac{(n_1-1)S_1^2+(n_2-1)S_2^2}{n_1+n_2-2}}$；

（Ⅲ）给定显著性水平 α，其临界点为 $\pm t_{\frac{\alpha}{2}}(n_1+n_2-2)$，从而接受域为$(-t_{\frac{\alpha}{2}}(n_1+n_2-2),$

$t_{\frac{a}{2}}(n_1+n_2-2))$；

（Ⅳ）计算检验统计量 T 的样本值；

（Ⅴ）作出回答。

2）左边检验

（Ⅰ）需检验

$$H_0：\mu_1 \geqslant \mu_2，H_1：\mu_1 < \mu_2$$

（Ⅱ）选择检验统计量

$$T = \frac{\overline{X} - \overline{Y}}{S_\omega \sqrt{\frac{1}{n_1} + \frac{1}{n_2}}} \sim t(n_1+n_2-2)$$

其中 $S_\omega = \sqrt{\dfrac{(n_1-1)S_1^2+(n_2-1)S_2^2}{n_1+n_2-2}}$；

（Ⅲ）给定显著性水平 α，其临界点为 $-t_a(n_1+n_2-2)$，从而接受域为 $(-t_a(n_1+n_2-2)$，$+\infty)$；

（Ⅳ）计算检验统计量 T 的样本值；

（Ⅴ）作出回答。

3）右边检验

（Ⅰ）需检验

$$H_0：\mu_1 \leqslant \mu_2，H_1：\mu_1 > \mu_2$$

（Ⅱ）选择检验统计量

$$T = \frac{\overline{X} - \overline{Y}}{S_\omega \sqrt{\frac{1}{n_1} + \frac{1}{n_2}}} \sim t(n_1+n_2-2)$$

其中 $S_\omega = \sqrt{\dfrac{(n_1-1)S_1^2+(n_2-1)S_2^2}{n_1+n_2-2}}$；

（Ⅲ）给定显著性水平 α，其临界点为 $t_a(n_1+n_2-2)$，从而接受域为 $(-\infty，t_a(n_1+n_2-2))$；

（Ⅳ）计算检验统计量 T 的样本值；

（Ⅴ）作出回答。

例 8-17 两箱中分别装有甲、乙两厂生产的产品，欲比较它们的重量，设甲厂生产的产品重量 $X \sim N(\mu_1, \sigma_1^2)$，乙厂生产的产品重量 $Y \sim N(\mu_2, \sigma_2^2)$，其中 $\sigma_1^2 = \sigma_2^2$ 未知。从甲厂生产的产品中随机抽取 10 件，测得重量的平均值 $\overline{x} = 4.95$ kg，样本标准差 $s_1 = 0.07$ kg；从乙厂生产的产品中随机抽取 15 件，测得重量的平均值 $\overline{y} = 5.02$ kg，样本标准差 $s_2 = 0.12$ kg。两个样本构成的合样本相互独立，试检验两者的平均重量有无显著性差别（$\alpha = 0.05$，$t_{0.025}(23) = 2.8073$）。

解 （Ⅰ）需检验

$$H_0: \mu_1 = \mu_2, \ H_1: \mu_1 \neq \mu_2$$

（Ⅱ）选择检验统计量

$$T = \frac{\overline{X} - \overline{Y}}{S_\omega \sqrt{\frac{1}{n_1} + \frac{1}{n_2}}} \sim t(n_1 + n_2 - 2)$$

（Ⅲ）由于 $\alpha = 0.05$，$n_1 = 10$，$n_1 = 15$，因此临界点为 $\pm t_{\frac{\alpha}{2}}(n_1 + n_2 - 2) = \pm t_{0.025}(23) = \pm 2.8073$，从而接受域为 $(-2.8073, 2.8073)$；

（Ⅳ）由于 $n_1 = 10$，$n_2 = 15$，$\overline{x} = 4.95$，$\overline{y} = 5.02$，$s_1 = 0.07$，$s_2 = 0.12$，经计算知，$s_\omega^2 = 0.0107$，即 $s_\omega = 0.1034$，因此检验统计量 T 的样本值为

$$t = \frac{4.95 - 5.02}{0.1034 \times \sqrt{\frac{1}{10} + \frac{1}{15}}} = -1.6583$$

（Ⅴ）由于 $t = -1.6583 \in (-2.8073, 2.8073)$，因此接受 H_0，即可以认为两者的平均重量无显著性差别。

3. 当总体均值 μ_1、μ_2 已知时，双正态总体方差的假设检验

1）双边检验

（Ⅰ）需检验

$$H_0: \sigma_1^2 = \sigma_2^2, \ H_1: \sigma_1^2 \neq \sigma_2^2$$

（Ⅱ）选择检验统计量

$$F = \frac{n_2 \sum\limits_{i=1}^{n_1} (X_i - \mu_1)^2}{n_1 \sum\limits_{i=1}^{n_2} (Y_i - \mu_2)^2} \sim F(n_1, n_2)$$

（Ⅲ）给定显著性水平 α，其临界点为 $\dfrac{1}{F_{\frac{\alpha}{2}}(n_2, n_1)}$ 和 $F_{\frac{\alpha}{2}}(n_1, n_2)$，从而接受域为 $\left(\dfrac{1}{F_{\frac{\alpha}{2}}(n_2, n_1)}, F_{\frac{\alpha}{2}}(n_1, n_2) \right)$；

（Ⅳ）计算检验统计量 F 的样本值；

（Ⅴ）作出回答。

2）左边检验

（Ⅰ）需检验

$$H_0: \sigma_1^2 \geqslant \sigma_2^2, \ H_1: \sigma_1^2 < \sigma_2^2$$

（Ⅱ）选择检验统计量

$$F = \frac{n_2 \sum\limits_{i=1}^{n_1} (X_i - \mu_1)^2}{n_1 \sum\limits_{i=1}^{n_2} (Y_i - \mu_2)^2} \sim F(n_1, n_2)$$

（Ⅲ）给定显著性水平 α，其临界点为 $\dfrac{1}{F_\alpha(n_2, n_1)}$，从而接受域为 $\left(\dfrac{1}{F_\alpha(n_2, n_1)}, +\infty \right)$；

（Ⅳ）计算检验统计量 F 的样本值；

（Ⅴ）作出回答。

3）右边检验

（Ⅰ）需检验

$$H_0: \sigma_1^2 \leqslant \sigma_2^2, \ H_1: \sigma_1^2 > \sigma_2^2$$

（Ⅱ）选择检验统计量

$$F = \frac{n_2 \sum\limits_{i=1}^{n_1} (X_i - \mu_1)^2}{n_1 \sum\limits_{i=1}^{n_2} (Y_i - \mu_2)^2} \sim F(n_1, n_2)$$

（Ⅲ）给定显著性水平 α，其临界点为 $F_\alpha(n_1, n_2)$，从而接受域为 $(0, F_\alpha(n_1, n_2))$；

（Ⅳ）计算检验统计量 F 的样本值；

（Ⅴ）作出回答。

4. 当总体均值 μ_1、μ_2 未知时，双正态总体方差的假设检验

1）双边检验

（Ⅰ）需检验

$$H_0: \sigma_1^2 = \sigma_2^2, \ H_1: \sigma_1^2 \neq \sigma_2^2$$

（Ⅱ）选择检验统计量

$$F = \frac{S_1^2}{S_2^2} \sim F(n_1 - 1, n_2 - 1)$$

（Ⅲ）给定显著性水平 α，其临界点为 $\dfrac{1}{F_{\frac{\alpha}{2}}(n_2 - 1, n_1 - 1)}$ 和 $F_{\frac{\alpha}{2}}(n_1 - 1, n_2 - 1)$，从而接受域为 $\left(\dfrac{1}{F_{\frac{\alpha}{2}}(n_2 - 1, n_1 - 1)}, F_{\frac{\alpha}{2}}(n_1 - 1, n_2 - 1) \right)$；

（Ⅳ）计算检验统计量 F 的样本值；

（Ⅴ）作出回答。

2）左边检验

（Ⅰ）需检验

$$H_0: \sigma_1^2 \geqslant \sigma_2^2,\ H_1: \sigma_1^2 < \sigma_2^2$$

（Ⅱ）选择检验统计量

$$F = \frac{S_1^2}{S_2^2} \sim F(n_1 - 1,\ n_2 - 1)$$

（Ⅲ）给定显著性水平 α，其临界点为 $\dfrac{1}{F_\alpha(n_2 - 1,\ n_1 - 1)}$，从而接受域为 $\left(\dfrac{1}{F_\alpha(n_2 - 1,\ n_1 - 1)},\ +\infty \right)$；

（Ⅳ）计算检验统计量 F 的样本值；

（Ⅴ）作出回答。

3）右边检验

（Ⅰ）需检验

$$H_0: \sigma_1^2 \leqslant \sigma_2^2,\ H_1: \sigma_1^2 > \sigma_2^2$$

（Ⅱ）选择检验统计量

$$F = \frac{S_1^2}{S_2^2} \sim F(n_1 - 1,\ n_2 - 1)$$

（Ⅲ）给定显著性水平 α，其临界点为 $F_\alpha(n_1 - 1,\ n_2 - 1)$，从而接受域为 $(0,\ F_\alpha(n_1 - 1,\ n_2 - 1))$；

（Ⅳ）计算检验统计量 F 的样本值；

（Ⅴ）作出回答。

例 8 - 18　有两台机器生产金属部件，现分别在两台机器所生产的部件中各取容量分别为 $n_1 = 60$，$n_2 = 40$ 的样本，测得部件重量（单位：kg）的样本方差分别为 $s_1^2 = 15.46$，$s_2^2 = 9.66$。设两台机器生产的金属部件重量服从正态分布，两个样本构成的合样本相互独立，试在显著性水平 $\alpha = 0.05$ 下检验如下假设：

$$H_0: \sigma_1^2 \leqslant \sigma_2^2,\ H_1: \sigma_1^2 > \sigma_2^2$$

已知 $F_{0.05}(59,\ 39) = 1.64$。

解　（Ⅰ）需检验

$$H_0: \sigma_1^2 \leqslant \sigma_2^2,\ H_1: \sigma_1^2 > \sigma_2^2$$

（Ⅱ）选择检验统计量

$$F = \frac{S_1^2}{S_2^2} \sim F(n_1 - 1,\ n_2 - 1)$$

（Ⅲ）由于 $\alpha = 0.05$，$n_1 = 60$，$n_2 = 40$，因此临界点为 $F_\alpha(n_1 - 1,\ n_2 - 1) = F_{0.05}(59,\ 39) = 1.64$，从而接受域为 $(0,\ 1.64)$；

（Ⅳ）由于 $s_1^2 = 15.46$，$s_2^2 = 9.66$，因此检验统计量 F 的样本值为

$$f = \frac{s_1^2}{s_2^2} = \frac{15.46}{9.66} = 1.60$$

（Ⅴ）由于 $f = 1.60 \in (0,\ 1.64)$，因此接受 H_0，即可以认为 σ_1^2 不大于 σ_2^2。

例 8 - 19 设两批灯泡寿命都服从正态分布,随机地从两批灯泡中各抽取 10 只进行寿命测试。测得第一批灯泡平均寿命 $\bar{x}=1832$ 小时,样本方差 $s_1^2=234\ 658$;第二批灯泡平均寿命 $\bar{y}=1261$ 小时,样本方差 $s_2^2=242\ 634$。两个样本构成的合样本相互独立,试在显著性水平 $\alpha=0.1$ 下检验:

(1) $H_0: \sigma_1^2=\sigma_2^2$,$H_1: \sigma_1^2\neq\sigma_2^2$

(2) $H_0: \mu_1=\mu_2$,$H_1: \mu_1\neq\mu_2$

(3) $H_0: \mu_1\leqslant\mu_2$,$H_1: \mu_1>\mu_2$

已知 $F_{0.05}(9,9)=3.18$,$t_{0.05}(18)=1.7341$,$t_{0.1}(18)=1.3304$。

解 (1)(Ⅰ)需检验

$$H_0: \sigma_1^2=\sigma_2^2,\ H_1: \sigma_1^2\neq\sigma_2^2$$

(Ⅱ)选择检验统计量

$$F=\frac{S_1^2}{S_2^2}\sim F(n_1-1,\ n_2-1)$$

(Ⅲ)由于 $\alpha=0.1$,$n_1=10$,$n_2=10$,因此临界点为 $\dfrac{1}{F_{\frac{\alpha}{2}}(n_2-1,\ n_1-1)}=\dfrac{1}{F_{0.05}(9,9)}=\dfrac{1}{3.18}$,$F_{\frac{\alpha}{2}}(n_1-1,\ n_2-1)=F_{0.05}(9,9)=3.18$,从而接受域为 $\left(\dfrac{1}{3.18},\ 3.18\right)$;

(Ⅳ)由于 $s_1^2=234\ 658$,$s_2^2=242\ 634$,因此检验统计量 F 的样本值为

$$f=\frac{s_1^2}{s_2^2}=\frac{234\ 658}{242\ 634}=0.967$$

(Ⅴ)由于 $f=0.967\in\left(\dfrac{1}{3.18},\ 3.18\right)$,因此接受 H_0,即可以认为 $\sigma_1^2=\sigma_2^2$。

(2)由(1)检验结果知 $\sigma_1^2=\sigma_2^2$。

(Ⅰ)需检验

$$H_0: \mu_1=\mu_2,\ H_1: \mu_1\neq\mu_2$$

(Ⅱ)选择检验统计量

$$T=\frac{\overline{X}-\overline{Y}}{S_\omega\sqrt{\dfrac{1}{n_1}+\dfrac{1}{n_2}}}\sim t(n_1+n_2-2)$$

其中 $S_\omega=\sqrt{\dfrac{(n_1-1)S_1^2+(n_2-1)S_2^2}{n_1+n_2-2}}$;

(Ⅲ)由于 $\alpha=0.1$,$n_1=10$,$n_2=10$,因此临界点为 $\pm t_{\frac{\alpha}{2}}(n_1+n_2-2)=\pm t_{0.05}(18)=\pm1.7341$,从而接受域为 $(-1.7341,\ 1.7341)$;

（Ⅳ）由于 $n_1=10$，$n_2=10$，$\bar{x}=1832$，$\bar{y}=1261$，$s_1^2=234\ 658$，$s_2^2=242\ 634$，因此

$$s_\omega=\sqrt{\frac{(10-1)\times234\ 658+(10-1)\times242\ 634}{10+10-2}}=488.514$$

从而检验统计量 T 的样本值为

$$t=\frac{\bar{x}-\bar{y}}{s_\omega\sqrt{\dfrac{1}{n_1}+\dfrac{1}{n_2}}}=\frac{1832-1261}{488.514\times\sqrt{\dfrac{1}{10}+\dfrac{1}{10}}}=2.6136$$

（Ⅴ）由于 $t=2.6136\notin(-1.7341,1.7341)$，因此拒绝 H_0，即可以认为 $\mu_1\neq\mu_2$。

（3）由（1）检验结果知 $\sigma_1^2=\sigma_2^2$。

（Ⅰ）需检验

$$H_0:\mu_1\leqslant\mu_2,\ H_1:\mu_1>\mu_2$$

（Ⅱ）选择检验统计量

$$T=\frac{\overline{X}-\overline{Y}}{S_\omega\sqrt{\dfrac{1}{n_1}+\dfrac{1}{n_2}}}\sim t(n_1+n_2-2)$$

其中 $S_\omega=\sqrt{\dfrac{(n_1-1)S_1^2+(n_2-1)S_2^2}{n_1+n_2-2}}$；

（Ⅲ）由于 $\alpha=0.1$，$n_1=10$，$n_2=10$，因此临界点为 $t_a(n_1+n_2-2)=t_{0.1}(18)=1.3304$，从而接受域为 $(-\infty,1.3304)$；

（Ⅳ）由于 $n_1=10$，$n_2=10$，$\bar{x}=1832$，$\bar{y}=1261$，$s_1^2=234\ 658$，$s_2^2=242\ 634$，因此

$$s_\omega=\sqrt{\frac{(10-1)\times234\ 658+(10-1)\times242\ 634}{10+10-2}}=488.514$$

从而检验统计量 T 的样本值为

$$t=\frac{\bar{x}-\bar{y}}{s_\omega\sqrt{\dfrac{1}{n_1}+\dfrac{1}{n_2}}}=\frac{1832-1261}{488.514\times\sqrt{\dfrac{1}{10}+\dfrac{1}{10}}}=2.6136$$

（Ⅴ）由于 $t=2.6136\notin(-\infty,1.3304)$，因此拒绝 H_0，即可以认为 $\mu_1>\mu_2$。

例 8-20 某灯泡厂在采用一项新工艺的前后，分别抽取 10 只灯泡进行寿命试验，计算得到：在采用新工艺前灯泡寿命的样本均值为 2460 小时，标准差为 56 小时；采用新工艺后灯泡寿命的样本均值为 2550 小时，标准差为 48 小时。设灯泡的寿命服从正态分布，两个样本构成的合样本相互独立，是否可以认为采用新工艺后灯泡的平均寿命有显著的提高（$\alpha=0.01$，$F_{0.005}(9,9)=6.54$，$t_{0.01}(18)=2.55$）？

解 设采用新工艺前灯泡寿命 $X\sim N(\mu_1,\sigma_1^2)$，采用新工艺后灯泡寿命 $Y\sim N(\mu_2,\sigma_2^2)$，分两步检验：

（1）第一步需检验方差。

（Ⅰ）需检验

$$H_{01}: \sigma_1^2 = \sigma_2^2, \ H_{11}: \sigma_1^2 \neq \sigma_2^2$$

（Ⅱ）选择检验统计量

$$F = \frac{S_1^2}{S_2^2} \sim F(n_1 - 1, \ n_2 - 1)$$

（Ⅲ）由于 $\alpha = 0.01$，$n_1 = 10$，$n_2 = 10$，因此临界点为 $\dfrac{1}{F_{\frac{\alpha}{2}}(n_2 - 1, \ n_1 - 1)} = \dfrac{1}{F_{0.005}(9, 9)} = \dfrac{1}{6.54}$，$F_{\frac{\alpha}{2}}(n_1 - 1, \ n_2 - 1) = F_{0.005}(9, 9) = 6.54$，从而接受域为 $\left(\dfrac{1}{6.54}, \ 6.54\right)$；

（Ⅳ）由于 $s_1 = 56$，$s_2 = 48$，因此检验统计量 F 的样本值为

$$f = \frac{56^2}{48^2} = 1.36$$

（Ⅴ）由于 $f = 1.36 \in \left(\dfrac{1}{6.54}, \ 6.54\right)$，因此接受 H_{01}，即可以认为 $\sigma_1^2 = \sigma_2^2$。

（2）第二步需检验均值。

（Ⅰ）需检验

$$H_{02}: \mu_1 \geqslant \mu_2, \ H_{12}: \mu_1 < \mu_2$$

（Ⅱ）选择检验统计量

$$T = \frac{\overline{X} - \overline{Y}}{S_\omega \sqrt{\dfrac{1}{n_1} + \dfrac{1}{n_2}}} \sim t(n_1 + n_2 - 2)$$

其中 $S_\omega = \sqrt{\dfrac{(n_1 - 1)S_1^2 + (n_2 - 1)S_2^2}{n_1 + n_2 - 2}}$；

（Ⅲ）由于 $\alpha = 0.01$，$n_1 = 10$，$n_2 = 10$，因此临界点为 $-t_\alpha(n_1 + n_2 - 2) = -t_{0.01}(18) = -2.55$，从而接受域为 $(-2.55, \ +\infty)$；

（Ⅳ）由于 $n_1 = 10$，$n_2 = 10$，$\bar{x} = 2460$，$\bar{y} = 2550$，$s_1 = 56$，$s_2 = 48$，因此

$$s_\omega = \sqrt{\frac{(10 - 1) \times 56^2 + (10 - 1) \times 48^2}{10 + 10 - 2}} = 52.15$$

从而检验统计量 T 的样本值为

$$t = \frac{\bar{x} - \bar{y}}{s_\omega \sqrt{\dfrac{1}{n_1} + \dfrac{1}{n_2}}} = \frac{2460 - 2550}{52.15 \times \sqrt{\dfrac{1}{10} + \dfrac{1}{10}}} = -3.86$$

（Ⅴ）由于 $t = -3.86 \notin (-2.55, \ +\infty)$，因此拒绝 H_{02}，即可以认为采用新工艺后灯泡的平均寿命有显著的提高。

例 8-21 为了比较甲、乙两种工艺生产的某种商品中有害物质的含量（单位：mg/g），

从甲种工艺生产的商品中抽取 12 件，测得有害物质的平均含量 $\bar{x}=5.25$ mg/g，样本标准差 $s_1=0.9653$ mg/g；从乙种工艺生产的商品中抽取 12 件，测得有害物质的平均含量 $\bar{y}=1.5$ mg/g，样本标准差 $s_2=1$ mg/g。设两种工艺生产的某种商品中有害物质的含量服从正态分布，两个样本构成的合样本相互独立，试在显著性水平 $\alpha=0.05$ 下检验：

(1) $H_0:\sigma_1^2=\sigma_2^2$，$H_1:\sigma_1^2\neq\sigma_2^2$

(2) $H_0:\mu_1-\mu_2=2$，$H_1:\mu_1-\mu_2\neq2$

(3) $H_0:\mu_1-\mu_2\geq2$，$H_1:\mu_1-\mu_2<2$

(4) $H_0:\mu_1-\mu_2\leq2$，$H_1:\mu_1-\mu_2>2$

已知 $F_{0.025}(11,11)=3.48$，$t_{0.025}(22)=2.7039$，$t_{0.05}(22)=1.7171$。

解　(1)(Ⅰ) 需检验

$$H_0:\sigma_1^2=\sigma_2^2,\ H_1:\sigma_1^2\neq\sigma_2^2$$

(Ⅱ) 选择检验统计量

$$F=\frac{S_1^2}{S_2^2}\sim F(n_1-1,\ n_2-1)$$

(Ⅲ) 由于 $\alpha=0.05$，$n_1=12$，$n_2=12$，因此临界点为 $\dfrac{1}{F_{\frac{\alpha}{2}}(n_2-1,\ n_1-1)}=\dfrac{1}{F_{0.025}(11,11)}=\dfrac{1}{3.48}$，$F_{\frac{\alpha}{2}}(n_1-1,\ n_2-1)=F_{0.025}(11,11)=3.48$，从而接受域为 $\left(\dfrac{1}{3.48},\ 3.48\right)$；

(Ⅳ) 由于 $s_1=0.9653$，$s_2=1$，因此检验统计量 F 的样本值为

$$f=\frac{s_1^2}{s_2^2}=\frac{0.9653^2}{1^2}=0.9318$$

(Ⅴ) 由于 $f=0.9318\in\left(\dfrac{1}{3.48},\ 3.48\right)$，因此接受 H_0，即可以认为 $\sigma_1^2=\sigma_2^2$。

(2) 由(1)的检验结果知 $\sigma_1^2=\sigma_2^2$。

(Ⅰ) 需检验

$$H_0:\mu_1-\mu_2=2,\ H_1:\mu_1-\mu_2\neq2$$

(Ⅱ) 选择检验统计量

$$T=\frac{\overline{X}-\overline{Y}-2}{S_\omega\sqrt{\dfrac{1}{n_1}+\dfrac{1}{n_2}}}\sim t(n_1+n_2-2)$$

其中 $S_\omega=\sqrt{\dfrac{(n_1-1)S_1^2+(n_2-1)S_2^2}{n_1+n_2-2}}$；

(Ⅲ) 由于 $\alpha=0.05$，$n_1=12$，$n_2=12$，因此临界点为 $\pm t_{\frac{\alpha}{2}}(n_1+n_2-2)=\pm t_{0.025}(22)=\pm2.7039$，从而接受域为 $(-2.7039,\ 2.7039)$；

(Ⅳ) 由于 $n_1=12$，$n_2=12$，$\bar{x}=5.25$，$\bar{y}=1.5$，$s_1=0.9653$，$s_2=1$，因此

$$s_\omega = \sqrt{\frac{(12-1) \times 0.9653^2 + (12-1) \times 1^2}{12+12-2}} = 0.9828$$

从而检验统计量 T 的样本值为

$$t = \frac{5.25 - 1.5 - 2}{0.9828 \times \sqrt{\frac{1}{12} + \frac{1}{12}}} = 4.3616$$

（Ⅴ）由于 $t = 4.3616 \notin (-2.7039, 2.7039)$，因此拒绝 H_0，即可以认为 $\mu_1 - \mu_2 \neq 2$。

(3) 由(1)的检验结果知 $\sigma_1^2 = \sigma_2^2$。

（Ⅰ）需检验

$$H_0: \mu_1 - \mu_2 \geqslant 2, \ H_1: \mu_1 - \mu_2 < 2$$

（Ⅱ）选择检验统计量

$$T = \frac{\overline{X} - \overline{Y} - 2}{S_\omega \sqrt{\frac{1}{n_1} + \frac{1}{n_2}}} \sim t(n_1 + n_2 - 2)$$

其中 $S_\omega = \sqrt{\frac{(n_1-1)S_1^2 + (n_2-1)S_2^2}{n_1 + n_2 - 2}}$;

（Ⅲ）由于 $\alpha = 0.05$，$n_1 = 12$，$n_2 = 12$，因此临界点为 $-t_\alpha(n_1 + n_2 - 2) = -t_{0.05}(22) = -1.7171$，从而接受域为 $(-1.7171, +\infty)$;

（Ⅳ）由于 $n_1 = 12$，$n_2 = 12$，$\overline{x} = 5.25$，$\overline{y} = 1.5$，$s_1 = 0.9653$，$s_2 = 1$，因此

$$s_\omega = \sqrt{\frac{(12-1) \times 0.9653^2 + (12-1) \times 1^2}{12+12-2}} = 0.9828$$

从而检验统计量 T 的样本值为

$$t = \frac{5.25 - 1.5 - 2}{0.9828 \times \sqrt{\frac{1}{12} + \frac{1}{12}}} = 4.3616$$

（Ⅴ）由于 $t = 4.3616 \in (-1.7171, +\infty)$，因此接受 H_0，即可以认为 $\mu_1 - \mu_2 \geqslant 2$。

(4) 由(1)的检验结果知 $\sigma_1^2 = \sigma_2^2$。

（Ⅰ）需检验

$$H_0: \mu_1 - \mu_2 \leqslant 2, \ H_1: \mu_1 - \mu_2 > 2$$

（Ⅱ）选择检验统计量

$$T = \frac{\overline{X} - \overline{Y} - 2}{S_\omega \sqrt{\frac{1}{n_1} + \frac{1}{n_2}}} \sim t(n_1 + n_2 - 2)$$

其中 $S_\omega = \sqrt{\frac{(n_1-1)S_1^2 + (n_2-1)S_2^2}{n_1 + n_2 - 2}}$;

（Ⅲ）由于 $\alpha=0.05$，$n_1=12$，$n_2=12$，因此临界点为 $t_\alpha(n_1+n_2-2)=t_{0.05}(22)=$
1.7171，从而接受域为 $(-\infty,1.7171)$；

（Ⅳ）由于 $n_1=12$，$n_2=12$，$\bar{x}=5.25$，$\bar{y}=1.5$，$s_1=0.9653$，$s_2=1$，因此

$$s_\omega=\sqrt{\frac{(12-1)\times 0.9653^2+(12-1)\times 1^2}{12+12-2}}=0.9828$$

从而检验统计量 T 的样本值为

$$t=\frac{5.25-1.5-2}{0.9828\times\sqrt{\frac{1}{12}+\frac{1}{12}}}=4.3616$$

（Ⅴ）由于 $t=4.3616\notin(-\infty,1.7171)$，因此拒绝 H_0，即可以认为 $\mu_1-\mu_2>2$。

8.4 置信区间与假设检验之间的关系

置信区间与假设检验有着明显的关系，先考虑双侧置信区间与双边检验之间的对应关系。设 $X_1,X_2,\cdots,X_n$ 为来自总体 X 的一个样本，$x_1,x_2,\cdots,x_n$ 是相应的样本值，Θ 是参数 θ 可能的取值范围。

设 $(\underline{\theta}(X_1,X_2,\cdots,X_n),\bar{\theta}(X_1,X_2,\cdots,X_n))$ 是参数 θ 的一个置信水平为 $1-\alpha$ 的置信区间，则 $\forall\theta\in\Theta$，有

$$P_\theta(\underline{\theta}(X_1,X_2,\cdots,X_n)<\theta<\bar{\theta}(X_1,X_2,\cdots,X_n))=1-\alpha \qquad (8.4.1)$$

考虑显著性水平为 α 的双边检验

$$H_0:\theta=\theta_0,\ H_1:\theta\neq\theta_0 \qquad (8.4.2)$$

由(8.4.1)式，得

$$P_{\theta_0}(\underline{\theta}(X_1,X_2,\cdots,X_n)<\theta_0<\bar{\theta}(X_1,X_2,\cdots,X_n))=1-\alpha$$

即

$$P_{\theta_0}(\{\theta_0\leqslant\underline{\theta}(X_1,X_2,\cdots,X_n)\}\bigcup\{\theta_0\geqslant\bar{\theta}(X_1,X_2,\cdots,X_n)\})=\alpha$$

从而双边检验(8.4.2)的接受域为

$$\underline{\theta}(x_1,x_2,\cdots,x_n)<\theta_0<\bar{\theta}(x_1,x_2,\cdots,x_n)$$

这就是说，当我们要检验假设(8.4.2)时，可以先求出参数 θ 的置信水平为 $1-\alpha$ 的置信区间 $(\underline{\theta},\bar{\theta})$，然后考察区间 $(\underline{\theta},\bar{\theta})$ 是否包含 θ_0，若 $\theta_0\in(\underline{\theta},\bar{\theta})$，则接受 H_0，若 $\theta_0\notin(\underline{\theta},\bar{\theta})$，则拒绝 H_0。

反之，$\forall\theta_0\in\Theta$，考虑显著性水平为 α 的假设检验问题

$$H_0:\theta=\theta_0,\ H_1:\theta\neq\theta_0$$

假设它的接受域为

$$\underline{\theta}(x_1,x_2,\cdots,x_n)<\theta_0<\bar{\theta}(x_1,x_2,\cdots,x_n)$$

则

$$P_{\theta_0}(\underline{\theta}(X_1, X_2, \cdots, X_n) < \theta_0 < \overline{\theta}(X_1, X_2, \cdots, X_n)) = 1 - \alpha$$

由 θ_0 的任意性及上式知 $\forall \theta \in \Theta$，有

$$P_{\theta}(\underline{\theta}(X_1, X_2, \cdots, X_n) < \theta < \overline{\theta}(X_1, X_2, \cdots, X_n)) = 1 - \alpha$$

因此 $(\underline{\theta}(X_1, X_2, \cdots, X_n), \overline{\theta}(X_1, X_2, \cdots, X_n))$ 是参数 θ 的一个置信水平为 $1-\alpha$ 的置信区间。

这就是说，要求出参数 θ 的一个置信水平为 $1-\alpha$ 的置信区间，可以先求出显著性水平为 α 的假设检验问题"$H_0: \theta = \theta_0, H_1: \theta \neq \theta_0$"的接受域

$$\underline{\theta}(x_1, x_2, \cdots, x_n) < \theta_0 < \overline{\theta}(x_1, x_2, \cdots, x_n)$$

则 $(\underline{\theta}(X_1, X_2, \cdots, X_n), \overline{\theta}(X_1, X_2, \cdots, X_n))$ 就是参数 θ 的一个置信水平为 $1-\alpha$ 的置信区间。

同理可得，参数 θ 的置信水平为 $1-\alpha$ 的单侧置信区间 $(-\infty, \overline{\theta}(X_1, X_2, \cdots, X_n))$ 与显著性水平为 α 的左边检验问题"$H_0: \theta \geqslant \theta_0, H_1: \theta < \theta_0$"有着类似的关系。若求得参数 θ 的置信水平为 $1-\alpha$ 的单侧置信区间 $(-\infty, \overline{\theta}(X_1, X_2, \cdots, X_n))$，则对于显著性水平为 α 的左边检验"$H_0: \theta \geqslant \theta_0, H_1: \theta < \theta_0$"，当 $\theta_0 \in (-\infty, \overline{\theta}(x_1, x_2, \cdots, x_n))$ 时接受 H_0，当 $\theta_0 \notin (-\infty, \overline{\theta}(x_1, x_2, \cdots, x_n))$ 时拒绝 H_0。反之，若已求得显著性水平为 α 的左边检验"$H_0: \theta \geqslant \theta_0, H_1: \theta < \theta_0$"的接受域 $-\infty < \theta_0 < \overline{\theta}(x_1, x_2, \cdots, x_n)$，则 $(-\infty, \overline{\theta}(X_1, X_2, \cdots, X_n))$ 就是参数 θ 的一个置信水平为 $1-\alpha$ 的单侧置信区间。

参数 θ 的置信水平为 $1-\alpha$ 的单侧置信区间 $(\underline{\theta}(X_1, X_2, \cdots, X_n), +\infty)$ 与显著性水平为 α 的右边检验问题"$H_0: \theta \leqslant \theta_0, H_1: \theta > \theta_0$"也有着类似的关系。若已求得参数 θ 的置信水平为 $1-\alpha$ 的单侧置信区间 $(\underline{\theta}(X_1, X_2, \cdots, X_n), +\infty)$，则对于显著性水平为 α 的右边检验"$H_0: \theta \leqslant \theta_0, H_1: \theta > \theta_0$"，当 $\theta_0 \in (\underline{\theta}(x_1, x_2, \cdots, x_n), +\infty)$ 时接受 H_0，当 $\theta_0 \notin (\underline{\theta}(x_1, x_2, \cdots, x_n), +\infty)$ 时拒绝 H_0。反之，若已求得显著性水平为 α 的右边检验"$H_0: \theta \leqslant \theta_0, H_1: \theta > \theta_0$"的接受域 $\underline{\theta}(x_1, x_2, \cdots, x_n) < \theta_0 < +\infty$，则 $(\underline{\theta}(X_1, X_2, \cdots, X_n), +\infty)$ 就是参数 θ 的一个置信水平为 $1-\alpha$ 的单侧置信区间。

例 8-22 设总体 $X \sim N(\mu, 1)$，由总体 X 的一个容量 $n = 16$ 的样本计算得 $\overline{x} = 5.20$，则可以得到参数 μ 的一个置信水平为 0.95 的置信区间为

$$\left(\overline{x} - \frac{1}{\sqrt{16}} z_{0.025}, \ \overline{x} + \frac{1}{\sqrt{16}} z_{0.025} \right) = (4.71, 5.69)$$

现在考虑双边检验问题"$H_0: \mu = 5.5, H_1: \mu \neq 5.5$"，由于 $5.5 \in (4.71, 5.69)$，因此接受 H_0。

例 8-23 数据如例 8-22，试求显著性水平为 $\alpha = 0.05$ 的左边检验"$H_0: \mu \geqslant \mu_0, H_1: \mu < \mu_0$"的接受域，并求参数 μ 的置信水平为 0.95 的单侧置信区间与单侧置信上限 $(z_{0.05} = 1.645)$。

解 左边检验问题的接受域为 $u=\dfrac{\bar{x}-\mu_0}{1/\sqrt{16}}>-z_{0.05}$，即 $\mu_0<5.61$，从而参数 μ 的置信水平为 0.95 的单侧置信区间为 $(-\infty, 5.61)$，单侧置信上限为 $\bar{\mu}=5.61$。

例 8-24 数据如例 8-22，试求显著性水平为 $\alpha=0.05$ 的右边检验"$H_0: \mu\leqslant\mu_0$，$H_1: \mu>\mu_0$"的接受域，并求参数 μ 的置信水平为 0.95 的单侧置信区间与单侧置信下限（$z_{0.05}=1.645$）。

解 右边检验问题的接受域为 $u=\dfrac{\bar{x}-\mu_0}{1/\sqrt{16}}<z_{0.05}$，即 $\mu_0>4.79$，从而参数 μ 的置信水平为 0.95 的单侧置信区间为 $(4.79, +\infty)$，单侧置信下限为 $\underline{\mu}=4.79$。

8.5　几类假设检验简介

1. 成对数据检验

为了比较两种产品、两种仪器、两种方法等的差异，我们常在相同的条件下做对比试验，得到一批成对的观察值，然后分析观察数据并作出推断。

设有 n 对相互独立的观察结果：(X_1, Y_1)，(X_2, Y_2)，$\cdots$，(X_n, Y_n)，令 $D_1=X_1-Y_1$，$D_2=X_2-Y_2$，$\cdots$，$D_n=X_n-Y_n$，则 D_1，D_2，$\cdots$，D_n 相互独立。假设 $D_i\sim N(\mu_D, \sigma_D^2)$ $(i=1, 2, \cdots, n)$，则 D_1，D_2，$\cdots$，D_n 构成来自总体 $D\sim N(\mu_D, \sigma_D^2)$ 的一个样本，其中 μ_D、σ_D^2 未知，需检验

$$H_0: \mu_D=0, \ H_1: \mu_D\neq 0$$
$$H_0: \mu_D\geqslant 0, \ H_1: \mu_D<0$$
$$H_0: \mu_D\leqslant 0, \ H_1: \mu_D>0$$

这种假设检验称为成对数据检验。

设 D_1，D_2，$\cdots$，D_n 的样本均值为 $\bar{D}=\dfrac{1}{n}\sum\limits_{i=1}^{n}D_i$，样本方差为 $S_D^2=\dfrac{1}{n-1}\sum\limits_{i=1}^{n}(D_i-\bar{D})^2$，则成对数据检验即为当总体方差 σ_D^2 未知时，单正态总体均值的假设检验。

1）双边检验

（Ⅰ）需检验

$$H_0: \mu_D=0, \ H_1: \mu_D\neq 0$$

（Ⅱ）选择检验统计量

$$T=\frac{\bar{D}}{S_D/\sqrt{n}}\sim t(n-1)$$

（Ⅲ）给定显著性水平 α，其临界点为 $\pm t_{\frac{\alpha}{2}}(n-1)$，从而接受域为 $(-t_{\frac{\alpha}{2}}(n-1), t_{\frac{\alpha}{2}}(n-1))$；

（Ⅳ）计算检验统计量 T 的样本值；

（Ⅴ）作出回答。

2）左边检验

（Ⅰ）需检验

$$H_0: \mu_D \geqslant 0, \ H_1: \mu_D < 0$$

（Ⅱ）选择检验统计量

$$T = \frac{\overline{D}}{S_D/\sqrt{n}} \sim t(n-1)$$

（Ⅲ）给定显著性水平 α，其临界点为 $-t_\alpha(n-1)$，从而接受域为 $(-t_\alpha(n-1), +\infty)$；

（Ⅳ）计算检验统计量 T 的样本值；

（Ⅴ）作出回答。

3）右边检验

（Ⅰ）需检验

$$H_0: \mu_D \leqslant 0, \ H_1: \mu_D > 0$$

（Ⅱ）选择检验统计量

$$T = \frac{\overline{D}}{S_D/\sqrt{n}} \sim t(n-1)$$

（Ⅲ）给定显著性水平 α，其临界点为 $t_\alpha(n-1)$，从而接受域为 $(-\infty, t_\alpha(n-1))$；

（Ⅳ）计算检验统计量 T 的样本值；

（Ⅴ）作出回答。

例 8-25 为比较人对红光或绿光的反应时间（单位：秒）。试验在点亮红光或绿光的同时，启动计时器，要求受试者见到红光或绿光点亮时，即按下按钮，切断计时器，此时即可测得反应时间。测量结果如下：

红光（x）	0.30	0.23	0.41	0.53	0.24	0.36	0.38	0.51
绿光（y）	0.43	0.32	0.58	0.46	0.27	0.41	0.38	0.61
$d = x - y$	-0.13	-0.09	-0.17	0.07	-0.03	-0.05	0.00	-0.10

设 $D_i = X_i - Y_i (i=1,2,\cdots,8)$ 为来自总体 $D \sim N(\mu_D, \sigma_D^2)$ 的一个样本，其中 μ_D、σ_D^2 未知，试在显著性水平 $\alpha = 0.05$ 下检验：

$$H_0: \mu_D \geqslant 0, \ H_1: \mu_D < 0$$

已知 $t_{0.05}(7) = 1.8946$。

解 （Ⅰ）需检验

$$H_0: \mu_D \geqslant 0, \ H_1: \mu_D < 0$$

（Ⅱ）选择检验统计量

$$T = \frac{\overline{D}}{S_D/\sqrt{n}} \sim t(n-1)$$

（Ⅲ）由于 $\alpha = 0.05$，$n = 8$，因此临界点为 $-t_\alpha(n-1) = -t_{0.05}(7) = -1.8946$，从而接受域为 $(-1.8946, +\infty)$；

（Ⅳ）由于 $n = 8$，$\bar{d} = -0.0625$，$s_D = 0.0765$，因此检验统计量 T 的样本值为

$$t = \frac{-0.0625}{0.0765/\sqrt{8}} = -2.311$$

（Ⅴ）由于 $t = -2.311 \notin (-1.8946, +\infty)$，因此拒绝 H_0，即认为人对红光的反应时间小于对绿光的反应时间，也就是人对红光的反应要比绿光快。

2. 最优势检验

我们在进行假设检验时，总是根据问题的要求，预先给定显著性水平以控制犯第一类错误的概率，而没有考虑犯第二类错误的概率。在一些实际问题中，人们除了希望控制犯第一类错误的概率外，还希望控制犯第二类错误的概率。根据两类错误之间的关系，只要适当的选取样本容量就可以同时使得犯第二类错误的概率也控制在预先给定的范围之内。

设 C 是参数 θ 的显著性水平为 α 的某假设检验的一个检验法，令 $\beta(\theta) = P_\theta(\text{接受 } H_0)$，则当 $\theta \in H_0$ 时，$\beta(\theta)$ 是不犯第一类错误的概率，从而 $\beta(\theta) \geqslant 1-\alpha$；当 $\theta \in H_1$ 时，$\beta(\theta)$ 是犯第二类错误的概率，从而 $1-\beta(\theta)$ 就是不犯第二类错误的概率，$1-\beta(\theta)$ 称为对 θ 的势。

我们的问题是：如何选择样本的容量 n，使得当 $\theta \in H_0$ 时，$1-\beta(\theta) \leqslant \alpha$，而当 $\theta \in H_1$ 时，$\beta(\theta) \leqslant \beta$，其中 $\beta(0 < \beta < 1)$ 是预先给定常数。此时，该假设检验称为最优势检验。

例 8-26　设总体 $X \sim N(\mu, \sigma^2)$，其中 σ^2 已知，$X_1, X_2, \cdots, X_n$ 为来自总体 X 的一个样本，对于右边检验：

$$H_0: \mu \leqslant \mu_0, \ H_1: \mu > \mu_0$$

若显著性水平为 α，试确定样本容量 n，使得当 $\mu \in H_1$ 且 $\mu \geqslant \mu_0 + \delta(\delta > 0$ 为取定的值) 时，犯第二类错误的概率不超过给定的 β。

解　由于右边检验"$H_0: \mu \leqslant \mu_0$，$H_1: \mu > \mu_0$"的接受域为 $(-\infty, z_\alpha)$，因此

$$\beta(\mu) = P_\mu(\text{接受 } H_0) = P_\mu\left(\frac{\overline{X} - \mu_0}{\sigma/\sqrt{n}} < z_\alpha\right)$$

$$= P_\mu\left(\frac{\overline{X} - \mu}{\sigma/\sqrt{n}} < z_\alpha - \frac{\mu - \mu_0}{\sigma/\sqrt{n}}\right) = \Phi(z_\alpha - \lambda)$$

其中 $\lambda = \dfrac{\mu - \mu_0}{\sigma/\sqrt{n}}$。

又由于 $\beta(\mu)$ 是 μ 的单调递减函数，故当 $\mu \geqslant \mu_0 + \delta$ 时，有

$$\beta(\mu) \leqslant \beta(\mu_0 + \delta)$$

于是只要

$$\beta(\mu_0+\delta)=\Phi\left(z_\alpha-\frac{\delta}{\sigma}\sqrt{n}\right)\leqslant\beta$$

也就是只要 n 满足

$$z_\alpha-\frac{\delta}{\sigma}\sqrt{n}\leqslant-z_\beta$$

即

$$\sqrt{n}\geqslant\frac{\sigma}{\delta}(z_\alpha+z_\beta)$$

就能使得当 $\mu\in H_1$ 且 $\mu\geqslant\mu_0+\delta(\delta>0$ 为取定的值$)$ 时，犯第二类错误的概率不超过给定的 β。

例 8 - 27　设总体 $X\sim N(\mu,\sigma^2)$，其中 σ^2 已知，$X_1,X_2,\cdots,X_n$ 为来自总体 X 的一个样本，对于左边检验：

$$H_0:\ \mu\geqslant\mu_0,\ H_1:\ \mu<\mu_0$$

若显著性水平为 α，试确定样本容量 n，使得当 $\mu\in H_1$ 且 $\mu\leqslant\mu_0-\delta(\delta>0$ 为取定的值$)$ 时，犯第二类错误的概率不超过给定的 β。

解　由于左边检验"$H_0:\ \mu\geqslant\mu_0,\ H_1:\ \mu<\mu_0$"的接受域为 $(-z_\alpha,+\infty)$，因此

$$\beta(\mu)=P_\mu(\text{接受 }H_0)=P_\mu\left(\frac{\overline{X}-\mu_0}{\sigma/\sqrt{n}}>-z_\alpha\right)$$

$$=1-P_\mu\left(\frac{\overline{X}-\mu_0}{\sigma/\sqrt{n}}\leqslant-z_\alpha\right)$$

$$=1-P_\mu\left(\frac{\overline{X}-\mu}{\sigma/\sqrt{n}}\leqslant-z_\alpha-\frac{\mu-\mu_0}{\sigma/\sqrt{n}}\right)$$

$$=1-\Phi\left(-z_\alpha-\frac{\mu-\mu_0}{\sigma/\sqrt{n}}\right)$$

$$=\Phi(z_\alpha+\lambda)$$

其中 $\lambda=\dfrac{\mu-\mu_0}{\sigma/\sqrt{n}}$。

又由于 $\beta(\mu)$ 是 μ 的单调递增函数，故当 $\mu\leqslant\mu_0-\delta$ 时，有

$$\beta(\mu)\leqslant\beta(\mu_0-\delta)$$

于是只要

$$\beta(\mu_0-\delta)=\Phi\left(z_\alpha-\frac{\delta}{\sigma}\sqrt{n}\right)\leqslant\beta$$

也就是只要 n 满足

$$z_\alpha-\frac{\delta}{\sigma}\sqrt{n}\leqslant-z_\beta$$

即

$$\sqrt{n} \geqslant \frac{\sigma}{\delta}(z_\alpha + z_\beta)$$

就能使得当 $\mu \in H_1$ 且 $\mu \leqslant \mu_0 - \delta(\delta > 0$ 为取定的值)时,犯第二类错误的概率不超过给定的 β。

例 8 - 28 设总体 $X \sim N(\mu, \sigma^2)$,其中 σ^2 已知,$X_1, X_2, \cdots, X_n$ 为来自总体 X 的一个样本,对于双边检验:

$$H_0: \mu = \mu_0, H_1: \mu \neq \mu_0$$

若显著性水平为 α,试确定样本容量 n,使得当 $\mu \in H_1$ 且 $|\mu - \mu_0| \geqslant \delta(\delta > 0$ 为取定的值)时,犯第二类错误的概率不超过给定的 β。

解 由于双边检验"$H_0: \mu = \mu_0, H_1: \mu \neq \mu_0$"的接受域为$(-z_{\frac{\alpha}{2}}, z_{\frac{\alpha}{2}})$,因此

$$\beta(\mu) = P_\mu(接受\ H_0) = P_\mu\left(-z_{\frac{\alpha}{2}} < \frac{\overline{X} - \mu_0}{\sigma/\sqrt{n}} < z_{\frac{\alpha}{2}}\right)$$

$$= P_\mu\left(-\frac{\mu - \mu_0}{\sigma/\sqrt{n}} - z_{\frac{\alpha}{2}} < \frac{\overline{X} - \mu}{\sigma/\sqrt{n}} < -\frac{\mu - \mu_0}{\sigma/\sqrt{n}} + z_{\frac{\alpha}{2}}\right)$$

$$= \Phi\left(z_{\frac{\alpha}{2}} - \frac{\mu - \mu_0}{\sigma/\sqrt{n}}\right) - \Phi\left(-z_{\frac{\alpha}{2}} - \frac{\mu - \mu_0}{\sigma/\sqrt{n}}\right)$$

$$= \Phi\left(z_{\frac{\alpha}{2}} - \frac{\mu - \mu_0}{\sigma/\sqrt{n}}\right) + \Phi\left(z_{\frac{\alpha}{2}} + \frac{\mu - \mu_0}{\sigma/\sqrt{n}}\right) - 1$$

$$= \Phi\left(z_{\frac{\alpha}{2}} - \lambda\right) + \Phi\left(z_{\frac{\alpha}{2}} + \lambda\right) - 1$$

其中 $\lambda = \frac{\mu - \mu_0}{\sigma/\sqrt{n}}$。

又由于 $\beta(\mu)$ 是 $|\lambda|$ 的单调递减函数,若要求 H_1 中满足 $|\mu - \mu_0| \geqslant \delta$ 的 μ 处的函数值 $\beta(\mu) \leqslant \beta$,则需要解超越方程

$$\beta = \Phi\left(z_{\frac{\alpha}{2}} - \frac{\delta}{\sigma}\sqrt{n}\right) + \Phi\left(z_{\frac{\alpha}{2}} + \frac{\delta}{\sigma}\sqrt{n}\right) - 1$$

才能确定 n。而 n 通常较大,总能满足 $z_{\frac{\alpha}{2}} + \frac{\delta}{\sigma}\sqrt{n} \geqslant 4$,故

$$\Phi\left(z_{\frac{\alpha}{2}} + \frac{\delta}{\sigma}\sqrt{n}\right) \approx 1$$

从而

$$\beta \approx \Phi\left(z_{\frac{\alpha}{2}} - \frac{\delta}{\sigma}\sqrt{n}\right)$$

于是只要

$$\Phi\left(z_{\frac{\alpha}{2}} - \frac{\delta}{\sigma}\sqrt{n}\right) \leqslant \beta$$

也就是只要 n 满足

$$z_{\frac{\alpha}{2}} - \frac{\delta}{\sigma}\sqrt{n} \leqslant -z_\beta$$

即

$$\sqrt{n} \geqslant \frac{\sigma}{\delta}(z_{\frac{\alpha}{2}} + z_\beta)$$

就能使得当 $\mu \in H_1$ 且 $|\mu - \mu_0| \geqslant \delta (\delta > 0$ 为取定的值)时，犯第二类错误的概率不超过给定的 β。

例 8-29 设总体 $X \sim N(\mu, 900)$，$X_1, X_2, \cdots, X_n$ 为来自总体 X 的一个样本，对于右边检验：

$$H_0: \mu \leqslant 120, \ H_1: \mu > 120$$

若显著性水平 $\alpha = 0.05$，试确定样本容量 n，使得当 $\mu \in H_1$ 且 $\mu \geqslant 140$ 时，犯第二类错误的概率不超过 $\beta = 0.05(z_{0.05} = 1.645)$。

解 由于要求当 $\mu \in H_1$ 且 $\mu \geqslant 140 = 120 + \delta$ 时，犯第二类错误的概率不超过给定的 $\beta = 0.05$，因此 $\delta = 20$，从而样本容量 n 满足

$$\sqrt{n} \geqslant \frac{\sigma}{\delta}(z_\alpha + z_\beta)$$

又 $\sigma = 30$，$\delta = 20$，$\alpha = 0.05$，$z_\alpha = z_{0.05} = 1.645$，$\beta = 0.05$，$z_\beta = z_{0.05} = 1.645$，故

$$n \geqslant 24.35$$

所以取 $n = 25$，就能使得当 $\mu \in H_1$ 且 $\mu \geqslant 140$ 时，犯第二类错误的概率不超过 $\beta = 0.05$。

例 8-30 设总体 $X \sim N(\mu, 2.5)$，$X_1, X_2, \cdots, X_n$ 为来自总体 X 的一个样本，对于左边检验：

$$H_0: \mu \geqslant 15, \ H_1: \mu < 15$$

若显著性水平 $\alpha = 0.05$，试确定样本容量 n，使得当 $\mu \in H_1$ 且 $\mu \leqslant 13$ 时，犯第二类错误的概率不超过 $\beta = 0.05(z_{0.05} = 1.645)$。

解 由于要求当 $\mu \in H_1$ 且 $\mu \leqslant 13 = 15 - \delta$ 时，犯第二类错误的概率不超过给定的 $\beta = 0.05$，因此 $\delta = 2$，从而样本容量 n 满足

$$\sqrt{n} \geqslant \frac{\sigma}{\delta}(z_\alpha + z_\beta)$$

又 $\sigma = \sqrt{2.5}$，$\delta = 2$，$\alpha = 0.05$，$z_\alpha = z_{0.05} = 1.645$，$\beta = 0.05$，$z_\beta = z_{0.05} = 1.645$，故

$$n \geqslant 6.765$$

所以取 $n = 7$，就能使得当 $\mu \in H_1$ 且 $\mu \leqslant 13$ 时，犯第二类错误的概率不超过 $\beta = 0.05$。

例 8-31 设总体 $X \sim N(\mu, 100)$，$X_1, X_2, \cdots, X_n$ 为来自总体 X 的一个样本，对于双边检验：

$$H_0: \mu = 125, H_1: \mu \neq 125$$

若显著性水平 $\alpha = 0.05$，试确定样本容量 n，使得当 $\mu \in H_1$ 且 $\mu \leq 115$ 或 $\mu \geq 135$ 时，犯第二类错误的概率不超过 $\beta = 0.05$（$z_{0.025} = 1.96$，$z_{0.05} = 1.645$）。

解　由于要求当 $\mu \in H_1$ 且 $\mu \leq 115$ 或 $\mu \geq 135$ 时，即 $|\mu - 125| \geq 10$ 时，犯第二类错误的概率不超过给定的 $\beta = 0.05$，因此 $\delta = 10$，从而样本容量 n 满足

$$\sqrt{n} \geq \frac{\sigma}{\delta}(z_{\frac{\alpha}{2}} + z_{\beta})$$

又 $\sigma = 10$，$\delta = 10$，$\alpha = 0.05$，$z_{\frac{\alpha}{2}} = z_{0.025} = 1.96$，$\beta = 0.05$，$z_{\beta} = z_{0.05} = 1.645$，故

$$n \geq 12.996$$

所以取 $n = 13$，就能使得当 $\mu \in H_1$ 且 $\mu \leq 115$ 或 $\mu \geq 135$ 时，犯第二类错误的概率不超过 $\beta = 0.05$。

3. 分布拟合检验

前面我们介绍的各种检验法都是在分布形式已知的前提下讨论的。但在实际问题中，很多时候不知道总体服从什么分布，这时就需要根据样本对总体分布提出检验。下面我们介绍的分布拟合检验法就是这种检验法的一种。

1）总体分布中不含未知参数

设总体 X 的分布函数（或分布律或概率密度）未知，且不含未知参数，X_1，X_2，$\cdots$，X_n 为来自总体 X 的一个样本，x_1，x_2，$\cdots$，x_n 为相应的样本值，需检验：

$H_0:$ 总体 X 的分布函数是 $F(x)$，$H_1:$ 总体 X 的分布函数不是 $F(x)$

当 H_0 为真时，将总体 X 的值域 Ω 分成互不相交的子集 $A_1 = [a_0, a_1]$，$A_2 = (a_1, a_2]$，$\cdots$，$A_k = (a_{k-1}, a_k]$，设 $n_i (i = 1, 2, \cdots, k)$ 表示样本值 x_1，x_2，$\cdots$，x_n 中落入 A_i 中的个数，则事件 $A_i = \{X$ 的值落在子集 A_i 内$\}$ 在 n 次独立试验中发生了 n_i 次，$\sum\limits_{i=1}^{k} n_i = n$，从而在 n 次独立试验中事件 A_i 发生的频率为 $\frac{n_i}{n}$。又由于当 H_0 为真时，由总体 X 的分布函数 $F(x)$ 计算得 $p_i = P(A_i) = F(a_i) - F(a_{i-1}) (i = 1, 2, \cdots, k)$，根据大数定律，Pearson（皮尔逊）证明得到：

$$\chi^2 = \sum_{i=1}^{k} \frac{(n_i - np_i)^2}{np_i} \sim \chi^2(k-1)$$

因此 χ^2 就是检验 H_0 的检验统计量。

需要指出的是，由检验统计量 χ^2 的形成过程知，χ^2 的取值不应过大，从而检验 H_0 等价于以 $\chi^2 = \sum\limits_{i=1}^{k} \frac{(n_i - np_i)^2}{np_i} \sim \chi^2(k-1)$ 为检验统计量的右边检验。所以检验步骤如下：

（Ⅰ）需检验

$H_0:$ 总体 X 的分布函数是 $F(x)$，$H_1:$ 总体 X 的分布函数不是 $F(x)$

（Ⅱ）选择检验统计量

$$\chi^2 = \sum_{i=1}^{k} \frac{(n_i - np_i)^2}{np_i} \sim \chi^2(k-1)$$

（Ⅲ）给定显著性水平 α，其临界点为 $\chi_\alpha^2(k-1)$，从而接受域为 $(0, \chi_\alpha^2(k-1))$；

（Ⅳ）计算检验统计量 χ^2 的样本值；

（Ⅴ）作出回答。

2）总体分布中含未知参数

设总体 X 的分布函数(或分布律或概率密度)中含有未知参数 $\theta_1, \theta_2, \cdots, \theta_m$，$X_1, X_2, \cdots, X_n$ 为来自总体 X 的一个样本，$x_1, x_2, \cdots, x_n$ 为相应的样本值，需检验：

H_0：总体 X 的分布函数是 $F(x; \theta_1, \theta_2, \cdots, \theta_m)$，

H_1：总体 X 的分布函数不是 $F(x; \theta_1, \theta_2, \cdots, \theta_m)$

对于这种情况，我们可以将其转化为总体分布中无未知参数的情形。

首先，在 $F(x; \theta_1, \theta_2, \cdots, \theta_m)$ 中用 $\theta_1, \theta_2, \cdots, \theta_m$ 的最大似然估计值 $\hat{\theta}_1, \hat{\theta}_2, \cdots, \hat{\theta}_m$ 代替 $\theta_1, \theta_2, \cdots, \theta_m$。

其次用

$$\hat{p}_i = F(a_i; \hat{\theta}_1, \hat{\theta}_2, \cdots, \hat{\theta}_m) - F(a_{i-1}; \hat{\theta}_1, \hat{\theta}_2, \cdots, \hat{\theta}_m)$$

代替 p_i 得到 Fisher 已经证明其分布为 χ^2 分布的检验统计量

$$\chi^2 = \sum_{i=1}^{k} \frac{(n_i - n\hat{p}_i)^2}{n\hat{p}_i} \sim \chi^2(k-m-1)$$

最后与总体分布中无未知参数情形一样，以 $\chi^2 = \sum_{i=1}^{k} \frac{(n_i - n\hat{p}_i)^2}{n\hat{p}_i} \sim \chi^2(k-m-1)$ 为检验统计量作右边检验。

例 8-32 研究某型号混凝土抗压强度分布。随机地抽取 200 件该型号混凝土制件，测得其抗压强度以如下的分组形式给出：

压强区间 kg/cm^2	频数 n_i
190～200	10
200～210	26
210～220	56
220～230	64
230～240	30
240～250	14

试在显著性水平 $\alpha = 0.05$ 下检验：

H_0：总体 X 的分布函数是正态分布 $N(\mu, \sigma^2)$ 的分布函数

H_1：总体 X 的分布函数不是正态分布 $N(\mu, \sigma^2)$ 的分布函数

已知 $\chi^2_{0.05}(3) = 7.815$。

解　由于原假设中正态分布的参数是未知的，因此由最大似然估计法得 μ、σ^2 的最大似然估计值分别为

$$\hat{\mu} = \overline{x}, \quad \hat{\sigma}^2 = \frac{1}{n} \sum_{i=1}^{n} (x_i - \overline{x})^2$$

设 x_i^* 为第 i 组的组中值，则

$$\overline{x} = \frac{1}{200} \sum_{i=1}^{6} x_i^* n_i$$

$$= \frac{1}{200}(195 \times 10 + 205 \times 26 + 215 \times 56 + 225 \times 64 + 235 \times 30 + 245 \times 14)$$

$$= 221$$

$$\hat{\sigma}^2 = \frac{1}{200} \sum_{i=1}^{6} (x_i^* - \overline{x})^2 n_i$$

$$= \frac{1}{200}[(-26)^2 \times 10 + (-16)^2 \times 26 + (-6)^2 \times 56 + 4^2 \times 64 + 14^2 \times 30 + 24^2 \times 14]$$

$$= 152$$

从而原假设 H_0 中总体的分布函数是正态分布 $N(221, 152)$ 的分布函数。

（Ⅰ）需检验

H_0：总体 X 的分布函数是正态分布 $N(221, 152)$ 的分布函数

H_1：总体 X 的分布函数不是正态分布 $N(221, 152)$ 的分布函数

（Ⅱ）选择检验统计量

$$\chi^2 = \sum_{i=1}^{k} \frac{(n_i - n\hat{p}_i)^2}{n\hat{p}_i} \sim \chi^2(k - m - 1)$$

（Ⅲ）由于 $\alpha = 0.05$，$k = 6$，$m = 2$，因此临界点为 $\chi^2_\alpha(k - m - 1) = \chi^2_{0.05}(3) = 7.815$，从而接受域为 $(0, 7.815)$；

（Ⅳ）由于

$$\hat{p}_i = F(a_i; \hat{\mu}, \hat{\sigma}^2) - F(a_{i-1}; \hat{\mu}, \hat{\sigma}^2) = \Phi(u_i) - \Phi(u_{i-1}) \quad (i = 1, 2, \cdots, 6)$$

其中 $u_i = \dfrac{a_i - \hat{\mu}}{\hat{\sigma}}$（$i = 1, 2, \cdots, 5$），$u_0 = -\infty$，$u_6 = +\infty$，$(u_{i-1}, u_i]$（$i = 1, 2, \cdots, 6$）称为标准化区间，列表计算如下：

压强区间 x	频数 n_i	标准化区间 $(u_{i-1}, u_i]$	$\hat{p}_i = \Phi(u_i) - \Phi(u_{i-1})$	$n\hat{p}_i$	$(n_i - n\hat{p}_i)^2$	$\dfrac{(n_i - n\hat{p}_i)^2}{n\hat{p}_i}$
190~200	10	$(-\infty, -1.70]$	0.045	9	1	0.11
200~210	26	$(-1.70, -0.89]$	0.142	28.4	5.76	0.20
210~220	56	$(-0.89, -0.08]$	0.281	56.2	0.04	0.00
220~230	64	$(-0.08, 0.73]$	0.299	59.8	17.64	0.29
230~240	30	$(0.73, 1.54]$	0.171	34.2	17.64	0.52
240~250	14	$(1.54, +\infty)$	0.062	12.4	2.56	0.23
$\sum$			1.000	200		1.35

因此检验统计量 χ^2 的样本值为

$$\chi^2 = \sum_{i=1}^{6} \frac{(n_i - n\hat{p}_i)^2}{n\hat{p}_i} = 1.35$$

（Ⅴ）由于 $\chi^2 = 1.35 \in (0, 7.815)$，因此接受 H_0，即可以认为该型号混凝土的抗压强度服从正态分布 $N(221, 15^2)$。

习 题 8

一、选择题

1. 对于正态总体的均值 μ 进行假设检验，如果在显著性水平 0.05 下接受"$H_0: \mu = \mu_0$"，那么在显著性水平 0.01 下（　　）。

    A. 必接受 H_0　　　　　　　　　　B. 可能接受也可能不接受 H_0

    C. 必拒绝 H_0　　　　　　　　　　D. 不接受也不拒绝 H_0

2. 自动包装机包装的每袋产品的重量服从正态分布，规定每袋的重量的方差不超过 a，为了检查自动包装机的工作是否正常，对它生产的产品进行抽样检验，检验假设"$H_0: \sigma^2 \leqslant a, H_1: \sigma^2 > a$"（$\alpha = 0.05$），则（　　）。

    A. 如果生产正常，则检验结果也认为生产正常的概率为 0.95

    B. 如果生产不正常，则检验结果也认为生产不正常的概率为 0.95

    C. 如果检验的结果认为生产正常，则生产确实正常的概率等于 0.95

    D. 如果检验的结果认为生产不正常，则生产确实不正常的概率等于 0.95

3. 设某种药品中有效成分的含量服从正态分布 $N(\mu, \sigma^2)$，原工艺生产的产品中有效成分的平均含量为 a，现在用新工艺试制了一批产品，测其有效成分含量以检验新工艺是否真的提高了有效成分的含量。要求当新工艺没有提高有效成分含量时，误认为新工艺提高了有效成分含量的概率不超过 5%，那么应取原假设 H_0 及显著性水平 α 为（　　）。

A. $H_0: \mu \leqslant a$，$\alpha = 0.01$ B. $H_0: \mu \geqslant a$，$\alpha = 0.05$

C. $H_0: \mu \leqslant a$，$\alpha = 0.05$ D. $H_0: \mu \geqslant a$，$\alpha = 0.01$

4. 对于正态总体 $N(\mu, \sigma^2)$（σ^2 未知）的假设检验问题"$H_0: \mu \leqslant 1$，$H_1: \mu > 1$"，若取显著性水平 $\alpha = 0.05$，则其拒绝域为（   ）。

A. $|\bar{x} - 1| \geqslant z_{0.05}$ B. $\bar{x} \geqslant 1 + \dfrac{s}{\sqrt{n}} t_{0.05}(n-1)$

C. $|\bar{x} - 1| \geqslant \dfrac{s}{\sqrt{n}} t_{0.05}(n-1)$ D. $\bar{x} \leqslant 1 - \dfrac{s}{\sqrt{n}} t_{0.05}(n-1)$

5. 在假设检验中，显著性水平的意义是（   ）。

     A. 原假设 H_0 为真，经检验被拒绝的概率

     B. 原假设 H_0 为真，经检验被接受的概率

     C. 原假设 H_0 不真，经检验被拒绝的概率

     D. 原假设 H_0 不真，经检验被接受的概率

6. 设总体 $X \sim N(\mu, \sigma^2)$，其中 σ^2 未知，$X_1, X_2, \cdots, X_n$ 为来自总体 X 的一个样本，如果在显著性水平 0.05 下拒绝"$H_0: \mu = \mu_0$"，那么在显著性水平 0.01 下（   ）。

     A. 必拒绝 H_0 B. 必接受 H_0

     C. 不接受也不拒绝 H_0 D. 可能接受也可能拒绝 H_0

7. 在假设检验中，H_0 为原假设，H_1 为备择假设，则称为犯第二类错误的是（   ）。

     A. H_1 不真接受 H_1 B. H_0 不真接受 H_1

     C. H_0 不真接受 H_0 D. H_0 为真接受 H_1

8. 设总体 $X \sim N(\mu, \sigma^2)$，其中 σ^2 已知，$X_1, X_2, \cdots, X_n$ 为来自总体 X 的一个样本，则假设检验"$H_0: \mu = \mu_0$，$H_1: \mu = \mu_1 \neq \mu_0$"在显著性水平为 α 时犯第二类错误的概率为（   ）。

A. $\beta = \Phi\left(\dfrac{\mu_0 - \mu_1}{\sigma/\sqrt{n}} - z_{\frac{\alpha}{2}}\right)$

B. $\beta = \Phi\left(\dfrac{\mu_0 - \mu_1}{\sigma/\sqrt{n}} + z_{\frac{\alpha}{2}}\right)$

C. $\beta = \Phi\left(\dfrac{\mu_0 - \mu_1}{\sigma/\sqrt{n}} + z_{\frac{\alpha}{2}}\right) - \Phi\left(\dfrac{\mu_0 - \mu_1}{\sigma/\sqrt{n}} - z_{\frac{\alpha}{2}}\right)$

D. $\beta = \Phi\left(\dfrac{\mu_0 - \mu_1}{\sigma/\sqrt{n}} - z_{\frac{\alpha}{2}}\right) - \Phi\left(\dfrac{\mu_0 - \mu_1}{\sigma/\sqrt{n}} + z_{\frac{\alpha}{2}}\right)$

9. 设总体 $X \sim N(\mu, \sigma^2)$，其中 σ^2 已知，$X_1, X_2, \cdots, X_n$ 为来自总体 X 的一个样本，则假设检验"$H_0: \mu \leqslant \mu_0$，$H_1: \mu = \mu_1 > \mu_0$"在显著性水平为 α 时犯第二类错误的概率为（   ）。

A. $\beta = \Phi\left(\dfrac{\mu_0 - \mu_1}{\sigma/\sqrt{n}} + z_\alpha\right)$ B. $\beta = \Phi\left(\dfrac{\mu_0 - \mu_1}{\sigma/\sqrt{n}} - z_\alpha\right)$

C. $\beta=1-\Phi\left(\dfrac{\mu_0-\mu_1}{\sigma/\sqrt{n}}+z_a\right)$ D. $\beta=\Phi\left(\dfrac{\mu_1-\mu_0}{\sigma/\sqrt{n}}+z_a\right)$

10. 设总体 $X\sim N(\mu,\sigma^2)$，其中 σ^2 已知，$X_1,X_2,\cdots,X_n$ 为来自总体 X 的一个样本，则假设检验"$H_0:\mu\geqslant\mu_0,H_1:\mu=\mu_1<\mu_0$"在显著性水平为 α 时犯第二类错误的概率为（　　）。

A. $\beta=\Phi\left(\dfrac{\mu_0-\mu_1}{\sigma/\sqrt{n}}+z_a\right)$ B. $\beta=\Phi\left(\dfrac{\mu_0-\mu_1}{\sigma/\sqrt{n}}-z_a\right)$

C. $\beta=1-\Phi\left(\dfrac{\mu_0-\mu_1}{\sigma/\sqrt{n}}+z_a\right)$ D. $\beta=\Phi\left(\dfrac{\mu_1-\mu_0}{\sigma/\sqrt{n}}+z_a\right)$

11. 设总体 $X\sim N(\mu,\sigma^2)$，其中 μ 未知，由来自总体 X 的一个样本计算得到参数 σ^2 的一个置信水平为 0.95 的置信区间为（137.2181，626.7028），若"$H_0:\sigma^2=12^2$，$H_1:\sigma^2\neq12^2$"是显著性水平为 0.05 的双边检验，则（　　）。

A. 拒绝 H_0 B. 接受 H_0
C. 不接受也不拒绝 H_0 D. 可能接受也可能拒绝 H_0

12. 设总体 $X\sim N(\mu,\sigma^2)$，其中 μ 未知，由来自总体 X 的一个样本计算得到参数 σ^2 的一个置信水平为 0.95 的单侧置信区间为（0，545.4269），若"$H_0:\sigma^2\geqslant12^2$，$H_1:\sigma^2<12^2$"是显著性水平为 0.05 的左边检验，则（　　）。

A. 拒绝 H_0 B. 接受 H_0
C. 不接受也不拒绝 H_0 D. 可能接受也可能拒绝 H_0

13. 设总体 $X\sim N(\mu,\sigma^2)$，其中 μ 未知，由来自总体 X 的一个样本计算得到参数 σ^2 的一个置信水平为 0.95 的单侧置信区间为（151.3194，$+\infty$），若"$H_0:\sigma^2\leqslant12^2$，$H_1:\sigma^2>12^2$"是显著性水平为 0.05 的右边检验，则（　　）。

A. 拒绝 H_0 B. 接受 H_0
C. 不接受也不拒绝 H_0 D. 可能接受也可能拒绝 H_0

14. 设总体 $X\sim N(\mu_1,\sigma_1^2)$，$Y\sim N(\mu_2,\sigma_2^2)$，其中 $\sigma_1^2=\sigma_2^2$ 未知，从总体 X 与 Y 中分别抽取一个样本，两个样本构成的合样本相互独立，由这两个样本计算得到两总体均值之差 $\mu_1-\mu_2$ 的一个置信水平为 0.95 的置信区间为（-36.5，76.5），若"$H_0:\mu_1-\mu_2=20,H_1:\mu_1-\mu_2\neq20$"是显著性水平为 0.05 的双边检验，则（　　）。

A. 拒绝 H_0 B. 接受 H_0
C. 不接受也不拒绝 H_0 D. 可能接受也可能拒绝 H_0

二、填空题

1. 对于显著性水平 α 而言，犯第一类错误的概率 $P($拒绝 $H_0\mid H_0$ 为真$)$ _____。

2. 设 $X_1,X_2,\cdots,X_n$ 是来自总体 $X\sim N(\mu,\sigma^2)$ 的一个简单随机样本，其中 μ,σ^2 未知，记 $\overline{X}=\dfrac{1}{n}\sum_{i=1}^{n}X_i$，$Q^2=\sum_{i=1}^{n}(X_i-\overline{X})^2$，则假设检验"$H_0:\mu=0,H_1:\mu\neq0$"使用的统

计量为_____。

3. 设总体 $X \sim N(\mu, \sigma^2)$，其中 μ 已知，X_1，X_2，$\cdots$，X_n 为来自总体 X 的一个样本，则假设检验“H_0：$\sigma^2 = \sigma_0^2$，H_1：$\sigma^2 \neq \sigma_0^2$”的统计量为_____，当 H_0 为真时，服从_____分布。

4. 设 α 是双边检验的显著性水平，β 是双侧置信区间的置信水平。

（Ⅰ）若 λ 是 t 分布的统计量 T 的临界值，则 $\alpha = P($_____$)$，$\beta = P($_____$)$；

（Ⅱ）若 λ_1、λ_2 是 χ^2 分布的统计量 χ^2 的临界值，$\lambda_1 < \lambda_2$，则 $P(\chi^2 > \lambda_2) = P(\chi^2 < \lambda_1) = $_____。

5. 设总体 $X \sim N(\mu, 4)$，X_1，X_2，$\cdots$，X_n 为来自总体 X 的一个样本，对于显著性水平为 α 的双边检验“H_0：$\mu = \mu_0$，H_1：$\mu = \mu_1 \neq \mu_0$”，若 $\mu_0 = 0$，$\mu_1 = 1$，则犯第二类错误的概率为_____。

6. 设总体 $X \sim N(\mu, 4)$，X_1，X_2，$\cdots$，X_n 为来自总体 X 的一个样本，对于显著性水平为 α 的右边检验“H_0：$\mu \leqslant \mu_0$，H_1：$\mu = \mu_1 > \mu_0$”，若 $\mu_0 = 0$，$\mu_1 = 1$，则犯第二类错误的概率为_____。

7. 设总体 $X \sim N(\mu, 4)$，X_1，X_2，$\cdots$，X_n 为来自总体 X 的一个样本，对于显著性水平为 α 的左边检验“H_0：$\mu \geqslant \mu_0$，H_1：$\mu = \mu_1 < \mu_0$”，若 $\mu_0 = 1$，$\mu_1 = 0$，则犯第二类错误的概率为_____。

8. 设总体 $X \sim B(n, p)$，假设检验“H_0：$p = p_0$，H_1：$p = p_1 \neq p_0$”的拒绝域为 $W = \{x \leqslant n_1\} \bigcup \{x \geqslant n_2\}$ $(n_1 < n_2)$，其中 x 为总体 X 的样本值，则犯第一类错误的概率为 $\alpha = $_____，犯第二类错误的概率为 $\beta = $_____。

9. 设 X_1，X_2，$\cdots$，X_{n_1} 为来自第一个总体 $X \sim N(\mu_1, \sigma_1^2)$ 的一个样本，其中 σ_1^2 未知，样本均值为 $\overline{X}$，样本方差为 S_1^2；Y_1，Y_2，$\cdots$，Y_{n_2} 为来自第二个总体 $Y \sim N(\mu_2, \sigma_2^2)$ 的一个样本，其中 σ_2^2 未知，样本均值为 $\overline{Y}$，样本方差为 S_2^2。两个样本构成的合样本 X_1，X_2，$\cdots$，X_{n_1}，Y_1，Y_2，$\cdots$，Y_{n_2} 相互独立，则假设检验“H_0：$\mu_1 = \mu_2$，H_1：$\mu_1 \neq \mu_2$”使用的统计量当 H_0 为真时服从_____分布，该检验的前提是_____。

10. 设总体 $X \sim N(\mu, \sigma^2)$，其中 σ^2 未知，由来自总体 X 容量为 $n = 16$ 的样本计算得到 $\overline{x} = 241.5$，$s = 98.7259$，则显著性水平 $\alpha = 0.05$ 的双边检验“H_0：$\mu = \mu_0$，H_1：$\mu \neq \mu_0$”的接受域为_____，参数 μ 的置信水平为 0.95 的置信区间为_____（$t_{0.025}(15) = 2.1315$）。

11. 设总体 $X \sim N(\mu, \sigma^2)$，其中 σ^2 未知，由来自总体 X 容量为 $n = 16$ 的样本计算得到 $\overline{x} = 241.5$，$s = 98.7259$，则显著性水平 $\alpha = 0.05$ 的左边检验“H_0：$\mu \geqslant \mu_0$，H_1：$\mu < \mu_0$”的接受域为_____，参数 μ 的置信水平为 0.95 的单侧置信区间为_____（$t_{0.05}(15) = 1.7531$）。

12. 设总体 $X \sim N(\mu, \sigma^2)$，其中 σ^2 未知，由来自总体 X 容量为 $n = 16$ 的样本计算得到 $\overline{x} = 241.5$，$s = 98.7259$，则显著性水平 $\alpha = 0.05$ 的右边检验“H_0：$\mu \leqslant \mu_0$，H_1：$\mu > \mu_0$”的接受域为_____，参数 μ 的置信水平为 0.95 的单侧置信区间为_____（$t_{0.05}(15) = 1.7531$）。

三、解答题

1. 长期的统计资料表明，某市轻工产品的月产值百分比 X 服从正态分布，标准差 $\sigma=11\%$，现任意抽查 9 个月，得轻工产品产值占总产值百分比的平均值为 $\bar{x}=31.15\%$，问在显著性水平 $\alpha=0.05$ 下，可否认为过去该市轻工产品月产值占该市工业产品总产值的百分比为 32.50%？

2. 设某厂生产的一种钢索，其断裂强度 X（单位：kg/cm^2）服从正态分布 $N(\mu,40^2)$，从中选取一个容量为 9 的样本，计算得 $\bar{x}=780\ kg/cm^2$，能否据此认为这批钢索的断裂强度为 $800\ kg/cm^2(\alpha=0.05)$？

3. 某种元件正常情况下，其直径（单位：mm）服从正态分布 $N(20,1)$，在某日的生产过程中抽查 5 只元件，测得样本均值为 $\bar{x}=19.6\ mm$，问生产过程是否正常（$\alpha=0.05$）？

4. 设某次考试的考生成绩服从正态分布，从中随机地抽取 36 位考生的成绩，计算得平均成绩为 66.5 分，标准差为 15 分，问在显著性水平 $\alpha=0.05$ 下，是否可以认为这次考试全体考生的平均成绩为 70 分（$t_{0.025}(35)=2.0301$）？

5. 某厂有一批产品，须经检验后才能出厂。按规定标准，次品率不得超过 5%。现从中抽取 50 件产品进行检查，发现有 4 件次品，问这批产品能否出厂（$\alpha=0.01,z_{0.01}=2.33$）？

6. 某厂所生产的某种细纱直径的标准差为 1.2，现从某日生产的一批产品中，随机地抽取 16 缕进行测量，计算得样本标准差为 2.1。设细纱直径服从正态分布，问细纱的均匀度有无显著性的变化（$\alpha=0.05,\chi^2_{0.975}(15)=6.25,\chi^2_{0.025}(15)=27.5$）？

7. 某种元件的寿命（单位：小时）长期以来服从方差 $\sigma_0^2=5000$ 的正态分布，现从一批这种元件中随机抽取 26 只，测得寿命的样本方差 $s^2=9200$，能否据此认为这批元件寿命的波动性有显著性变化（$\alpha=0.02,\chi^2_{0.99}(25)=11.523,\chi^2_{0.01}(25)=44.313$）？

8. 某种导线，要求其电阻的标准差不得超过 $0.005\ \Omega$，今在生产的一批导线中取样品 9 根，测得样本标准差 $s=0.007\ \Omega$，设导线电阻服从正态分布，参数未知，问在显著性水平 $\alpha=0.05$ 下能否认为这批导线的标准差显著地变大（$\chi^2_{0.05}(8)=15.507$）？

9. 为了研究机器 A 和机器 B 生产的钢管内径（单位：mm），随机地抽取机器 A 生产的钢管 8 根，测得样本方差为 $s_1^2=0.29$，随机地抽取机器 B 生产的钢管 9 根，测得样本方差为 $s_2^2=0.34$。设机器 A 和机器 B 生产的钢管内径服从正态分布，两个样本构成的合样本相互独立，试比较机器 A 和机器 B 加工的精度有无显著的差异（$\alpha=0.01,F_{0.005}(8,7)=8.68,F_{0.005}(7,8)=7.69$）。

10. 有两批棉纱，为比较其断裂强力（单位：kg），从中各取一个样本，测试整理后得

$$第一批：n_1=200,\bar{x}=0.532,s_1=0.218$$
$$第二批：n_2=100,\bar{y}=0.576,s_2=0.198$$

假设棉纱的断裂强力服从正态分布，两个样本构成的合样本相互独立，试问两批棉纱的断裂强力有无显著的差异（$\alpha=0.05,F_{0.025}(99,99)=1.33,F_{0.025}(199,99)=1.395,t_{0.025}(298)=1.96$）？

习 题 参 考 答 案

习　题　1

一、选择题

1. A　　2. A　　3. B　　4. D　　5. C　　6. C　　7. D　　8. D　　9. C　　10. D

11. A　　12. B　　13. B　　14. C　　15. C　　16. B　　17. B　　18. D　　19. C　　20. B

21. D　　22. A　　23. B　　24. C

二、填空题

1. $p+q$，$1-p$，$1-q$，q，p，$1-p-q$

2. $p(1-q)$，$(1-p)(1-q)$，$1-p+pq$

3. $1-p$
　　　　　　　　　　　　　4. 0.7

5. $\dfrac{12}{25}$
　　　　　　　　　　　　　6. 0.000 000 2

7. （Ⅰ）$\dfrac{1}{11}$；（Ⅱ）$\dfrac{5}{36}$
　　　　　8. （Ⅰ）$\dfrac{5}{18}$；（Ⅱ）$\dfrac{16}{81}$；（Ⅲ）$\dfrac{25}{216}$

9. （Ⅰ）$\dfrac{16}{33}$；（Ⅱ）$\dfrac{17}{33}$
　　　　　10. $\dfrac{1}{2}+\dfrac{1}{\pi}$

11. $\dfrac{2}{3}$
　　　　　　　　　　　　12. （Ⅰ）$A\subset B$，0.6；（Ⅱ）$A\bigcup B=\Omega$，0.3

13. $\dfrac{3}{4}$
　　　　　　　　　　　　14. $\dfrac{53}{99}$

15. $\dfrac{2}{3}$
　　　　　　　　　　　　16. $\dfrac{37}{64}$

17. $\dfrac{m-2}{m+n-2}$
　　　　　　　　　18. （Ⅰ）$\dfrac{2}{105}$；（Ⅱ）$\dfrac{2}{5}$

三、解答题

1. （Ⅰ）$\dfrac{49}{100}$；（Ⅱ）$\dfrac{21}{50}$；（Ⅲ）$\dfrac{91}{100}$　　　2. 0.8

3. （Ⅰ）0.4；（Ⅱ）$\dfrac{2}{3}$

4. （Ⅰ）0.556；（Ⅱ）0.256；（Ⅲ）0.0867；（Ⅳ）0.0983；（Ⅴ）0.256

5.（Ⅰ）$\dfrac{5}{8}$；（Ⅱ）$\dfrac{4}{15}$，$\dfrac{3}{20}$，$\dfrac{7}{60}$，$\dfrac{7}{20}$；（Ⅲ）① $\dfrac{1}{2}$，② $\dfrac{3}{8}$

6.$\dfrac{13}{21}$

7.（Ⅰ）$\dfrac{13}{18}$；（Ⅱ）$\dfrac{2}{3}$

8.$\dfrac{29}{100}$

9.（Ⅰ）$\dfrac{4}{33}$；（Ⅱ）$\dfrac{10}{33}$

10.（Ⅰ）$\dfrac{1}{n+1}$；（Ⅱ）$\dfrac{1}{n(n+1)}$

11.$\dfrac{1}{4}$

12.0.756

13.$\dfrac{1}{4}$，$\dfrac{3}{10}$

14.（Ⅰ）$\dfrac{7}{36}$；（Ⅱ）$\dfrac{5}{7}$

15.（Ⅰ）0.12；（Ⅱ）0.88；（Ⅲ）0.58

16.0.902

17.（Ⅰ）$p\left(\dfrac{3}{2}-\dfrac{p}{2}\right)$；（Ⅱ）$\dfrac{2p}{1+p}$

18.$\dfrac{41}{150}$

19.$\dfrac{m}{m+2^r n}$

20.略

习 题 2

一、选择题

1. C　2. B　3. B　4. C　5. C　6. B　7. C　8. C　9. B　10. A
11.C　12. B　13. A　14. C　15. D　16. D　17. C　18. A　19. A　20. A
21. A　22. A

二、填空题

1. 0.6　2. $1-(\alpha+\beta)$

3.

X	3	4	5	6	7
P	$\dfrac{1}{6}$	$\dfrac{1}{6}$	$\dfrac{1}{3}$	$\dfrac{1}{6}$	$\dfrac{1}{6}$

4.

X	1	2	3	4	5	6
P	$\dfrac{1}{36}$	$\dfrac{1}{12}$	$\dfrac{5}{36}$	$\dfrac{7}{36}$	$\dfrac{1}{4}$	$\dfrac{11}{36}$

5. $F(x)=\begin{cases}0, & x<0 \\ \dfrac{1}{1+\alpha}, & 0\leqslant x<1 \\ 1, & x\geqslant 1\end{cases}$　6. $P(X=k)=\left(\dfrac{1}{5}\right)^{k-1}\dfrac{4}{5}$，　$k=1,2,\cdots$

7. $\dfrac{4}{27}$　8. $\dfrac{11}{24}$　9. $P(\xi=1)=\dfrac{2}{3}$，$P(\xi=2)=\dfrac{1}{3}\times\dfrac{2}{3}$，$P(\xi=3)=\left(\dfrac{1}{3}\right)^2$

10.

X	-1	1	3
p	0.4	0.4	0.2

11. $\dfrac{1}{3}$　12. $\dfrac{2}{3}$　13. $\dfrac{1}{\sqrt{\pi}}e^{-\frac{1}{4}}$　14. $\dfrac{9}{64}$

15. $F(x)=\begin{cases}\dfrac{1}{2}e^{x}, & x<0 \\ 1-\dfrac{1}{2}e^{-x}, & x\geqslant0\end{cases}$ 　16. $\dfrac{1}{3}$　17. e^{-8}　18. 0.8　19. 3　20. 0.9

21. $f_Y(y)=\dfrac{2}{\pi(4+y^2)},\ -\infty<y<+\infty$　22. $1-\dfrac{1}{e}$

三、解答题

1. （Ⅰ）20；（Ⅱ）$F(x)=\begin{cases}0, & x<0 \\ 1-(1+4x)(1-x)^4, & 0\leqslant x<1;\ （Ⅲ）1-\left(\dfrac{3}{16}\right)^{n}; \\ 1, & x\geqslant1\end{cases}$

　（Ⅳ）$f_Y(y)=\begin{cases}\dfrac{20}{3}y^{-\frac{1}{3}}(1-\sqrt[3]{y})^3, & 0<y<1 \\ 0, & 其他\end{cases}$

2. （Ⅰ）$\ln2,1,\ln\dfrac{5}{4}$；（Ⅱ）$f(x)=\begin{cases}\dfrac{1}{x}, & 1<x<e \\ 0, & 其他\end{cases}$　3. $\dfrac{20}{27}$

4. （Ⅰ）0.349；（Ⅱ）0.581；（Ⅲ）0.590；（Ⅳ）0.343；（Ⅴ）0.692　5. $1-e^{-1}$

6. 0.0047　7. 0.87　8. （Ⅰ）$e^{-\frac{3}{2}}$；（Ⅱ）$1-e^{-\frac{5}{2}}$　9. 31.20

10. （Ⅰ）0.5382，0.9996，0.6977，0.5；（Ⅱ）3；（Ⅲ）0.436　11. 0.682

12. （Ⅰ）0.0642；（Ⅱ）0.009

13. （Ⅰ）

Y	−5	−3	1	5
P	0.3	0.3	0.2	0.2

（Ⅱ）

Y	0	4	9
P	0.2	0.5	0.3

14. 略

15. $f_Y(y)=\begin{cases}\dfrac{1}{2y}, & e^2<y<e^4 \\ 0, & 其他\end{cases}$　16. （Ⅰ）$f_Y(y)=\begin{cases}\dfrac{1}{\sqrt{2\pi}y}e^{-\frac{(\ln y)^2}{2}}, & y>0 \\ 0, & y\leqslant0\end{cases}$；

　（Ⅱ）$f_Y(y)=\begin{cases}\dfrac{1}{2\sqrt{\pi(y-1)}}e^{-\frac{y-1}{4}}, & y>1 \\ 0, & y\leqslant1\end{cases}$；（Ⅲ）$f_Y(y)=\begin{cases}\sqrt{\dfrac{2}{\pi}}e^{-\frac{y^2}{2}}, & y>0 \\ 0, & y\leqslant0\end{cases}$

17. （Ⅰ）$F(y)=\begin{cases}0, & y<1 \\ \dfrac{2}{3}+\dfrac{1}{27}y^3, & 1\leqslant y<2;\ （Ⅱ）\dfrac{8}{27} \\ 1, & y\geqslant2\end{cases}$

18. （Ⅰ）$f_Y(y)=\begin{cases}\dfrac{1}{y}, & 1<y<e \\ 0, & 其他\end{cases}$；（Ⅱ）$f_Y(y)=\begin{cases}\dfrac{1}{2}e^{-\frac{y}{2}}, & y>0 \\ 0, & 其他\end{cases}$

19. $f_Y(y) = \begin{cases} \dfrac{1}{3} y^{-\frac{2}{3}} f(y^{\frac{1}{3}}), & y \neq 0 \\ 0, & y = 0 \end{cases}$ 20. $f_Y(y) = \begin{cases} \dfrac{1}{2\sqrt{y}} e^{-\sqrt{y}}, & y > 0 \\ 0, & y \leqslant 0 \end{cases}$

习 题 3

一、选择题

1. C   2. D   3. C   4. A   5. A   6. D   7. A   8. B   9. A   10. C
11. B   12. A   13. B   14. D   15. C   16. C   17. D   18. C   19. D   20. B

二、填空题

1. (1) $\dfrac{1}{24}$; (2) $\dfrac{1}{12}$; (3) $\dfrac{1}{4}$; (4) $\dfrac{3}{8}$; (5) $\dfrac{1}{4}$; (6) $\dfrac{3}{4}$; (7) $\dfrac{1}{2}$; (8) $\dfrac{1}{3}$

2. $\alpha + \beta = \dfrac{1}{3}, \dfrac{2}{9}, \dfrac{1}{9}$

3.

X	-1	0	1
P	0.1344	0.7312	0.1344

4. $\dfrac{13}{48}$ 5. $\dfrac{1}{4}$

6. $\sqrt{2}+1$, $f_Y(y) = \begin{cases} (\sqrt{2}+1)\sqrt{2-\sqrt{2}} \sin\left(y+\dfrac{\pi}{8}\right), & 0 \leqslant y \leqslant \dfrac{\pi}{4} \\ 0, & \text{其他} \end{cases}$

7. $\dfrac{1}{4}$ 8. $f_Y(y) = \begin{cases} -\ln(1-y), & 0 < y < 1 \\ 0, & \text{其他} \end{cases}$

9. $\dfrac{5}{7}$ 10. $[P(X>a)]^2 - [P(X>b)]^2$ 11. $\dfrac{1}{9}$ 12. $\dfrac{7}{8}$ 13. $2e^{-1} - 3e^{-2}$ 14. $\dfrac{1}{3}$

15.

X \ Y	0	1	2
0	0.16	0.32	0.16
1	0.08	0.16	0.08
2	0.01	0.02	0.01

16. $\dfrac{1}{2\pi}\left[\Phi\left(\dfrac{z+\pi-\mu}{\sigma}\right) - \Phi\left(\dfrac{z-\pi-\mu}{\sigma}\right)\right]$

17.

X \ Y	2	3	4	$p_{i\cdot}$
1	$\dfrac{1}{8}$	0	0	$\dfrac{1}{8}$
2	$\dfrac{1}{2}$	0	0	$\dfrac{1}{2}$
3	0	$\dfrac{1}{4}$	0	$\dfrac{1}{4}$
4	0	0	$\dfrac{1}{8}$	$\dfrac{1}{8}$
$p_{\cdot j}$	$\dfrac{5}{8}$	$\dfrac{1}{4}$	$\dfrac{1}{8}$	1

18. $f_Z(z) = \begin{cases} e^{2-z}(z-2), & z>2 \\ 0, & z\leqslant 2 \end{cases}$　19. $f_Z(z) = \begin{cases} \dfrac{1}{(z+1)^2}, & z>0 \\ 0, & z\leqslant 0 \end{cases}$

20. $f_Z(z) = \displaystyle\int_{-\infty}^{+\infty} \dfrac{1}{|x|} f\left(x, \dfrac{z}{x}\right) \mathrm{d}x, \; -\infty < z < +\infty$　21. $f_Z(z) = \begin{cases} 2(1-z), & 0<z<1 \\ 0, & \text{其他} \end{cases}$

22. $P(Z=k) = \displaystyle\sum_{i=0}^{k} p(i) q(k-i), \; k=0, 1, 2, \cdots$

三、解答题

1. （Ⅰ）

X \ Y	-1	1
-1	$\dfrac{1}{4}$	0
1	$\dfrac{1}{2}$	$\dfrac{1}{4}$

（Ⅱ）

$X+Y$	-2	0	2
P	$\dfrac{1}{4}$	$\dfrac{1}{2}$	$\dfrac{1}{4}$

$(X+Y)^2$	0	4
P	$\dfrac{1}{2}$	$\dfrac{1}{2}$

2. （Ⅰ）$\dfrac{4}{9}$；（Ⅱ）

X \ Y	0	1	2
0	$\dfrac{1}{4}$	$\dfrac{1}{3}$	$\dfrac{1}{9}$
1	$\dfrac{1}{6}$	$\dfrac{1}{9}$	0
2	$\dfrac{1}{36}$	0	0

3. 当 $l\leqslant 4$ 时，$\dfrac{l}{12}$；当 $l>4$ 时，$1-\dfrac{4}{3\sqrt{l}}$　　4. $\dfrac{1}{2}$

5. （Ⅰ）$\dfrac{1}{\pi^2}$，$\dfrac{\pi}{2}$，$\dfrac{\pi}{2}$；（Ⅱ）$f(x, y) = \dfrac{6}{\pi^2(x^2+4)(y^2+9)}$；

（Ⅲ）$f_X(x) = \dfrac{2}{\pi(x^2+4)}$，$f_Y(y) = \dfrac{3}{\pi(y^2+9)}$

6.（Ⅰ）2；（Ⅱ）$F(x, y) = \begin{cases} 0, & x<0 \text{ 或 } y<0 \\ \dfrac{2x^3+x^2}{3}, & 0\leqslant x<1, \; y\geqslant 1 \\ \dfrac{2y+y^3}{3}, & x\geqslant 1, \; 0\leqslant y<1 \\ \dfrac{2x^3y+x^2y^3}{3}, & 0\leqslant x<1, \; 0\leqslant y<1 \\ 1, & x\geqslant 1, \; y\geqslant 1 \end{cases}$；（Ⅲ）$\dfrac{11}{30}$

7. （Ⅰ）

U \ V	−1	1
−1	$\frac{1}{6}$	$\frac{1}{3}$
1	$\frac{1}{3}$	$\frac{1}{6}$

；（Ⅱ）$\frac{1}{2}$；（Ⅲ）$\frac{5}{6}$

8. （Ⅰ）$\forall -1<y<1,\ f_{X|Y}(x|y)=\begin{cases}\dfrac{1}{1-|y|}, & |y|<x<1,\\[2mm] 0, & 其他\end{cases}$

$\forall 0<x<1,\ f_{Y|X}(y|x)=\begin{cases}\dfrac{1}{2x}, & |y|<x;\\[2mm] 0, & 其他\end{cases}$

（Ⅱ）$\dfrac{3}{4}$

9. （Ⅰ）$f(x,y)=\begin{cases}\dfrac{9y^2}{x}, & 0<y<x<1\\[2mm] 0, & 其他\end{cases}$；（Ⅱ）$f_Y(y)=\begin{cases}-9y^2\ln y, & 0<y<1\\ 0, & 其他\end{cases}$；（Ⅲ）$\dfrac{1}{8}$

10. （Ⅰ）$f(x,y)=\begin{cases}\dfrac{1}{2}e^{-\frac{y}{2}}, & 0<x<1,\ y>0\\[2mm] 0, & 其他\end{cases}$；（Ⅱ）$1-\sqrt{2\pi}\big[\Phi(1)-\Phi(0)\big]$

11. $A=\dfrac{1}{\pi}$，$\forall -\infty<x<+\infty,\ f_{Y|X}(y|x)=\dfrac{1}{\sqrt{\pi}}e^{-(x-y)^2}$，$-\infty<y<+\infty$

12. （Ⅰ）$f_X(x)=\begin{cases}e^{-x}, & x>0\\ 0, & x\leqslant 0\end{cases}$，$f_Y(y)=\begin{cases}ye^{-y}, & y>0\\ 0, & y\leqslant 0\end{cases}$，$X$、$Y$ 不相互独立；

（Ⅱ）$\forall y>0,\ f_{X|Y}(x|y)=\begin{cases}\dfrac{1}{y}, & 0<x<y,\\[2mm] 0, & 其他\end{cases}$

$\forall x>0,\ f_{Y|X}(y|x)=\begin{cases}e^{x-y}, & y>x\\ 0, & 其他\end{cases}$；（Ⅲ）$\dfrac{e^{-2}-3e^{-4}}{1-5e^{-4}}$

13. （Ⅰ）$P(Y=m|X=n)=C_n^m p^m(1-p)^{n-m}$，$0\leqslant m\leqslant n,\ n=0,1,2,\cdots$；

（Ⅱ）$P(X=n,Y=m)=C_n^m p^m(1-p)^{n-m}\dfrac{\lambda^n}{n!}e^{-\lambda}$，$0\leqslant m\leqslant n,\ n=0,1,2,\cdots$；

（Ⅲ）$P(Y=m)=\dfrac{(\lambda p)^m}{m!}e^{-\lambda p}$，$m=0,1,2,\cdots$

14. （Ⅰ）$\dfrac{1}{2}$；（Ⅱ）$f_Z(z)=\begin{cases}\dfrac{1}{3}, & -1<z<2\\[2mm] 0, & 其他\end{cases}$

15. （Ⅰ） $f_{X|Y}(x|y)=\begin{cases}\lambda\mathrm{e}^{-\lambda x}, & x>0\\ 0, & x\leqslant 0\end{cases}$；

（Ⅱ）

Z	0	1
P	$\dfrac{\mu}{\lambda+\mu}$	$\dfrac{\lambda}{\lambda+\mu}$

，$\quad F_Z(z)=\begin{cases}0, & z<0\\ \dfrac{\mu}{\lambda+\mu}, & 0\leqslant z<1\\ 1, & z\geqslant 1\end{cases}$

16. （Ⅰ） $\dfrac{1}{3}$；（Ⅱ） $f_Z(z)=\begin{cases}\dfrac{1}{125}(25-z^2), & -5<z<0\\ \dfrac{1}{125}(5-z)^2, & 0\leqslant z<5\\ 0, & \text{其他}\end{cases}$

17. （Ⅰ） $f_Y(y)=\begin{cases}\dfrac{y^3\mathrm{e}^{-y}}{3!}, & y>0\\ 0, & y\leqslant 0\end{cases}$；（Ⅱ） $f_Z(z)=\begin{cases}\dfrac{z^5\mathrm{e}^{-z}}{5!}, & z>0\\ 0, & z\leqslant 0\end{cases}$

18. （Ⅰ） $\dfrac{4}{7}$；（Ⅱ） X 与 Y 不相互独立；（Ⅲ） $f_Z(z)=\begin{cases}\dfrac{2}{21}(6z+3z^2+z^3), & 0<z<1\\ \dfrac{2}{21}(8+6z-3z^2-z^3), & 1\leqslant z<2\\ 0, & \text{其他}\end{cases}$

19. （Ⅰ） $f_X(x)=\begin{cases}2x, & 0<x<1\\ 0, & \text{其他}\end{cases}$， $f_Y(y)=\begin{cases}1-\dfrac{y}{2}, & 0<y<2\\ 0, & \text{其他}\end{cases}$；

（Ⅱ） $f_Z(z)=\begin{cases}1-\dfrac{z}{2}, & 0<z<2\\ 0, & \text{其他}\end{cases}$；（Ⅲ） $\dfrac{3}{4}$

20. $p(u)=\begin{cases}\dfrac{1}{2}(2-u), & 0<u<2\\ 0, & \text{其他}\end{cases}$

21. （Ⅰ） $\dfrac{7}{24}$；（Ⅱ） $f_Z(z)=\begin{cases}z(2-z), & 0<z<1\\ (2-z)^2, & 1\leqslant z<2\\ 0, & \text{其他}\end{cases}$

22. $f_Z(z)=\begin{cases}\dfrac{1}{2}(1-\mathrm{e}^{-z}), & 0<z<2\\ \dfrac{1}{2}(\mathrm{e}^2-1)\mathrm{e}^{-z}, & z\geqslant 2\\ 0, & z\leqslant 0\end{cases}$

23. （Ⅰ）X 与 Y 不相互独立；（Ⅱ）$f_Z(z)=\begin{cases}\dfrac{1}{4}\left[(z+2)e^{-\frac{z}{2}}-2(z+1)e^{-z}\right], & z>0\\[2mm]0, & z\leqslant0\end{cases}$

24. （Ⅰ）$\dfrac{1}{1-e^{-1}}$；（Ⅱ）$f_X(x)=\begin{cases}\dfrac{e^{-x}}{1-e^{-1}}, & 0<x<1\\[2mm]0, & 其他\end{cases}$，$f_Y(y)=\begin{cases}e^{-y}, & y>0\\0, & y\leqslant0\end{cases}$；

（Ⅲ）$F_U(u)=\begin{cases}0, & u<0\\[2mm]\dfrac{(1-e^{-u})^2}{1-e^{-1}}, & 0\leqslant u<1\\[2mm]1-e^{-u}, & u\geqslant1\end{cases}$

习　题　4

一、选择题
1. C　2. B　3. A　4. B　5. D　6. D　7. C　8. D　9. A　10. D
11. C　12. C　13. B　14. D　15. D　16. A　17. A　18. B　19. D　20. C
21. B　22. B　23. A　24. D　25. A　26. D

二、填空题
1. $\dfrac{3}{2}$　2. $0,\dfrac{4}{\pi}-1$　3. $2e^2$　4. $f_Y(y)=\dfrac{1}{12\sqrt{\pi}}e^{-\frac{(y+4)^2}{144}}$，　$-\infty<y<+\infty$

5. $\sqrt{\dfrac{2}{\pi}},1-\dfrac{2}{\pi}$　6. 4　7. 0　8. $1,\dfrac{1}{2}$　9. 6，0.5　10. $N(0,5)$

11. $\dfrac{1}{e}$　12. $\dfrac{4}{3}$　13. $\dfrac{3}{4},\dfrac{1}{8}$　14. $\dfrac{8}{9}$　15. $2a+3b,2a^2+3b^2$　16. 2，2

17. 12，-12，3　18. $B(3,0.2)$，0.6，0.48　19. 80.8　20. $\mu\sigma^2+\mu^3$

21. 0.9　22. 28.8　23. $(a^2-\beta^2)(\sigma^2+\mu^2)$

24. $f(x,y)=\dfrac{1}{3\sqrt5\pi}e^{-\frac{8}{15}\left(\frac{x^3}{3}+\frac{xy}{4\sqrt3}+\frac{y^2}{4}\right)}$，　$-\infty<x,y<+\infty$

25. $-0.02,0$　26. $\dfrac{2}{3},0$　27. 36　28. 9.6，119.2，80.8　29. 6　30. 0

31. $\dfrac{a^2-b^2}{a^2+b^2}$　32. 0

三、解答题
1. $0,\dfrac{1}{2}$　2. （Ⅰ）

X	0	1	2
P	0.25	0.45	0.30

（Ⅱ）

$X+Y$	0	1	2	3
P	0.10	0.40	0.35	0.15

（Ⅲ）0.25

3.（Ⅰ）

X \ Y	1	2	3
1	$\frac{1}{9}$	0	0
2	$\frac{2}{9}$	$\frac{1}{9}$	0
3	$\frac{2}{9}$	$\frac{2}{9}$	$\frac{1}{9}$

（Ⅱ）$\frac{22}{9}$

4.（Ⅰ）

X_1 \ X_2	0	1
0	$1-e^{-1}$	0
1	$e^{-1}-e^{-2}$	e^{-2}

（Ⅱ）$e^{-1}+e^{-2}$ 5. $\frac{1}{\pi}\ln2+\frac{1}{2}$ 6. $\sqrt{\frac{1-\rho}{\pi}}$

7.（Ⅰ）$\frac{n}{n+1}$；（Ⅱ）$\frac{1}{n+1}$ 8. $f_X(x)=\begin{cases}2x, & 0<x<1\\0, & \text{其他}\end{cases}$，$\frac{2}{9}$ 9. $\frac{1}{18}$

10.（Ⅰ）-0.2；（Ⅱ）$-\frac{1}{7}$

11.（Ⅰ）

U \ V	0	1
0	$\frac{1}{4}$	0
1	$\frac{1}{4}$	$\frac{1}{2}$

（Ⅱ）$\rho_{UV}=\frac{1}{\sqrt{3}}$

12.（Ⅰ）$f_Y(y)=\begin{cases}\dfrac{3}{8\sqrt{y}}, & 0<y<1\\[2mm]\dfrac{1}{8\sqrt{y}}, & 1\leqslant y<4\\[2mm]0, & \text{其他}\end{cases}$；   （Ⅱ）$\frac{2}{3}$；   （Ⅲ）$\frac{1}{4}$

13.（Ⅰ）$a=0.2, b=0.1, c=0.1$；   （Ⅱ）

Z	-2	-1	0	1	2
P	0.2	0.1	0.3	0.3	0.1

；（Ⅲ）0.2

14. $-\frac{1}{11}$，$\frac{5}{9}$ 15. 1   16. $a=\frac{\text{cov}(X,Y)}{DX}$，$b=EY-EX\cdot\frac{\text{cov}(X,Y)}{DX}$

17.（Ⅰ）

X＼Y	0	1
0	$\frac{2}{3}$	$\frac{1}{12}$
1	$\frac{1}{6}$	$\frac{1}{12}$

（Ⅱ）$\frac{1}{\sqrt{15}}$；　（Ⅲ）

Z	0	1	2
P	$\frac{2}{3}$	$\frac{1}{4}$	$\frac{1}{12}$

18. 不相关，不相互独立　19. 不相关，不相互独立

20.（Ⅰ）

U＼V	1	2
1	$\frac{4}{9}$	0
2	$\frac{4}{9}$	$\frac{1}{9}$

（Ⅱ）$\frac{4}{81}$

21.（Ⅰ）0，2；（Ⅱ）0，X 与 $|X|$ 不相关；（Ⅲ）3，X 与 $|X|$ 不相互独立

22.（Ⅰ）$\frac{1}{3}$，3；（Ⅱ）0　23.（Ⅰ）$f_V(v)=\begin{cases}2\mathrm{e}^{-2v}, & v>0 \\ 0, & v\leqslant 0\end{cases}$；　（Ⅱ）2

24. 当 $a=3$ 时，EW 最小，最小值为 108　25. 略

习　题　5

一、选择题

1. B　2. B　3. D　4. C　5. C　6. A　7. D　8. B　9. A　10. C　11. A　12. C

二、填空题

1. $\frac{1}{9}$　2. $\frac{1}{2}$　3. $\frac{1}{81}$　4. $\frac{1}{12}$　5. $P(|X-\mu|\geqslant\varepsilon)\leqslant\frac{8}{n\varepsilon^2}$，$1-\frac{1}{2n}$　6. 90　7. 0

8. $\int_{-\infty}^{x}\frac{1}{\sqrt{2\pi}}\mathrm{e}^{-\frac{t^2}{2}}\mathrm{d}t$ 或 $\Phi(x)$　9. $\Phi\left(\frac{b-np}{\sqrt{np(1-p)}}\right)-\Phi\left(\frac{a-np}{\sqrt{np(1-p)}}\right)$ 或

$\int_{\frac{a-np}{\sqrt{np(1-p)}}}^{\frac{b-np}{\sqrt{np(1-p)}}}\frac{1}{\sqrt{2\pi}}\mathrm{e}^{-\frac{t^2}{2}}\mathrm{d}t$　10. 16　11. $B(1000,0.03)$，正态分布，30、29.1

12. 0.0228

三、解答题

1. $\geqslant 0.9$　2. $\geqslant\frac{9}{14}$　3. 0.3483　4. 0.1075　5. 0.0787　6. 最多可装98箱

7.（Ⅰ）$\overline{X}$ 近似地服从正态分布 $N\left(2.2,\frac{1.4^2}{52}\right)$，0.1515；（Ⅱ）0.0770

8.（Ⅰ）0.8968；（Ⅱ）0.7498　9. 0.9996　10.（Ⅰ）0.5；（Ⅱ）0

11.（Ⅰ）0.0003；（Ⅱ）0.5　12. 1053　13. 略　14. 略

习 题 6

一、选择题

1. C 2. D 3. C 4. B 5. C 6. D 7. A 8. D 9. C 10. B

11. C 12. A 13. C 14. B 15. B 16. C 17. C 18. D 19. C 20. C

二、填空题

1. p，$\dfrac{p(1-p)}{n}$，$p(1-p)$ 2. 2 3. $C_n^k p^k (1-p)^{n-k}$，$k=0,1,2,\cdots,n$

4. np^2 5. $\mu^2+\sigma^2$ 6. $\dfrac{1}{20}$，$\dfrac{1}{100}$，2 7. $\dfrac{1}{3}$ 8. σ^2 9. t 分布，9 10. F 分布，$(10,5)$

11. 14 12. $F(9,19)$ 13. （Ⅰ）$a=6\sqrt{2}$，$n=8$；（Ⅱ）$b=\dfrac{15}{8}$，$(n_1,n_2)=(8,15)$

14. $N(0,1)$ 15. $F(1,n-1)$

三、解答题

1. $F_{60}(x)=\begin{cases} 0, & x<1 \\ \dfrac{1}{6}, & 1\leq x<4 \\ \dfrac{1}{2}, & 4\leq x<6 \\ 1, & x\geq 6 \end{cases}$ 2. $\dfrac{n-1}{n+1}\theta$ 3. $\sqrt{\dfrac{2}{\pi}}\sigma$，$\dfrac{\sigma^2}{16}\left(1-\dfrac{2}{\pi}\right)$ 4. 35

5. （Ⅰ）0.8904；（Ⅱ）0.9；（Ⅲ）0.99，$\dfrac{2}{15}\sigma^4$

6. （Ⅰ）$P(X_1=x_1,X_2=x_2,\cdots,X_n=x_n)=\dfrac{\lambda^{\sum\limits_{i=1}^{n}x_i}}{x_1!x_2!\cdots x_n!}e^{-n\lambda}$，$x_i=0,1,2,\cdots$，

$i=1,2,\cdots,n$；（Ⅱ）$P\left(\overline{X}=\dfrac{k}{n}\right)=\dfrac{(n\lambda)^k}{k!}e^{-n\lambda}$，$k=0,1,2,\cdots$

7. （Ⅰ）0.2628；（Ⅱ）0.2923，0.5785 8. $\dfrac{\sqrt{6}}{2}$ 9. 略

10. $t(n_1+n_2-2)$

习 题 7

一、选择题

1. C 2. A 3. A 4. B 5. A 6. B 7. C 8. B 9. C 10. D

11. A 12. C 13. D 14. C 15. B 16. C 17. D 18. B

二、填空题

1. $\dfrac{1}{n}\sum\limits_{i=1}^{n}X_i-1$ 或 $\overline{X}-1$ 2. $2\overline{X}-1$，$\max\{x_1，x_2，\cdots，x_n\}$ 3. $2+\overline{X}$

4. $\hat{\mu}=\overline{x}=31.06$ 5. $\dfrac{\overline{X}}{n}$，$\left(\dfrac{\overline{X}}{n}\right)^2$ 6. $(4.412，5.588)$ 7. $z_{\frac{\alpha}{2}}$ 8. $n\geqslant\left(\dfrac{\sigma}{\delta}z_{\frac{\alpha}{2}}\right)^2$

9. $(35.57，37.83)$，$(1.183，8.333)$ 10. $(5.616，6.384)$

11. $(6.8\times10^{-6}，6.5\times10^{-5})$ 12. $(2.44，2.56)$，$(0.089，0.186)$

13. $n\sigma^2\left(\dfrac{1}{\chi_{1-\frac{\alpha}{2}}^{2}(n)}-\dfrac{1}{\chi_{\frac{\alpha}{2}}^{2}(n)}\right)$ 14. $\dfrac{1}{2(n-1)}$ 15. $a=2，b=4$ 16. $a=\dfrac{1}{4}，b=\dfrac{1}{7}$

17. $k=-1$ 18. $c=\dfrac{2}{5n}$

三、解答题

1. （Ⅰ）$\dfrac{1}{\overline{X}}-1$；（Ⅱ）$-\dfrac{1}{n}\sum\limits_{i=1}^{n}\ln X_i$ 2. （Ⅰ）$\dfrac{2}{\overline{X}}$；（Ⅱ）$\dfrac{2}{\overline{X}}$

3. （Ⅰ）$\overline{X}$；（Ⅱ）$\dfrac{2n}{\sum\limits_{i=1}^{n}\dfrac{1}{X_i}}$ 4. （Ⅰ）$\dfrac{3}{2}-\overline{X}$；（Ⅱ）$\dfrac{N}{n}$

5. （Ⅰ）$\dfrac{\overline{X}}{\overline{X}-1}$；（Ⅱ）$\dfrac{n}{\sum\limits_{i=1}^{n}\ln X_i}$；（Ⅲ）$\min\{X_1，X_2，\cdots，X_n\}$

6. （Ⅰ）$\dfrac{\overline{X}}{2}$；（Ⅱ）$\dfrac{\overline{X}}{2}$；（Ⅲ）θ，$\dfrac{\theta^2}{2n}$

7. （Ⅰ）$\overline{X}-\dfrac{1}{2}$，$\dfrac{1}{4n}$；（Ⅱ）$\min(X_1，X_2，\cdots，X_n)$，$\dfrac{1}{4n^2}$ 8. $\dfrac{5}{12}$，$\dfrac{13}{32}$ 9. $e^{\frac{1}{n}\sum\limits_{i=1}^{n}\ln x_i}$

10. $1-\varPhi(2-\overline{x})$ 11. $\dfrac{3\overline{x}}{n}-1$

12. （Ⅰ）$(420.351，429.743)$；（Ⅱ）$(38.56，178.78)$

13. （Ⅰ）$e^{\mu+\frac{1}{2}}$；（Ⅱ）$(-0.98，0.98)$；（Ⅲ）$(e^{-0.48}，e^{1.48})$

14. $(-0.002，0.006)$ 15. $(0.45，2.79)$

16. （Ⅰ）$(-0.401，2.601)$；（Ⅱ）$(0.174，1.658)$

17. （Ⅰ）$a=\dfrac{2}{\lambda}$；（Ⅱ）$\dfrac{1}{n}\sum\limits_{i=1}^{n}X_i^2$，是无偏估计量

18. $a_1=\dfrac{1}{\sigma_1^2\sum\limits_{i=1}^{n}\dfrac{1}{\sigma_i^2}}$，$a_2=\dfrac{1}{\sigma_2^2\sum\limits_{i=1}^{n}\dfrac{1}{\sigma_i^2}}$，$\cdots$，$a_n=\dfrac{1}{\sigma_n^2\sum\limits_{i=1}^{n}\dfrac{1}{\sigma_i^2}}$ 19. $a=\dfrac{n_1}{n_1+n_2}$，$b=\dfrac{n_2}{n_1+n_2}$

20. （Ⅰ）$2\overline{X}-\dfrac{1}{2}$；（Ⅱ）因为 $E(4\overline{X}^2)>\theta^2$，即 $E(4\overline{X}^2)\neq\theta^2$，所以 $4\overline{X}^2$ 不是 θ^2 的无偏估计量。

21. （Ⅰ）略；（Ⅱ）$DT_1=\dfrac{1}{30}\theta^2$，$DT_2=\dfrac{1}{48}\theta^2$，$T_2$ 较 T_1 有效。

习　题　8

一、选择题

1. A　2. A　3. C　4. B　5. A　6. D　7. C　8. C　9. A　10. D
11. B　12. B　13. A　14. B

二、填空题

1. $\leqslant\alpha$　2. $T=\dfrac{\sqrt{n(n-1)}\,\overline{X}}{Q}$　3. $\chi^2=\dfrac{\sum\limits_{i=1}^{n}(X_i-\mu)^2}{\sigma_0^2}$，自由度为 n 的 χ^2

4. （Ⅰ）$|T|>\lambda$，$|T|<\lambda$；（Ⅱ）$\dfrac{\alpha}{2}$　5. $\Phi\left(\dfrac{\sqrt{n}}{2}+z_{\frac{\alpha}{2}}\right)-\Phi\left(\dfrac{\sqrt{n}}{2}-z_{\frac{\alpha}{2}}\right)$

6. $1-\Phi\left(\dfrac{\sqrt{n}}{2}-z_\alpha\right)$　7. $1-\Phi\left(\dfrac{\sqrt{n}}{2}-z_\alpha\right)$

8. $\alpha=\sum\limits_{k=0}^{n_1}C_n^k p_0^k(1-p_0)^{n-k}+\sum\limits_{k=n_2}^{n}C_n^k p_0^k(1-p_0)^{n-k}$，$\beta=\sum\limits_{k=n_1+1}^{n_2-1}C_n^k p_1^k(1-p_1)^{n-k}$

9. 参数为 n_1+n_2-2 的 t，$\sigma_1^2=\sigma_2^2$　10. $188.8914<\mu_0<294.1086$，（188.8914，294.1086)

11. $\mu_0<284.7691$，$(-\infty，284.7691)$　12. $\mu_0>198.2309$，$(198.2309，+\infty)$

三、解答题

1. 需检验 $H_0:\mu=32.50\%$，$H_1:\mu\neq32.50\%$，选择检验统计量 $U=\dfrac{\overline{X}-32.50\%}{\sigma/\sqrt{n}}\sim N(0,1)$，接受 H_0，即可以认为过去该市轻工产品月产值占该市工业产品总产值的百分比为 32.50%。

2. 需检验 $H_0:\mu=800$，$H_1:\mu\neq800$，选择检验统计量 $U=\dfrac{\overline{X}-800}{\sigma/\sqrt{n}}\sim N(0,1)$，接受 H_0，即可以认为这批钢索的断裂强度为 $800\ \mathrm{kg/cm}^2$。

3. 需检验 $H_0:\mu=20$，$H_1:\mu\neq20$，选择检验统计量 $U=\dfrac{\overline{X}-20}{\sigma/\sqrt{n}}\sim N(0,1)$，接受 H_0，即生产过程正常。

4. 需检验 $H_0:\mu=70$, $H_1:\mu\neq70$, 选择检验统计量 $T=\dfrac{\overline{X}-70}{S/\sqrt{n}}\sim t(n-1)$, 接受 H_0, 即可以认为这次考试全体考生的平均成绩为 70 分。

5. 需检验 $H_0:p\leqslant0.05$, $H_1:p>0.05$, 其中 p 为次品率, 选择检验统计量 $U=\dfrac{\mu_n-0.05n}{\sqrt{0.05n(1-0.05)}}$, 它近似地服从标准正态分布 $N(0,1)$, 接受 H_0, 即这批产品可以出厂。

6. 需检验 $H_0:\sigma^2=1.2^2$, $H_1:\sigma^2\neq1.2^2$, 选择检验统计量 $\chi^2=\dfrac{(n-1)S^2}{1.2^2}\sim\chi^2(n-1)$, 拒绝 H_0, 即细纱的均匀度有显著性的变化。

7. 需检验 $H_0:\sigma^2=5000$, $H_1:\sigma^2\neq5000$, 选择检验统计量 $\chi^2=\dfrac{(n-1)S^2}{5000}\sim\chi^2(n-1)$, 拒绝 H_0, 即可以认为这批元件寿命的波动性有显著性变化。

8. 需检验 $H_0:\sigma\leqslant0.005$, $H_1:\sigma>0.005$, 选择检验统计量 $\chi^2=\dfrac{(n-1)S^2}{0.005^2}\sim\chi^2(n-1)$, 拒绝 H_0, 即可以认为这批导线的标准差显著地变大。

9. 需检验 $H_0:\sigma_1^2=\sigma_2^2$, $H_1:\sigma_1^2\neq\sigma_2^2$, 选择检验统计量 $F=\dfrac{S_1^2}{S_2^2}\sim F(n_1-1,n_2-1)$, 接受 H_0, 即可以认为机器 A 和机器 B 加工的精度无显著的差异。

10. 分两步检验: 第一步需检验 $H_{01}:\sigma_1^2=\sigma_2^2$, $H_{11}:\sigma_1^2\neq\sigma_2^2$, 选择检验统计量 $F=\dfrac{S_1^2}{S_2^2}\sim F(n_1-1,n_2-1)$, 接受 H_{01}; 第二步需检验 $H_{02}:\mu_1=\mu_2$, $H_{12}:\mu_1\neq\mu_2$, 选择检验统计量 $T=\dfrac{\overline{X}-\overline{Y}}{S_\omega\sqrt{\dfrac{1}{n_1}+\dfrac{1}{n_2}}}\sim t(n_1+n_2-2)$, 接受 H_{02}, 即可以认为两批棉纱的断裂强力无显著的差异。

附表 1 标准正态分布表

$$\Phi(x) = \int_{-\infty}^{x} \frac{1}{\sqrt{2\pi}} e^{-\frac{t^2}{2}} dt$$

x	0.00	0.01	0.02	0.03	0.04	0.05	0.06	0.07	0.08	0.09
0.0	0.5000	0.5040	0.5080	0.5120	0.5160	0.5199	0.5239	0.5279	0.5319	0.5359
0.1	0.5398	0.5438	0.5478	0.5517	0.5557	0.5596	0.5636	0.5675	0.5714	0.5753
0.2	0.5793	0.5832	0.5871	0.5910	0.5948	0.5987	0.6026	0.6064	0.6103	0.6141
0.3	0.6179	0.6217	0.6255	0.6293	0.6331	0.6368	0.6406	0.6443	0.6480	0.6517
0.4	0.6554	0.6591	0.6628	0.6664	0.6700	0.6736	0.6772	0.6808	0.6844	0.6879
0.5	0.6915	0.6950	0.6985	0.7019	0.7054	0.7088	0.7123	0.7157	0.7190	0.7224
0.6	0.7257	0.7291	0.7324	0.7357	0.7389	0.7422	0.7454	0.7486	0.7517	0.7549
0.7	0.7580	0.7611	0.7642	0.7673	0.7704	0.7734	0.7764	0.7794	0.7823	0.7852
0.8	0.7881	0.7910	0.7939	0.7967	0.7995	0.8023	0.8051	0.8078	0.8106	0.8133
0.9	0.8159	0.8186	0.8212	0.8238	0.8264	0.8289	0.8315	0.8340	0.8365	0.8389
1.0	0.8413	0.8438	0.8461	0.8485	0.8508	0.8531	0.8554	0.8577	0.8599	0.8621
1.1	0.8643	0.8665	0.8686	0.8708	0.8729	0.8749	0.8770	0.8790	0.8810	0.8830
1.2	0.8849	0.8869	0.8888	0.8907	0.8925	0.8944	0.8962	0.8980	0.8997	0.9015
1.3	0.9032	0.9049	0.9066	0.9082	0.9099	0.9115	0.9131	0.9147	0.9162	0.9177
1.4	0.9192	0.9207	0.9222	0.9236	0.9251	0.9265	0.9278	0.9292	0.9306	0.9319
1.5	0.9332	0.9345	0.9357	0.9370	0.9382	0.9394	0.9406	0.9418	0.9429	0.9441
1.6	0.9452	0.9463	0.9474	0.9484	0.9495	0.9505	0.9515	0.9525	0.9535	0.9545
1.7	0.9554	0.9564	0.9573	0.9582	0.9591	0.9599	0.9608	0.9616	0.9625	0.9633
1.8	0.9641	0.9649	0.9656	0.9664	0.9671	0.9678	0.9686	0.9693	0.9699	0.9706
1.9	0.9713	0.9719	0.9726	0.9732	0.9738	0.9744	0.9750	0.9756	0.9761	0.9767
2.0	0.9772	0.9778	0.9783	0.9788	0.9793	0.9798	0.9803	0.9808	0.9812	0.9817
2.1	0.9821	0.9826	0.9830	0.9834	0.9838	0.9842	0.9846	0.9850	0.9854	0.9857
2.2	0.9861	0.9864	0.9868	0.9871	0.9875	0.9878	0.9881	0.9884	0.9887	0.9890
2.3	0.9893	0.9896	0.9898	0.9901	0.9904	0.9906	0.9909	0.9911	0.9913	0.9916
2.4	0.9918	0.9920	0.9922	0.9925	0.9927	0.9929	0.9931	0.9932	0.9934	0.9936
2.5	0.9938	0.9940	0.9941	0.9943	0.9945	0.9946	0.9948	0.9949	0.9951	0.9952
2.6	0.9953	0.9955	0.9956	0.9957	0.9959	0.9960	0.9961	0.9962	0.9963	0.9964
2.7	0.9965	0.9966	0.9967	0.9968	0.9969	0.9970	0.9971	0.9972	0.9973	0.9974
2.8	0.9974	0.9975	0.9976	0.9977	0.9977	0.9978	0.9979	0.9979	0.9980	0.9981
2.9	0.9981	0.9982	0.9982	0.9983	0.9984	0.9984	0.9985	0.9985	0.9986	0.9986
3.0	0.9987	0.9987	0.9987	0.9988	0.9988	0.9989	0.9989	0.9989	0.9990	0.9990
3.1	0.9990	0.9991	0.9991	0.9991	0.9992	0.9992	0.9992	0.9992	0.9993	0.9993
3.2	0.9993	0.9993	0.9994	0.9994	0.9994	0.9994	0.9994	0.9995	0.9995	0.9995
3.3	0.9995	0.9995	0.9995	0.9996	0.9996	0.9996	0.9996	0.9996	0.9996	0.9997
3.4	0.9997	0.9997	0.9997	0.9997	0.9997	0.9997	0.9997	0.9997	0.9997	0.9998

附表 2　Poisson 分布表

$$P(X \leqslant x) = \sum_{k=0}^{x} \frac{\lambda^k e^{-\lambda}}{k!}$$

x	λ								
	0.1	0.2	0.3	0.4	0.5	0.6	0.7	0.8	0.9
0	0.9048	0.8187	0.7408	0.6730	0.6065	0.5488	0.4966	0.4493	0.4066
1	0.9953	0.9825	0.9631	0.9384	0.9098	0.8781	0.8442	0.8088	0.7725
2	0.9998	0.9989	0.9964	0.9921	0.9856	0.9769	0.9659	0.9526	0.9371
3	1.0000	0.9999	0.9997	0.9992	0.9982	0.9966	0.9942	0.9909	0.9865
4		1.0000	1.0000	0.9999	0.9998	0.9996	0.9992	0.9986	0.9977
5				1.0000	1.0000	1.0000	0.9999	0.9998	0.9997
6							1.0000	1.0000	1.0000

x	λ								
	1.0	1.5	2.0	2.5	3.0	3.5	4.0	4.5	5.0
0	0.3679	0.2231	0.1353	0.0821	0.0498	0.0302	0.0183	0.0111	0.0067
1	0.7358	0.5578	0.4060	0.2873	0.1991	0.1359	0.0916	0.0611	0.0404
2	0.9197	0.8088	0.6767	0.5438	0.4232	0.3208	0.2381	0.1736	0.1247
3	0.9810	0.9344	0.8571	0.7576	0.6472	0.5366	0.4335	0.3423	0.2650
4	0.9963	0.9814	0.9473	0.8912	0.8153	0.7254	0.6288	0.5321	0.4405
5	0.9994	0.9955	0.9834	0.9580	0.9161	0.8576	0.7851	0.7029	0.6160
6	0.9999	0.9991	0.9955	0.9858	0.9665	0.9347	0.8893	0.8311	0.7622
7	1.0000	0.9998	0.9989	0.9958	0.9881	0.9733	0.9489	0.9134	0.8666
8		1.0000	0.9998	0.9989	0.9962	0.9901	0.9786	0.9597	0.9319
9			1.0000	0.9997	0.9989	0.9967	0.9919	0.9829	0.9682
10				0.9999	0.9997	0.9990	0.9972	0.9933	0.9863
11				1.0000	0.9999	0.9997	0.9991	0.9976	0.9945
12					1.0000	0.9999	0.9997	0.9992	0.9980

x	λ								
	5.5	6.0	6.5	7.0	7.5	8.0	8.5	9.0	9.5
0	0.0041	0.0025	0.0015	0.0009	0.0006	0.0003	0.0002	0.0001	0.0001
1	0.0266	0.0174	0.0113	0.0073	0.0047	0.0030	0.0019	0.0012	0.0008
2	0.0884	0.0620	0.0430	0.0296	0.0203	0.0138	0.0093	0.0062	0.0042
3	0.2017	0.1512	0.1118	0.0818	0.0591	0.0424	0.0301	0.0212	0.0149
4	0.3575	0.2851	0.2237	0.1730	0.1321	0.0996	0.0744	0.0550	0.0403
5	0.5289	0.4457	0.3690	0.3007	0.2414	0.1912	0.1496	0.1157	0.0885
6	0.6860	0.6063	0.5265	0.4497	0.3782	0.3134	0.2562	0.2068	0.1649
7	0.8095	0.7440	0.6728	0.5987	0.5246	0.4530	0.3856	0.3239	0.2687
8	0.8944	0.8472	0.7916	0.7291	0.6620	0.5925	0.5231	0.4557	0.3918
9	0.9462	0.9161	0.8774	0.8305	0.7764	0.7166	0.6530	0.5874	0.5218
10	0.9747	0.9574	0.9332	0.9015	0.8622	0.8159	0.7634	0.7060	0.6453
11	0.9890	0.9799	0.9661	0.9466	0.9208	0.8881	0.8487	0.8030	0.7520
12	0.9955	0.9912	0.9840	0.9730	0.9573	0.9362	0.9091	0.8758	0.8364
13	0.9983	0.9964	0.9929	0.9872	0.9784	0.9658	0.9486	0.9261	0.8981
14	0.9994	0.9986	0.9970	0.9943	0.9897	0.9827	0.9726	0.9585	0.9400
15	0.9998	0.9995	0.9988	0.9976	0.9954	0.9918	0.9862	0.9780	0.9665
16	0.9999	0.9998	0.9996	0.9990	0.9980	0.9963	0.9934	0.9889	0.9823
17	1.0000	0.9999	0.9998	0.9996	0.9992	0.9984	0.9970	0.9947	0.9911
18		1.0000	0.9999	0.9999	0.9997	0.9994	0.9987	0.9976	0.9957
19			1.0000	1.0000	0.9999	0.9997	0.9995	0.9989	0.9980
20					1.0000	0.9999	0.9996	0.9991

x	λ								
	10.0	11.0	12.0	13.0	14.0	15.0	16.0	17.0	18.0
0	0.0000	0.0000	0.0000						
1	0.0005	0.0002	0.0001	0.0000	0.0000				
2	0.0028	0.0012	0.0005	0.0002	0.0001	0.0000	0.0000		
3	0.0103	0.0049	0.0023	0.0010	0.0005	0.0002	0.0001	0.0000	0.0000
4	0.0293	0.0151	0.0076	0.0037	0.0018	0.0009	0.0004	0.0002	0.0001
5	0.0671	0.0375	0.0203	0.0107	0.0055	0.0028	0.0014	0.0007	0.0003
6	0.1301	0.0786	0.0458	0.0259	0.0142	0.0076	0.0040	0.0021	0.0010
7	0.2202	0.1432	0.0895	0.0540	0.0316	0.0180	0.0100	0.0054	0.0029
8	0.3328	0.2320	0.1550	0.0998	0.0621	0.0374	0.0220	0.0126	0.0071
9	0.4579	0.3405	0.2424	0.1658	0.1094	0.0699	0.0433	0.0261	0.0154
10	0.5830	0.4599	0.3472	0.2517	0.1757	0.1185	0.0774	0.0491	0.0304
11	0.6968	0.5793	0.4616	0.3532	0.2600	0.1848	0.1270	0.0847	0.0549
12	0.7916	0.6887	0.5760	0.4631	0.3585	0.2676	0.1931	0.1350	0.0917
13	0.8645	0.7813	0.6815	0.5730	0.4644	0.3632	0.2745	0.2009	0.1426
14	0.9165	0.8540	0.7720	0.6751	0.5704	0.4657	0.3675	0.2808	0.2081
15	0.9513	0.9074	0.8444	0.7636	0.6694	0.5681	0.4667	0.3715	0.2867
16	0.9730	0.9441	0.8987	0.8355	0.7559	0.6641	0.5660	0.4677	0.3750
17	0.9857	0.9678	0.9370	0.8905	0.8272	0.7489	0.6593	0.5640	0.4686
18	0.9928	0.9823	0.9626	0.9302	0.8826	0.8195	0.7423	0.6550	0.5622
19	0.9965	0.9907	0.9787	0.9573	0.9235	0.8752	0.8122	0.7363	0.6509
20	0.9984	0.9953	0.9884	0.9750	0.9521	0.9170	0.8682	0.8055	0.7307
21	0.9993	0.9977	0.9939	0.9859	0.9712	0.9469	0.9108	0.8615	0.7991
22	0.9997	0.9990	0.9970	0.9924	0.9833	0.9673	0.9418	0.9047	0.8551
23	0.9999	0.9995	0.9985	0.9960	0.9907	0.9805	0.9633	0.9367	0.8989
24	1.0000	0.9998	0.9993	0.9980	0.9950	0.9888	0.9777	0.9594	0.9317
25		0.9999	0.9997	0.9990	0.9974	0.9938	0.9869	0.9748	0.9554
26		1.0000	0.9999	0.9995	0.9987	0.9967	0.9925	0.9848	0.9718
27			0.9999	0.9998	0.9994	0.9983	0.9959	0.9912	0.9827
28			1.0000	0.9999	0.9997	0.9991	0.9978	0.9950	0.9897
29				1.0000	0.9999	0.9996	0.9989	0.9973	0.9941
30					0.9999	0.9998	0.9994	0.9986	0.9967
31					1.0000	0.9999	0.9997	0.9993	0.9982
32						1.0000	0.9999	0.9996	0.9990
33							0.9999	0.9998	0.9995
34							1.0000	0.9999	0.9998
35								1.0000	0.9999
36									0.9999
37									1.0000

附表 3 χ^2 分布表

$$P(\chi^2(n) > \chi^2_a(n)) = \alpha$$

n \ α	0.995	0.99	0.975	0.95	0.90	0.10	0.05	0.025	0.01	0.005
1	0.000	0.000	0.001	0.004	0.016	2.706	3.843	5.025	6.637	7.882
2	0.010	0.020	0.051	0.103	0.211	4.605	5.992	7.378	9.210	10.597
3	0.072	0.115	0.216	0.352	0.584	6.251	7.815	9.348	11.344	12.837
4	0.207	0.297	0.484	0.711	1.064	7.779	9.488	11.143	13.277	14.860
5	0.412	0.554	0.831	1.145	1.610	9.236	11.070	12.832	15.085	16.748
6	0.676	0.872	1.237	1.635	2.204	10.645	12.592	14.440	16.812	18.548
7	0.989	1.239	1.690	2.167	2.833	12.017	14.067	16.012	18.474	20.276
8	1.344	1.646	2.180	2.733	3.490	13.362	15.507	17.534	20.090	21.954
9	1.735	2.088	2.700	3.325	4.168	14.684	16.919	19.022	21.665	23.587
10	2.156	2.558	3.247	3.940	4.865	15.987	18.307	20.483	23.209	25.188
11	2.603	3.053	3.816	4.575	5.578	17.275	19.675	21.920	24.724	26.755
12	3.074	3.571	4.404	5.226	6.304	18.549	21.026	23.337	26.217	28.300
13	3.565	4.107	5.009	5.892	7.041	19.812	22.362	24.735	27.687	29.817
14	4.075	4.660	5.629	6.571	7.790	21.064	23.685	26.119	29.141	31.319
15	4.600	5.229	6.262	7.261	8.547	22.307	24.996	27.488	30.577	32.799
16	5.142	5.812	6.908	7.962	9.312	23.542	26.296	28.845	32.000	34.267
17	5.697	6.407	7.564	8.682	10.085	24.769	27.587	30.190	33.408	35.716
18	6.265	7.015	8.231	9.390	10.865	25.989	28.869	31.526	34.805	37.156
19	6.843	7.632	8.906	10.117	11.651	27.203	30.143	32.852	36.190	38.580
20	7.434	8.260	9.591	10.851	12.443	28.412	31.410	34.170	37.566	39.997
21	8.033	8.897	10.283	11.591	13.240	29.615	32.670	35.478	38.930	41.399
22	8.643	9.542	10.982	12.338	14.042	30.813	33.924	36.781	40.289	42.796
23	9.260	10.195	11.688	13.090	14.848	32.007	35.172	38.075	41.637	44.179
24	9.886	10.856	12.401	13.848	15.659	33.196	36.415	39.364	42.980	45.558
25	10.519	11.523	13.120	14.611	16.473	34.381	37.652	40.646	44.313	46.925
26	11.160	12.198	13.844	15.379	17.292	35.563	38.885	41.923	45.642	48.290
27	11.807	12.878	14.573	16.151	18.114	36.741	40.113	43.194	46.962	49.642
28	12.461	13.565	15.308	16.928	18.939	37.916	41.337	44.461	48.278	50.993
29	13.120	14.256	16.147	17.708	19.768	39.087	42.557	45.772	49.586	52.333
30	13.787	14.954	16.791	18.493	20.599	40.256	43.773	46.979	50.892	53.672
31	14.457	15.655	17.538	19.280	21.433	41.422	44.985	48.231	52.190	55.000
32	15.134	16.362	18.291	20.072	22.271	42.585	46.194	49.480	53.486	56.328
33	15.814	17.073	19.046	20.866	23.110	43.745	47.400	50.724	54.774	57.646
34	16.501	17.789	19.806	21.664	23.952	44.903	48.602	51.966	56.061	58.964
35	17.191	18.508	20.569	22.465	24.796	46.059	49.802	53.203	57.340	60.272
36	17.887	19.233	21.336	23.269	25.643	47.212	50.998	54.437	58.619	61.581
37	18.584	19.960	22.105	24.075	26.492	48.363	52.192	55.667	59.891	62.880
38	19.289	20.691	22.878	24.884	27.343	49.513	53.384	56.896	61.162	64.181
39	19.994	21.425	23.654	25.695	28.196	50.660	54.572	58.119	62.426	65.473
40	20.706	22.164	24.433	26.509	29.050	51.805	55.758	59.342	63.691	66.766

当 $n > 40$ 时，$\chi^2_a(n) \approx \dfrac{1}{2}(z_a + \sqrt{2n-1})^2$。

附表 4 t 分布表

$$P(t(n) > t_a(n)) = \alpha$$

n \ α	0.20	0.15	0.10	0.05	0.025	0.01	0.005
1	1.376	1.963	3.0777	6.3138	12.7062	31.8207	63.6574
2	1.061	1.386	1.8856	2.9200	4.3027	6.9646	9.9248
3	0.978	1.250	1.6377	2.3534	3.1824	4.5407	5.8409
4	0.941	1.190	1.5332	2.1318	2.7764	3.7469	4.6041
5	0.920	1.156	1.4759	2.0150	2.5706	3.3649	4.0322
6	0.906	1.134	1.4398	1.9432	2.4469	3.1427	3.7074
7	0.896	1.119	1.4149	1.8946	2.3646	2.9980	3.4995
8	0.889	1.108	1.3968	1.8595	2.3060	2.8965	3.3554
9	0.883	1.100	1.3830	1.8331	2.2622	2.8214	3.2498
10	0.879	1.093	1.3722	1.8125	2.2281	2.7638	3.1693
11	0.876	1.088	1.3634	1.7959	2.2010	2.7181	3.1058
12	0.873	1.083	1.3562	1.7823	2.1788	2.6810	3.0545
13	0.870	1.079	1.3502	1.7709	2.1604	2.6503	3.0123
14	0.868	1.076	1.3450	1.7613	2.1448	2.6245	2.9768
15	0.866	1.074	1.3406	1.7531	2.1315	2.6025	2.9467
16	0.865	1.071	1.3368	1.7459	2.1199	2.5835	2.9208
17	0.863	1.069	1.3334	1.7369	2.1098	2.5669	2.8982
18	0.862	1.067	1.3304	1.7341	2.1009	2.5524	2.8784
19	0.861	1.066	1.3277	1.7291	2.0930	2.5395	2.8609
20	0.860	1.064	1.3253	1.7247	2.0860	2.5280	2.8453
21	0.859	1.063	1.3232	1.7207	2.0796	2.5177	2.8314
22	0.858	1.061	1.3212	1.7171	2.0739	2.5083	2.8188
23	0.858	1.060	1.3195	1.7139	2.0687	2.4999	2.8073
24	0.857	1.059	1.3178	1.7109	2.0639	2.4922	2.7969
25	0.856	1.058	1.3163	1.7081	2.0595	2.4851	2.7874
26	0.856	1.058	1.3150	1.7056	2.0555	2.4786	2.7787
27	0.855	1.057	1.3137	1.7033	2.0518	2.4727	2.7707
28	0.855	1.056	1.3125	1.7011	2.0484	2.4671	2.7633
29	0.854	1.055	1.3114	1.6991	2.0452	2.4620	2.7564
30	0.854	1.055	1.3104	1.6973	2.0423	2.4573	2.7500
31	0.8535	1.0541	1.3095	1.6955	2.0395	2.4528	2.7440
32	0.8531	1.0536	1.3086	1.6939	2.0369	2.4487	2.7385
33	0.8527	1.0531	1.3077	1.6924	2.0345	2.4448	2.7333
34	0.8524	1.0526	1.3070	1.6909	2.0322	2.4411	2.7284
35	0.8521	1.0521	1.3062	1.6896	2.0301	2.4377	2.7238
36	0.8518	1.0516	1.3055	1.6883	2.0281	2.4345	2.7195
37	0.8515	1.0512	1.3049	1.6871	2.0262	2.4314	2.7154
38	0.8512	1.0508	1.3042	1.6860	2.0244	2.4286	2.7116
39	0.8510	1.0504	1.3036	1.6849	2.0227	2.4258	2.7079
40	0.8507	1.0501	1.3031	1.6839	2.0211	2.4233	2.7045
41	0.8505	1.0498	1.3025	1.6829	2.0195	2.4208	2.7012
42	0.8503	1.0494	1.3020	1.6820	2.0181	2.4185	2.6981
43	0.8501	1.0491	1.3016	1.6811	2.0167	2.4163	2.6951
44	0.8499	1.0488	1.3011	1.6802	2.0154	2.4141	2.6923
45	0.8497	1.0485	1.3006	1.6794	2.0141	2.4121	2.6896

附表 5　F 分布表

$$P(F(n_1,\ n_2) > F_\alpha(n_1,\ n_2)) = \alpha \quad (\alpha = 0.10)$$

n_1 / n_2	1	2	3	4	5	6	7	8	9	10	12	15	20	24	30	40	60	120	∞
1	39.86	49.50	53.59	55.83	57.24	58.20	58.91	59.44	59.86	60.19	60.71	61.22	61.74	62.00	62.26	62.53	62.79	63.06	63.33
2	8.53	9.00	9.16	9.24	9.29	9.33	9.35	9.37	9.38	9.39	9.41	9.42	9.44	9.45	9.46	9.47	9.47	9.48	9.49
3	5.54	5.46	5.39	5.34	5.31	5.28	5.27	5.25	5.24	5.23	5.22	5.20	5.18	5.18	5.17	5.16	5.15	5.14	5.13
4	4.54	4.32	4.19	4.11	4.05	4.01	3.98	3.95	3.94	3.92	3.90	3.87	3.84	3.83	3.82	3.80	3.79	3.78	3.76
5	4.06	3.78	3.62	3.52	3.45	3.40	3.37	3.34	3.32	3.30	3.27	3.24	3.21	3.19	3.17	3.16	3.14	3.12	3.10
6	3.78	3.46	3.29	3.18	3.11	3.05	3.01	2.98	2.96	2.94	2.90	2.87	2.84	2.82	2.80	2.78	2.76	2.74	2.72
7	3.59	3.26	3.07	2.96	2.88	2.83	2.78	2.75	2.72	2.70	2.67	2.63	2.59	2.58	2.56	2.54	2.51	2.49	2.47
8	3.46	3.11	2.92	2.81	2.73	2.67	2.62	2.59	2.56	2.54	2.50	2.46	2.42	2.40	2.38	2.36	2.34	2.32	2.29
9	3.36	3.01	2.81	2.69	2.61	2.55	2.51	2.47	2.44	2.42	2.38	2.34	2.30	2.28	2.25	2.23	2.21	2.18	2.16
10	3.29	2.92	2.73	2.61	2.52	2.46	2.41	2.38	2.35	2.32	2.28	2.24	2.20	2.18	2.16	2.13	2.11	2.08	2.06
11	3.23	2.86	2.66	2.54	2.45	2.39	2.34	2.30	2.27	2.25	2.21	2.17	2.12	2.10	2.08	2.05	2.03	2.00	1.97
12	3.18	2.81	2.61	2.48	2.39	2.33	2.28	2.24	2.21	2.19	2.15	2.10	2.06	2.04	2.01	1.99	1.96	1.93	1.90
13	3.14	2.76	2.56	2.43	2.35	2.28	2.23	2.20	2.16	2.14	2.10	2.05	2.01	1.98	1.96	1.93	1.90	1.88	1.85
14	3.10	2.73	2.52	2.39	2.31	2.24	2.19	2.15	2.12	2.10	2.05	2.01	1.96	1.94	1.91	1.89	1.86	1.83	1.80
15	3.07	2.70	2.49	2.36	2.27	2.21	2.16	2.12	2.09	2.06	2.02	1.97	1.92	1.90	1.87	1.85	1.82	1.79	1.76
16	3.05	2.67	2.46	2.33	2.24	2.18	2.13	2.09	2.06	2.03	1.99	1.94	1.89	1.87	1.84	1.81	1.78	1.75	1.72
17	3.03	2.64	2.44	2.31	2.22	2.15	2.10	2.06	2.03	2.00	1.96	1.91	1.86	1.84	1.81	1.78	1.75	1.72	1.69
18	3.01	2.62	2.42	2.29	2.20	2.13	2.08	2.04	2.00	1.98	1.93	1.89	1.84	1.81	1.78	1.75	1.72	1.69	1.66
19	2.99	2.61	2.40	2.27	2.18	2.11	2.06	2.02	1.98	1.96	1.91	1.86	1.81	1.79	1.76	1.73	1.70	1.67	1.63
20	2.97	2.59	2.38	2.25	2.16	2.09	2.04	2.00	1.96	1.94	1.89	1.84	1.79	1.77	1.74	1.71	1.68	1.64	1.61
21	2.96	2.57	2.36	2.23	2.14	2.08	2.02	1.98	1.95	1.92	1.87	1.83	1.78	1.75	1.72	1.69	1.66	1.62	1.59
22	2.95	2.56	2.35	2.22	2.13	2.06	2.01	1.97	1.93	1.90	1.86	1.81	1.76	1.73	1.70	1.67	1.64	1.60	1.57
23	2.94	2.55	2.34	2.21	2.11	2.05	1.99	1.95	1.92	1.89	1.84	1.80	1.74	1.72	1.69	1.66	1.62	1.59	1.55
24	2.93	2.54	2.33	2.19	2.10	2.04	1.98	1.94	1.91	1.88	1.83	1.78	1.73	1.70	1.67	1.64	1.61	1.57	1.53
25	2.92	2.53	2.32	2.18	2.09	2.02	1.97	1.93	1.89	1.87	1.82	1.77	1.72	1.69	1.66	1.63	1.59	1.56	1.52
26	2.91	2.52	2.31	2.17	2.08	2.01	1.96	1.92	1.88	1.86	1.81	1.76	1.71	1.68	1.65	1.61	1.58	1.54	1.50
27	2.90	2.51	2.30	2.17	2.07	2.00	1.95	1.91	1.87	1.85	1.80	1.75	1.70	1.67	1.64	1.60	1.57	1.53	1.49
28	2.89	2.50	2.29	2.16	2.06	2.00	1.94	1.90	1.87	1.84	1.79	1.74	1.69	1.66	1.63	1.59	1.56	1.52	1.48
29	2.89	2.50	2.28	2.15	2.06	1.99	1.93	1.89	1.86	1.83	1.78	1.73	1.68	1.65	1.62	1.58	1.55	1.51	1.47
30	2.88	2.49	2.28	2.14	2.05	1.98	1.93	1.88	1.85	1.82	1.77	1.72	1.67	1.64	1.61	1.57	1.54	1.50	1.46
40	2.84	2.44	2.23	2.09	2.00	1.93	1.87	1.83	1.79	1.76	1.71	1.66	1.61	1.57	1.54	1.51	1.47	1.42	1.38
60	2.79	2.39	2.18	2.04	1.95	1.87	1.82	1.77	1.74	1.71	1.66	1.60	1.54	1.51	1.48	1.44	1.40	1.35	1.29
120	2.75	2.35	2.13	1.99	1.90	1.82	1.77	1.72	1.68	1.65	1.60	1.55	1.48	1.45	1.41	1.37	1.32	1.26	1.19
∞	2.71	2.30	2.08	1.94	1.85	1.77	1.72	1.67	1.63	1.60	1.55	1.49	1.42	1.38	1.34	1.30	1.24	1.17	1.00

$(\alpha = 0.05)$

n_1 \\ n_2	1	2	3	4	5	6	7	8	9	10	12	15	20	24	30	40	60	120	∞
1	161	200	216	225	230	234	237	239	241	242	244	246	248	249	250	251	252	253	254
2	18.5	19.0	19.2	19.2	19.3	19.3	19.4	19.4	19.4	19.4	19.4	19.4	19.4	19.4	19.5	19.5	19.5	19.5	19.5
3	10.1	9.55	9.28	9.12	9.01	8.94	8.89	8.85	8.81	8.79	8.74	8.70	8.66	8.64	8.62	8.59	8.57	8.55	8.53
4	7.71	6.94	6.59	6.39	6.26	6.16	6.09	6.04	6.00	5.96	5.91	5.86	5.80	5.77	5.75	5.72	5.69	5.66	5.63
5	6.61	5.79	5.41	5.19	5.05	4.95	4.88	4.82	4.77	4.74	4.68	4.62	4.56	4.53	4.50	4.46	4.43	4.40	4.36
6	5.99	5.14	4.76	4.53	4.39	4.28	4.21	4.15	4.10	4.06	4.00	3.94	3.87	3.84	3.81	3.77	3.74	3.70	3.67
7	5.59	4.74	4.35	4.12	3.97	3.87	3.79	3.73	3.68	3.64	3.57	3.51	3.44	3.41	3.38	3.34	3.30	3.27	3.23
8	5.32	4.46	4.07	3.84	3.69	3.58	3.50	3.44	3.39	3.35	3.28	3.22	3.15	3.12	3.08	3.04	3.01	2.97	2.93
9	5.12	4.26	3.86	3.63	3.48	3.37	3.29	3.23	3.18	3.14	3.07	3.01	2.94	2.90	2.86	2.83	2.79	2.75	2.71
10	4.96	4.10	3.71	3.48	3.33	3.22	3.14	3.07	3.02	2.98	2.91	2.85	2.77	2.74	2.70	2.66	2.62	2.58	2.54
11	4.84	3.98	3.59	3.36	3.20	3.09	3.01	2.95	2.90	2.85	2.79	2.72	2.65	2.61	2.57	2.53	2.49	2.45	2.40
12	4.75	3.89	3.49	3.26	3.11	3.00	2.91	2.85	2.80	2.75	2.69	2.62	2.54	2.51	2.47	2.43	2.38	2.34	2.30
13	4.67	3.81	3.41	3.18	3.03	2.92	2.83	2.77	2.71	2.67	2.60	2.53	2.46	2.42	2.38	2.34	2.30	2.25	2.21
14	4.60	3.74	3.34	3.11	2.96	2.85	2.76	2.70	2.65	2.60	2.53	2.46	2.39	2.35	2.31	2.27	2.22	2.18	2.13
15	4.54	3.68	3.29	3.06	2.90	2.79	2.71	2.64	2.59	2.54	2.48	2.40	2.33	2.29	2.25	2.20	2.16	2.11	2.07
16	4.49	3.63	3.24	3.01	2.85	2.74	2.66	2.59	2.54	2.49	2.42	2.35	2.28	2.24	2.19	2.15	2.11	2.06	2.01
17	4.45	3.59	3.20	2.96	2.81	2.70	2.61	2.55	2.49	2.45	2.38	2.31	2.23	2.19	2.15	2.10	2.06	2.01	1.96
18	4.41	3.55	3.16	2.93	2.77	2.66	2.58	2.51	2.46	2.41	2.34	2.27	2.19	2.15	2.11	2.06	2.02	1.97	1.92
19	4.38	3.52	3.13	2.90	2.74	2.63	2.54	2.48	2.42	2.38	2.31	2.23	2.16	2.11	2.07	2.03	1.98	1.93	1.88
20	4.35	3.49	3.10	2.87	2.71	2.60	2.51	2.45	2.39	2.35	2.28	2.20	2.12	2.08	2.04	1.99	1.95	1.90	1.84
21	4.32	3.47	3.07	2.84	2.68	2.57	2.49	2.42	2.37	2.32	2.25	2.18	2.10	2.05	2.01	1.96	1.92	1.87	1.81
22	4.30	3.44	3.05	2.82	2.66	2.55	2.46	2.40	2.34	2.30	2.23	2.15	2.07	2.03	1.98	1.94	1.89	1.84	1.78
23	4.28	3.42	3.03	2.80	2.64	2.53	2.44	2.37	2.32	2.27	2.20	2.13	2.05	2.01	1.96	1.91	1.86	1.81	1.76
24	4.26	3.40	3.01	2.78	2.62	2.51	2.42	2.36	2.30	2.25	2.18	2.11	2.03	1.98	1.94	1.89	1.84	1.79	1.73
25	4.24	3.39	2.99	2.76	2.60	2.49	2.40	2.34	2.28	2.24	2.16	2.09	2.01	1.96	1.92	1.87	1.82	1.77	1.71
26	4.23	3.37	2.98	2.74	2.59	2.47	2.39	2.32	2.27	2.22	2.15	2.07	1.99	1.95	1.90	1.85	1.80	1.75	1.69
27	4.21	3.35	2.96	2.73	2.57	2.46	2.37	2.31	2.25	2.20	2.13	2.06	1.97	1.93	1.88	1.84	1.79	1.73	1.67
28	4.20	3.34	2.95	2.71	2.56	2.45	2.36	2.29	2.24	2.19	2.12	2.04	1.96	1.91	1.87	1.82	1.77	1.71	1.65
29	4.18	3.33	2.93	2.70	2.55	2.43	2.35	2.28	2.22	2.18	2.10	2.03	1.94	1.90	1.85	1.81	1.75	1.70	1.64
30	4.17	3.32	2.92	2.69	2.53	2.42	2.33	2.27	2.21	2.16	2.09	2.01	1.93	1.89	1.84	1.79	1.74	1.68	1.62
40	4.08	3.23	2.84	2.61	2.45	2.34	2.25	2.18	2.12	2.08	2.00	1.92	1.84	1.79	1.74	1.69	1.64	1.58	1.51
60	4.00	3.15	2.76	2.53	2.37	2.25	2.17	2.10	2.04	1.99	1.92	1.84	1.75	1.70	1.65	1.59	1.53	1.47	1.39
120	3.92	3.07	2.68	2.45	2.29	2.17	2.09	2.02	1.96	1.91	1.83	1.75	1.66	1.61	1.55	1.50	1.43	1.35	1.25
∞	3.84	3.00	2.60	2.37	2.21	2.10	2.01	1.94	1.88	1.83	1.75	1.67	1.57	1.52	1.46	1.39	1.32	1.22	1.00

$(\alpha = 0.025)$

n_1 n_2	1	2	3	4	5	6	7	8	9	10	12	15	20	24	30	40	60	120	∞
1	648	800	864	900	922	937	948	957	963	969	977	985	993	997	1000	1010	1010	1010	1020
2	38.5	39.0	39.2	39.2	39.3	39.3	39.4	39.4	39.4	39.4	39.4	39.4	39.4	39.5	39.5	39.5	39.5	39.5	39.5
3	17.4	16.0	15.4	15.1	14.9	14.7	14.6	14.5	14.5	14.4	14.3	14.3	14.2	14.1	14.1	14.0	14.0	13.9	13.9
4	12.2	10.6	9.98	9.60	9.36	9.20	9.07	8.98	8.90	8.84	8.75	8.66	8.56	8.51	8.46	8.41	8.36	8.31	8.26
5	10.0	8.43	7.76	7.39	7.15	6.98	6.85	6.76	6.68	6.62	6.52	6.43	6.33	6.28	6.23	6.18	6.12	6.07	6.02
6	8.81	7.26	6.60	6.23	5.99	5.82	5.70	5.60	5.52	5.46	5.37	5.27	5.17	5.12	5.07	5.01	4.96	4.90	4.85
7	8.07	6.54	5.89	5.52	5.29	5.12	4.99	4.90	4.82	4.76	4.67	4.57	4.47	4.42	4.36	4.31	4.25	4.20	4.14
8	7.57	6.06	5.42	5.05	4.82	4.65	4.53	4.43	4.36	4.30	4.20	4.10	4.00	3.95	3.89	3.84	3.78	3.73	3.67
9	7.21	5.71	5.08	4.72	4.48	4.32	4.20	4.10	4.03	3.96	3.87	3.77	3.67	3.61	3.56	3.51	3.45	3.39	3.33
10	6.94	5.46	4.83	4.47	4.24	4.07	3.95	3.85	3.78	3.72	3.62	3.52	3.42	3.37	3.31	3.26	3.20	3.14	3.08
11	6.72	5.26	4.63	4.28	4.04	3.88	3.76	3.66	3.59	3.53	3.43	3.33	3.23	3.17	3.12	3.06	3.00	2.94	2.88
12	6.55	5.10	4.47	4.12	3.89	3.73	3.61	3.51	3.44	3.37	3.28	3.18	3.07	3.02	2.96	2.91	2.85	2.79	2.72
13	6.41	4.97	4.35	4.00	3.77	3.60	3.48	3.39	3.31	3.25	3.15	3.05	2.95	2.89	2.84	2.78	2.72	2.66	2.60
14	6.30	4.86	4.24	3.89	3.66	3.50	3.38	3.29	3.21	3.15	3.05	2.95	2.84	2.79	2.73	2.67	2.61	2.55	2.49
15	6.20	4.77	4.15	3.80	3.58	3.41	3.29	3.20	3.12	3.06	2.96	2.86	2.76	2.70	2.64	2.59	2.52	2.46	2.40
16	6.12	4.69	4.08	3.73	3.50	3.34	3.22	3.12	3.05	2.99	2.89	2.79	2.68	2.63	2.57	2.51	2.45	2.38	2.32
17	6.04	4.62	4.01	3.66	3.44	3.28	3.16	3.06	2.98	2.92	2.82	2.72	2.62	2.56	2.50	2.44	2.38	2.32	2.25
18	5.98	4.56	3.95	3.61	3.38	3.22	3.10	3.01	2.93	2.87	2.77	2.67	2.56	2.50	2.44	2.38	2.32	2.26	2.19
19	5.92	4.51	3.90	3.56	3.33	3.17	3.05	2.96	2.88	2.82	2.72	2.62	2.51	2.45	2.39	2.33	2.27	2.20	2.13
20	5.87	4.46	3.86	3.51	3.29	3.13	3.01	2.91	2.84	2.77	2.68	2.57	2.46	2.41	2.35	2.29	2.22	2.16	2.09
21	5.83	4.42	3.82	3.48	3.25	3.09	2.97	2.87	2.80	2.73	2.64	2.53	2.42	2.37	2.31	2.25	2.18	2.11	2.04
22	5.79	4.38	3.78	3.44	3.22	3.05	2.93	2.84	2.76	2.70	2.60	2.50	2.39	2.33	2.27	2.21	2.14	2.08	2.00
23	5.75	4.35	3.75	3.41	3.18	3.02	2.90	2.81	2.73	2.67	2.57	2.47	2.36	2.30	2.24	2.18	2.11	2.04	1.97
24	5.72	4.32	3.72	3.38	3.15	2.99	2.87	2.78	2.70	2.64	2.54	2.44	2.33	2.27	2.21	2.15	2.08	2.01	1.94
25	5.69	4.29	3.69	3.35	3.13	2.97	2.85	2.75	2.68	2.61	2.51	2.41	2.30	2.24	2.18	2.12	2.05	1.98	1.91
26	5.66	4.27	3.67	3.33	3.10	2.94	2.82	2.73	2.65	2.59	2.49	2.39	2.28	2.22	2.16	2.09	2.03	1.95	1.88
27	5.63	4.24	3.65	3.31	3.08	2.92	2.80	2.71	2.63	2.57	2.47	2.36	2.25	2.19	2.13	2.07	2.00	1.93	1.85
28	5.61	4.22	3.63	3.29	3.06	2.90	2.78	2.69	2.61	2.55	2.45	2.34	2.23	2.17	2.11	2.05	1.98	1.91	1.83
29	5.59	4.20	3.61	3.27	3.04	2.88	2.76	2.67	2.59	2.53	2.43	2.32	2.21	2.15	2.09	2.03	1.96	1.89	1.81
30	5.57	4.18	3.59	3.25	3.03	2.87	2.75	2.65	2.57	2.51	2.41	2.31	2.20	2.14	2.07	2.01	1.94	1.87	1.79
40	5.42	4.05	3.46	3.13	2.90	2.74	2.62	2.53	2.45	2.39	2.29	2.18	2.07	2.01	1.94	1.88	1.80	1.72	1.64
60	5.29	3.93	3.34	3.01	2.79	2.63	2.51	2.41	2.33	2.27	2.17	2.06	1.94	1.88	1.82	1.74	1.67	1.58	1.48
120	5.15	3.80	3.23	2.89	2.67	2.52	2.39	2.30	2.22	2.16	2.05	1.94	1.82	1.76	1.69	1.61	1.53	1.43	1.31
∞	5.02	3.69	3.12	2.79	2.57	2.41	2.29	2.19	2.11	2.05	1.94	1.83	1.71	1.64	1.57	1.48	1.39	1.27	1.00

$(\alpha=0.01)$

n_1 / n_2	1	2	3	4	5	6	7	8	9	10	12	15	20	24	30	40	60	120	∞
1	4050	5000	5400	5620	5760	5860	5930	5980	6020	6060	6110	6160	6210	6230	6260	6290	6310	6340	6370
2	98.5	99.0	99.2	99.2	99.3	99.3	99.4	99.4	99.4	99.4	99.4	99.4	99.4	99.5	99.5	99.5	99.5	99.5	99.5
3	34.1	30.8	29.5	28.7	28.2	27.9	27.7	27.5	27.3	27.2	27.1	26.9	26.7	26.6	26.5	26.4	26.3	26.2	26.1
4	21.2	18.0	16.7	16.0	15.5	15.2	15.0	14.8	14.7	14.5	14.4	14.2	14.0	13.9	13.8	13.7	13.7	13.6	13.5
5	16.3	13.3	12.1	11.4	11.0	10.7	10.5	10.3	10.2	10.1	9.89	9.72	9.55	9.47	9.38	9.29	9.20	9.11	9.02
6	13.7	10.9	9.78	9.15	8.75	8.47	8.26	8.10	7.98	7.87	7.72	7.56	7.40	7.31	7.23	7.14	7.06	6.97	6.88
7	12.2	9.55	8.45	7.85	7.46	7.19	6.99	6.84	6.72	6.62	6.47	6.31	6.16	6.07	5.99	5.91	5.82	5.74	5.65
8	11.3	8.65	7.59	7.01	6.63	6.37	6.18	6.03	5.91	5.81	5.67	5.52	5.36	5.28	5.20	5.12	5.03	4.95	4.86
9	10.6	8.02	6.99	6.42	6.06	5.80	5.61	5.47	5.35	5.26	5.11	4.96	4.81	4.73	4.65	4.57	4.48	4.40	4.31
10	10.0	7.56	6.55	5.99	5.64	5.39	5.20	5.06	4.94	4.85	4.71	4.56	4.41	4.33	4.25	4.17	4.08	4.00	3.91
11	9.65	7.21	6.22	5.67	5.32	5.07	4.89	4.74	4.63	4.54	4.40	4.25	4.10	4.02	3.94	3.86	3.78	3.69	3.60
12	9.33	6.93	5.95	5.41	5.06	4.82	4.64	4.50	4.39	4.30	4.16	4.01	3.86	3.78	3.70	3.62	3.54	3.45	3.36
13	9.07	6.70	5.74	5.21	4.86	4.62	4.44	4.30	4.19	4.10	3.96	3.82	3.66	3.59	3.51	3.43	3.34	3.25	3.17
14	8.86	6.51	5.56	5.04	4.69	4.46	4.28	4.14	4.03	3.94	3.80	3.66	3.51	3.43	3.35	3.27	3.18	3.09	3.00
15	8.68	6.36	5.42	4.89	4.56	4.32	4.14	4.00	3.89	3.80	3.67	3.52	3.37	3.29	3.21	3.13	3.05	2.96	2.87
16	8.53	6.23	5.29	4.77	4.44	4.20	4.03	3.89	3.78	3.69	3.55	3.41	3.26	3.18	3.10	3.02	2.93	2.84	2.75
17	8.40	6.11	5.18	4.67	4.34	4.10	3.93	3.79	3.68	3.59	3.46	3.31	3.16	3.08	3.00	2.92	2.83	2.75	2.65
18	8.29	6.01	5.09	4.58	4.25	4.01	3.84	3.71	3.60	3.51	3.37	3.23	3.08	3.00	2.92	2.84	2.75	2.66	2.57
19	8.18	5.93	5.01	4.50	4.17	3.94	3.77	3.63	3.52	3.43	3.30	3.15	3.00	2.92	2.84	2.76	2.67	2.58	2.49
20	8.10	5.85	4.94	4.43	4.10	3.87	3.70	3.56	3.46	3.37	3.23	3.09	2.94	2.86	2.78	2.69	2.61	2.52	2.42
21	8.02	5.78	4.87	4.37	4.04	3.81	3.64	3.51	3.40	3.31	3.17	3.03	2.88	2.80	2.72	2.64	2.55	2.46	2.36
22	7.95	5.72	4.82	4.31	3.99	3.76	3.59	3.45	3.35	3.26	3.12	2.98	2.83	2.75	2.67	2.58	2.50	2.40	2.31
23	7.88	5.66	4.76	4.26	3.94	3.71	3.54	3.41	3.30	3.21	3.07	2.93	2.78	2.70	2.62	2.54	2.45	2.35	2.26
24	7.82	5.61	4.72	4.22	3.90	3.67	3.50	3.36	3.26	3.17	3.03	2.89	2.74	2.66	2.58	2.49	2.40	2.31	2.21
25	7.77	5.57	4.68	4.18	3.85	3.63	3.46	3.32	3.22	3.13	2.99	2.85	2.70	2.62	2.54	2.45	2.36	2.27	2.17
26	7.72	5.53	4.64	4.14	3.82	3.59	3.42	3.29	3.18	3.09	2.96	2.81	2.66	2.58	2.50	2.42	2.33	2.23	2.13
27	7.68	5.49	4.60	4.11	3.78	3.56	3.39	3.26	3.15	3.06	2.93	2.78	2.63	2.55	2.47	2.38	2.29	2.20	2.10
28	7.64	5.45	4.57	4.07	3.75	3.53	3.36	3.23	3.12	3.03	2.90	2.75	2.60	2.52	2.44	2.35	2.26	2.17	2.06
29	7.60	5.42	4.54	4.04	3.73	3.50	3.33	3.20	3.09	3.00	2.87	2.73	2.57	2.49	2.41	2.33	2.23	2.14	2.03
30	7.56	5.39	4.51	4.02	3.70	3.47	3.30	3.17	3.07	2.98	2.84	2.70	2.55	2.47	2.39	2.30	2.21	2.11	2.01
40	7.31	5.18	4.31	3.83	3.51	3.29	3.12	2.99	2.89	2.80	2.66	2.52	2.37	2.29	2.20	2.11	2.02	1.92	1.80
60	7.08	4.98	4.13	3.65	3.34	3.12	2.95	2.82	2.72	2.63	2.50	2.35	2.20	2.12	2.03	1.94	1.84	1.73	1.60
120	6.85	4.79	3.95	3.48	3.17	2.96	2.79	2.66	2.56	2.47	2.34	2.19	2.03	1.95	1.86	1.76	1.66	1.53	1.38
∞	6.63	4.61	3.78	3.32	3.02	2.80	2.64	2.51	2.41	2.32	2.18	2.04	1.88	1.79	1.70	1.59	1.47	1.32	1.00

$(\alpha = 0.005)$

∞	120	60	40	30	24	20	15	12	10	9	8	7	6	5	4	3	2	1	n_1 / n_2
25500	25400	25300	25100	25000	24900	24800	24600	24400	24200	24100	23900	23700	23400	23100	22500	21600	20000	16200	1
200	199	199	199	199	199	199	199	199	199	199	199	199	199	199	199	199	199	199	2
41.8	42.0	42.1	42.3	42.5	42.6	42.8	43.1	43.4	43.7	43.9	44.1	44.4	44.8	45.4	46.2	47.5	49.8	55.6	3
19.3	19.5	19.6	19.8	19.9	20.0	20.2	20.4	20.7	21.0	21.1	21.4	21.6	22.0	22.5	23.2	24.3	26.3	31.3	4
12.1	12.3	12.4	12.5	12.7	12.8	12.9	13.1	13.4	13.6	13.8	14.0	14.2	14.5	14.9	15.6	16.5	18.3	22.8	5
8.88	9.00	9.12	9.24	9.36	9.47	9.59	9.81	10.0	10.3	10.4	10.6	10.8	11.1	11.5	12.0	12.9	14.5	18.6	6
7.08	7.19	7.31	7.42	7.53	7.65	7.75	7.97	8.18	8.38	8.51	8.68	8.89	9.16	9.52	10.1	10.9	12.4	16.2	7
5.95	6.06	6.18	6.29	6.40	6.50	6.61	6.81	7.01	7.21	7.34	7.50	7.69	7.95	8.30	8.81	9.60	11.0	14.7	8
5.19	5.30	5.41	5.52	5.62	5.73	5.83	6.03	6.23	6.42	6.54	6.69	6.88	7.13	7.47	7.96	8.72	10.1	13.6	9
4.64	4.75	4.86	4.97	5.07	5.17	5.27	5.47	5.66	5.85	5.97	6.12	6.30	6.54	6.87	7.34	8.08	9.43	12.8	10
4.23	4.34	4.44	4.55	4.65	4.76	4.86	5.05	5.24	5.42	5.54	5.68	5.86	6.10	6.42	6.88	7.60	8.91	12.2	11
3.90	4.01	4.12	4.23	4.33	4.43	4.53	4.72	4.91	5.09	5.20	5.35	5.52	5.76	6.07	6.52	7.23	8.51	11.8	12
3.65	3.76	3.87	3.97	4.07	4.17	4.27	4.46	4.64	4.82	4.94	5.08	5.25	5.48	5.79	6.23	6.93	8.19	11.4	13
3.44	3.55	3.66	3.76	3.86	3.96	4.06	4.25	4.43	4.60	4.72	4.86	5.03	5.26	5.56	6.00	6.68	7.92	11.1	14
3.26	3.37	3.48	3.58	3.69	3.79	3.88	4.07	4.25	4.42	4.54	4.67	4.85	5.07	5.37	5.80	6.48	7.70	10.8	15
3.11	3.22	3.33	3.44	3.54	3.64	3.73	3.92	4.10	4.27	4.38	4.52	4.69	4.91	5.21	5.64	6.30	7.51	10.6	16
2.98	3.10	3.21	3.31	3.41	3.51	3.61	3.79	3.97	4.14	4.25	4.39	4.56	4.78	5.07	5.50	6.16	7.35	10.4	17
2.87	2.99	3.10	3.20	3.30	3.40	3.50	3.68	3.86	4.03	4.14	4.28	4.44	4.66	4.96	5.37	6.03	7.21	10.2	18
2.78	2.89	3.00	3.11	3.21	3.31	3.40	3.59	3.76	3.93	4.04	4.18	4.34	4.56	4.85	5.27	5.92	7.09	10.1	19
2.69	2.81	2.92	3.02	3.12	3.22	3.32	3.50	3.68	3.85	3.96	4.09	4.26	4.47	4.76	5.17	5.82	6.99	9.94	20
2.61	2.73	2.84	2.95	3.05	3.15	3.24	3.43	3.60	3.77	3.88	4.01	4.18	4.39	4.68	5.09	5.73	6.89	9.83	21
2.55	2.66	2.77	2.88	2.98	3.08	3.18	3.36	3.54	3.70	3.81	3.94	4.11	4.32	4.61	5.02	5.65	6.81	9.73	22
2.48	2.60	2.71	2.82	2.92	3.02	3.12	3.30	3.47	3.64	3.75	3.88	4.05	4.26	4.54	4.95	5.58	6.73	9.63	23
2.43	2.55	2.66	2.77	2.87	2.97	3.06	3.25	3.42	3.59	3.69	3.83	3.99	4.20	4.49	4.89	5.52	6.66	9.55	24
2.38	2.50	2.61	2.72	2.82	2.92	3.01	3.20	3.37	3.54	3.64	3.78	3.94	4.15	4.43	4.84	5.46	6.60	9.48	25
2.33	2.45	2.56	2.67	2.77	2.87	2.97	3.15	3.33	3.49	3.60	3.73	3.89	4.10	4.38	4.79	5.41	6.54	9.41	26
2.29	2.41	2.52	2.63	2.73	2.83	2.93	3.11	3.28	3.45	3.56	3.69	3.85	4.06	4.34	4.74	5.36	6.49	9.34	27
2.25	2.37	2.48	2.59	2.69	2.79	2.89	3.07	3.25	3.41	3.52	3.65	3.81	4.02	4.30	4.70	5.32	6.44	9.28	28
2.21	2.33	2.45	2.56	2.66	2.76	2.86	3.04	3.21	3.38	3.48	3.61	3.77	3.98	4.26	4.66	5.28	6.40	9.23	29
2.18	2.30	2.42	2.52	2.63	2.73	2.82	3.01	3.18	3.34	3.45	3.58	3.74	3.95	4.23	4.62	5.24	6.35	9.18	30
1.93	2.06	2.18	2.30	2.40	2.50	2.60	2.78	2.95	3.12	3.22	3.35	3.51	3.71	3.99	4.37	4.98	6.07	8.83	40
1.69	1.83	1.96	2.08	2.19	2.29	2.39	2.57	2.74	2.90	3.01	3.13	3.29	3.49	3.76	4.14	4.73	5.79	8.49	60
1.43	1.61	1.75	1.87	1.98	2.09	2.19	2.37	2.54	2.71	2.81	2.93	3.09	3.28	3.55	3.92	4.50	5.54	8.18	120
1.00	1.36	1.53	1.67	1.79	1.90	2.00	2.19	2.36	2.52	2.62	2.74	2.90	3.09	3.35	3.72	4.28	5.30	7.88	∞

参 考 文 献

[1]　盛骤，谢式千，潘承毅. 概率论与数理统计[M]. 北京：高等教育出版社，2008.

[2]　张卓奎. 概率统计[M]. 西安：西安交通大学出版社，2013.

[3]　王梓坤. 概率论基础及其应用[M]. 北京：科学出版社，1976.

[4]　复旦大学. 概率论（第一册：概率论基础，第二册：数理统计）[M]. 北京：高等教育出版社，1979.

[5]　中山大学数学力学系. 概率论及数理统计[M]. 北京：高等教育出版社，1980.

[6]　张卓奎，陈慧婵. 随机过程及其应用[M]. 西安：西安电子科技大学出版社，2012.

[7]　华东师范大学数学系. 概率论与数理统计[M]. 北京：高等教育出版社，1983.

[8]　何书元. 概率论与数理统计[M]. 北京：高等教育出版社，2006.

[9]　赵选民，徐伟，师义民，秦超英. 数理统计[M]. 北京：科学出版社，2002.

[10]　茆诗松，程依明，濮晓龙. 概率论与数理统计[M]. 北京：高等教育出版社，2004.

[11]　葛余博. 概率论与数理统计[M]. 北京：清华大学出版社，2005.

[12]　茆诗松，王静龙，濮晓龙. 高等数理统计[M]. 北京：高等教育出版社，1998.

[13]　费勒. 概率论及其应用[M]. 北京：科学出版社，1979.

[14]　Chung K L. A Course in Probability Theory[M]. New York：Academic Press，1974.

[15]　Ross S A. First Course in Probability[M]. New York：Macmillan，1967.

[16]　Papoulis A. Probability，Random Variables and Stochastic Processes[M]. New York：McGraw-Hill，1984.